城市形态结构设计

STADTSTRUKTURELLES ENTWERFEN

Gerhard Curdes

[德] 格哈德·库德斯　著

杨　枫　译

中国建筑工业出版社

著作权合同登记图字：01-2002-4826号

图书在版编目（CIP）数据

城市形态结构设计/(德)库德斯著；杨枫译．—北京：中国建筑工业出版社，2007
ISBN 978-7-112-09751-7

Ⅰ.城...　Ⅱ.①库...②杨...　Ⅲ.城市规划-结构设计　Ⅳ.TU984.1

中国版本图书馆CIP数据核字（2007）第178942号

责任编辑：董苏华
责任设计：郑秋菊
责任校对：陈晶晶　孟　楠

城市形态结构设计
[德] 格哈德 · 库德斯　著
杨　枫　　　　译
*
中国建筑工业出版社出版、发行（北京西郊百万庄）
各地新华书店、建筑书店经销
北京嘉泰利德公司制版
北京云浩印刷有限责任公司印刷
*
开本：880×1230毫米　1/16　印张：13¼　字数：382千字
2008年5月第一版　2016年7月第二次印刷
定价：48.00元
ISBN 978-7-112-09751-7
(28852)

目　录

前 言

规划和设计是现代社会中塑造未来的一部分。现代人类既不能脱离所处的时代，又不能逃脱社会环境对自身的影响。城市规划师和建筑师也是如此。在这种情况下，社会的流行价值观和规划设计的基本原则无不对规划的结构和规划过程的内容发生影响。

现在普遍认为，未来可以在一定的范围内由人类进行设计，而不是按照未知的法则进行规范。为了对未来进行设计，在规划设计的各个层面上——无论是政治上，还是技术上都需要足够的知识和能力。

每一项规划设计都需要了解现状之间的相互关系、限制条件、变化趋势及历史背景方面的可靠信息，即需要对现状的来源条件进行了解，最后还需要未来目标状况的额定影像。

规划设计的核心是设计观念、设计目标和设计手段。设计观念来源于哲学—伦理学理念。观念是决策过程中最重要的定向标准，其决定了思考和设计的方向。设计目标在设计观念的框架内决定着设计的进程。分析和设计手段的职责是对设计思想进行组织，把其分解成单个的步骤，并按照实验、讨论和批评的先后顺序逐渐推导出明晰的规划目标，然后使其在设计和规划中具体化，并最终变为现实。

规划上所采取的行动及其准备活动也受时代的影响。这就出现了一种特有的情况，已经做了大量工作的预方案——甚至经常是已经确定了的规划方案仍然由于外部条件的变化而不得不修改，或受到人们的质疑。由于设计和规划的时间较长，在这段时间内政治和经济情况又发生了变化。这为规划设计工作和城市规划及建筑学观念出了一道难题。

一个显而易见的理由，就是设计者屈服于投资商们在时间上的压力，一方面放松了规划设计对象的功能与形式上的联系，另一方面放松了规划项目与所在地之间的联系。这两方面都可以加快规划的进程并减少规划的费用，但其中也存在着危险。第一方面使建筑物的用途更趋于多样性，使一座建筑物不仅只有一种用途，建筑物变得更加雷同、更加一般化、更容易复制；第二方面使规划方案变得更一般化而没有地方特点，在哪里都可以使用。从而使各地景观、风土和文化方面的特色消失得无影无踪。各个乡镇都变得千篇一律并可以互相替换。上述的两个方面都来源于这一逻辑，即在规划上要尽可能减少时间和费用，并避免风险。这也涉及人类本性中内在的倾向。与此相反，另外的一些动机和能动力也是十分重要的。慎重地对待土地，以及昂贵的地价使规划方案变得更加因地制宜。对现存结构不适当的干预遭到了固有的建筑结构和社会结构的抵抗，这种抵抗也促使了合理的规划方案的出台。城市之间及建筑师事务所之间的竞争则促进了规划设计的创新。但是简而言之，我们可以看出一个最基本而长期的矛盾就是建筑学上的建筑物与城市空间和城市结构之间的矛盾。人们也可以把这一矛盾视为共性与个性之间的矛盾。

规划设计的对象：无论是在大的公共建筑项目还是在私人建筑项目中都有把公共空间进行隔离的趋势。这可以认为是对大城市的公共空间的“不可控制性”所做出的反应。对自己进行隔离和没有混合利用的建筑物越多，就越无法使公共空间通过此建筑物不同的使用者来加以控制。这里显然是北美的内向式建筑物流传到了欧洲。

前因后果：设计对象与城市结构之间的矛盾。

对这一问题的回避就使得在建筑地块内形成了一种人造的独立性，因此也就使建筑物受到隔离。自从有了建筑学校，建筑设计的概念及其派生出的建筑师的艺术家观点经历了一个毁坏性的拔高过程。无论是在建筑学校、专业报刊，还是在设计竞赛中都过分强调了形式上的创新。建筑学在一个单调的社会中具有了一种其并不是总能完全胜任的娱乐消遣作用。在人们的日常谈话中谈论新建筑物也像谈论新电影和新书一样，只可惜人们不可能像别的东西那样把建筑物随便丢弃。建筑物成为人们日常谈论的话题有助于建筑师获得更多的设计合同。自我中心式的建筑物在城市中十分引人注目，在我们这个媒体导向的时代人们的注意力都集中在特殊的事物上，而不是不显眼的事物上；集中在引人兴奋的事物上，而不是简朴的事物上。平淡无奇引不起人们的注意，当然也就创造不了新闻。

我们在本书中阐述的是另外一种观点。建筑物应该与其周围的环境相协调，它们应该尊重周围的环境，并为创造一个和谐的环境而做出自己的贡献。在此方面它们应该创造一个合理的城市结构，并使这一结构得以延续。本书的标题——“城市形态结构设计”正意味着这种建筑物与城市结构之间的建设性对话。

本书就涉及此项任务以及相关的设计方法。它使共同出版的系列丛书、论述城市结构规律性的《城市结构与城市造型设计》*一书变得更加完善。本书的重点是对城市形态结构设计进行论述。

本书像《城市结构与城市造型设计》一书一样包括了我们大学第六学期课程讲义的一部分，它构成了本书的基础，本书在此基础上又扩大了论述范围并加以深化。第一部分论述了规划设计的任务和程序。第二部分以示例形式介绍了一些典型的城市规划范例、观念和方法。我们使用的示例多数都是自己工作的成果或来自设计学教程。因此本书也可以使人们对亚琛工业大学的城市规划课程有一个概貌的了解。

本书首先适合于建筑学专业和城市规划与景观规划专业的大学生阅读，但也适合于所有那些对城市规划设计问题感兴趣的乡镇领导人、城市规划师、区域规划师和建筑师等有关人员阅读。

最后，在此我想对那些直接或间接使我在教学、研究和管理工作之余能成功出版本书的所有人员表示感谢。他们是那些在本书目录中所提到的对有关章节的写作做出了贡献的教学同仁。索尼娅·内贝尔（Sonja Nebel）对本书内容的编排提出了重要的建议并共同撰写了本书的第一部分；克丽斯塔·赖歇尔（Christa Reicher）共同撰写了建筑物与周围环境的协调一节；苏姗·格罗斯－基斯特（Susanne Gross-Kister）参与了建筑用途的调和一节和本书提纲的撰写；赖纳·鲁托夫（Rainer Rutow）参与了第二部分第2章中广场的撰写；莱斯利·福赛思（Leslie Forsyth）参与了第二部分第4章的撰写；乌尔里希·维尔德许茨（Ulrich Wildschütz）参与了第二部分第5章中框架规划的撰写。罗尔夫·韦斯特海德（Rolf Westerheide）撰写了第二部分第6章中村庄规划的大部分内容。我还要感谢曼弗雷德·冯德班克（Manfred Vonderbank）提供的照片以及一部分建筑模型，由于数量太大一些模型没有被采用。

对大学生们的细致工作我也要表示感谢，他们是克里斯蒂安·埃尔利歇尔（Christian Ehrlicher）、

---

* 《城市结构与城市造型设计》已有中文版，秦洛峰，蔡永洁，魏薇译，中国建筑工业出版社，2007年7月出版。——编者注

尤莉亚妮 · 里特尔（Juliane Ritter）、约翰内斯 · 于尔纳（Johannes Uelner）以及我们的两名学徒工弗朗克 · 施尼茨勒（Frank Schnitzler）和耶莱娜 · 卡拉马蒂耶维奇（Jelena Karamatijevic）。对出版社编辑布尔卡特（Burkarth）博士的耐心鼓励和对我的有益协助我也要表示感谢。

本书的第一部分得益于德国科学捐赠者联合会的资助，对此在这里我也要表示感谢。

本书的写作不是一件简单的事情，因为本人同时还长期在具有招生限额的专业中承担着繁重的教学和学术自治管理任务。因此作者认为本书还存在一些缺陷。我希望，本书的成果能使人们在不同的层面上对城市规划的任务和问题之间的关系有更清楚的了解，并激起人们对规划问题和城市结构的历史思考。

格哈德·库德斯

于亚琛

1995 年 3 月

第一部分　城市规划设计基础

“规划设计只有在规划设计的实践中才能学到。”高等学校教师也持这一观点。因为只有在具体的设计中所选取并使用的方法才有意义。毫无疑问，经验和空间思考能力在规划设计过程中起着十分重要的作用。规划设计有着完全不同的规模尺度。

一方面这涉及大量的经常是互相对立的要求的创造性组合。规划的结果并不只是所有要求都得到部分满足的简单的妥协，它还是使需要的妥协以创造性、艺术性的形式表现出来的一门艺术；不是把妥协简单地附加其上，而是理所当然地把各种不同的要求统一成为一个整体。

在好的规划设计中各种要求都能很好地融入到规划方案中，并成为整个设计不可分割的一部分。设计中的这一部分也称为创造性的组合。告诉人们如何创新，作为“发明艺术”科学和方法论的启迪学对建筑师和城市规划师来说具有极为特殊的意义。

另一方面，规划设计过程也是逐步接近最佳方案的一种组织形式，还是使各个领域和专业（如专业工程师）达成一体化和解释说明规划回旋余地及研究方向的一种方法。规划需要清晰的组织结构和工作分工。在此意义上启迪学包括了那些能找到最佳方案的所有方法和技术手段。启迪学程序的一般化形式对一切以动手为主的行业都有重要的意义。

本篇开始时的引言指的是每个人自己使用的启迪学方法。随着时间的推移每个专业都发展出了适合于自己专业的技术和方法。

由于其工作范围过于宽广，建筑学和城市规划学很难发展出一套固定而明确的工作方法。在此一种方法论不太具有通用性，因为它是与其承担的任务紧密相关的。一个普遍的横跨许多工作领域的工作方法只产生了一个萌芽，而没有最终产生。在 20 世纪 70 年代曾深入进行的规划目标和方法的讨论只是部分地进入了专业启迪学领域。但目前仍有许多知识能使我们对规划过程中存在的问题有深入的了解。

本书第一部分介绍了城市规划的一般理论观点，它们包括影响规划思路的城市宏观构思，各种不同的规划任务与职责，城市结构和规划设计的典型阶段以及规划的空间逻辑，规划的一体化权衡过程等。最后我们论述了规划的方法和分析的标准，寻找规划方案的技术和规划评价问题。

本书第一部分的任务是阐明一个普遍的、超脱于每项规划任务的方法框架。这些方法应被认为是对规划工作的极大促进。对此问题的进一步探讨请见本篇后列出的文献。

第 1 章　城市学研究的理论

在过去 70 年中，由于越来越明显的用途划分和从建筑学范例中可以看出的设计思维模式的变化，城市规划的基本原则越来越多地陷入在来自于专业意识的单体建筑物之中。甚至在建筑空地上兴建的其街坊四邻不能视而不见的新建筑物也往往无视其周围的环境。城市规划的职责就是要使既有的城市结构得到延续、城市各部分之间形成有机的联系或形成新的城市结构，并使利用网络和建筑学组织网络形成新的连接。每种规划方法和规划职责的核心就是要解释清楚城市的理念，因为这对规划工作很有助益。我在 1993 年于斯图加特出版的《城市结构与城市造型设计》一书中对这一城市理念进行了详尽的描述。在这一背景下在此我仅想对两个核心的理论问题进行论述：一是对城市形态结构依赖性的理解；二是公共空间。

A. 城市形态系统

1. 城市形态结构的惯性

我们理解的城市自然结构（建筑物、交通道路网等）是指一个在较长时期内设计出的框架，此一框架为地方社会的空间组织创造了相应的地形条件（这种结构我们称其为城市“形态”）。城市形态在很大程度上是由历史造成的，它在一代人的时间内只能在有限的范围内加以改变。尽管建筑结构具有极大的惯性，但在快速变化的社会中它仍然必须与变化了的需求相适应。但是城市结构的特性也使这种适应具有较大的局限性，这种局限性除体现在城市结构的特性上之外，还体现在城市的年龄、城市结构的物质价值和精神价值、当时法律上的和财政上的能力、城市结构的变化等方面。另一条途径是让现实的需求与城市结构所给出的可能性相适应，并使现有的条件与现实的要求达成一个有效的统一。这样城市结构改变的范围就减小了，特别是在极具历史价值的老城区这样的统一体十分常见。

2. 设计要素、城市结构和影响层次之间的相互依赖性

即使我们把城市形态结构视为一个整体，在整体的表面之下也有一些因素使城市的某些区域在长时期内保持稳定，而另一些区域则发生了巨大的变化。

城市的建筑和土地利用结构可分为多个尺度层级，在此我们想把其分为四个层级。它们是：

— 地块及其上的土地利用和建筑物；

— 城区、特征相似的城市区或城市部分；

— 整个城市；

— 城市影响下的区域。

这些层级分别受到不同主体的影响，这些主体的目标不一定一致：在地区一级地理位置和经济结构起着主要的作用，这些因素在短时期几乎不发生变化。在这一层面上起作用的是与各个地方社区的利益不一致的地区发展力。一个社区的建筑结构和经济结构从中期决定了其所存在的问题。在社区一级地方社团、党派、精英和议会的利益达到了平衡。在大城市每年建筑上只有很小的变化（与现存建筑相比），这样现有的城市结构就有很高的持久性和惯性。在城市区一级城市居民的意愿显得尤其重要，在此城市框架规划和市民参与有着特别重要的意义，现有的使用者在新的涌入者面前捍卫自己的生活条件。而在地块一级单个的所有者或使用者就拥有很大的决策权。在此利用形式有可能在规划法方面的土地利用框架内很快地发生变化。

这些层级一方面具有一定的自主权，另一方面这些自主权又互相联系。因为每个层级间自然不是截然分开的，而是互相交织在一起的。其结果是，城市区域的发展有可能充满矛盾，因为城市各区域有着不同的发展动力，新城区嵌入老城区，有序的建筑物嵌入无序的地区。下章的阐述将会证明，城市总是处在不断的变动中。如果从几十年的时段来观察，在上述四个层级上都发生着大的或小的变化，每个层级的变化都会对其他层级发生影响。

区域层级：由于核心城市与区域之间职能的变化（或相邻城市间角色的转换），各城市间经济、人口增长率的不同和新道路及高速公路的修建可以使一座城市的意义也发生变化，这也就会对城市结构的某一部分发生影响。

城市层级：由于城市区的扩张，现有城市区土地利用的变化（城市边缘区的发展、工业区、城市改造区等）使城市各部分的区位意义也发生了变化。城市区中心、城市边缘靠近高速公路的大型购物中心或相邻城市可以对城市中心区产生强有力的竞争，这可以对一定区域中地块的区位价值产生影响。一座城市的经济是繁荣还是停滞对土地价值有着深刻的影响，土地价值的升高促进了其用途的变更。土地价值的降低可以导致对建筑存量的投资不足，并加速建筑物的衰败。

城市部分和城区层级：目前的次要道路有可能变为主要街道，放射状道路的超负荷可以使周围繁荣的商业区位受到威胁，单行道、死胡同和步行区可以使至今同等级道路网的区位价值（通达性、环境负荷）发生明显的变化。城市局部区域的改造更新会对相邻地段发生影响。

地块、建筑物层级：这里涉及地块和周围环境的影响因素。地块的大小和形状，建筑物的规模、形状和建设年代决定了土地利用变更的可能性和必要性。在全部盖上了建筑物的小地块上只能更多地从内部挖掘潜力；而在只部分建了建筑物的大地块上则有更多的发展潜力。所以地块本身的特点及其上的建筑为业主和利用者在土地利用的法律框架内提供了一定的活动空间，他们可以通过自己的决策使土地利用与变化了的需求相适应。

这样我们首先就可以确定，城市形态结构由多个互有影响的层级组成，而每个层级又有自己相对独立的活动空间。这一观点是根据穆拉托里（Muratori）和卡尼吉亚（Caniggia）的工作成果得出的，由马尔福洛（Malfroy）总结为下面一段话：

“城市、建筑和规划的四个尺度层级（建筑物、城市区、城市、区域）每个都有自己的自主性，但又相互联系。各层级间的相互依赖关系，城市局部与整个城市之间的辩证关系：房屋的分类要求其在组合上有一定的可能性。建筑物被视为街区和街道的一部分，街区（城市区）被视为城市结构的一部分，它对前者有着深刻的影响。同样，由于各个层级（建筑物、地块、城市区、城市、区域）的紧密连接任何一个组织同时也是结构形成过程的开始和终结。每个组织都含有下一个层级的元素，同时自己又嵌入高一层级的组织中”（马尔福洛／卡尼吉亚，1986年，第191页）。

这从城市规划角度来说的结论就是：建筑物是一个互相依赖的结构的一部分。这些建筑物一方面在其地块内有部分的自主权，并能在一定范围内经城市有关当局的批准或不经其批准进行更新、建筑加密或对内部进行改造。由此就产生了一种要使建筑物与变化了的利用需求相适应的强烈的自有活力，这一活力远远大于那些使整个建筑群发生变化的活力。这就导致了局部微观的城市结构适应过程，这一过程以小步骤的更新和演化为主。如果地块不是太大，而且地块的变化不是集中在少数几个地点的话，则这些变化的步骤大多数是与城市结构相容的。其对周围环境的影响也极为有限，周围环境的结构在大多数情况下对它们能很好地承受。

而大地块和那些引人注目的新建筑的情况则完全不同。这里可能会产生结构上的断层，或导致对整个周围环境的重新评价，或对小事物的生存造成威胁，以致破坏城市的多样性；但也有可能对整个区域的更新改造带来强大的推动力。因此决策主管部门、社区政策和社区规划等各个方面都应该积极地参与进来。

上述的微观适应过程在系统理论上涉及复杂系统的自我调节过程，没有它们系统随着时间的推移将越来越深地陷入很难解决的矛盾和紧张关系状态之中。一部分矛盾可以通过自主适应来解决，历史在城市结构中留下的内在联系与未来要求之间的演化过程成为了地块层级上的一项决策，就是说较高的决策层级把成功和失败的责任委派到了每个地产拥有者的身上。整个系统在其微观更新过程中从单个决策者的创新和失误中获益良多。

这也是一个要开辟地方市场的新式建筑和新技术在其上进行实验并加以实施的层级，或者这些新生事物已被证明效果不佳，则在这一层级限量使用。新建筑和老建筑相毗邻可以使公众能更好地对各种建筑的优越性进行比较。这样各种建筑学方案就以自己的历史展开了一场在20世纪中并不常有的竞赛。

B. 城市文明的基本条件

1. 交通网络的重要性

城市应该被视为是一个网络。前面所述的形态因素、建筑物及其不同的层级，如果它们不被连接在一个联络网络中，它们之间就无法进行联系沟通。这种联系也存在于多个不同尺度和不同介质的网络层级之中，这些重要的网络有：

— 用于货物运输和行人的交通运输网络；

— 公共交通运输网络；

— 用于传输声音、图像和数据的网络；

— 社会交往和邻里互助网络；

— 二级和三级网络，特别是提供文化产品的网络；

— 提供水、电、热力的网络和邮政网络；

— 污水、垃圾和废品的回收网络；

— 建筑物维修和为建筑物使用者提供服务的网络。

没有这些网络建筑物就如同被隔绝一样，几乎变得毫无用处。另一方面，没有这些来自建筑物和地产方面的需求，上述这些网络也不会存在，至少不会像现在这样完整。所以网络和对其服务的需求是互相依存的。网络的本质是交流。网络使一座建筑物的使用者可以与其他建筑物的使用者进行交流联系，这也是构成城市的最重要元素。最为重要的是上述的前五个网络。

2. 中心和用途的调和

一些网络不仅依赖于建筑物及其使用者与其的连接，而且还依赖于它们的位置状况。一些网络几乎是无处不在，如电网；而另一些网络则受空间上的限制，如公共交通网络或零售商业网络。因此特别具有城市质量的网络及其利用要素只在具有网络质量和各种各样利用需求极大的地块和建筑物中产生。在此使用密度、使用状况、网络密度、高的供货密度和需求密度等因素共同发挥着作用。在这一复合体中网络及其所连接的用户一起为形成一个在空间上具有十分有序分配的城市结构做出了贡献。这一有序分配不仅能使网络得到方便快捷的使用，而且还通过重现、结合点、叠加、易操作性和易寻找性提供了一个多维的空间，在这一空间中不仅能从功能上、形态上和视觉上，而且还能从美学上塑造出特殊合成的地形图像。这一对集中建设的、可重新辨认的、以自己的形式特点装备起来的“中心”（我们想以此来强调网络化和浓缩化的重点）的多方面概括说出了城市文化的特性。所有通过规划设计和投机人为造成的边缘中心都力图把这种质量进行复制，而不考虑它们是否能在简单的生成背景中取得成功。这种人造产品与“真实”生活的脱离正是其问题所在。

与此相反，边缘中心要对城市的功能进行明确的分解，即形成一个仅限于规模不太大的和市场控制的商家构成的“正在生长中的”城市中心结构，这样的中心人口将会逐渐减少，并将只剩下上层人士或下层人士，老人或年轻人，以及市中心的高额房租对小型商店和手工业服务业的排挤。这一切都是向一个人为造成的边缘中心结构的方向迈出的一步：这一步骤是超出城市化的伪（假）城市化，这一现象在我们的城市中心或城市局部中心已经很严重了，并严重地损害着我们城市的面貌。

最后我要提及在网络和结构、要素和使用者的协调中具有重要意义的一个类别：公共空间及其构造原理。

3. 城市生活特点丧失的原因

安德烈亚斯 · 费尔特克勒（Andreas Feldtkeller）在一项详尽的论证中对我们城市中公共生活逐渐丧失的原因进行了罗列，并认为其最重要的原因之一是要对公共空间进行隔离的神话。促进隔离的原因有：社会组别和利用之间的空间分割，个体与其社会和家庭族群之间的分割，住房与其空间联系的隔离。“在现代建筑中每座建筑物都与假定平淡的周围环境之间划有界线。一座建筑物或城市规划的一部分都是作为独立体来设计的，它好像是位于一座特殊平台上的艺术品。这一艺术品不再是一条街道或一个城市小区的一部分，而是孤立地处于一个独立于这座城市的世界中，这个世界通过光线、空气、阳光、大自然及其辽阔性如同突出在沙漠之中。使建筑物与周围环境相脱离的构想在现代建筑学中成为了一个孤立的神话”[费尔特克勒（Feldtkeller），1994 年，第 27 页]。“这里并不是想贬低现代建筑学；但对其提出批评是必要的，因为它以其孤立的外部特征很难满足城市规划的要求。现代建筑学显然正处在一个进退两难的境地”[埃本达（Ebenda），第 30 页]。

由于城市风貌多样化的丧失使各个城市有理由“取代以前存在的结构而建立并从财政上维持三个互相重叠在一起的地方性的基础结构：第一个是能使每个人的日常私人意愿尽可能得到满足的‘富裕基础结构’；第二个是能使不利因素所造成的矛盾和损害得到缓冲的‘替代性基础结构’；第三个是佯作城市环境继续存在的‘模拟基础结构’，它能继续给予城市居民城市环境的消费享受”（埃本达，第 18 页）。

4. 城市化（文明）的元素和组成部分

城市化是一个有着多种含义的现象。这一概念与其德语词汇的含义有关，意味着‘文化上有着自然的、有约束力的和明显的交往环境’。与此相关的是城市区的人们能得到平等的对待。更自信的对待城市中的问题是城市的行为方式之一。城市居民往往把公共空间出现的问题视为他们自己的事务，从不加以回避，而是以各种各样不同的方式处理它们。这种干预形式的最明显示例就是卢森堡老年妇女对 1994 年夏季出现的德国新纳粹的反应。她们愤怒地告诉新纳粹们说，你们从这里什么都别想得到。50 年后这些妇女对纳粹当年的罪行仍记忆犹新。

因此，一些人的表演可以使别人知道他们的底线是什么。公共空间是一座大学校，在此人们通过参与公共生活可以学到文明的行为方式。这些文明的行为方式除了要有抵制损害公共利益的不良行为的勇气外，还有宽容和接受不同的行为方式和生活方式的能力。对生活设想和生活方式多元化的容忍是文明社会的核心。即使没有与其他人一起共同生活，在这里也可以形成民主社会所需要的刚直不阿的品德。沃尔夫冈 · 霍伊尔（Wolfgang Heuer）1994 年在一篇值得注意的文章中对出现这一现象（与纳粹德国排犹相关联）的背景进行了阐述：“勇敢和怯懦，以及其他的良好品德和不良品德都是长年积累而成。儿童和成人首先形成了一些在其周围为人处世的特定的正面的或负面的行为倾向，然后这些倾向通过自我社会化得到进一步成型，就是说他们进一步强化了其选取的方向，而要脱离这一轨道则越来越难。”

在城市和村庄对公共空间共同利用的过程中，在公共交通工具和公共建筑物等区域可以不加过滤地体验到社会中的状况。一个社会的不同族群和极端人士在此相遇，因此各种争端在此可以明显地看到。所以在这一空间逐渐形成了以适当的方式对待争端的行为方式。每个人都可以通过面对而不是回避为此做出贡献。在此建筑师正好可以主动地作为利用者，特别是被动地作为设计者而对公共空间的塑造做出贡献：以此方式使公共空间变得安全、耐用、富于变化、教益和亲情。下面我们对此要详加论述。

“公共空间”在这里被理解为“前面的”区域，它通过广泛封闭的建筑物把私人的内部和后部区域与前部区域隔开。为使公共空间满足其职能的要求，它需要下列的前提条件：

— 大规模的封闭的临街立面

它们可以使公共空间在城市中形成一个自己的空穴，这一空间有一定的形式，它是一个通过其标准和公众的匿名性能使个人的行为得到自由的舞台，在此期间形成了一套自己的游戏规则。

— 公共区域和私人区域的对峙

住宅中的私人生活和街道及广场上的公共生活发生了直接的冲突。缓冲区的建立（例如：通过私人利用区向建筑物第二行的后移或把私人利用区设置在避开大街的房间中）消除了私人区域和公共区域之间的紧张关系，以此公共空间得以生存。如果互相关心的程度下降，则公共空间就会缺少控制和邻近居民的关心。

— 建筑物入口和公共空间利用的定位

门窗是使这两个区域保持接触的门户。因此窗户应该打开，上层的人们应该可以看到外面，如果有人在那里，就能知道空间的利用方式。没有窗腰的法式窗户是适宜的，因为人们从房间内可以直接看到大街。框格玻璃窗户和固定的玻璃、透明玻璃、齐眉高的窗户或高的基座使私人空间与公共空间过于严格地隔离开来。其入口十分重要，因为它们可以使与建筑物相联系的运动在公共空间得到延续，并使其富于生气，而且是对其进行控制的一个要素。（人们可以想像一座巨大的带地下停车场的办公楼，其几百位使用者只有通过一个背后的行车通道才能到达这座建筑物。这些使用者对大楼前面的状况一无所知。这座建筑物作为“寄生虫”占居了城市空间的一部分，而它为城市功能的发挥却没有做出任何贡献。与此相反，商店和营业所则可以通过其底层的橱窗把私人空间与公共空间之间的界线引入建筑物内。它们可以使行人参加所举行的活动，而且自己也与街道有一个长期的视觉联系通道，并且参与其中的生活和成为其中的一部分。）

窗户和门是房屋与外界建立联系的“眼睛”。它们参与其中并传递信息，因此显得十分重要。

— 混合的利用方式

每个利用方式单一的地区都很难形成自己的多样性。因此我们必须力求在任何一个新建筑物和新的区域中都形成混合的利用方式。建筑物中的混合利用本身就是城市文明的一部分。不同行业如商店、诊所、事务所等各种不同的工作节奏以及各种各样的人员构成和顾客群体使日常生活变得丰富多彩。设在上层的住宅使建筑物和门前地区在晚上和周末充满生气。通过建筑物利用规范和土地利用规划的实施，利用方式单一的地区仍在不断产生，例如小型工商业的利用在城市更新改造过程中被迁出。所有这些必须再次通过交通而联系起来，这显然违背生态规律。更糟糕的是，由此破坏了一部分城市文明。无污染的小型工业永远应该是城市的一部分。一个没有工人和手工业者居住和工作的城区使其社会性也变得单一。

— 社会、经济和民族的多样性

出于同样原因社会性单一的城区（这无法完全避免）应使其从社会多样性和多民族居民的混合上达到平衡。虽然这样的混合很难得到实施，并且在规划设计上只能有条件地对其施加影响，但这些区域正好是各种不同的生活方式和价值观互相对峙的地方。人们在这里可以通过相互认识、理解、容忍和忍受产生亲密性和宽容，正是这些品德构成了城市文明。当然这对问题成堆的城区，毒品泛滥的地区和红灯区不适用。混合利用区保留了小范围的单一利用区（其尺寸往往只有一个街区或一条街道那样大），它们不要求具有特别高的适应能力，但相互紧密地交织在一起。

最重要的是城市中心和城市副中心有这样大的吸引力，使上层人士和中间阶层的一部分人也在那里居住。经济繁荣时期（1871–1873年——译者注）建造的街区尽管存在着许多问题，但社会各阶层混合这一问题并没有被人们所提及，因为这些街区几乎能够把所有阶层的居民集中到一小块土地上。即使我们不愿意回到当年，今天我们也必须对在一般的新建筑物中所遇到的“多样性”问题深思熟虑。

费尔特克勒列出了公共空间设计的四个要素（我在此列出的第五个要素被费尔特克勒称为城市

的基石）：

要素 1：利用方式的混合（外貌的多样性、混合的小范围性、混合的多样性）；

要素 2：朝向大街的视野（面向大街居住）；

要素 3：围住的街道空间（开口和封闭、空间的一致性等）；

要素 4：街道窗户（向内和向外的开口。市政厅窗户的文化。墙壁依然是墙壁！）

要素 5：市政厅（混合利用的简单建筑物）。

在此以另外的着重点表达了类似的观点。费尔特克勒比这里更详尽地在历史和战略方面设计出了一种新的城市文明。为此需要第二种现代化的推动力。“为行人设置简单的街道和广场，并期待社会接受它们”是远远不够的。（费尔特克勒，1994 年，第 162 页）。在我的另一本专著《城市结构和城市造型设计》中有关于公共空间结构布局、广场边缘构成和城市中各个地点区位意义的详尽论述（第 14–17 章），读者可以阅读这些有关章节。

C. 结尾：问题定义中的问题和错误的不可避免性

在相信技术无所不能的幻想时代，在本章的结尾我们想指出一个示例，这就是西方文明自从启蒙运动以来，特别是从工业化以来以其巨大的工程技术和组织管理成就为每一个职业类别都打上了烙印，在未来社会中起核心作用的职业将是工程师、建筑师、设计师和政治家：

这样一种危机，即理性的处事行为越来越多地被丢弃，以及用后现代化、专家知识的意义的丧失、价值观的丧失和新国家主义等概念而完整地勾勒出来的这种危机，尼克拉斯 · 卢曼（Niklas Luhmann）把这种危机在另一种内在联系下与“正确的简化”这一问题进行了联系。（因为在城市规划中要涉及许多复杂的问题，而这些问题既没有被城市议会又没有被城市管理当局和所涉及的人们进行过完整而足够的阐述，所以我认为在这里适用于卢曼的观点。）他在一篇长篇论文中论及了有关人员对所存在的问题进行“正确”定义的问题。人们认为许多失败都是由于对所存在的问题没有进行清楚的定义和正确而完整的论述而造成的。这里卢曼使用了下列批评性的论据：“在此应该注意到，没有清楚定义和清楚定义了的问题之间的过渡要求降低定义的复杂性；如果人们因此而不得不放弃惟一正确的解决办法，则可能有其他的顾虑，这些顾虑是指对有限的资源、时间、资金和使用方法的合法性等方面的顾虑。这一切靠其他的辨别达到目的的尝试表明，这种似是而非的悖论出现的原因不在于问题的概念，而在于人们清楚地知道人们的缺陷在何处。只有对问题及其解决方法进行辨别才能摆脱这一悖论。这一观点在此变得双倍清晰：问题中的问题包含有下列含义，这最后总是涉及看似无法解决的问题的解决，以及在悖论中使用的辨别总是变化无常而任意地使用的，这样观察家就提出了这样的问题：谁工作在何处，并将会取得什么效果？”（卢曼，1992 年，第 421 页）

问题的核心变得越来越清晰，在这种复杂的关系下要有“正确的”行动是不可能的，其结果是由于对问题理解力的退化而使行动能力受到限制。为使这一问题获得一些进展，不需要对它们的所有含义进行详细阐述，不必过分夸大行为人的风险，否则由于风险过大一切行动都将停止。因为在这个快速变化的时代没有这种形式的安全，而是有与此相应的把行动放在表述的情景中的需求，这一情景正好“正确地”表述了所选择的目的—手段—组合，因此行动就合法化了而且行为人被宣布无罪。今天传播媒介的重要性和权力也来源于这一困境，所以就有了这样一种趋势，即通过其他方式可以代替对实际问题的感觉，这样传播媒介就作为新的现实在当前这样一个没有固定结构和无法清楚表述的时代被推到了这样高的地位。

这绝不是说，按照这一原理错误不可避免我们就可以不要规划和设计了。而是意味着失误在具有很大自信心的情况下可以预先假定，并对其规模加以限制，新生事物上出现的错误和风险是可以避免的，事物的复杂性也是可以克服的；人们还应该相信所涉及市民的能力。在这样的关联下，经验、经过证明的解决方案以及在类型学上经过考验的解决方案就具有了重要的意义，因为它们可以降低失败的风险。如果做出决策后，其后果又不由自己承担，就会产生令人担忧的伦理道德问题。

参考文献

Caniggia, G.; Maffei, G.: Composizione architettonica e tipologia ediliza. Venezia 1979

Caniggia, G.: Der typologische Prozess in Forschung und Entwurf. In: Arch+ 85, 1986, S. 43-46

Claessens, D.: Der Abbau der alten symbolischen Wirklichkeit und das Dilemma der Architektur im Wandel der Gesellschaft. In: Ein Puzzle, das nie aufgeht. Stadt und Region und Individuum in der Moderne. Festschrift für Rainer Mackensen. Hrsg. S.Meyer und E. Schulze. Berlin 1994

Curdes, G.; Haase, A.; Rodriguez-Lores, J.: Stadtstruktur: Stabilität und Wandel. Köln 1989

Curdes, G.: Stadtstruktur und Stadtgestaltung. Stuttgart 1993

Heuer, W.: Woher nehmen mutige Menschen im Alltag und im Extremfall ihre Kraft? In: Frankfurter Rundschau Nr. 198, 26.8.1994, S. 10

Feldtkeller, A.: Die zweckentfremdete Stadt. Frankfurt, New York, 1994

Luhmann, N.: Die Wissenschaft der Gesellschaft. Frankfurt 1992

Malfroy, S.: Kleines Glossar zu Saverio Muratoris Stadtmorphologie. In: Arch+ 85, 1986, S. 66-73

Malfroy, S.; Caniggia, G.: Die morphologische Betrachtungsweise von Stadt und Territorium. ETH Zürich, Lehrstuhl für Städtebaugeschichte, 1986

第 2 章　城市规划的职责

A. 城市规划职责的产生

1. 目标、问题和利益

乡镇和城市在所处区域的作用、在地区和国家竞争中所扮演的角色、经济景气周期、某些部门的物质短缺问题（住房短缺、土地短缺、交通超负荷）都对城市规划的职责发生着影响。充满生机的城市拥有不断的发展和变化，并且总有新的问题列在管理者的议事日程上。因此城市建设永远也没有完成的时候，所以每一项规划都是由一定的动机引起的。这些动机决定了城市规划的内容和空间规模。简单地说下列三个动机形成了城市规划的任务：

— 目标

— 问题

— 利益

人们试图用目标来改变城市。它们经常是以道德为根据的，而且面向未来（例如：每个家庭有一套住房，每名儿童都能上幼儿园，在城市中心区减少 50% 的私人交通）。这些目标是以建立“更好的城市”为根据的。但实施目标的政策的前提是要有实现这些目标的资源。目标可以唤起人们对新开端的热情，但如果确立的目标没有实现，就会使人们失望。

与此相对，以解决问题为核心的政策的着眼点是现状。它不需要乌托邦，而是要在限定的时间内解决紧迫的问题。问题在这种情况下具有导火索的作用，并为采取行动提供了合法性。当个人或群体对现实中的缺陷做出反应时问题就产生了。因此，一项以解决问题为核心的政策往往是被动的，它仅仅是作为反应对现存问题做出的回答（例如物质短缺、交通噪声、儿童游戏场短缺）。但问题的解决方案给出的并不是面向未来的解决方案。

在此我们理解的利益是指个人或群体的个别请求（例如：其农业用地转化为建设用地的土地所有者的利益，或极大地改变了城市面貌的建筑公司的利益，或交通从他们所在的街道分流到其他街道的交通沿线居民的利益）。利益与目标和问题相比与人们的生活更紧密相关，它们具有公共性，涉及居民中的广泛群体或一座城市的整个局部。

在每一项地方规划中上述的三种情况都会出现。其区别是，政治领导人是否有包括了现存问题的未来方案，或者他是否决定了所采取的行动；他是否代表公众利益或市议会部分的是一个利益集团代表组成的联盟，这一联盟交互地为其各自的当事人服务。这样看来城市政策和城市规划就有了这样一种偶然的特性，这就是它们是由议会的多数和政治目标得出的。城市规划和城市政策也是有限度的，在其背后有一种不可随意偏离的必然性系统：这就是有许多使行动在很多领域受到限制或对行动起决定性作用的影响因子。

2. 影响因子

此处的影响因子指的是对城市的影响因素，它们决定和影响了城市的角色和位置、土地利用结构和自然结构、组成部分和决策结构，并反映了城市的系统层级。人们把城市视为一个系统，这些影响因子一方面是对现状和变化起决定性作用的影响因素，另一方面是行动的出发点。

图 2.1 表示的是城市发展中的一些重要影响因子。从这里可以很容易看出，这些因子不是代表着自己，而是复杂的空间和社会组织系统中的一些元素。例如不断加剧的国际竞争使城市改善自己的文化设施、城市风貌、广场和街道的停留质量等“软环境因素”，以便提高起城市形象载体作用的市中心的吸引力。由此就出现了法兰克福和科隆等地的博物馆项目。从内城的交通负荷和居住区中也出现了无交通噪声区、步行街和街道断面的后退式建筑。

这些项目还受到州和联邦资助计划的影响。这很容易使人理解，就是乡镇一级更愿意采取这些措施，因为这样他们就可以申请附加的资助。图 2.1 中第 E 部分所提到的财政手段、政治上多数派的变更（例如一位勤奋的或不思进取的建筑部门负责人）都会对首先选择解决哪些问题造成影响。

这个图表清楚地显示，总是多种因素的共同作用决定着规划的具体内容。关于地方各项职责之间重要的相互关系的论述将会超出本章的范围。因此我们把挑选出的空间规划职责简单地归类为两个不同的基本职责范围：在至今为止其上没有建筑物的地区进行的整个城市、城市区或大型设施的新规划和与已建有建筑物地区紧密相连的规划。在第一种情况下一个时代的规划任务和设计观点可以很容易地得到实施，在其他的情况下各种关系所规定的指标和顾虑会对规划的性质起反作用。

A：外部因子

1. 在全球的位置
2. 本国的条件
3. 地区条件
4. 城市／地区类型
5. 城市的角色

B：结构因子

1. 人口（年龄结构／出生状况／迁移状况）
2. 职业
3. （在一段固定路线上）乘车上下班的人
4. 经济结构
5. 工作岗位

C：基础设施因素

1. 教育
2. 文化
3. 社会福利和卫生保健
4. 商业和服务业
5. 供水供电和垃圾回收处理
6. 环保和能源
7. 住房
8. 室外空间供给／体育／休闲

D：空间结构因子

1. 乡镇区域的结构和尺寸
2. 土地利用的布局
3. 中心的等级体系
4. 各部分之间的联系（交通）
5. 空间结构的年龄／结构的更新状况

E：决策结构因子

1. 财政手段
2. 问题症结
3. 政治活动家／政治上的多数／政治文化
4. 公共管理／人员和物质配备／工作人员的资质
5. 决策形式和规划形式

图 2.1 城市发展中的影响因子

B. 规划的任务

城市总是不断地处于变化中，微观的变化发生在地块上，在较大的间隔上在城市区一级还会发生宏观变化，其原因是现有结构的老化和功能变化。任何一个结构都会老化，所以结构良好的构造也会经历建筑物老化和基础设施老化的过程，所以结构的更新能力及其对变化了的需求的适应能力就显得十分重要。在此我们可以区分出一些引起变化的因素：

— 地区所处的位置；
— 本地区的功能；
— 建筑年代和建筑质量；
— 结构的密度；
— 结构的质量；
— 区位价值和土地价格。

一些地区由于其本身所处的位置和功能它们必须为适应城市和地区的新职责而发生变化，经常性的变化当然也就发生在这些地区。这些地区往往是城市中心区、过渡区、老工业区和城市边缘。

1. 市中心和市区的不断更新和稠密化

对城市中心区土地不断增长和变化的要求使得至今为止空闲或利用不充分的建筑用地的利用强度越来越大。这样首先就出现了点状的变化，这些变化虽然没有明显改变周围地区的结构，但给这一结构带来了新的冲击。

城市中心区的大多数单位仅局限在地块一级。尚有空闲地的内城边缘地区的单位加进了一些街区一级的尺度。对老城区来说在最小的层级上进行的独立的更新过程（细微变化）是十分重要的，它们使土地利用变得更加完善，使建筑物的社会结构和年龄结构得到分化，由于其较小的尺度从而使城市结构没有受到破坏。通过这样一些小的而且几乎不被人察觉的变化能使一个充满活力的结构不断得到更新。

2. 项目的加速化和集中化

不断增强的国际竞争使大城市的中心区发生了深刻的变化。跨国公司和投资集团在大城市的市中心购入土地，建造写字楼、宾馆、会议中心、高级商住建筑。城市建设的快速发展使规划和建筑的周期变得越来越短。政治和经济框架条件的快速变化也对规划的法律结构和批准程序发生着影响。因此城市经常只是这一进程中的对象，所以程序管理和城市管理的任务就变得越来越重要，对城市规划师和建筑师来说也是如此。

3. 产品结构的更新

以前的交通用地和被放弃了的工业用地为城市更新提出了特殊的任务，由于交通运输向公路、航空的转移以及大宗货物运输的取消，许多港口用地、火车编组站和货运站被闲置。

对煤矿设施和钢铁工业设施来说也是如此。农业结构的变化使乡村地区和村庄的功能发生了持续不断的变迁。农业用房受到闲置，村庄的全部结构缩减为纯居住功能，建筑物和居民点的面貌随之也就出现了外观上的变化。为给老的结构赋予新的经济基础，上述的变化要求建立新的功能。在老工业区这一点除新兴行业外特别指的是工艺技术中心和以新技术为导向的产品结构和布局结构。

C. 新规划的任务

城市扩展和城市的新规划是迅速发展的社会中的任务之一。在发展中国家和正在从农业国过渡为工业国的门槛国家这是压倒性的任务。在我们这样的停滞社会中城市扩展是周期性的，整个市区或小城市的新规划直到不久前才重又显得必要。

1. 城市边缘和缓冲区

城市边缘在传统上是为居民点系统的扩张而服务的。一般地说，城市周围的空地对城市的扩展具有最小的阻力。在城市内部的周密化开始和现有的城市结构被取代之前，我们可以首先观察到城市在其边缘地区和未被充分利用地区的扩张。

在建筑物占绝大多数的地区（老工业区、老火车站和老港区除外）城市扩展和稠密化经常是以点状和小范围进行的，而城市在其边缘区往往大面积地以整个住宅区为单位扩张，这些地区由于事先打上的烙印较小，从而使道路布局和建筑形式的选择获得了很大的自由。与此相应城市边缘从城市经济的角度来说部分地逐渐成为了问题区域。

2. 新城区

光凭现有的建设用地存量已经无法解决严重的住房短缺问题。因此几年以来人们一直在讨论整个城区的新建规划问题，大家都认为，20 世纪 70 年代在住房设计和配备政策方面出现的错误不能再犯。新城区也为节约能源的新建筑形式和分散地获得能源的技术提供了一个机会。其特殊的位置还为长期需要而又运量不足的短途交通线路提供了发展的机会。

3. 第三世界的新城市和城市规划

在即将到来的新千年中，欧洲在世界人口的份额中将只会扮演一个微不足道的角色。人口最大的增长量将会出现在南美洲和亚洲。城市更新也将会在那里得到实施。如果我们不努力参与第三世界的这些工作，那么欧洲高水平的城市规划也不可能长期得到维持。根据经验，这些工作对自己的行业和地区总会有正面的推动。

D. 建筑学和城市规划的任务一览表

从城市更新和城市扩建这两个领域产生了城市规划和建筑学设计的大多数任务。下面我们想通过一个一览表对城市规划的一些重要任务做一个说明，在此所提到的功能应被理解为是一种引导线索，而不能仅仅被理解为是任务的惟一内容。

这些任务领域不能理解为是包罗万象的。图 2.2 表示的任务处于完全不同的尺度水平。

1. 建筑物和住宅

头两个领域建筑物和住宅部分含有点状的任务，在此城市规划和建筑学的任务相互交融，这指的是那些单体建筑物，特别是那些通过其特殊的位置、历史意义或未来功能对规划方案提出特殊要求的单体建筑物。

2. 城市空间、广场、地点

城市空间（街道的结构、小巷、开敞空间和广场）是城市规划中最重要的行动领域之一。因为交通用地大多归乡镇所有，所以这里可以在不触及私人产权的情况下通过公共空间的升值和功能转变推动地方的发展。许多 20 世纪 50 至 70 年代建成的城市区域布局比例失调、城市功能区的界线含混不清，这里存在着城市发展的一个宽阔的工作领域。这项工作还包括为改善城市空间社会生活的质量而探求聚会地点、小的停留区域（微型地点）形成的可能性。

建筑物：
- 建筑物的添加和扩大
- 老建筑物的新功能
- 多个建筑物联合为一个新的利用单元
- 城市规划上标志性建筑物和标志点的设计
- 在具有类型学标记的周围环境中进行的现代建筑类型的设计
- 历史文物古建筑的保护方案

住宅：
- 住宅建筑的设计
- 居住设施的设计
- 住宅居民点的设计
- 居住设施的用途改造和现代化改造
- 大型居住设施的稠密化和升值
- 老住宅设施城市规划上的再次一体化

城市空间、广场、地点：
- 微型地点和城市空间中聚会地点的设计
- 广场的设计和造型
- 空间秩序的设计和造型
- 侧面轮廓的保护

交通：
- 住宅区交通噪声的降低
- 交通设施规划
- 公共交通和私人交通交叉点的设计
- 火车站和公共汽车站的设计
- 公共客运短途交通网络和城市建设的最佳化
- 公共客运交通节点周围建筑物的稠密化
- 迂回过境道路自然景观和城市建设的一体化
- 道路的设计
- 主要街道的城市规划改造
- 主要街道的城市规划次序建模
- 步行街和交通降噪区的规划

工业用地，城市空闲废弃地：
- 工业区的规划和设计
- 老工业区的更新
- 城市空闲废弃地的用途改变和重新利用（老的矿山设施和旧厂房、铁路用地和老港区）
- 老工业化地区的更新改造

城市规划：
- 城市建设框架规划的制定
- 造型指导规划的制定
- 新城市区的规划
- 城市结构中新功能的添加
- 城市边缘区的规划
- 住宅周围环境的改善
- 城市区和部分城区的更新改造规划
- 村庄更新
- 城市的形象设计方案

生态规划：
- 矸石山和废弃地的重新自然化
- 休闲设施和工业设施的非密封化和绿化
- 老工业区域的生态更新
- 节能性城市结构的保持和设计，节能的和二氧化碳少释放的城市建设
- 城市气候和城市生态规划
- 气候缓冲体和绿化区的规划

法规方面的规划：
- 设计条例的制订
- 建设规划的制订
- 土地利用规划的编制
- 依据《建筑法典》第 30、33–35 条对许可性进行评价

图 2.2 城市规划的 50 项任务

3. 交通

在交通与城市规划的交界区域新近出现了大量的职责任务。城市道路至20世纪80年代还经常是由地下工程局和交通工程设计师作为一个独立的要素而设计的，并且部分地强行嵌入周围的环境中，而现在则发展出了一种道路分配与城市空间一体化的规划设计。道路不可能脱离周围环境进行设计，其横断面的布局和材料选择必须与周围环境协调一致。

在以公共客运短途交通为主的住宅区发展规划中也必须采取类似的一体化措施。在对现有的街道进行设计和改造时关于这些街道在其城区和居民区形成时期所具备的特性的历史知识显得十分重要。没有什么事情比道路空间发生不相称的改造再能使城市现状发生贬值了。

4. 工业用地，城市空闲废弃地

工业区在数十年之久都是一个被忽略的课题，因此现在使这些毫无个性和生态上死亡了的地区发生升值就成为了一个现实性的任务。在对工业区进行重新设计和新建的过程中基于对建筑物和周围环境投资意愿（工作园区、共同的特性）的增加可以实现许多目标。

其手段一方面是规划上的指标和建房规划中的优惠原则，另一方面是广泛的协商并把有问题的行业形式排除在土地利用过程之外。老的矿山和工业设施、铁路用地和港区直到弄清楚其在居民点结构中的新用途为止，经常作为未利用的闲置废弃地而遗留下来。这就出现了能使城市结构得到完善的有利的可能性。

5. 城市规划、生态的和法规方面的规划

城市建设框架规划和城区发展规划自20世纪70年代以来成为了一个从造型上和功能上对城市发展进程进行控制的不可放弃的以“软工具”形式出现的手段。城市边缘区越来越多地从理论上成为了讨论的课题，并成为了一个新的规划任务。在景观规划和重新自然化的边缘领域产生了城市规划和景观规划结合成一体的新任务职责。而具有法律效力的规划则是从规划控制方面确保周围城市建设质量的一个重要的“硬”工具。

城市规划的任务像城市本身一样正在不断地发生着变化。新的任务不断增加，老的任务继续保留或消失。城市规划任务的表述在一般情况下是规划局和政治决策委员会的事情，但它同时也是普通市民的事情（建筑师和城市规划师是具有特殊专业知识的市民），如果问题严重，他们就会以自己的具体建议参与到对问题的讨论中来。

第3章 城市规划和设计理论

A. 基本概念

设计一般来说指的是完成一个设计方案的创造性过程。从整个规划过程来看，从规划任务职责的描述开始，规划前提条件和基础的澄清，通过规划方案的制定（狭义的设计）最后到规划的审批和实施，几乎无法用设计的概念来概括，整个这一过程也不能称之为设计。因此用一个涵盖面更广的概念“规划”来概括这一过程的大量组成部分显得更确切一些。

这里使用的是设计这一概念的狭义定义。这一过程的所有其他部分应该用规划这一概念来命名。设计指的只是规划过程中的创造性部分，对建筑规划和城市规划来说都是如此。

规划的过程最终汇集为一个结果：规划方案。它是进行技术实施的基础。图3.1显示了这些概念之间的关系。所以规划的概念包含了三项基本内容：规划过程的组织（规划的计划），创造性部分（设计）和规划结果的得出（规划方案）。这一规划方案重新为其他行为人以后的行为提供了基础。广义的规划含义指的是对未来的行动进行组织。就这点而论，对一般行为理论有效的规则和基础也适用于规划过程。因此，在我们接触到城市规划和建筑学层面的问题之前，我们更愿意把规划视为一般行为科学理论的一部分。

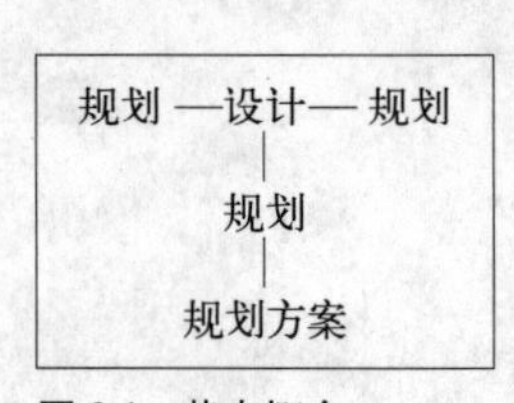

图3.1 基本概念

B. 行为人模型

行为科学中最普通的理论是从一个行为人、目标和环境的复合模型出发的。一个行为人想改变自己的未来，而且他已经对其所处的环境和各项条件之间的相互关系有了某种了解。在这种形式最简单的模型中我们可以区分出下列几个部分：

a. 行为人；

b. 行为人的目标和手段；

c. 所涉及的环境；

d. 做出决策后的未来环境（或设想的环境）。

这一模型从下列事实出发，即行为人的目标与其具有的手段相一致，也就是不追求根本不具备实施手段的完全不现实的目标。进一步的表述就是，他所要实现的目标被他所占据的行为环境所影响，这一影响因素与其所涉及的环境相联系。

最后这一模型是以下列条件为前提的，即具有对规划的现实片段进行的透彻分析，因为没有一定限度的知识就不可能为规划设计目标，没有目标最终也就无法制定行动计划（或规划）。所以这一简单的模型也就包含了一个粗略的规划过程模型。

C. 规划和设计理论的规模

1969年法吕迪（Faludi）就在一篇标题为“作为规划的理论出现的规划理论？”的论文中阐明了规划的基本规模，规划的过程及其与社会和规划师之间的关系包括下列几个方面：

— 社会价值观；
— 对规划的态度；
— 规划中的决策过程；
— 规划的组织结构；
— 规划的过程；
— 规划的实施。

在此要分清，我们到底谈论的是规划过程中的哪一部分。过程模型涉及的是规划的组织结构，而不是规划的价值观念和内容。设计过程指的是一项任务所要求的创造性综合，而不是它的实施。规划方案只是一个中间结果。规划的实施对规划和设计有反作用，它可以对规划提出修改的要求。但是不仅建筑过程和施工对规划有影响，而且建筑物未来的使用者对规划也有影响。如果业主不是使用者，则在规划的末期使用者还可能要求修改规划。最后每座建筑物和每个已规划的城市结构都要随着时间而发生改变，进而以此种方式来适应变化了的条件和需求。

这一过程在建筑物和城市结构的整个生命周期中都要久远地持续下去，甚至还会超过这一生命周期而延伸下去，如果由规划造成的土地划分形态条件和空间路网状况继续存在的话。如果建筑师只从有创造力部分的提高和设计的不变性推导出重要的实际设计（无疑是整个规划中最有趣的部分），则就存在着一个走捷径的危险。建筑物和城市结构必须具有一种坦率性，并为使用者提供能满足其需要的空间。

里格尔（Rieger）在《规划的逻辑》一书中介绍了一种规划过程中的角色配备系统，它对人们更好地理解规划、财政支持和规划实施在规划过程中所扮演的角色很有助益，并能防止这些设计师和规划师所涉及的角色被忽视。

如果用E代表设计师，用T代表规划出资人，用A代表规划实施者，规划过程就可以按照角色分配的性质进行区分。里格尔进一步还对角色承担者是单数承担者（S）（个人，同类的团队）还是复数承担者（P）（不同的业主，政治家或带有自己目的的部门）进行了区分。据此图3.2就给出垂直阅读的矩阵图。不同的参与者能在多大程度上对结果发生影响，取决于角色的扮演状况和不同参与者之间对话的组织情况。

	1	2	3	4	5	6	7	8
E	S	S	S	S	P	P	P	P
T	S	S	P	P	S	S	P	P
A	S	P	S	P	S	P	S	P

E = 设计者
T = 出资人
A = 实施者
S = 单数的角色
P = 复数的角色

图3.2 规划主体用数字表示的角色配备状况（里格尔1967年，第35页）

例如，第1种情况指的是一名自己设计、自己提供资金和自己建造房屋的建筑师。第2种是“一般情况”，设计者是一名建筑师，出资人是一名业主，施工者是一个公司组成的联合体。第8种是公共规划的“一般情况”，这一规划受多个部门和目标制定者（例如专业委员会中的政治家）的影响。建房规划实施的承担者是许多不同的业主，施工的承担者则是许多不同的建筑公司。这一简单的示意图表明了规划过程中各个角色的区别，并指出了潜在争端的所在：复数角色情况下统一意志的形成要远远难于单数角色的情况。根据经验可以假定，建筑师在进行设计时经常从较为容易形成统一意志的第2种情况出发，在实际实施中更确切地说又回到了第4种情况。

D. 规划的过程模型

对规划过程进行研究是了解规划的一个手段。在此可以显示出所要解决的问题和通过哪些步骤才能得出规划方案，还包括规划师和规划过程参加者所扮演的角色。这一过程模型还可以防止过于依赖规划师和设计师的规划出现。规划师和建筑师很容易就沉湎于一种由于对设计的巨大热情而导致的自我暗示行动，从而过高地估计设计和自己角色的作用，同时过低

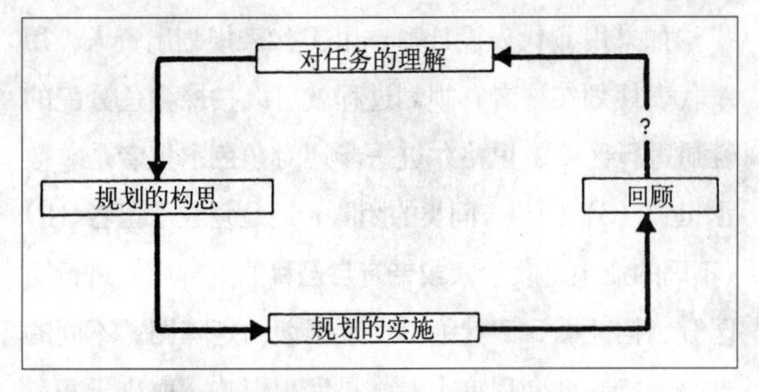

图 3.3 启迪学过程（波莉娅，1949）

估计规划过程其他参与者的作用。对自己角色的了解和对其他人角色的估计使对规划本质的关注变得简单了，同时使人们能更容易理解自己的贡献，这一贡献是作为整个规划过程中劳动分工的一部分而出现的。

规划是一个过程，在这一过程中在一定的实际条件下可以获得经验。经验（而不是理论）是对规划过程进行组织的一个重要的基础。启迪学的研究对象包括解决问题的过程和取得成功或导致失败的行为和思维方式。在此方面可以应用几个有助于对解决问题的过程进行理解的普遍的经验规则。G·波莉娅(Polya) 1949 年绘出了一幅各个阶段之间互相反馈的基本示意图（图 3.3），其中没有一个阶段会自行结束。如果一个规划方案被证明不适用，这一回路随时都可以重新起动。

布尔德克（Bürdeck）1971 年提出了一个扩大了的、非常注重启迪学的模型，这一模型已经包括了一些最重要的阶段和一个反馈过程（图 3.4）。

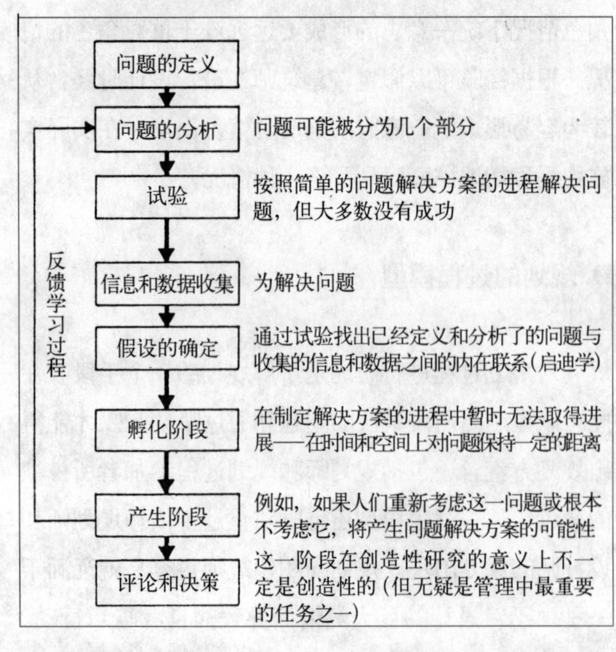

图 3.4 解决问题的传统技术的进程（布尔德克，1971 年）

阶段模型假设出了规划和设计过程的一种线性结构，但规划正像前面提到的那样并不是直线进行的，所以在这一模型的每一个层级都必须考虑设置反馈过程。这样的反馈表明，规划过程虽然分为大致的阶段，但在后来的规划过程中仍必须不断接纳新的信息，由此不得不重新进入已经结束了的阶段。因此在一般情况下没有任何一个阶段可以彻底完成，而是在整个规划过程结束之前都还可以继续利用新的信息。这一点在长的规划时间时显得尤其重要，如果在规划期间一些条件发生了变化，而一个规划又无视这些变化，则这个规划就将变得不适用。这一要求很适合于电子数据处理技术的应用，因为规划中像数据、地图、规划方案、文字报告等越来越多的组成部分都经过计算机电子数据处理，因此它们比已经完成的图件更容易被修改。但这一动态性的缺点是，规划结果几乎没有一个最终的文本，并且很晚才能对规划指标做出决策，因为加工修改仍然可能不断进行。这一点越来越多地在规划的专业基础上为规划过程增加了负担。

E. 规划过程是一个产生变体和选择方案的过程

规划和设计与社会空间任务的解决方案的产生有关。霍斯特·里特尔（Horst Rittel）是第一批不把规划过程的重点理解为是一个技术组织过程，而是理解为是一个在各种选择之间不断做出抉择的过程的人之一。里特尔认为规划过程的核心（微结构）是两个交替进行的基本过程：

— 多样性的产生；

— 多样性的减少。

为解决一个问题，至少“必须为解决方案找到一个候选方案”，这就是“多样性的产生”。如果有多个候选方案，人们就必须为排除一个方案之外的其他所有候选方案而寻找理由，这就是“多样性的减少”（里特尔，1970 年 b，第 19 页）。为了作为探索者搞清一种形势的活动空间，系统性地寻找各种变量是最重要的步骤之一。为了充分显示每个规划方案的优点和缺点并使其得到充足的讨论，多种变体和选择的存在是一种最重要的方法。空间规划和建筑学的特点在此表现得愈发清晰：因为规划的结果容易列出和进行比较，所以关于变体的讨论也可以从“后面”来进行，即从设计过程的末端和所建议的结果开始进行。因此举行设计竞赛就显得十分必要，举行设计竞赛的目的是要为问题的解决提供多样性。评奖委员会对设计方案在空间组合上所达到的一体化要求和外观形式说服力所达到的水平进行讨论，另外，功能上是否能达到要求也是一个重要的前提。设计方案入选得奖者候选名单的决定性标准主要是其形式组合的说服力。在此方面愈加明显的是，设计对象的各种功能被认为是不可缺少的附加条件，并且把所有这些条件的外观形式表达视为是设计任务的核心。

变体和抉择对业主和规划的公众参与来说也具有重要的意义。例如德国《建筑法典》规定，在建筑指导规划的早期要阐明规划的一般目标和目的、规划的预期作用和显著不同的规划方案（《建筑法典》第3条第1款）。因此变体的产生被认为是民主监督的一种手段，因为没有提供比较选择可能性的单一规划方案很难使外行人士搞明白。

不同的规划变体可以使各个方案的特有质量或不足变得更加清晰和得到更充分的讨论。在这一过程中各种规划变体在最后很少成为得到实施的规划方案，它们往往只是起到划定规划方案活动空间的作用，由此通过进一步的评价程序作为多个评价和权衡步骤的结果最终得出优先选取的规划方案。

每个高要求的设计过程都是以在一个广泛的框架内进行的规划方案寻找和对不同观点的强调而开始的。此外还包括实现基本功能的各种想法、关于建筑物和地区内部组织及几何秩序的设想、人口布局的设想、紧张因素产生的原因、与外界的关系、关于外形的设想等。

1. 复杂性产生的方法

首先需要建立一个思考问题和寻找答案方向的粗略的框架，这一框架可以确保所选择的规划方案以后不被好得多的其他方案所超过。此外，在大多数情况下因为没有时间重新开始进行规划。这一阶段处于设计过程的开始时期。在此可以在不需要太大支出的情况下调整工作方向和进行下列几项工作：

— 系统化地寻找规划方案和规划变量；

— 利用团队的创造性；

— 设想和实例的收集。

2. 降低复杂性的方法

因为在规划的悉心研究阶段在试验和编制方面投入了大量的人力和时间，多个规划方案的试验只能平行进行到某一个点为止。所以必须减少规划的复杂程度，为此应具备的方法和特点（这些方法在增加复杂性时也是有效的）是：

— 有条理地减少

依据相同的标准对规划的设想进行有条理的检查，并把变量减少到少数几个或减少到一个基本的方针。

— 设计态度

某些特定的可能性一开始就不在被考虑之列，因为它们位于设计师可以接受的范围之外。正像前面所提到的那样，例如这些态度包括：谦虚、简朴和正派；无节制和标新立异；自我中心式或顾全大局的设计态度。

— 习惯做法和经验

经验拥有一种巨大的筛选过滤作用，它从一开始就可以把未经过考验的规划方案排除在外，或通过经验要素降低规划方案的风险。

F. 作为辩论过程而出现的规划

显然，完成这样一些任务的规划方案不只是来自于一个人的“头脑”。编制一个规划方案总要有许多人的参与，他们可以是业主、市议会和管理当局、专业规划师或建筑师事务所的同事。单个局部任务的重担不应该仅仅交给设计师，而应该在意见形成的过程中放在一个广泛的基础上。最后，设计师很少生活在他设计的建筑物和城市区内。他也不可能无所不能、无所不晓。所以，为能得到适宜的和可接受的规划结果，一个规划过程的开诚布公对其他参与者来说是一个重要的构造元素。相反，一个充分的公开讨论使规划师有机会阐述自己的规划理由。如果一些理由由其他参与者承担，则这也有助于确保规划的核心构想度过困难时期。

因此设计方案从要求（参与者的目标、想法和愿望）与所处位置（或城市区域）的条件和其他附加条件的影响之间冲突碰撞的过程中产生，例如它们是由费用、功能上的要求、法律和时间的框架条件等因素决定的。

里特尔无疑是把规划理解为是一个相互作用过程的第一人。他比大多数理论家更进一步的是，把规划理解为是一种社会辩论的形式，因此就合乎逻辑地把规划描述为是一个商议的过程。里特尔用“论证过程”[普罗岑（Protzen），1991 年]模型取代了在规划中使用的信息加工模型。以这种理解可以让规划的问题在民主中得到解决。城市规划师和建筑师作为专业人士对“空间布局”虽然十分精通，但他们并没有过高估计自己的作用，而是有能力在自己空间语言的框架内使各种合法的观点统一起来。由此规划方案变得更加符合现实，它们接受了一个几乎总是相互矛盾的环境中的越来越多的事物，从而变得更加复杂。

下面是相互作用和对话在其中扮演了重要角色的规划模型的示例，图 3.5 表示的就是规划过程中不同角色的扮演者之间的相互作用。如果涉及澄清不同的现实尺度，为此规划师必须依靠与其他学科专家的对话以及其他学科的研究成果，则在不同科学领域之间决策的准备阶段相互作用就是必不可少的。

阶段 参与者	现状分析	目标的确定	规划的选择	规划的实施	现状分析	阶段 角色
公民社会						讨论 形成意志
政治家						形成意志 决策
管理者						专业监控 实施
公众利益的代表者						与其他规划进行协调
规划者						编制规划

图 3.5 以角色扮演者相互作用形式出现的规划[拉格(Laage)等，1972 年据贝希曼(Bechmann)，1981 年，第 72 页]

G. 规划和设计

对话的程序明显地是在与“艺术的”规划方案的争论中在一个很高的一体化水平上进行的。为不使这一方案变糟，人们不可能从这一方案中减少什么，也不能增加什么。这样的规划方案有时在没有进行大规模的公众参与和讨论程序的情况下产生，但这看上去只是表面现象。因为这些方案经常是由非常有经验的规划师和建筑师编制的。一个很好的技术—艺术综合体对所有重要的方面都进行了加工处理。因此经验可以部分地免除大范围的补充完善程序和监控程序。这种类型的规划方案往往通过其颇高的艺术造型质量博得人们的好评。这种加工处理方式达到了其在正常情况下罕见的形式上的可信度。这就出现了上面所述的问题，即置于对话中的规划过程与由设计师的强烈个性所带来的个性化设计过程陷入了冲突之中。公众参与和妥协是以规划方案的说服力为代价吗？或规划的说服力只有通过放弃一些重要的规划观点才能换来？

但同时可以看到，随着规划区和规划任务的愈加庞大，设计在其中所扮演的角色的重要性与大量的各方面事务相比愈显逊色。各项功能、周围环境和现存事物所提出的要求越来越多地决定着规划方案。规划的自由度变得越来越小。建房规划、城市局部和城市区域等层级上的城市规划不再决定着建筑物的建筑风格和结构，而只是对其提供一个框架。这些规划必须为建筑师和业主在实施规划时提供足够的活动空间。在完成这些任务时对一些特殊的区域来说提出一个精确的设计指标也是很有意义的。此外，现在已经拥有了一个规则准确度的混合体。

每个城市都由具各种不同意义的区域所组成。这些意义通过各区域各种不同的外观要求加以表达。并不是一座城市的每个区域都要被一个“伟大的规划”打上烙印。一个能给周围空间带来自然而谦虚简朴的框架的简单而平淡的周围环境也是很重要的。上面谈到的外观奢华的规划方案在城市规划史上往往被用于特殊的规划任务，这一点在今天也是如此。规划和设计要求之间的冲突也可以在外观要求的区别上加以解决。

参考文献

Albrecht, J.: Planning as Social Process. The use of Critical Theory. Frankfurt, Bern, New York, 1985
Arbeitsberichte zur Planungsmethodik 4: Entwurfsmethoden in der Bauplanung. Stuttgart, 1970
Bechmann, A.: Grundlagend der Planungstheorie und Planungsmethodik. Bern und Stuttgart 1981
Bürdeck, B.E.: Design-Theorie. Methodische und systematische Verfahren im Industrial Design. Stuttgart 1971
Curdes, G.: Bürgerbeteiligung, Stadtraum, Umwelt. Inhaltliche

und methodische Schwachstellen der teilräumlichen Planung. Köln 1984
Der Architekt: Entwerfen. Hrsg. Bund deutscher Architekten, Bonn. Heft 6/1984 (Schwerpunktheft zum Thema Entwerfen)
Dienel, P.: Die Planungszelle. Eine Alternative zur Establishment-Demokratie. Opladen 1978
Faludi, A.: Planungstheorie oder Theorie des Planens? In: Stadtbauwelt 1969 Heft 38/39
Fehl, G.: Informations-Systeme, Verwaltungsrationalisierung und die Stadtplaner. Taschenbücher des Deutschen Verbandes für Wohnungswesen, Städtebau und Raumplanung. Band 13, Bonn 1971
Gronemeyer, R.: Integration durch Partizipation? Arbeitsplatz/-Wohnbereich: Fallstudien. Texte zur politischen Theorie und Praxis. Frankfurt 1973
Habermehl,P.: System und Grundlagen der Planung. Taschenbücher des Deutschen Verbandes für Wohnungswesen, Städtebau und Raumplanung e.V. Band 9, Bonn 1971
Harnischfeger, H.: Planung in der sozialstaatlichen Demokratie. Neuwied, Berlin 1969
Hegger/Pohl/Reiss-Schmidt: Vitale Architektur - Traditionen, Projekte und Tendenzen einer Kultur des gewöhnlichen Bauens. Braunschweig 1988
Laage/Michaelis/Renk: Planungstheorie für Architekten. Reihe Grundlagen der Architekturplanung. Hrsg. von G.Feldhusen. Stuttgart 1976
Luhmann, N.: Legitimation durch Verfahren. Reihe Soziologische Texte, Bd. 66. Neuwied und Berlin 1969
Luhmann, N: Politische Planung. Aufsätze zur Soziologie von Politik und Verwaltung. 2.Auflage. Opladen 1975
Narr/Naschold: Theorie der Demokratie. Stuttgart 1971
Polya, G.: Schule des Denkens. Bern 1949
Protzen J.P.: Die Wissenschaft vom Planen und Entwerfen - ein Überblick über das Fachgebiet. In: Symposiumsbericht Entwurfs- und Planungswissenschaft in memoriam Horst W.J. Rittel. Institut für Grundlagen der Planung der Universität Stuttgart, Stuttgart 1991
Rittel, H.: Systematik des Planens. Bauwelt 1967, Heft 24
Rittel, H.: Zur Methodologie des Planens im Bauwesen. Der Architekt, Heft 7, 1970 a
Rittel, H.: Der Planungsprozeß als iterativer Vorgang von Varietätserzeugung und Varietätseinschränkungen. In: Arbeitsberichte zur Planungsmethodik 4, Stuttgart 1970 b
Rittel, H., Webber, M.M.: Dilemmas in a general Theory of Planning. In: Policy Sciences, 4 /1973, Amsterdam 1973
Rieger, H.Ch.: Begriff und Logik der Planung. Schriftenreihe des Südasien-Instituts der Universität Heidelberg. Wiesbaden 1967
Wilkens, M.: Die Angst vor den Formen. Zu einer Theorie kollektiven Problemlösens. Bauwelt 1973, Heft 22
Zwicky, F.: Entdecken, Erfinden, Forschen im morphologischen Weltbild. München/Zürich 1971.

第 4 章　规划的过程

A. 影响范围

1. 与人员有关的部分

世界上没有纯粹的设计方法，因为设计方法或设计方法和技术的组合总要受到设计师的基本态度和个性的影响。自发的行为和自信的人士更偏爱采取直观而重复的行为方式；工作有条理而细致的人更偏爱采取有系统的行为方式和使用可靠的规划方案。经验在其中起着重要的作用。随着设计经验和实施经验的增加就逐渐形成了设计的特殊组合和例行公事。

团队工作：有经验的建筑设计事务所形成了自己特有的经常从外观上也可以表现出来的工作“风格”。属于这些“例行公事”的还有随着共同的任务而发展和焕发起来的团队精神、工作能量和想像力。集体的贡献在规划和设计中起着很重要的作用。洞察力和协作能力还有巨大的潜力，各种不同的能力和兴趣爱好使人们在设计时可以平行地进行工作。

但是团队工作要求对各种角色有一个清楚的界定，以便使成果能经受时间的考验和不使其成为各种意见的大杂烩。为避免这一现象的出现，设计事务所大多挑选那些与自己的设计理念相近的工作人员，而年轻的建筑师也经常在那些与自己有精神上亲缘关系的事务所求职。以这种方式就形成了具较少分歧而颇具工作能力的团队。

创造性：19 世纪设计理论家之一的 J · N · L · 杜兰德（Durand）发现了建筑设计中一些基本的前提条件：“建筑学既是科学又是艺术；作为科学要求知识，作为艺术需要（天才的）能力。这一能力是指正确而轻松地运用知识的能力，这只能通过不断的训练和多种多样的应用才能获得。”[韦尔肯迈尔（Welckenmeier），1984 年，第 273 页]

尽管有一个通过教学计划组织的很相似的大学教育，但不同的个人兴趣和学生从某位教师处得到的建议都可以使每名学生从教材中学到不同的东西。这些鲜明的个人特点使其在着手进行一项工作时就有了巨大的差别。我们可以明显地看出其重点为历史的、城市规划的、技术的、生态的、法律的行为方式之间的外表区别，以及古典的、纯粹的或外向的形式语言之间的差别。

其他的因人而异的区别是个人特性或个人类型之间的差别。一个人是如何释放出他的创造性的？是早晨还是晚上？是一个人还是和其他人一起？是在散步时或闭眼睡觉时，听音乐时还是喝酒时？一个人是脑筋一转就有了结果，还是要经过纸上或模型中艰苦的探索过程？每个人的空间想像能力有着很大的差别，一些学生几乎无法将二维空间的表达在三维空间中看明白。

2. 不同问题的影响

问题尺度的大小也对设计方法产生影响。一座城市比一座建筑物复杂得多：所以城市规划需要与建筑物设计完全不同的设计理念。在这方面设计任务的尺度影响着设计方法的使用：小区域的设计任务与建筑物的设计思路近似,而大尺度的设计则需要自己的方法。

不同尺度的设计的示例：

— 一座建筑物的加建；

— 建筑街区尺度的设计；

— 市区和城市一部分的设计和规划；

— 城区尺度的规划；

— 城市尺度的规划；

— 地区尺度的规划。

一般来说可以假定，随着空间尺度的不断增大，其责任也越来越大，同时设计的活动空间就变得越来越小：限制条件不断增加的法则。所以随着面积的增大，创造性的份额就越来越小，而责任和义务却增加，设计的概念就让位于规划的概念，自发的行为就让位于有计划的行为。

3. 规划任务和前后关系的影响

规划任务：随着任务的不同所需要的知识和能力也不相同。不同的任务使各方的兴趣也发生了巨大的差别。需要特殊专业知识的艰巨设计任务（例如土地利用规划、控制性规划、建房规划、飞机场、大学建筑和医院建筑、古建筑物更新改造等）使一些专门的设计事务所得以形成。

前后关系：规划对象的位置（城市边缘、城市中心、较多的或较少的前后关系等）通过或多或少的前后关联指标也决定了某种特定的分析和设计步骤。

关于设计观点的影响我们将在下章中讨论。

B. 设计的基本方法

下面我们将阐述六种不同的规划设计方法。每种方法都有优点和缺点，这些优缺点都以关键词标出：

直觉的 / 联想的方法（充满预感的感受理解、自发的、不完整的、以构想和图像为导向的）：规划过程初始阶段所使用的一种方法。直觉绝不能与一种偶然的或不科学的过程相提并论。直觉是联想的、整体性的、以构想和结果为导向的行动的一种特定形式。直觉可以在不受压制的情况下通过细节、整体性的和形象化的解决方案来寻找。在这一过程中经常会出现一些规划成果的某种整体性想法，其中的一些成果在继续研究的过程中会得到修正，另一些成果则可能丢失。然后人们就回到初始的图像中，并对至今为止的结果在直觉图像中较好的方面加以修正。图 4.1 表示的是直觉行动的模式。

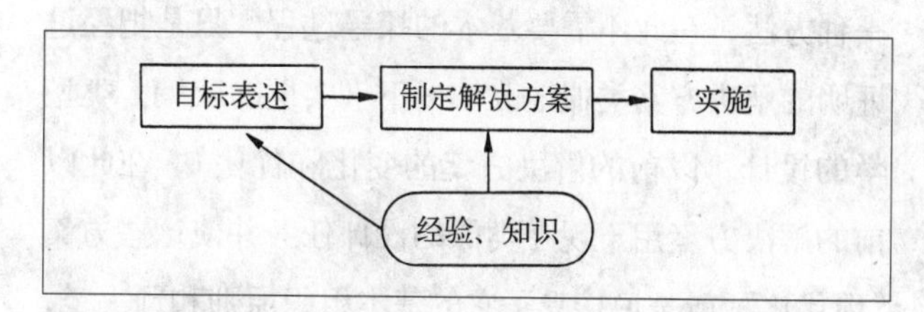

图 4.1 直觉的行动 [贝希曼 (Bechmann)，1981 年，图 31]

反复的方法（逐步地接近、对每个设想进行检查、解决方案的方向有所变化。规划设想的过滤过程）：这是一种审核规划设想的方法。人们审视一个基本设想的缺陷并使其逐步改善,直至它符合了全部要求（图 4.2）。

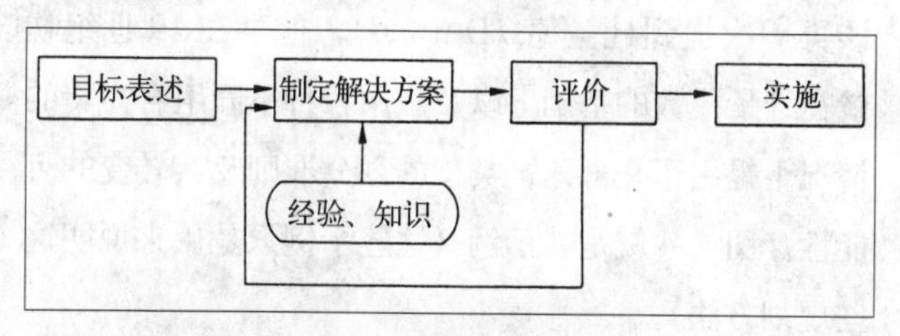

图 4.2 反复的行动 (贝希曼，1981 年，图 32)

系统的方法（按照一个有着某种结构的程序来进行）：这是一个使在较长的时间内及参加者的时间和工作组织方面的设计和规划过程（按照功能层级和规划步骤）结构化的方法（图 4.3）。

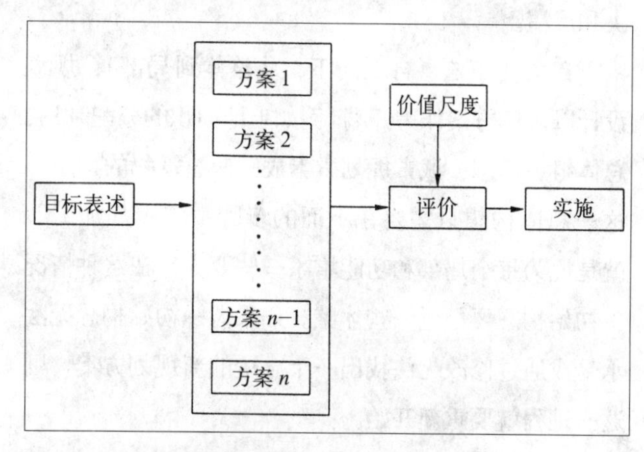

图 4.3 系统化的行动 (贝希曼，1981 年，图 33)

规划方案是作为各种不同要求的综合和一个探索和权衡过程的合乎逻辑的最终产品而出现的。这一方法一般说来被称为规划。系统化的行为方式不会听任偶然和直觉的事情发生。要完成的任务被拆分为单个的部分和相互孤立的或互相关联的局部问题并逐步地转化为局部的解决方案，这些局部解决方案最后结合成为一个整体解决方案。系统学也是用于组织不系统的过程时期的一种方法，这一过程需要整理、补充和审核。

相似法（类似的、同样的）：适用于例行公事的一种方法，在此不需要基本的探寻过程。只是把经过证明的解决方案类似地改编一下（实例的改编、类型学的设计、以前的解决方案的变化和优化）。在此以前的解决方案用于现在类似的设计任务并使这些方案"现代化"，就是说接受了它的基本组织原则和预决定，并且只需要对适用的方案进行调整和补充。

这取决于规划任务和好的规划方案改善的合理性。我们整个建筑历史和城市历史赖以生存的所有类型学方案和类型文化都可以追溯到经过考验的各种要素和形式的类似应用上。在这种情况下我们应该再一次提到杜兰德（Durand），他早在19世纪初就在计量模数的基础上以及应用各种不同组合方案的情况下提出了全部建筑类型的划分准则及其转变的可能性。图4.4就是其示例（这些示例只是用来说明这些规划方法）。

自下而上法（自下而上、从部分到整体）：首先先寻找出局部的解决方案，例如道路系统、建筑方式、绿地系统等方面，然后再把它们组合成为一个整体方案。其结果可能是一个简单的相加，这种方案有可能缺少主线——总体性思路，不过局部的问题得到了解决和澄清。

自上而下法（自上而下、从整体到局部）：规划设计以总体方案作为开端（例如土地面积的分配利用、总体组织构想、城市规划方案或一座建筑物的构想）。这一总体构想只需要在下面的步骤中"稍加加工"，就是说为每个局部和功能增添一些要求。在这种情况下初始构想要经过一些休整。如果这一初始构想无法承受或通过修改无法找出一个合适的新规划方案，则这一过程就要重新开始。

各种方法混合使用作为一种适合的方法：一般来说上述的各种方法被所有的设计师和规划师（只是以不同的权重）所采用。设计过程可分为各种不同的阶段，所以各种方法可以分别用于不同的阶段：

直觉的／方法：在规划过程的初始阶段使用。

反复的方法：用于审核构想和产生变量的一种方法。

系统的方法：用于完成复杂的规划和设计任务以及"整理"阶段所采用的一种方法。

相似的方法：办理不需要探索过程的例行公事的一种方法。

自下而上法：说明各部分之间的相互关系和各功能的相互要求的一种方法，它是各个单一组成部分的设计方案。

自上而下法：开始时就有一个整体构想。

C. 不同"逻辑"之间的竞争

至今为止我们主要谈论的是规划者和设计者所扮演的角色。但是这里还有许多其他方面的"逻辑"，这些逻辑与设计的逻辑处于竞争状态。下面我们就把这些逻辑简单地描述一下：

1. 外形的逻辑

设计师自我理解的本质部分是通过外观形式来表达的，特别是在建筑学设计和城市规划设计中更是如此。正像上面所说的，外形具有信使的特征并被给予了很高的评价，甚至给予了过高的评价。对每个人来说它都是专业性的自我意识的可见的基础。在许多建筑学校中对外观形式逻辑的评价明显过高了。对此在下面的章节中我们还要进一步讨论。

因为建筑师把外观形式视为其最为关切的事情，所以经常把外形的意义估计过高。但是还有其他对规划过程和决策过程起决定性作用的很有意义的准则：功能的逻辑、时间逻辑和资金手段的逻辑。

2. 功能的逻辑

通过功能的空间要求所形成的空间秩序的结果就是空间结构在功能决定的局部外形上的分离，这些分离部分相加就构成了总的结构。我们在基础设施、结构工程、经济上的土地利用中看到的外观形式并不是

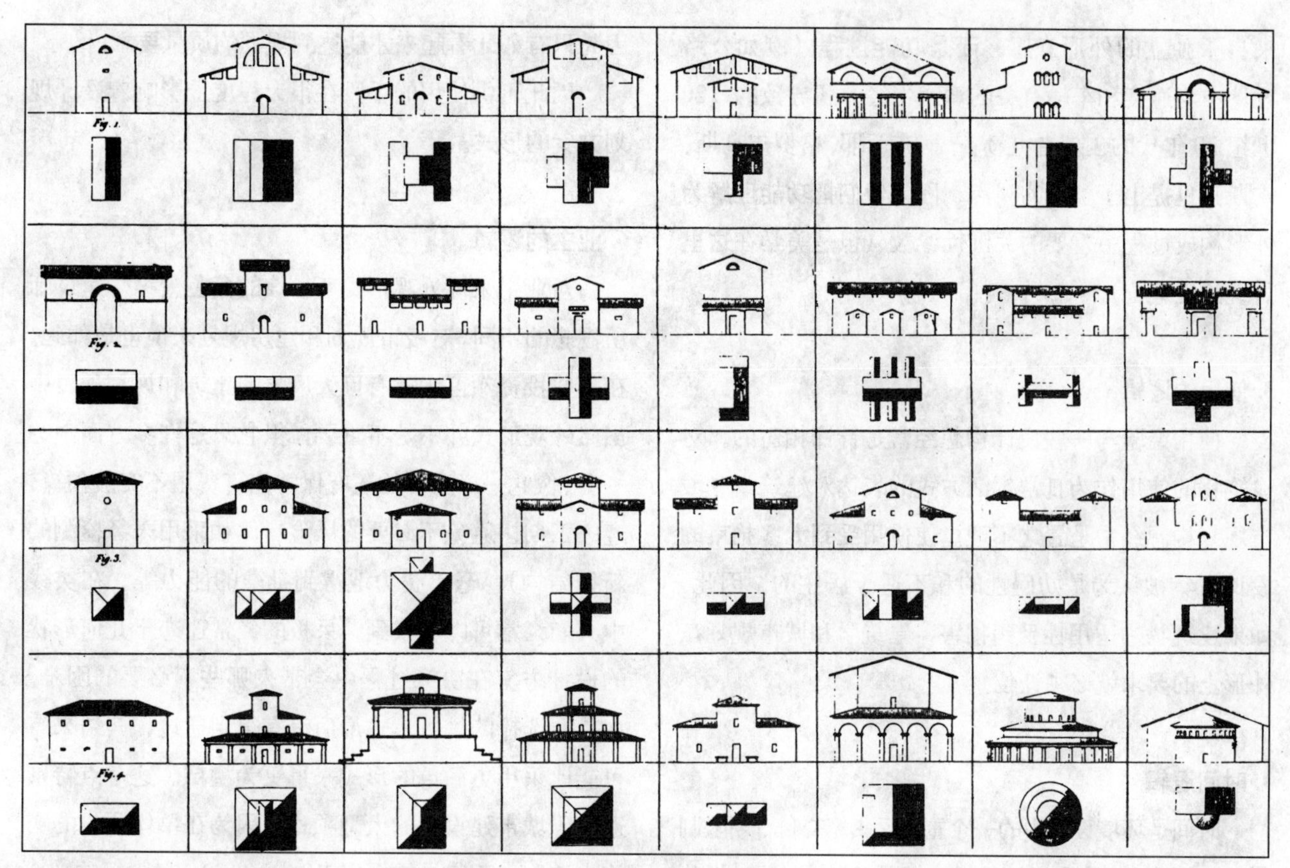

a）屋顶外观形式的组合

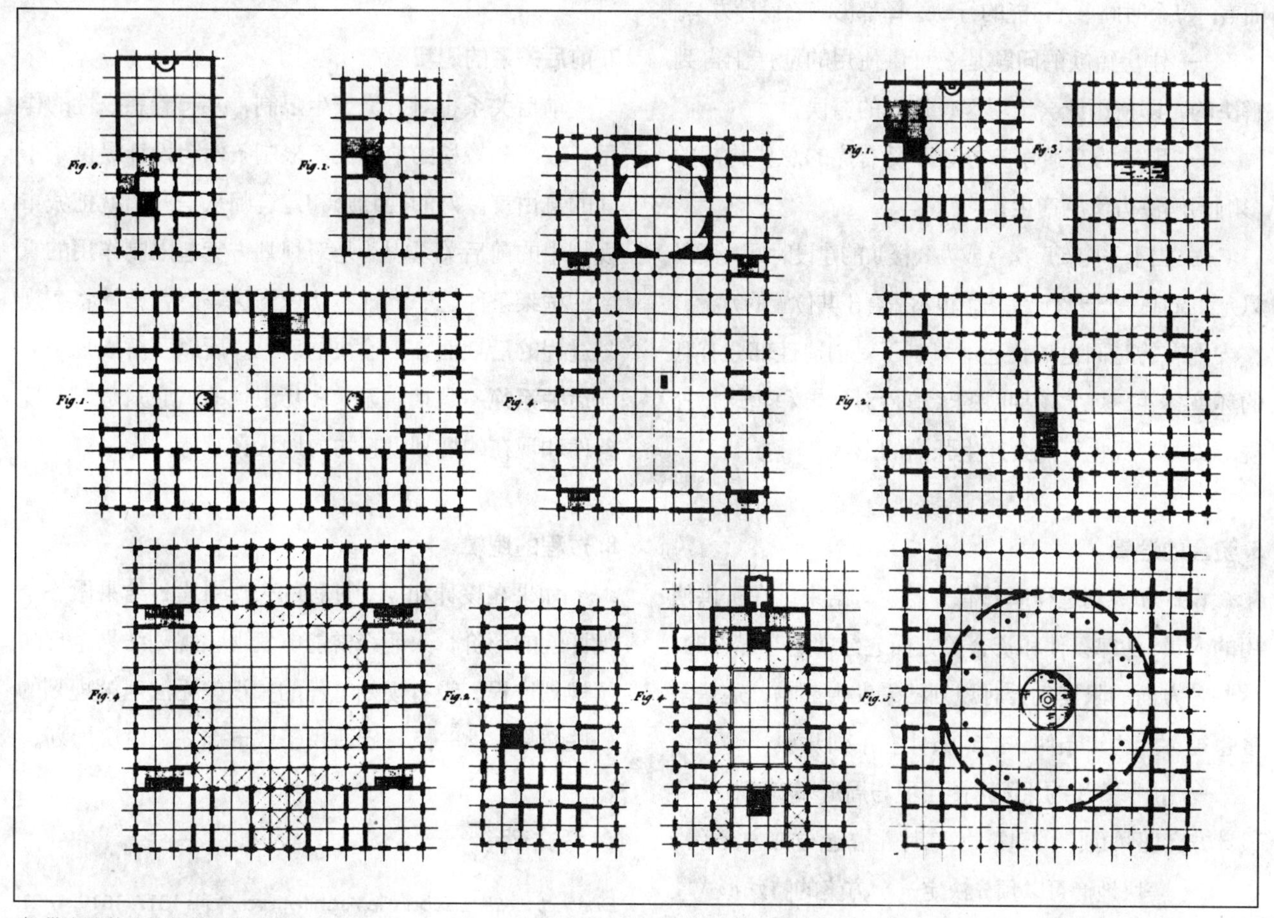

b）带庭院的建筑物的变化形式

图 4.4 杜兰德的模数设计系统（杜兰德，1817–1821 年，米兰，1986 年。Terza sezione，planche 7+15）

来自于独立的外形意愿，而是功能过程（例如公路设计中与速度和车辆有关的弯道半径）所导致的。20世纪20年代的创新者（勒 · 柯布西耶、格罗皮乌斯、密斯）也提出了类似的观点，因为他们把功能理解为外形构成过程中重要的关键性参数（但是美学在这里居统治性地位）。

3. 使用的逻辑

使用经验与一些设计构想经常是针锋相对的。对建筑物的使用作为日常生活方式的表达对建筑学和城市规划构想经常是置之不理。使使用受到太多拘束的设计方案被认为是妨碍性的和不适于居住的。因此，如果建筑物的适用性受到损害，建筑学和城市规划在外形上的要求就必须让位。

4. 时间逻辑

时间是环境设计中的一个重要元素。交付日期限制了设计、设计竞赛和设计委托中探寻方案的时间。就此而言，每个时间单元可能的行动选择都影响着设计方案。

— 住房短缺的问题是在可供使用的地产上得到解决的，即使因此会出现区位选择的错误；

— 现实的交通任务导致不受有序的总体构想的影响的解决方案的产生；

— 由于一座新厂房（或办公楼）的建设时间，所以只允许选择一个已设计完毕，但不适合于其位置的方案。

现有的时间也最长远地限制了对创造性部分有利的环境条件。规定了期限的紧迫性对城市和建筑物外观形式的形成也可能会产生强烈的影响。

5. 资金的逻辑

设计和规划过程幸好有开始也有结束。在可供使用的人员、法律条件和资金等方面它经常是有界限的。这些各方面的限度也会对规划结果发生影响，这些限度也被称为约束条件，约束条件有下列几项：

— 由于费用的原因可能出现与周围环境不相称的设计方案(例如预制的建筑物、临时性措施、过渡方案等)；

— 一块地产可以预先决定一个方案的特殊形式；

— 具有法律效力的建房规划可以规定建筑物的外形；

— 人员和资金的缺乏可以导致剽窃的发生，因为只有如此看起来才能达到规划的质量要求。

因此可供使用的手段在很大程度上影响着设计规划方案的形式。

6. 业主的逻辑

对业主来说外观形式所扮演的角色大多与建筑师所设想的不同，对城市规划和建房规划来说也是如此。在那些投资额巨大并有巨大风险的建筑和规划项目中虽然外观形式并不是不重要，但它只是许多方面中的一个。像它一样重要的还有保持建筑费用不突破预算、遵守工期、避免不必要的风险（例如采用未经检测的新型结构）、毫不费力地得到批准的能力等。在实践中人们经常可以观察到，呆板的经常迷恋于几何形状的设计方案在决策过程中会带来哪些不必要的困难。如果所选择的呆板形式最后没有得到通过，其结果有可能比采用更简单的形式来得更为糟糕。这一点特别适用于城市建设中的大型项目，因为在单体项目的实施中这一点不容易被看出来。

7. 前后关系的逻辑

前后关系也对方案产生限制，并起着惩戒性的作用。较严和较松的前后关系限制条件为设计提供了不同的自由度。好的规划师和建筑师从一开始就把城市规划中的前后关系视为是对规划方案起限制作用的重要的框架条件之一。谁不认识到这一点，谁就将在规划过程的后期面临不愉快的后果。所以了解规划中的前后关系绝不是枯燥无味和历史性的。它只是对环境条件和现在的规划设想均匀地认真对待。

8. 过程的逻辑

如果在设计和规划过程的末尾对设计结果做一个批评性的评价，人们经常能够发现，规划结果也反映了规划过程。没有规划过程的知识就无法理解规划的一些结果，这一点特别适用于城市规划和建房规划。

参考文献

Durand, J.N.L.: Lezioni die Architettura. Paris 1817, 1819, 1821. CittaStudi. Milano 1986 (übersetzter Nachdruck)
Weickenmeier, N: Entwerfen. In: Der Architekt 6/1984 S.273

第 5 章　设计的空间逻辑

A. 过程和设想：外观形式是如何出现在设计中的？

不管人们依赖于哪种过程模型，这些模型都无法解决在规划方案中以哪种设想和意见为出发点这一问题。在 20 世纪 70 年代对规划的批评性讨论中许多人认为，外形的问题只能通过参与过程来解决。外形并不是最重要的，它只是许多重要的内容方面之一。外形的重要性长时间以来被建筑学家们过高地估计了。

建筑学的发展对这一问题给出了完全不同的答案。外形只是文化语言的一种表达方式，这一点今天我们比当时认识得更加清楚。外观形式转达了建筑物的要求、意义和生活模式。外形是某种文化意识的表达。一座建筑物或一个城区能够正常运转被视为是必要的最低条件。除基本功能之外，外形还应该为建筑物赋予更深一层的意义，并表达出相应的内涵、乐趣和自豪。

以过程为导向的规划设计理论不可能也不想讨论建筑物外观形式的问题，因为它不能一般化地进行描述，而是与相应的时间、地点和任务紧密相联的。外观形式不是设计过程的产品（除偶然形式之外），而是一种设计理念的表达。使用功能、所应用的材料和生产程序都影响着一件作品的外形。但一般来说这些影响并没有决定外形的全部，这里还存在着较大的活动空间。不过外形并不是孤立地存在于设计者的头脑之中的，它是文化环境的一部分并且铭刻着设计者的思维和认知方式。因此外形经常来自于范本和最新的样本。范本具有各种不同的景象，例如城市。所以外形只能通过一种分开的过程，例如通过产生空间秩序的技术、通过几何秩序的构想或者通过一个整体性的外形设想找到进入规划程序的入口。使设计、空间组织、使用功能和外壳联系起来的技术被大多数建筑师理解为是狭义的设计过程的一部分。

B. 空间设计的逻辑

1. 几何和对称

作为空间方案出现的外观形状拥有自己的逻辑，几千年以来几何和对称就是构成外形的核心手段。通过构成一条清晰的或假设的中轴线可以为内部结构给出完全不同的外观形式。

2. 不规则的秩序

这一准则通过围绕着扭曲的和不规则的结构和空间的逻辑的艺术性的城市规划（习俗）得到了延伸。

3. 组合的秩序

现代主义是在接受了在构成派绘画艺术和雕塑中发展起来的通过形式分配而产生的制造紧张的准则，以及采用了可塑的安排和活动空间等附加原则的基础上产生的。弗兰克 · 劳埃德 · 赖特通过其 30° 和 60° 角的采用进一步丰富了这一准则。

4. 非构成主义秩序

建筑学中的俄罗斯构成主义流派和现在的非构成主义流派，试图把以紧密的立体物为导向的传统的建筑物理论，转化为一种建筑物或城市的局部功能都可以分开成为独立的外观形式的建筑物组织的理论体系。在此人们试图把几千年以来在实践中一直从属于建筑物宏观形式之下组合在一起的各种不同的房间尺寸、相互连接、结构类型和暖通设备等元素再次分解开来。

5. 残缺不全的秩序

其他的新鲜事物还有对碎片的另一种理解，到目前为止，设计师经常试图强迫规划中不具备的周围环境接受他们所偏爱的秩序逻辑，为了减轻新老秩序之间断裂部分所留下的痕迹（或者通过引入新秩序），就可以把碎片认为是城市中进行有限干预的逻辑产物。反正只是在形式上和谐的秩序方案在此就显得不诚实了，因为他们只是许诺形式上的和谐，虽然他们不是缺少实施的手段就是对方案实施后的社会和财政后果故意不提。这样这些设计就迎合了决策者潜在的和谐需求，这就重新激起了可能变为现实的和明智的不诚实的幻想。

6. 结构上的或前后关系的补充

这样在城市中就出现了一种空间上和时间上有限度的干预方式，这种干预不是隐藏在外表形式之下，但是它在不断寻找与现存物体之间的关系。由此就必须避免使建筑环境发生过于深刻的变化。这可以被认为是结构主义的立场。

7. 拼贴画，城市空地

把城市理解为是一幅在功能上由城市地块松散连接起来的拼贴画为这一观点提供了最合适的景象。（此外这里还有一个来自绘画的概念，这一概念表明，视觉形式能在多大程度上对人们的空间秩序想像能力发生影响。）

8. 外形的逻辑

空间秩序的逻辑历史上是从外形的逻辑、特别是从简单的空间几何逻辑发展而来的。因此，在空间中直角就占据了统治地位，它使得建筑街区、地块、房间和家具在不产生无法利用的残留角的情况下能够很容易地相加和分割。只有在有了合理的理由的情况下，人们才会偏离这一节俭的土地利用方式的合理逻辑。这些原因有地块边界形状、地形上的不规则性或布局上的要求等。我们可以把外形逻辑简单地划分为两种基本类型：

a．可以相加，因此具有直角的要素。

b．外形多种多样，并且无法进行无间距相加的要素。这些要素只有凭借一定的间距和过渡外形才能进行叠加。它们经常作为独立单体性建筑物在规划方案和外观秩序上有着特殊的功能。独立单体性建筑物在外形上有着很大的自由度，这一自由度也会对其内部的组织结构发生影响。

C. 外观形式逐渐消亡的趋势

目前在建筑学学术讨论的框架内出现了一些广泛流行的观点，这些观点对建筑物的耐久性以及人们对其投入的人力物力等这些几代人给出的建筑形式提出了质疑，建筑物的理性魅力不可否认，但是上述的趋势将改变人们对建筑物的理解。人们从这一讨论中可以明显地看出，这一观点是一个物质过剩的社会和无聊编辑的产物，我认为在这些观点的框架内讨论，无助于保持欧洲城市的建设质量和促进城市的继续发展。

富有启发性的是，这不再涉及建筑物及其前后关系的传统争论，而是涉及建筑物和城市组织结构的消亡。草率的是，正像近几年中许多论文所描述的那样，一个在电视时代所察觉到的现象被当作了建筑学和城市规划讨论的范例。这使人想起了 20 世纪 20 年代关于建筑学水平定位问题的辩论，其假设是，开车时由于速度的原因人们会察觉到另一种外部形象！但是城市中不是还有居民和步行者吗？今天许多学生还在着迷而不知所措地讨论着混沌结构、虚拟建筑学、分解作用、“车上服务景观”和纯由结构构造组成的生活世界的神话。在计算机、互联网和利用快速变化的世界中永久性的建筑失去了其存在的意义。室内和室外的界线变得模糊不清，“各种物体之间的距离大大缩短，在这一意义上建筑学陷入了危机或显得过时了”。

过时了？新的媒体和信息密切而快速的交换诱使人们从具体的设计方式转变到虚拟的思维和设计世界之中。

这一进程的先驱者之一弗卢塞尔（Flusser）鉴于上述的这些观点在建筑学杂志（一座全自动化“智能房屋”的景象）上正确地论述到：“如果一座建筑物的四周都开始智能化，人们就必须接受它的缺点，人们必须把建筑物再次搞得令人厌恶。极为富有的人才能承受得起一座完全非智能化的房屋，在这座房屋中人们自己做饭，自己劈柴，房间里没有电话。”显然脱离了我们自己的躯体的精神突然回到了人类生物的现实之中。精神总是存在于躯体之中的并且它有自己的简单需求。这对所有那些不喜欢胡思乱想的人都是一种安慰。

不安全感在这里是需要的。至今为止得到证明的东西中没有任何东西应该被不加思考地接受。但是更为糟糕的事情是，人们把经过考验的东西未加查看就扔到历史的垃圾堆中，自己在没有安全网和双层保险地板以及未进行足够训练的情况下就在高空走钢丝，其跌落下来的可能性就很大了。从这里就可以很接近正确的方法了，把经过证明的要素作为方案可靠的基础来使用，并且把新事物以小步骤试验性地补充到规划方案中，即使一项失败也不会带来技术上和经济上的毁灭性后果。对于赞助性的试验项目和设计师自己的建筑项目适用于另外的规则。相反，在设计和建筑的日常工作中我认为这是一种负责任的立场。

在此我还想介绍一下迪特尔·克拉森斯（Dieter Claessens）的想法，他以不同寻常的洞察力表述了使生活感到舒适的建筑学与示范性建筑学之间的两难处境。他联系到“大型的”巴洛克建筑风格的项目、功能主义建筑风格的项目和社会主义建筑风格的项目，勒·柯布西耶、阿尔贝特·施佩尔和弗兰克·劳埃德·赖特等人的大型住宅建筑物和大型项目，他们的设计方案都“拥有最好的良知”……，“与大型项目的实施相比‘狭隘的’悲观主义和胆怯受到了鄙视。符合逻辑的是作为委托者的大型建筑项目（或相应的财团或委员会）的建筑师就像尘世的和精神的君王或资金磁石一样。恰好是较著名的建筑师最害怕只具备人性的‘平庸’作品。”（克拉森斯，1994年，第43页）

克拉森斯把平庸这一概念作为设计方案中不属于“先锋派”的一种隐喻。平庸并不意味着是不好的、不专业的、落后的或历史性的建筑学，而是指以慎重负责的态度对待重大的设计任务，从而较少产生哗众取宠的设计成果。“同样，正像代表这一概念应该进行民主化一样，代表的建筑学表达也必须是简洁的。可惜在此方面很少进行成功的尝试。在这里引起回响的简朴这一概念并不时兴，在现实中它成为了一种生活方式，这一点不仅是勉强地才被认识到。这并不意味着出现了新的‘毕德麦耶尔（Biedermeier）风格’。狂妄成性好出风头并不能确保伟大作品的出现，也许我们缺少小型建筑形式的设计大师与这种形式的支持者。”（引文同上，第44页）

D. 设计观的影响

基本的设计观念也影响着设计过程。参加设计的人员代表以不同的工作形式表现出来一定的基本设计观念，例如，人们把设计对象看作为是独立物还是更注重其前后关系，即建筑物是作为独立的对象还是重视其在城市空间中所扮演的角色。

另外，几何学上的嗜好也起着一定的作用：一些人是追求规则的排列还是不规则的排列？直角、斜角或者是弧形和圆形的几何图形起作用？

同样，每个人对城市内涵和历史在城市平面图中所扮演的角色的理解各不相同。优先保持城市中建筑和地块结构连续性的观点与希望彻底改变城市面貌的观点针锋相对。对城市的某些部分来说也是如此：城市结构应该更单一化一些还是更多样化一些？是建立各个城市区域都力求拥有或容忍自己的表达方式、断面、不连续性和混沌结构的“拼杂性城市”，还是总是力求建立城市建设上的相互关系，以及同一性的结构？依这些问题上基本观念的不同制定方案的方向也有所不同。

过于挥霍浪费的还是纯粹主义的？越过上述的各个方面我们还可以明显地区分出简洁的、忠实于材料和外形的，或与此相反的、不注重功能的、注重艺术性和富于表现力的表达，出乎意料的或注重花纹装饰的各自不同的设计观念。

基本的设计态度还有，人们是否把自己视为是历史链条中的一个环节，向建筑典范看齐还是对每项任务都要求有“新的创造”？

外形还是功能？风俗习惯或者是美学？这里也有十分清晰的立场。图 5.1 概括了各种各样的设计观并展现了外观形式的窘境。清楚的是，外观形式并不是像“自己得出的”那样是设计过程的最终产品，而是代表着相应的设计观和价值观。外观形式是并且永远是整个权衡和整合过程的艺术表达。好的建筑和产品形式有一种压倒性的意义。它们表达的东西多于所有功能的总和，并对造型上的各个方面提出了建议。

比设计方法更具有基础性意义的是设计者在进行设计时所持的设计观念。设计观是指设计时的伦理和艺术信念，它限定了设计方法的选择和设计方案的搜索空间。设计观关系到设计的结果、形式和最终设计的适用性。图 5.2 和图 5.3 把这些观念一次从内容的角度、一次从外形的角度以各种各样对立的概念的方式对照列出，这些概念是以对照的方式以广告格式阐述的。在此之间还有大量的中间观点，这些概念

独立的物体还是前后关系？
建筑物或空间？物体或结构？

正规的还是非正规的？
直角的逻辑或其他规则的逻辑？

同一性还是多样性？
拼杂性城市或同一结构？
城市区域、断裂、不连续性、混沌结构？

城市规划规则？
平实的（但强烈的）或矫揉造作的（但经常是没有承载力的）秩序？

过于挥霍浪费的还是纯粹主义的？
简朴的风格 = 知觉的贫穷吗？喜爱非功能性，从几何学世界中逃离。挥霍浪费的几何学想像力、结构的和非结构的想像力是对不采用装饰花纹的补偿吗？

是仿造其他的样本还是设计世界的新创造？
是继续发展已经过证实的类型学和设计方案还是“每星期一都发明出一种新的外观哲学”？

外形还是功能？
外形影响着功能？还是功能影响着外形？不仅对各种功能的组织来说有自由度，而且对其美学—几何学形状的产生来说也有自由度。

风俗习惯还是美学？
这是大部分美学工作方式所存在的危险！
但秩序是通过外形产生的。

图 5.1 完全对立的设计观

a）基本观念

简单的	复杂的
最小的	最大的
纯粹主义的	表现主义的
朴素的	装饰的

b）组织方面的思维方向（平面图组织、土地利用）

非专用的	特殊的
功能未定的	功能达到最佳的
可变用途的	用途特殊的

c）工艺技术方面

适用的技术	新技术
传统的	创新的
无风险的	试验性的／有风险的
低技术	高技术

d）所采用的材料方面

重的	轻质的
永久性的	临时性的
整体的	拼接的
较少材料	许多材料
昂贵的	便宜的

图 5.2 内容方面的设计观点

a）二维和三维空间组织的秩序准则

几何的	有机的
正规的	非正规的

b）外观形式

立方体的	雕刻的
工程的	自然的
简单的	复杂的
从属性的	居支配地位的

c）外形效果

静止的	活跃的
古典形式	新形式
传统的	现代的
历史的	未来的
类型学的继续深化	新类型

d）建筑物方案

盒状的	构成主义的
封闭的	开放的
分成等级的	添加的

图 5.3 形式上的设计观点

并不是总能划分出清晰的类别，其中的一些还互相重叠。这样概念的模糊正好符合了想要的内容的模糊，以此可以对单一的观点或全面的设计观进行分类。正像人们看到的那样，如基本设计观可以很好地利用图5.2*a*）组中某些特定的概念。但这些概念也不是对设计的所有方面都同等的适用，例如一座建筑物的外观可以设计得非常简单，但其内部可以由非常复杂的工艺技术组成，或者一座未来主义造型的建筑物也可以采用传统的结构工艺和楼宇技术设备。对于城市规划设计来说也是如此，街道和广场可以设计得简单或复杂、注重功能或不注重功能。

并不是同样的设计人员和设计事务所都总是采取同一种设计观点，而是应该依据不同的设计任务和环境条件采用不同的设计观。在这种情况下设计观点将发生改变或变得复杂化，这时各种不同的、看起来完全对立的观点要组合到一起。除了要采用经过考验的方案之外，还要进一步提高设计技巧，采用新技术，进行新试验，接受新创意。对一种立场的固执坚持都可能导致一种僵化，并导致与专业性讨论相脱离。这可以使传统的脱离了短命的炒作和流行时尚的设计观处于停滞状态或发生越位。这样的争论没有人能够幸免，并且争论仍然在不断地发生。

对于这里变得越来越明显的困难在其他地方所谈论到的外形和空间秩序所扮演的复杂而又相互矛盾的角色应负主要责任：外观形式总是一个各种对立要求的组合体。复杂的要求和简单的形式构成了一对矛盾，反之也是如此。此外外观形式还是设计理念的承担者！因此形式也是信息传达者、文化识别的标志或结构布局的综合体，通过它可以表达出建筑物的个性、现代风格和目的。所以说这种组合经常是一种走钢丝而不是轻松的闲庭信步。

对于形式上和内容上各种不同的设计观点我们想借助柏林老城中心的示例加以说明（图5.4）。

在示例的东部（右部）有一片依据CIAM（国际现代建筑协会）的准则设计的被过渡空间形式的间隔绿地所环绕的住宅建筑物，这样的区域对市中心来说未必合适。本区设计的任务就是，在这片住宅区与西部的有轨电车线路之间找到一个对不平衡的两侧都适合的建筑和土地利用方案。

如果人们还能想起本书第一部分第1章所阐述的关于城市外形的设计观点，我们就觉得下面这些设计方案所代表的设计观点是不应该出现的。

示例*a*）表现的是一条街道的曲线，并且由此产生了一个与两侧有明显界线的有特色的团块状图形，这一图形在城市平面图中显得不同寻常。这一特殊的形式既不符合当地的情况又不符合土地利用。

示例*b*）由有轨电车线路的曲线发展出了一条不规则的内部道路。这条道路导致了区内道路网的形成，并在花费不多的情况下形成了各种不同尺寸的街区。这一曲线看起来有点像是加建上去的。

示例*c*）选择的是一条景色重复的道路：以前留下的长条形高楼结构被沿着有轨电车线路继续延伸至亚历山大广场。一条连贯的水带和一条线状的建筑条带被组合式地加入到建筑行列之中。需要保护的已有建筑物受不到道路交通噪声的干扰；而有轨电车的噪声却能不受阻碍地进入楼房之间开敞的间隔区域。

示例*d*）试图通过添加式形式在西部的团块式建筑与东部的行列式建筑之间达成协调，而这些要素又被两种形式所接受。各种不同的建筑物夹角以现有的偶然方向向周围伸出。这虽然出现了一种人为的结构，但这对居住却十分合适。同时它还对功能的分离作出了进一步的贡献。

示例*e*）利用现有的街道走向作为对建筑物进行分组的依据，不过并没有把它们结合到总体图形中。这些单一的碎块大多通过地块边缘联系在一起，但是这里缺少有承受力的内部结构。

示例*f*）从一种构成空间的设计观出发。这里主要涉及的是对道路空间的理解，在此继续保持了柏林的街区结构。单独建造的城市小区被“掩盖”住了。这样就再次建立了“前”“后”之间的清晰关系。

参考文献

Flusser, V.: Arch+ 111, 1992, S.41, 43
Claessens, D.: Der Abbau der alten symbolischen Wirklichkeit und das Dilemma der Architektur im Wandel der Gesellschaft. In: Ein Puzzle das nie aufgeht. Stadt, Region und Individuum in der Moderne. Festschrift für Rainer Mackensen. Hrsg. v. S. Meyer; E. Schulze. Berlin 1994
Lehrstuhl für Städtebau und Landesplanung (LSL): Berlin Alexanderstraße - Jannowitzbrücke. Aachen 1993

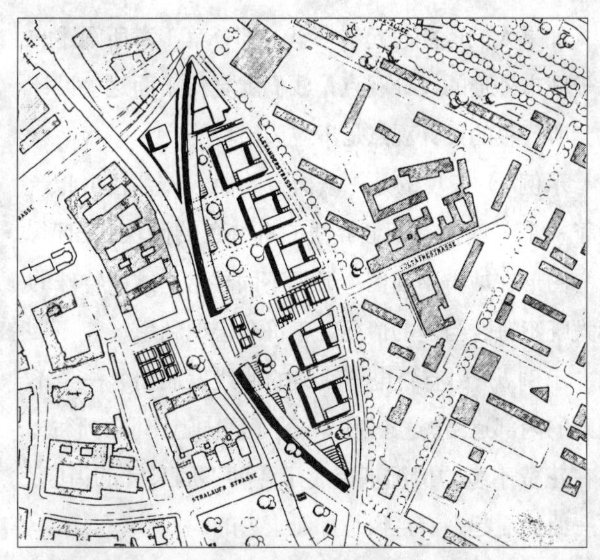

a) 几何学的[设计者：格鲁瑙(Grunau)，马格莱(Magoley)，纳吉姆(Najem)，第45页]

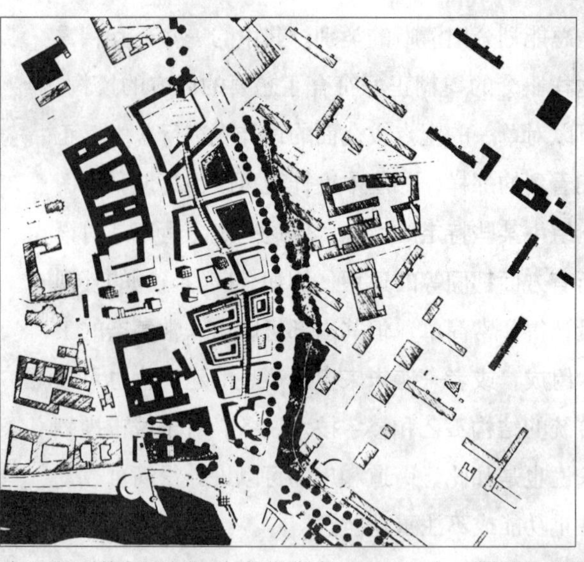

b) 不规则的[设计者：福斯温克(Fusswinkel)，希阿尼迪斯(Sianidis)，第37页]

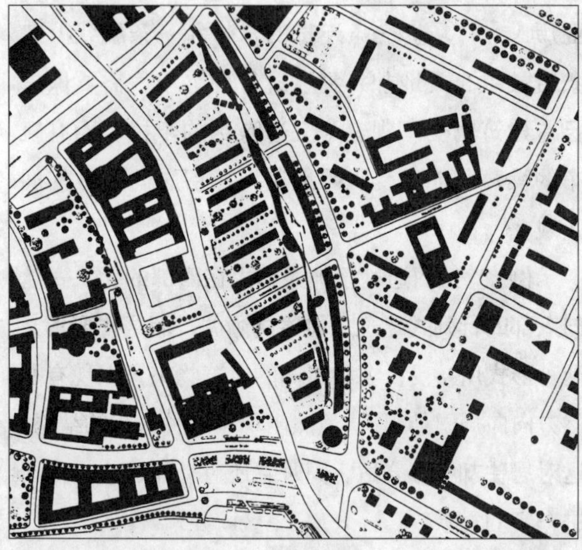

c) 组合的[设计者：多姆施基(Domschky)，弗勒林斯(Fröhlings)，第68页]

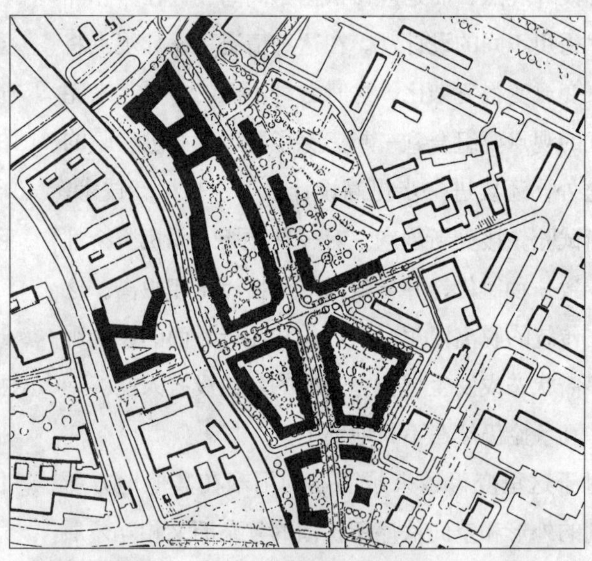

d) 空间构成的[设计者：屈施纳(Kürschner)，米勒(Müller)，第56页]

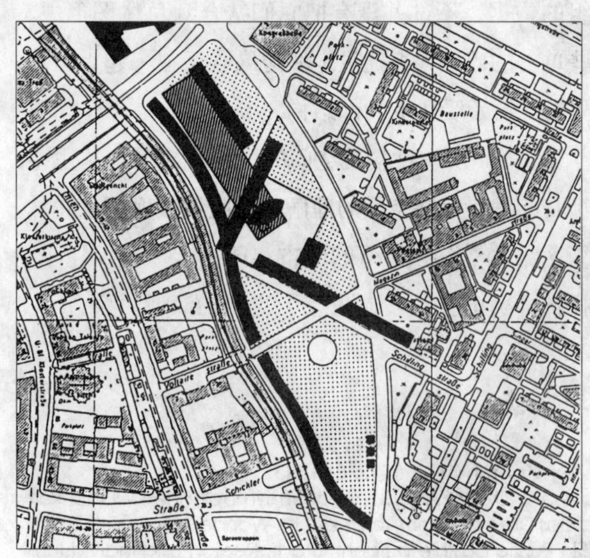

e) 残缺不全的[设计者：屈斯特迈尔(Küstermeier)，罗维坎普(Röwekamp)，第70页]

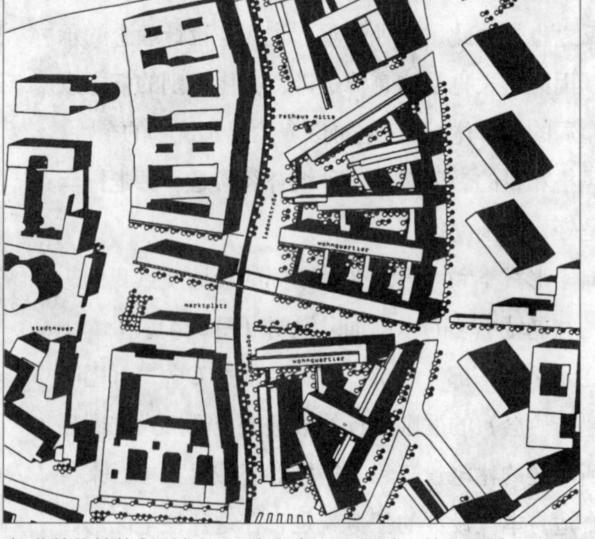

f) 非结构性的[设计者：迈内克(Meinecke)，第62页]

图5.4 空间秩序的形式，以柏林亚历山大大街为例(LSL；《柏林亚历山大大街—雅诺维茨大桥》，亚琛，1993年)

第 6 章　城市规划方案的选择和权衡

A. 规划的伦理

设计师和规划师应该了解规划和设计的可能性和限度。规划不仅可以从事建设，而且也能进行干预和产生破坏作用。因此就产生了一种规划行动的目标—方法逻辑：所采用的方法和所得出的结果必须与所追求的目标相一致。如果其间出现了什么误解，则或早或晚都会引起公众和所涉及的人的注意。其后果就是对规划程序客观性的信任度的丧失。因此规划行动就有了一种责任的伦理，其基本观念有下列几个方面：

— 何种价值取向？

— 采用哪种限度？

— 对别人有什么期望？

— 要注意什么问题？

— 优先考虑的目标和方面是什么？

进行规划的基础例如有下列几个方面：

— 资源保护；

— 重点照顾土地利用薄弱的地区；

— 文化遗产的保护；

— 要考虑到一个地方的天赋遗产；

— 考虑生活方式和需求；

— 注意自然条件和气候条件；

— 寻求和谐的规划方案和妥协方案；

— 规划过程的合理性和透明性；

— 决策的可监督性；

— 论据和不同观点的公开化；

— 通过市民对问题和冲突评价以及目标和方案寻求过程的多次参与使规划过程得以公开。

一个普遍的规划伦理前提是，己所不欲，勿施于人。

B. 规划和设计程序的基本形式

规划和设计的核心就是解决问题的不同方案之间的一个选择过程。每一项行动原则上都存在对这一项行动的放弃，作为另一种选择从而也就存在着与此相关的干预措施。一般对建筑学和城市规划的职责来说存在着多种选择方案。在制定复杂的规划任务的规划方案时几乎所有的方案等级都有多个解决方向（变量）可供选择，因此在整个决策过程中都在互相有联系的方面之间不断地进行着权衡，例如这些方面包括建筑物的平面布置、正视图、支承结构、立面、利用要求、费用以及有关规定等，在城市规划中有交通、城市结构、土地利用和外观形式等方面的要求。在最后经常无法弄清是哪一个局部方面如何对规划的最终成果发生影响的。理解权衡和决策过程的手段一般来说是规划不同阶段的略图和草图以及笔记和记录。

C. 作为方案选择和方案区分方法的权衡

因为权衡是设计和规划的核心方法，所以规划方法论中的这一部分无论是在理论中还是在实践中都应该受到特别的关注。通过新技术这种方法可以更容易地进行组织，权衡步骤也可以更容易地记录下来。

建房规划权衡中内容要求和程序要求方面发展得最为成熟，因为在这里私人利益和地方当局管理的利益有时相互冲突，这些持续不断有争议的问题经常由行政法院予以澄清，在此经常在一些具体案例中对一个合理的权衡的内容方面和程序方面的要求提出异议。虽然建筑设计很少，而城市规划也只是有条件地与法律准则发生关系，但是来自于法律领域的精斟细酌的概念对于其在设计过程中的传播也是十分有益的。所以我们想在下节中以恩斯特（Ernst）和霍佩（Hoppe）提出的建筑指导规划中权衡过程的要求作为入门。

权衡规定的基础是《建筑法典》第一条第六款："在编制建筑指导规划时应对私人利益和公众利益公正地进行权衡。"这句话已经成为了建筑指导规划的核心标准。即使建筑指导规划和设计程序都没有按照这一样板进行组织，但还是有一个普遍有效的标准：无论是公共利益还是私人利益在理论上都没有优先权。应依据现实情况客观而合理地给两者以合适的空间。这也适用于互相对立的私人利益和公共利益。我们应该拥有的在四边关系中已经十分复杂的决策过程的标准是要求对立的利益之间的平衡。

这意味着，如果规划方案要从内容上迁就各种利益之间平衡的要求，它们就必须具有相当的灵活性或与表面的矛盾很好地相处。人们可以很容易地看出，如果规划中某些有保护价值的自然、文化或社会方面没有从一开始就加以足够的注意，这里所述的要求就可能与形式上十分严格的城市规划方案发生冲突。(此外，它们不仅仅是按照浅显的形式上的当然也是不令人信服的设计理念。）权衡的要求还包括，找出不能满足这一要求，不愿意也没有能力在思想上站在不同参与者的立场上考虑问题的那些人。因为我只有置身其他人的地位，我才能以其他人的眼光持续不断地看到我的方案所起的作用。

D. 建筑指导规划中的权衡过程

在此我们引用了恩斯特和霍佩的基本论述的大意，并在大量判决的支持下部分地对在此方面几十年努力所获得的精髓进行了详尽的论述。这些内容和要求同时还勾勒出了法律、程序和伦理等方面的规划方案。

1. 作为法制国家规划的一项准则而出现的权衡准则

"每项规划的核心组成部分就是各种利益的权衡。联邦行政法院对不同的规划领域多次做出决定，一项规划所涉及的公共利益和私人利益之间要进行权衡的准则应独立于法律的实证从法制国家规划的本质中得出，并普遍适用（恩斯特／霍佩，1978年，第116页)。由此产生了下列一些原则：

①必须进行权衡。

②在权衡过程中要对那些根据具体情况必须进行协调的利益进行权衡。

③无论是对公共利益和私人利益的意义的认识还是对它们之间的平衡（这一平衡的破坏可以使客观平衡发生倾斜）都不允许发生判断错误。

④如果不同的利益之间发生冲突时一些利益受到优待而另一些利益能够暂时让位，则在这一框架内权衡准则就不会受到破坏。

2. 权衡的阶段

①调查和确认过程；

②评价过程；

③权衡过程。

权衡过程应该使和谐的利益与相对的利益之间达到平衡。哪些利益应该让位，哪些利益应优先考虑，这一点关系到规划上的决策。在进行这项决策时应依据有限制的标准的均衡性原则。在这一框架内乡镇在不同利益的冲突中可以决定哪项利益需要优先考虑，哪项利益需要让位。在这一框架内一些特定的利益的优先考虑或让位根本不是一个能令人理解的权衡过程，而是一个表明一个乡镇在城市规划上想向哪个方向发展和如何发展的规划上的决定。"(第117页)

3. 权衡中可能出现的错误

①缺少调查，调查不完整。

②缺少权衡，权衡不完整。

③权衡中的错误估计。

④权衡不均衡。

4. 利益

①“‘利益’这一概念一般来说与利害关系的概念等同。私人利益概念的含义则要广泛一些。”它的含义比仅仅是保持一种法律地位更广泛。它包括产权中导出的权利，但也包括“那些不是来源于所有权的利益，例如其利益不应该因为自己所处的居住和交通位置不利而受到损害”（第120页）。“公共利益的概念也很宽泛，它涉及那些能对规划区内的土地利用方式和强度发生影响的所有公共利益，这些公共利益在依据《建筑法典》第1条对规划的财政目标进行确定时对确定城市规划的秩序具有重大的意义。”（恩斯特／霍佩，1978年，第121页）

②“《联邦建筑法》（今天的《建筑法典》）第一条第7款要求权衡过程要在

— 公共利益之间；

— 私人利益之间；

— 公共利益和私人利益之间相互和相对地进行。

规划具有‘多维空间’冲突的特征。”

③公共利益不会在私人利益面前获得优先权，反之也是如此。这使权衡过程变得更为复杂（恩斯特／霍佩，第120页）。

5. 权衡的授权和权衡的义务

由规划师和乡镇权衡的权利产生了权衡的义务。规划的判断和设计自由有义务进行相应的权衡。不进行权衡或权衡过程不完整（缺少权衡，权衡不完整）是错误的。

6. 规划上的造型自由和规划的判断

“规划与多种多样的和互相依存的事实情况有关。以规划为基础的实物分析经常与复杂甚至是超复杂的事实情况打交道，不同来源的大量的互相交织在一起的影响因素经常给这一分析带来深刻的影响。只要规划的造型自由受到目标的约束，就只能采用那些能带来近似值的方法”（第122页）。基于结构上的法制管理判断这一概念显得有些不适宜。“规划的特征是（更确切地说）各种利益交织在一起的特殊规划造型——与此对照的是利益矛盾的克服。”（第122页）

7. 遇到冲突时和平衡各方利益时应遵循的原则：

①均衡和区分的原则；

②照顾和克服规划冲突的原则；

③对互不相容的土地利用要适当地进行分离的原则；

④通过规划进行预防性的环境保护的原则；

⑤对有害物质影响的可控制性原则；

⑥通过规划避免冲突比通过强制性的环保法律避免冲突具有更优先的地位。

8. 避免做出没收财产的规划的原则

规划持续不断地改变着被规划土地的状况并且严重地影响着相邻的土地，在此方面应遵循下列的原则：

①在规划中减少对相邻地块产生的不良影响；

②对其产权人进行赔偿。

9. 其他原则

①具体的个性化规划的原则

“城市规划中必须包含那些具体而特殊的规则。”

②有针对性的权衡的原则

“规划中的措施必须与所实现的目标相适合，并且是所必需的和均衡的。”

③专业上优化的原则

“规划必须尽可能地按照专门的科学知识来进行。”

④负担尽可能平等和尽可能满足各方利益的原则

“规划的负面影响应该尽可能均匀地分配。规划无论如何也应该按照所有的干预措施应该均匀地分布在相关的土地拥有者的身上这一理念来进行。此外，各乡镇在规划的权衡过程中也不应该让自己的私有财产得到比其他产权人更多的好处和更少的负担。”（第125页）

⑤规划过程忠于事实的原则

“作为建房指导规划中有说服力的决策的基础的预测必须以事实为根据并且忠于事实和有充足的论据。”（第126页）

小结

这一概论阐述了空间规划要求的多样性。这首先可能会使人们感到混乱和吃惊。空间规划以其责任和义务强有力地干预了人们的生活现实并导致了财产价值（建筑物、地产、区位环境）的剧烈变化。它按照特定的目标和可能性分配着负担和优惠，而且这种分配经常是不均匀的。在此方面这一设计方法需要一项可以核查的、合理的和法治国家的程序。这可以说是为乡镇的设计自由而付出的代价。如果它不能尽可能地在客观化的程序形式中得到“补偿”，则乡镇的信任度就要受到损失，从而其设计方法的一部分也要受到损失。这对所有的信托行动授权适用，当然对私人规划师和建筑师也适用。

E. 设计和规划过程中的权衡

1. 行动执行者的框架条件

规划程序及其不可分割的权衡程序是由选择过程组成的。它既不能在一定的层级上又不能在其他的尺度和规划层级上对所有的方面进行调查和观察。大量事实情况之间的相互关系为空间规划打上了鲜明的特征。因为空间是我们和自然存在的一种普遍类型，所以地方的和跨地方的、功能的和美学的、私人的和国家的、短期的和长期的各个方面同时也反映在了任何一个空间片段上。如果需要解决某些问题，规划就可以开始了。在没有大的问题压力的情况下可以做出单项决策。与此相反，规划的任务则是用其他的方法解决那些无法用单项决策和常规决策解决的众多问题。规划的基本方法（需要采用多种方法的土地利用规划和城市发展规划除外）是要通过一个在空间、内容和时间上都有限制的程序认清本区域的空间结构问题，以便使这些问题得到解决。虽然一般的规划有时也要注意事物许多方面之间的关联，但并不需要对其进行完整的考虑。因为每个局部空间的变化都对这一大型系统有着自然的反作用。与此相反在大型系统中也可以产生既没有在数据中也没有在土地利用规划和城市发展规划中经过加工的变化，这样就在每个单一的部分和整体之间出现了一种模糊的关系。行动的执行者必须接受这一现实。可惜事物的发展经常比社会的证明能力来得要快。

由此得出，在进行局部空间规划时最多只能进行“半详尽的”规划。对需要规划的空间区段应依据“混合浏览”法确定相互依存和紧密相联的区域以及需要客观看待的领域。这样在这一过程中就可以从近距离和有距离的混合观察中得出多样化的问题和现状景象。这一结果就是规划对象区域的“现状评价”。

在这一行动中就已经在进行着连续的选择决策，这些决策决定着哪些决策应该在临近的调查领域继续进行，哪些不应进行。另外，行动执行者受到一些限制条件的约束，这些约束条件为建立在大量知识上的规划可能性划定了一个界限。这些界限首先指的是可使用的时间、人员配置和财政手段、现有的准备性工作以及他们自己知识和能力的局限。

规划权衡的第一个，也是很重要的一个步骤是决定规划过程的内部和外部应具有何种结构以及哪些方面不应被包括在内。

2. 示例

a）科隆

科隆市虽然在其1978年的城市发展规划中对从空间功能秩序到不动产的12个功能领域进行了全面的调查，但是这一规划只是把科隆的大都市功能及其在欧洲大都市之间竞争中所扮演的角色放在边缘的位置来对待。这一城市发展规划的重点是城市内部结构的研究和其本身的均衡发展。

另一方面：科隆是城市形态最有问题的大城市之一。虽然其城市发展规划包含有这方面的章节，但是这一章节不仅最为短小，而且对未来行动措施所提出的要求过于一般化，针对性不强。当其他章节部分地提出了相当详尽的目标设想时（也包括以图件的形式），这一章节则显得过于笼统。在此在两个重要的方面放弃了重点问题的设置：一个是为了其他重点的利益而进行权衡决策，另一方面是缺少问题意识。

b）法兰克福罗马贝格广场东侧区域（图6.1）

法兰克福大教堂与罗马广场之间的区域二战之前是法兰克福旧城区的中心。战后重建后城市的商业中心发生了迁移，这就使本地区丧失了功能。1973年，经过几次符合当时时代的建筑设想的设计竞赛市民们要求对本地区进行一次历史性的重建。1980 年对罗马贝格广场东侧的历史性重建（图 6.1）及其相邻的新建筑项目进行了一次建筑设计招标。由班格特(Bangert)、扬森(Jansen)、肖尔茨(Scholz) 和舒尔特斯(Schultes) 完成的设计方案是“建立在完全分散的地下车库网格结构之上的。整个建筑群包括新建的历史性房屋的立面也是如此，因为它以一种叙事性的形式贯穿一种完全不同的设计” [米勒 – 雷米施 (Müller-Raemisch)，1990 年，第 163 页]。这一例子清楚地表明，在合乎时代的造型和城市历史结构的继续坚持之间（在出现建筑历史连续性的巨大损失时）进行权衡时有时也需要达成这种方式的有待商榷的妥协。

c）土地利用规划和建筑规划

在一座城市的土地利用规划中，有益于城市新鲜空气供应的山谷低洼地应定为绿地而不应建建筑物。迫切需要的住宅建设用地只应安排在有相应交通条件的城市边缘或这种绿地的边缘。调查结果得出，如果谷地不生长阻碍冷空气流通的植被，并且建筑物不超过一定的深度和高度和不建在关键的区域，这两种利益就可以取得一致。现在建筑规划的任务就是，把这些要求通过规划法律方面的规定具体化，使住宅和城市小气候的利益得到均衡的考虑。

F. 权衡的方法

权衡就像上面的例子那样可以在不同的利益之间通过寻求妥协或让一些利益让位于另一些利益来进行。权衡的程序——至少在形式的规划程序上要可以核查。这一点对设计来说在本质上也是如此。一段时间以后人们就不知道为什么当时要设计出这样一种方案了。因此人们应该把最重要的临时决定记录下来并记下原因和对研究出的方案变量加以编号注明日期，最后将其保存在档案中。

如果是为乡镇做规划或者乡镇自己实施规划，这一点就显得更为重要。

如果同样的问题有不同的方案尝试，就要进行其他形式的权衡。如果有多个设计方案，就应该把它们的优缺点加以对比，这种对比最简单的形式是对优缺点进行有论据的评价。在关系复杂的情况下评价还要补充数量化的依据。对此本书第 9 章有相关的示例。

参考文献

Ernst, W.; Hoppe, W.: Das öffentliche Bau- und Bodenrecht, Raumplanungsrecht. Juristisches Kurzlehrbuch für Studium und Praxis. München 1978

Müller-Raemisch, H.R.: Leitbilder und Mythen in der Stadtplanung 1945-1985. Frankfurt 1990

Stadt Köln: Köln, Stadtentwicklungsplanung. Gesamtkonzept. Dezernat für Stadtentwicklung der Stadt Köln. Köln 1978

图 6.1 法兰克福罗马贝格广场的重建

第 7 章　问题分析

A. 分析的理论

1. 城市规划的职能

城市规划是从专业上对城市的变化过程进行发展导向和控制等公共管理过程的一部分。在这一职能上它对所有与空间有关的方面负责，在市政当局指派的职责的框架内城市规划师可以相对自由地提出问题和使用各种方法，只不过法律所规定的规划形式从形式上和内容上确定了某些规则。这种自由一方面来自于对等待解决的问题的高水平和广泛的处理的管理责任，另一方面来自于面对公众的责任。如果独立的设计事务所为城市和乡镇制定城市规划方案、城市发展框架规划和建筑规划，则类似的自由度也存在于这些设计事务所之中。在此我们也探讨乡镇等方面的事情，因为城市规划方案在实施时会成为乡镇行动的一部分。

2. 问题分析和规划任务之间的关系

不同的规划任务往往是互相重叠的，因此没有只针对单一一项任务的分析形式，但是在实践中逐渐形成了一些经常用于某些特定任务的特定方法和内容。在这种情况下形成了一种由规划任务的目的和意义导出的分析方式和范围之间的关联。一般来说对一种内容上／空间上有限制的规划任务只有采用一种有限制的分析才是正确的，一个深入的或全面的分析对基础资料也有更高的要求。

3. 分析的意义

分析是一个信息准备的过程，它的作用是收集、产生和使用那些能够解决问题和／或为制定一个方案提供依据和／或为决策奠定基础所需要的信息。由此经常在可以使用的手段（时间、方法、数据、人员）和所追求的精确度和完整程度之间会出现一种冲突。

4. 主观的成分

在具有复杂关联的情况下所选择的方法、内容处理的方式也取决于操作人所具备的专业知识、经验和观察问题的角度。此外专业学术讨论的不断进展也导致了调查目标和方法的变化。虽然分析结果一方面由感觉的现实所决定，核心问题很少会被排除在外，但是这一结果还是十分依赖于在哪一等级和目标方向进行调查等观察问题的角度。完整性、权威的数据和方法、实施者和参与者之间的一致都可以使这一困境得到减轻，但是最终还是无法客观地解决问题。在专业标准的框架内（这些框架是随着时代围绕着单一的规划任务而形成的适宜的应对措施）在专业学术讨论中随着时代形成了相应的分析和规划程序。

5. 分析程序的广泛应用性

独立于单一的规划任务存在着一个由合理行动的普遍逻辑导出的分析过程的逻辑，这一逻辑以下列情况为出发点，即合理的行动是以某一特定行动的后果（优点和缺点）的经验为前提的并且行动人对当时的情况有充分的意识。设计所处的情况对方法的选择有着影响：紧迫的时间或人员缺乏迫使人们采用简单的措施。但是行动的时间观点也对分析起着反作用：人们不会对目前暂时无法改变的空间的局部领域或方面像将要发生变化的空间部分那样进行仔细的调查。即使最仔细的分析也无法防止错误的出现：因为规划措施是一种塑造未来的行动，所以它们就不得不忍受预测未来时所出现的错误估计，这一进退两难的境地是无法逃脱的。但是对于潜在的变化和重要事物的掌握通过细心、经验和敏感可以使这一困境得到减轻。因此合理决策的要求决定了分析的内容和方法。在决策无把握的情况下如果要采取合理的行动就要求进行全面的分析和／或对行动进行合理的分配，以便使规划的成果在环境发生了没有预见到的变化时还能获得独立的收益。

最后一点要求就是规划的成果与其社会和空间环境要有尽可能高的相容性，新建区域要与现有的局部系统构成网络，规划部分实施时也能显示出功能的优越性。只要一项规划不是纯粹的例行公事，这些难题在每一项措施规划中都是固有的。

6. 分析的时间局限性

一项地质结构的调查不会陈旧，最多它只会受到其精确度和地球表面变化的影响。与此相反建筑／社会领域则经常处于经常性的变化之中，所以关于社会空间状况的调查经常反映的是某一个时刻的状况。通过对多个时刻状况的比较就可以得出整个变化过程的映像。但是这表明的仅仅是事物的结果，而不是原因和相互作用。由于社会、经济发展及其空间作用之间的多重关系，任何一项分析都不可能达到足够的全面和完整，而只能求得近似的结果。事实不可能被完整地掌握。分析者只能借助于重要部分（数据和指示剂）的协助和现实模型来工作。这些模型大多数都很粗略。

因此构建模型的参数的选取依赖于分析所处的具体情况。对其发生影响的还有现存的数据（上面提到的主观成分）以及可支配的时间、人员和资金等。具有特殊意义的是可以预料的来自于专业和政治角度的阻力和批评以及对分析过程做出决定时的具体情况。例如，只有相关的决策有充足的依据或这些决策被重新开启的过早结束的探索过程所动摇时，重新启用那些在讨论中已经被拒绝了的许多抉择中的一些抉择才是正确的。

一个著名的实例是城市规划设计招标。有时那些超越了设定的框架并能向招标委员会证明自己的设计误入歧途的设计也能够获奖。因此分析在十分具体的情况下进行，并且也依赖于分析者对实际情况的表述，这一表述谈的是他们为什么采用这种特定的分析方法。在这种情况下现状这一概念不仅包括社会的、地方的（政治的、国家的）而且还包括工作人员在与招标委员会和地方公众的相互关系中的专业的和人员等方面的状况。

7. 分析过程的局限性

地方的问题和发展大多受到社会条件的限制，这一过程的一部分可以受到地方的影响，另一部分却不能。地方问题的观察角度部分地依赖于社会知识的多少。地方上采用的解决方案经常是其他方面已经经过证明的规划成果的应用。但是地方上的创新也影响着分析的普遍程序，在此它们被作为方案创新而接受下来。可支配的手段决定着方案的搜寻，这对分析又起着反作用。一般来说分析和规划方案不是最佳的，而仅是令人满意地得到实施和制定。决策程序使决策过程和内容具有了合法性。规划的核心问题是分析、决策、实施和效果之间的时间流程。如果问题的分析过程长于 3 至 5 年，就存在着前提在此期间发生改变的危险。

8. 半全面的搜寻过程

除了常规的问题之外人们可以在管理部门中观察到一种解决问题的行为，这一行为如下所述：

a）如果一个问题变得紧迫或一项特殊的委托已经摆在面前，就可以开始信息搜寻的过程。

b）信息搜寻大多是半全面地进行，这就是说，利用现有的经验在管理部门的感知装置开启的时刻探测那些可能有意义的领域。此后这一系统回复到信息加工处理的正常进程中。

c）如果已经有了解决问题的满意信息，则信息搜寻过程就可以中断。

什么才是搜寻过程中具有决定性意义而又令人满意的要素，对此的期待是显而易见的。这些要素可以是私人的专业雄心、专业上合格的反对派，如果以较高的期待水平为依据的话，还包括对法院审查的畏惧。多数情况是，对决策人的要求是这样低，以至于做出了许多没有经过充分调查的、过于浅显的和专业水平不高的规划方案。公众的漠不关心（还有对巨大的前期支出的过低的酬劳）助长了低水平的期待值。这一状况现在已经开始有所改观，因为按照联邦法院1989年1月26日的一项判决建筑指导规划的行为人（管理人员和参与做出规划决定的委员会成员）在出现渎职的情况下本人要对此造成的损失负责。

9. 分析过程的精炼结构

分析步骤的大多数表述都拥有一个线性的顺序，它们临摹的仅仅是逻辑上的轮廓。分析过程的本质与搜寻过程的本质相似：这一行为由有规则的和偶然操控的元素组成。目标、方案和做出决策的基础是并列地同时进行加工处理的。方案构想显示出了数据上的空白，这需要进行补充工作，在现状调查中可以产生方案设想，一项内部已经完成了的分析可以通过外部添加进来的观点重新加以启动。分析进行得越成熟和越复杂（产生互相矛盾的设想），新观点出现得就会越少，其结果也就更稳固。

10. 经验所扮演的角色

新的问题或经验的缺乏需要进行范围广泛的调查澄清工作，随着经验的增加分析就具有了正常管理上轻车熟路的特性。“随着时间的推移项目特定的经验不断积淀在系统或设计者的‘记忆’之中，这些经验是从大量的类似案例中获得的，并且在处理类似的单一案例时可以重复运用这些经验。它们以决策所需要的样式简化和加速了节俭的信息收集过程，并且使人们对合理的信息搜寻的界限有了感觉。新员工会在项目结晶出的经验知识中对工作逐渐熟悉，并把它们作为决策的前提。”[卢曼（Luhmann），1975年，第191页]。丰富的经验可以大大缩短分析的过程。这些经验的负面作用是常规过程过高的内部稳定性，它使得对新要求的反应不再敏感。

11. 问题的接近

最重要的大多数情况下也是最困难的步骤是确定问题的所在！准确定义的问题大多需要进行调查。但是政治意志形成的程序大多无法提出准确的，而最多只能提出约略定义的问题。所以对于准确的问题定义来说需要大量的时间。不确定性可以导致范围广泛或漫无目标的调查，人们希望凭借大量的现状调查也能辨别出问题的所在。因此事先选好清晰的方法就显得颇具意义。

波莉娅（1949年）建议解决问题应采取下列四个步骤，它们对任何一个问题的解决来说都可以采用：

①理解面临的任务；

②制定解决问题的规划方案；

③规划的实施；

④规划的检验。

转移到模糊的分析任务上这些步骤可以变换为下列的形式：

①确切的问题到底是什么？什么是已经熟悉了的？什么还是未知的？如何才能准确地说明问题的所在？还有别的问题吗？它是广泛的联系的一部分吗？它与其他问题有何种联系？它从何而来？谁有这样的问题？为准确地搞清问题，必须知道什么？

②如何才能解决问题？有什么样的方案构想和经验？解决方案需要什么条件？存在着何种不同的要求？为了能够阐明条件和编制出规划／设计方案我们必须了解什么？分析的确切目的是什么？这些步骤是否针对了这一目标？我们误入歧途了吗？

③分析的进行、综合的尝试

问题可以被分解为局部问题吗？针对目标的信息收集。方案构想的收集。假说的形成。内在联系和答案形成条件的判别。用关键的变量进行准确的工作。对其他行动进行准确的说明。多个尽可能对立的答案方向的产生。不同要求和局部结果的组合。试验性规划方案的构思。

④规划方案和组合的检验

初始目标达到了吗？目标推迟了吗？有没有能够满足全部要求的规划方案？规划方案的优缺点是什么？如何才能对其进行改善？

改善了的和稳定的解决办法表现了所提要求的组合。一个解决办法的这种形式的内部检验过的模型就可以进入决策程序了。它在那里被接受、修正或受到指责。这一过程也可能从头开始。

我们把这些普遍规则放在开头，因为它们可以帮助使规划中复杂的分析总是回到方法的核心上来。

B. 存量调查、现状分析

1. 意义和内容

在做出某个地点的任何一项设计之前当时情况派生出的形态和机会都发生过激烈的冲突。就是说对现状进行了评价和鉴定（初始状况分析），这一分析应该阐明问题特有的内在联系。

存量分析框架内的第一项任务是搞清哪一种事实情况能为表明现状提供有意义的观察角度，以哪一种方式可以掌握并表达出现状。对现时的多样性进行一次完整的调查既不实用又不值得去追求；因为没有进行纯粹数量化的存量调查，而且上述调查已经足够全面，这绝不是说从一项全面的存量调查中就会“自动”产生出惟一一项符合逻辑的设计。调查、统计、编制存货清单、编制目录等反映不了现状的质量方面。这种存量调查常常可以独立进行，最后人们就得到了大量的数据和信息，但是这些信息最后没有进入实际的设计规划中。

2. 针对问题的现状调查

因为每项现状调查都与问题和目标相联系，因此从一开始就减少到只对所面临问题的解决办法的重要方面进行分析，就是说谋求进行针对问题的现状调查。这还意味着，每项针对问题的存量调查都有各自问题所决定的不同的过程和自己的内容。例如，在确定所要调查的问题和目标方向方面，如果要把以前的煤矸石山改造成为与现有环境从功能上和空间上都相

尺度范围 / 特征 / 比例尺等级

	1:500 建筑群	1:1000 建筑小区	1:2000 街区	1:5000 城区	1:10000 城市
1. 土地					
－ 产权状况	×	×	×		
－ 债务 / 权利	×	×			
－ 地块划分	×	×			
－ 地下水	×	×			
－ 土壤结构	×	×			
2. 地形					
－ 地形结构		×	×	×	×
－ 适宜性评价		×	×	×	×
－ 坡度分析		×	×	×	×
3. 气候状况					
－ 日照 / 云量		×	×	×	×
－ 风负荷	×	×			
－ 小气候状况	×	×	×		
－ 冷空气		×	×	×	×
4. 景观					
－ 特点			×	×	×
－ 状况		×	×	×	×
－ 缺陷 / 质量	×	×	×	×	×
－ 义务 / 保护	×	×	×	×	×
－ 可见度分析		×	×	×	
－ 保留面积	×	×	×	×	×
5. 土地利用					
－ 土地利用的分布			×	×	×
－ 土地利用中的冲突			×	×	×
－ 基础设施			×	×	×
－ 形态的水平结构			×	×	×
－ 隔离区和过渡区				×	×
6. 环境负荷					
－ 大气				×	×
－ 噪声	×	×	×	×	×
－ 土壤负荷	×	×	×	×	×
7. 形态上的结构					
－ 发展阶段				×	×
－ 均匀的 / 不均匀的区域			×	×	×
－ 过渡区域			×	×	×
－ 缺陷 / 质量			×	×	×
8. 城市形状和居民点形状					
－ 感觉上的质量					
－ 剪影				×	×
－ 视线关系		×	×	×	×
－ 城市边缘				×	×
－ 标记，象征			×	×	×
－ 空间和次序的特性与和谐			×	×	×
－ 边界、中心、形状的核心				×	×
－ 断块、界限		×	×	×	×
9. 基础设施					
－ 交通网络、容量			×	×	×
－ 水、电、气等供应设施		×	×	×	×
－ 废水、垃圾等处理设施	×	×	×	×	×
10. 使用者、居民					
－ 结构、生活方式	×	×	×	×	×
－ 需求、行为方式	×	×	×	×	×
－ 空间的获得、聚会的地点、疆域	×	×	×	×	
－ 冲突	×	×	×	×	
11. 发展					
－ 历史发展		×	×	×	
－ 未来发展		×	×	×	
12. 力量					
－ 变化了的利益	×	×	×	×	
－ 保持下来的利益	×	×	×	×	
13. 政策、管理					
－ 决策状况	×	×	×	×	×
－ 目标、规划	×	×	×	×	×

图 7.1　现场调查一览表 1：按照城市规划比例尺等级选出的尺度范围

1. 土地
地块结构、产权关系

2. 地形要素
圆形山顶、山坡、山谷、凹地、断陷、堤坝、土堤、坑沟、堆积、沟渠、梯地

3. 气候
云量、风的影响、旋风的形成、冷空气的进出

4. 景观
特征、类型、收益

5. 土地利用

a. 大尺度空间
利用形式和土地利用的分布、土地利用结构、土地利用历史

b. 建筑物的利用
生产性：工业、手工业
物流业：批发贸易、零售贸易、商务代办处、仓储业、货物运输
服务业: 修理、零配件供应、卫生保健、自由职业（律师、建筑师、工程师、医生、公证人等）
旅馆和餐馆、娱乐业：餐馆、旅馆、娱乐场所
公共设施: 管理部门、文化设施（剧院、音乐厅、画廊、博物馆）; 社会公益设施：医院、教堂、幼儿园和养老院；教育设施：学校、大专院校
住房：居住设施（高、中、低档）；家务预算：家庭、小型家务预算、单人家庭、合租住宅；住宅形式：单户住宅、双户住宅和小组型住宅、多户住宅、大型居住设施; 产权形式: 自有住宅、租用住宅

c. 公共空间和开敞空间的利用
仓库用地、生产、公共／私人绿地、体育设施、花园、农业和林业用地、水电气供应设施和垃圾回收处理设施、交通用地(道路、人行路、自行车路等)、公共停车场、私人停车场、车库、道旁绿化、绿化隔离带、闲置地、水域、保护区

6. 环境负荷
空气污染、噪声污染、土壤污染和残留污染

7. 形态

a. 正像的结构
均匀的结构、不均匀的结构（影响深刻的结构秩序、过渡结构／中间结构）
布局形式（封闭式建筑、庭院、行列式建筑、排式建筑、混合式、分散式、自由布局、独立式、高层住宅、片式住宅、自由造型的布局形式）
失调／偏差／断裂／转折
边缘／边界／外围／过渡区／转换区／城市边缘区
中心／核心／焦点

b. 负像结构 / 城市空间
线形空间（道路等级／大街和道路类型、形状、功能、意义、用途）
线形空间的次序（现有的、缺少的、受到干扰的）
广场（形式、位置、功能、意义、用途）

c. 连接元素
街道与广场之间／广场与广场之间的过渡（变窄、加宽、加高）
门槛／入口／门状况
空间／功能上的关节

8. 城市形状和居民点形状

a. 视觉定位、宏观质量
剪影／城市边缘
标记（垂直的、象征性的、建筑的）
视野轴线／视线轴线
鸟瞰／视线关系／眺望／远景／环顾／视线限制
城市部分、市中心、形状核心的可察觉性
空间和街道的次序
城市形态的历史规模

b. 公共空间的微观质量和配置
公共广场和交通空间的配置元素：喷泉、城市雕塑等艺术品、长椅、电话亭、信箱、信息和告示栏、广告、公共汽车站、候车厅／候车棚、售货亭、自动售货机、路灯、封锁用的障碍物、交通标志、人行横道、道路标志
开敞空间和绿地的配置元素：树木（大树冠的、小树冠的)、矮树篱、灌木、草坪、边缘花坛、花园、阳台、攀缘植物墙、道路、广场、水面、城墙、阶梯、藤架凉棚、(山上的）避雨茅棚、眺望处

9. 基础设施
位置、网络、供应区域、数量和质量配置

10. 使用者 / 居民

a. 数量方面
年龄结构和社会结构、职业结构、收入结构、教育水平、社会空间分布、社会阶层相对一致／不一致的市区、失业者、青少年、老年人、外国人

b. 质量方面
观点、意见、问题、冲突、愿望

c. 社会空间的利用、地点
场所、小环境、集会地点、儿童游戏场、集会广场、居留区、政治集会场所、对话、示威、市场、展览、游行、娱乐、体育运动、徒步旅行路途、草地、公园

图 7.2 现场调查一览表 2: 城市空间和城市结构分析的各个方面

容的地方，就要调查决定所在地入口和开发可能性的气温气压、风向、日照／云量等小气候条件或土壤特性和可栽种性以及区位特性等。在最终对这一特殊地点提出具良好相容性的土地利用建议之前，必须首先阐明这一地点的土地利用要求。例如主要的问题是，如果要设计一个城市广场，就首先需要对构成广场或划分广场的要素，还有立面状况、视线关系、道路关系、空间上起作用的单一要素、地表状况以及其他等方面进行调查并对相邻建筑物的利用状况进行测绘制图。

人们可以把存量分析视为是信息处理的一个过程，它的作用是收集、产生、评价那些解决问题、为制定方案提供依据和／或为决策提供依据所需要的一切信息。

阿尔贝斯（Albers，1975年，第7页）说，“按照今天的理解现状、目标和方法的比较分析更多地处于活动空间的想像中，由此制定出可能的规划（设计）选择方案。”这样存量评价和现状分析就澄清了可供选择的目标方向的前提和背景。为此一张调查一览表可以使人们对存量调查的内容得到一个系统化的概貌，在此对与所存在的问题有重要关系的相关方面必须进行调查。图7.1就是这样的一个核对一览表，它包括从规划的各比例尺层级中所选出的特征方面。“×”号表示的是这些特征在哪一种比例尺中可能扮演的角色。

图7.2把这些方面扩展到更宽广的领域，它们对城市区域、市区和城市规划大型区域的调查可能具有重要的意义。不过并不是每个方面在每个案件中都能得到应用，这个一览表只是为自己的问题选择和补充相应的特征方面起到一种启发的作用。

3. 数据情况

在城市规划问题中起作用的成分经常会出现空间和时间上的重叠。那些我们作为整体感觉到的事物的空间聚集（城市的内在联系）是所有这些事物的重叠和交叉，无论是在功能和空间上还是在时间上都是如此。城市的各个组成部分产生于不同的时期，分别属于不同的产权人，并以不同的方式形成和被使用。

由于其本身的特性社会变迁过程经常是到最后才涉及空间领域，而且有时仅仅局限在次级领域。在外表上看起来没有变化的地产结构内部社会和经济的一部分则发生着巨大的变化：例如作为电影院而建成的建筑物长时间以来就成为了一座超级市场的容身之所；在住宅建筑物中散布着办公用房；社会福利住房中住着的不是家庭而是大学生合租户；一座别墅当作公司所在地；学校和厂房改为办公室等。由此人们可以说，一个地区的外部面貌只能有条件地说明其本身的功能。各个城市对自己城市中各个城区和小区的情况和变化到底了解到什么程度？官方的统计（建筑物和住房普查、人口普查、工作场所普查）每隔十年才进行一次，而且在评价中其详尽程度无法达到城市行政区一级以下的水平。到数据可供使用的时候，还会再过3—5年。因此对较小的区域空间来说就缺少足够的数据。

另外，较高层级的标准对城市规划问题来说不太够用，它们最多只能得出一个粗略的框架。因此在城市规划中就发展出了对建筑和开敞空间存量进行分析和评价的独立的方法。它们从重要的城市规划问题出发，其重点是自然结构。为了使经常是多次叠加在同一块地面上的各种不同的事物方面变得更加清晰，人们研究出了一种对单一层面中的这些方面进行分离的方法。为了从这一分离中识别出事物各个方面的聚集和典型分布，所以各个方面被从复杂的相互联系中分离（分解）出来。

层面分析问题是陈述的相互联系。汇编在不同的信息承载者（经常是透明的塑料薄膜）之上的要素必须被视为在内容上有一定的相互联系。到目前为止这通过透图桌和所选出的要素的集合印刷而得以呈现。凭借价廉物美的个人计算机的使用现在这些层面几乎可以以任意的数量连接成任意的组合。凭借其简单的操作和方便的可更改性这种手段在设计事务所和城市管理部门的规划师的工作场所已经发展成为了一种标准化的工具，由此这一传统的城市规划方法就具有了全新的意义。因此每一种超越了几座建筑物的空间分析都是建立在自己的数据基础结构之上的。基于上述原因一般来说人口普查等统计数据起不了什么重要的作用。重要的是数据，城市和县为小的空间单位对这些数据进行整理和更新。而对空间结构进行质量判定的数据则完全缺乏。而这正是城市规划（城市地理学）原本的工作领域。

- 建筑结构的历史发展沿革
- 土地利用（发展、趋势、矛盾）
- 建筑结构（形式、密度、缺陷、质量）
- 交通结构（道路网、步行街和自行车路；重要的交通线、缺少的交通线）
- 绿化系统：方式、缺陷、质量，重要的连接、缺少的连接
- 空间的边缘（闭合的、开放的、植物的、缺乏的）空间质量、空间次序
- 环境（污染物质和残留污染物的负荷）
- 交通（事故中心、噪声负荷、穿越、切断）
- 身份特征（形状的核心、历史性建筑物、纪念碑、标记）
- 空间利用（广场、场所、集会地点）
- 气候：冷空气通道、迎风状况、空气质量

图 7.3　层面分析中通常的要素方面

4. 针对问题的存量调查和分析的程序

a）分解、层面分析

为了得到有用的质量陈述，人们研发出了一种分析和评价程序，它可以把功能和空间的重叠分离开来，以便对其单独地进行观察。这样各种不同的并且经常是互相重叠的事物方面就变得清晰可见，它们被从复杂的相互关系中分解为单一的层面。在这一分解过程中可以更容易地看出各个要素方面的聚集和典型分布。分析的基础人们可以通过一次飞行和操作框架内的存量调查、通过航空照片、地图分析和对现有调查进行评价和研究得到。图 7.3 显示的就是经常被选用的分析层面。图 7.5、图 7.6 和本书第二部分的图 2.7、图 2.8 和图 3.1 也包含有这方面的示例。图 7.5 用一张图表示了地产结构的垂直分解状况，而图 7.6 则分开表示了各个层面的状况。

结构层的评价

层面分析有益于揭示城市结构中复杂的内在联系。分析之后紧接着要进行评价。在进行层面分析时应从不同的要素方面中选择出颇具争议的或充满机会的成分。在新的叠加中就可以得出一张小范围的变化多端的问题一览表以及反映现有潜力的第一张图像。

b）缺陷和机会

一种简单的形式是把一个质量和缺陷集束绘制在缺陷和机会图上。这些图件可以为市政当局和公众突出地揭示出事物的本质。我们建议，应对这些内容逐一编号并加上简短的说明（图 7.7）。

□ 街道和广场特性	空间上有变化的 凸形的 凹形的 收缩的
	通道形的、直线形的
□ 方向变化（过程）	直角的（封闭式建筑）
	自由的： 成梯队的 多边形的排列 弯曲的
□ 横断面	街道宽度或广场宽度与建筑物高度之间的关系
□ 建筑组团的排列	等级鲜明的
	非等级的
□ 地块结构	规则的相同的 周期性的 不规则的
□ 高度状况（轮廓） 这些特征值在两个调查层级中都要列入	楼房层数和屋顶坡度： 相同的 周期性变化的 不规则变化的
	山墙侧面固定的
	檐口固定的： 连贯的檐口 被横房屋所中断
	屋檐高度： 统一的 不统一的
	单体建筑物的轮廓： 显著的、活跃的 简朴的、宁静的
	建筑物的过渡： 突出的、调解的

图 7.4　层面：城市结构的调查等级（联邦建设部：肯普滕市）

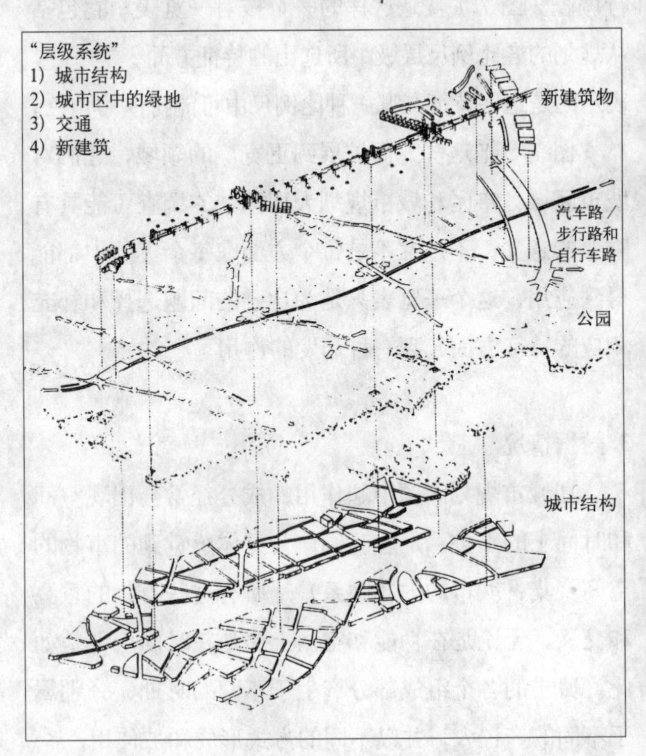

图 7.5　地产结构的层面分解［LSL：杜塞尔多夫铁路大街，亚琛 1992 年，设计者：康拉特（Konrath）／屈佩尔斯（Küppers）］

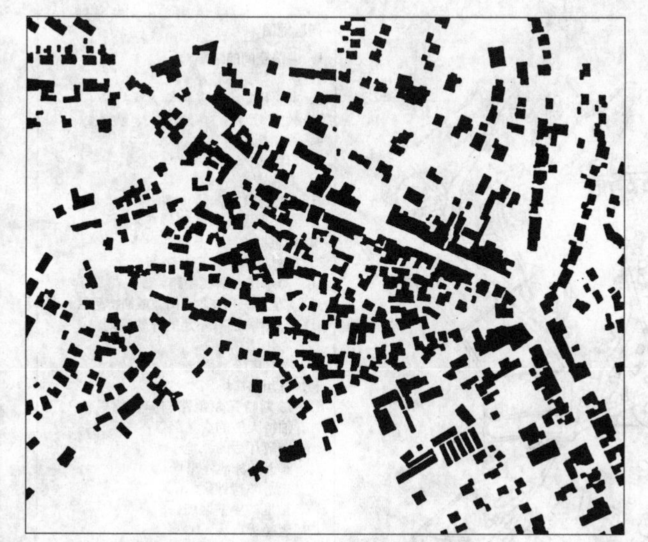

a）建筑结构

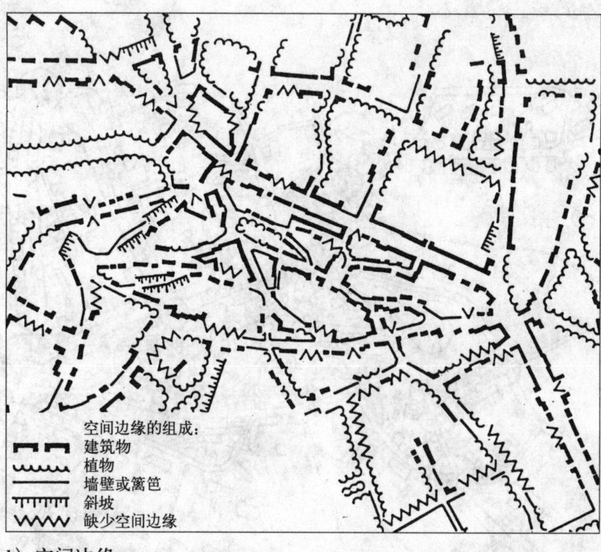

b）空间边缘

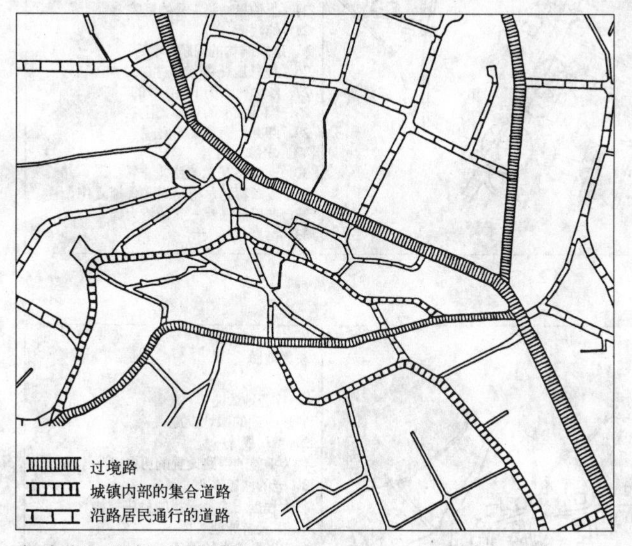

c）大街和道路网络的等级

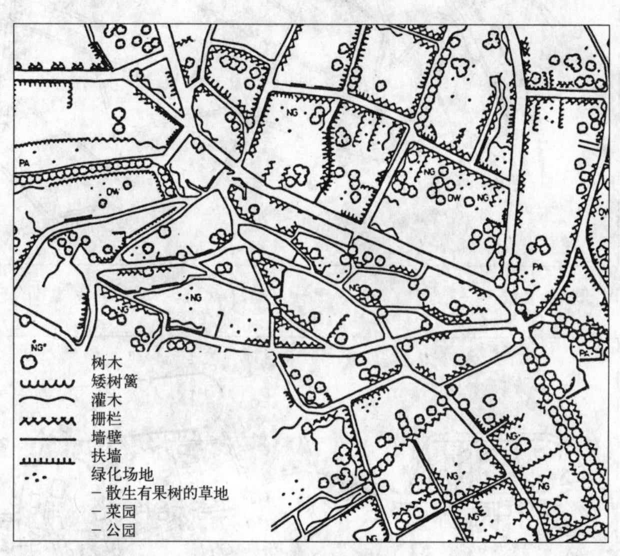

d）具有空间塑造作用的树丛、墙壁和篱笆

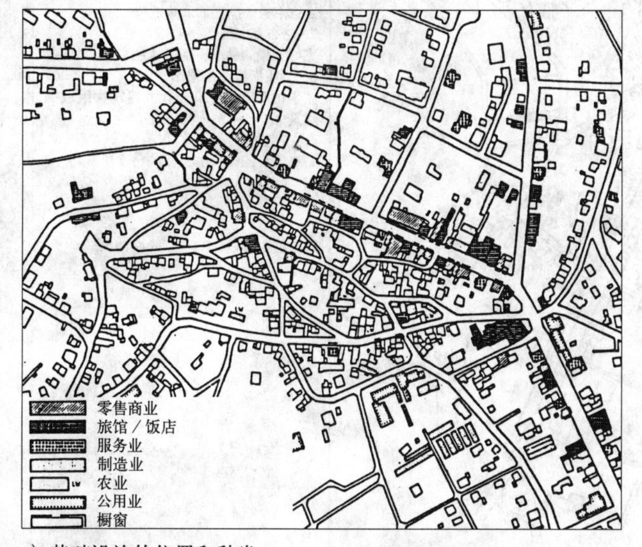

e）基础设施的位置和种类

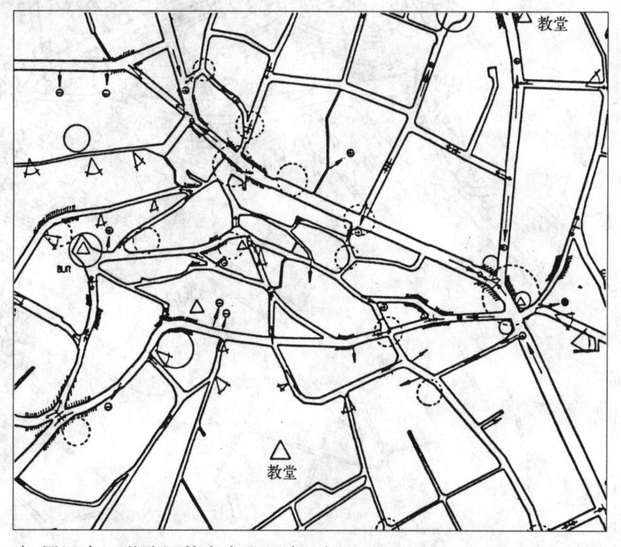

f）居民点，道路网的高点和低点，视线关系

图 7.6 层面分析示例 [LSL：伦施多夫（Rengsdof）：城镇发展规划方案。亚琛，1987 年]

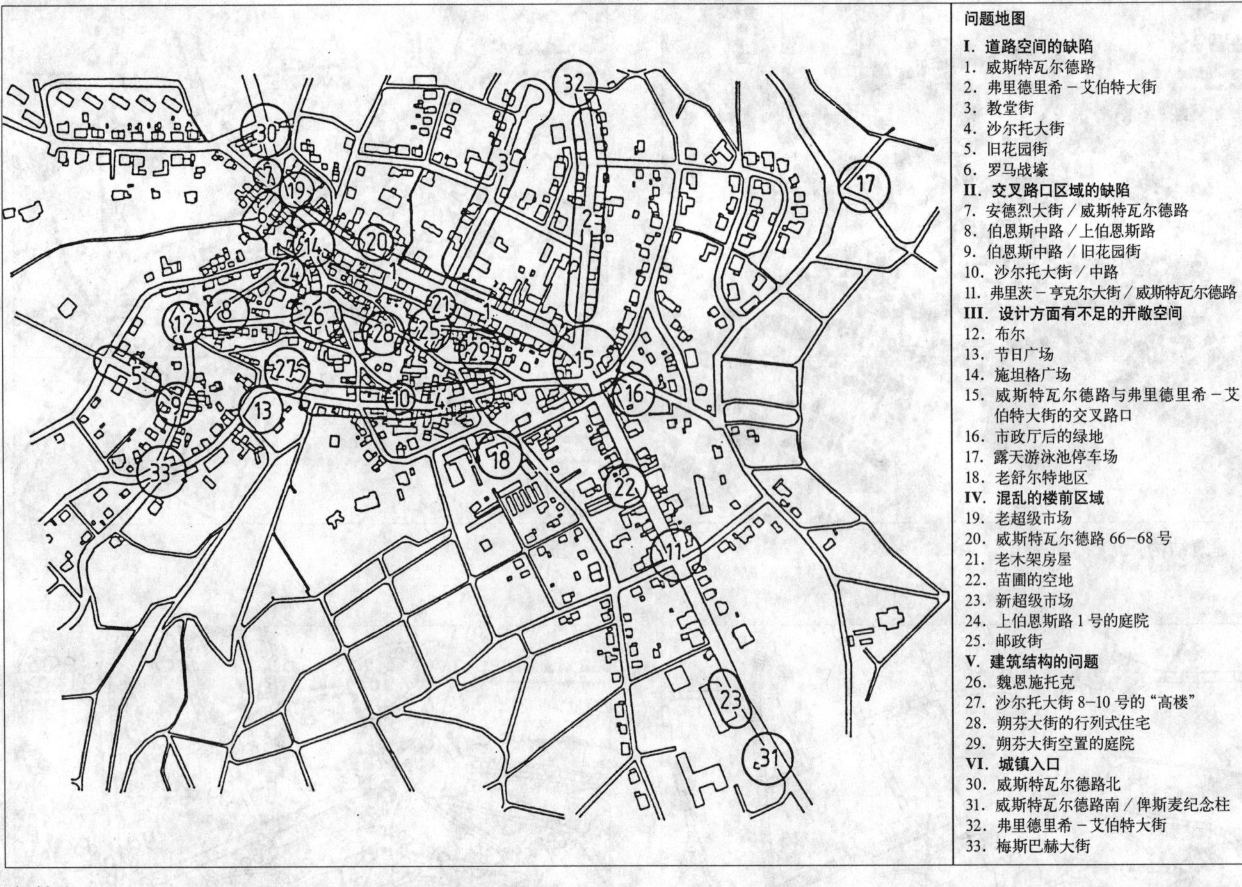

a）缺陷

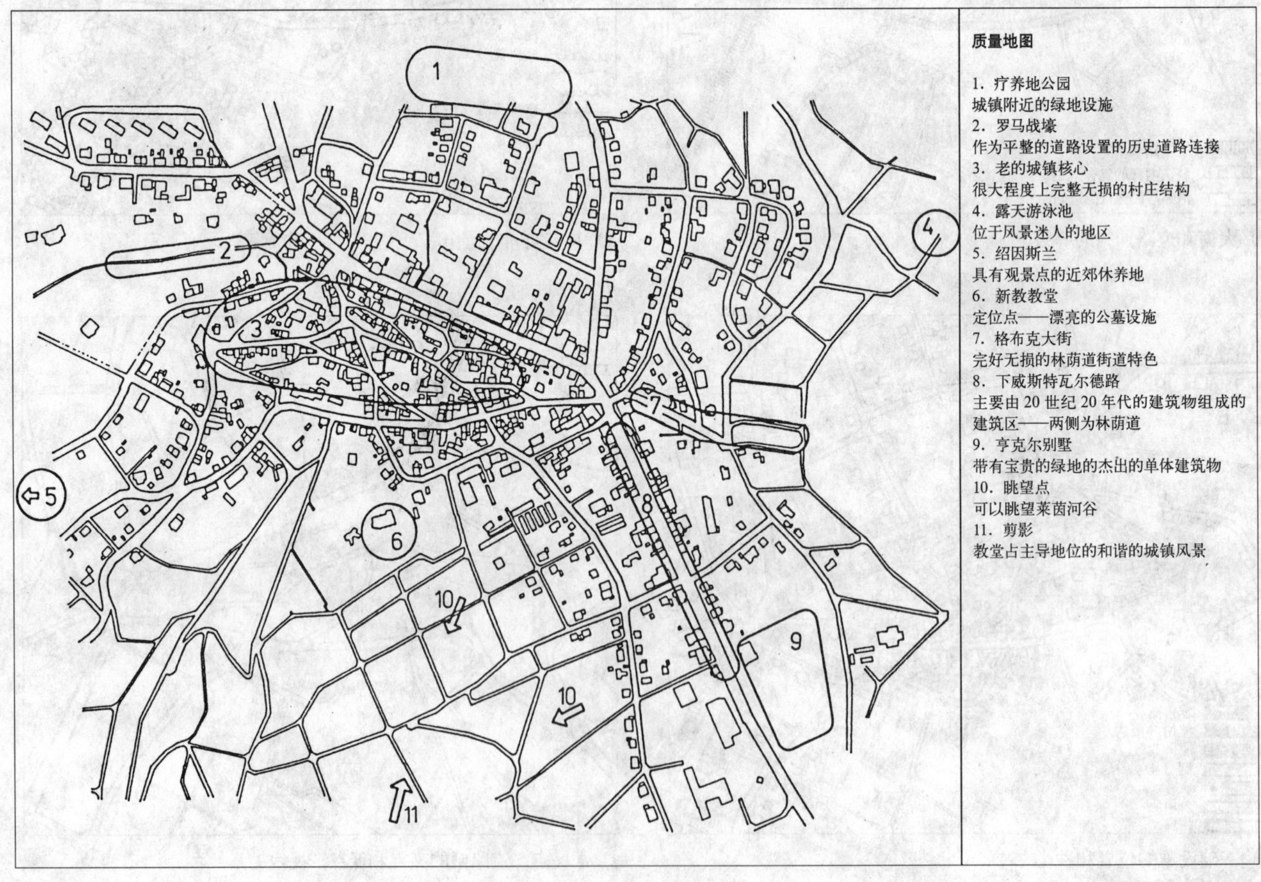

b）质量

图 7.7 伦施多夫：缺陷和质量（LSL：伦施多夫：城镇发展规划方案，1987 年）

c）形态分析

层面分析特别适用于城市形态领域。借助于形态单元（例如城市区、街区、广场、建筑群）的分类（分解）城市形态分析可以列出重要的形态塑造特征或特征组别。

被认为是解释性范例的肯普滕市城市结构和建筑结构分析就定义出了13种调查特征或层面。其中6种涉及城市结构，就是说涉及建筑体及其空间关系之间的造型的质量作用造成的建筑状况的基本用途特征（图7.4）。其他的7种特征针对的是建筑物结构的调查并且阐明了建筑物的均衡性、排列、表面作用以及建筑物立面的材料和颜色（图7.8）。分别画在图上的每一种特征类别可以依据其外形质量和作用效果来进行评价。图7.9包含的就是立面所涉及的特征的分解。

□ 结构和构成上的构造	可以清晰识别的、不清晰的或破坏了的： 承重墙 骨架 片式结构 连续性
□ 墙体的排列	对称的 不对称的 行列的 水平的 垂直的 平面的 起伏的
	形象的： 突出部分 建筑物上的挑楼 阳台
	空间的－多层的： 拱门 柱廊
□ 屋顶形式	双坡屋顶、平顶、单坡屋顶、四坡屋顶、半四坡屋顶、复折屋顶、锯齿形屋顶
□ 屋顶的划分	没有划分
	通过： 屋脊和沟槽 横隔房屋 烟囱 材料和颜色的对比 进行划分
□ 墙洞与建筑容积之间的关系	均匀的、不均匀的： 楼层上下重叠 房屋并列
	总印象： 完整的 分散的
□ 墙体表面的作用	材料结构： 光滑的 粗糙的 闪光的 暗淡的
	颜色： 单色的 多色的 反差明显的 色中之色
□ 房前区域	协助的、缺少的： 露天台阶 门前花圃 篱笆 雨篷

图7.8 建筑结构的调查等级（联邦建设部：肯普滕市）

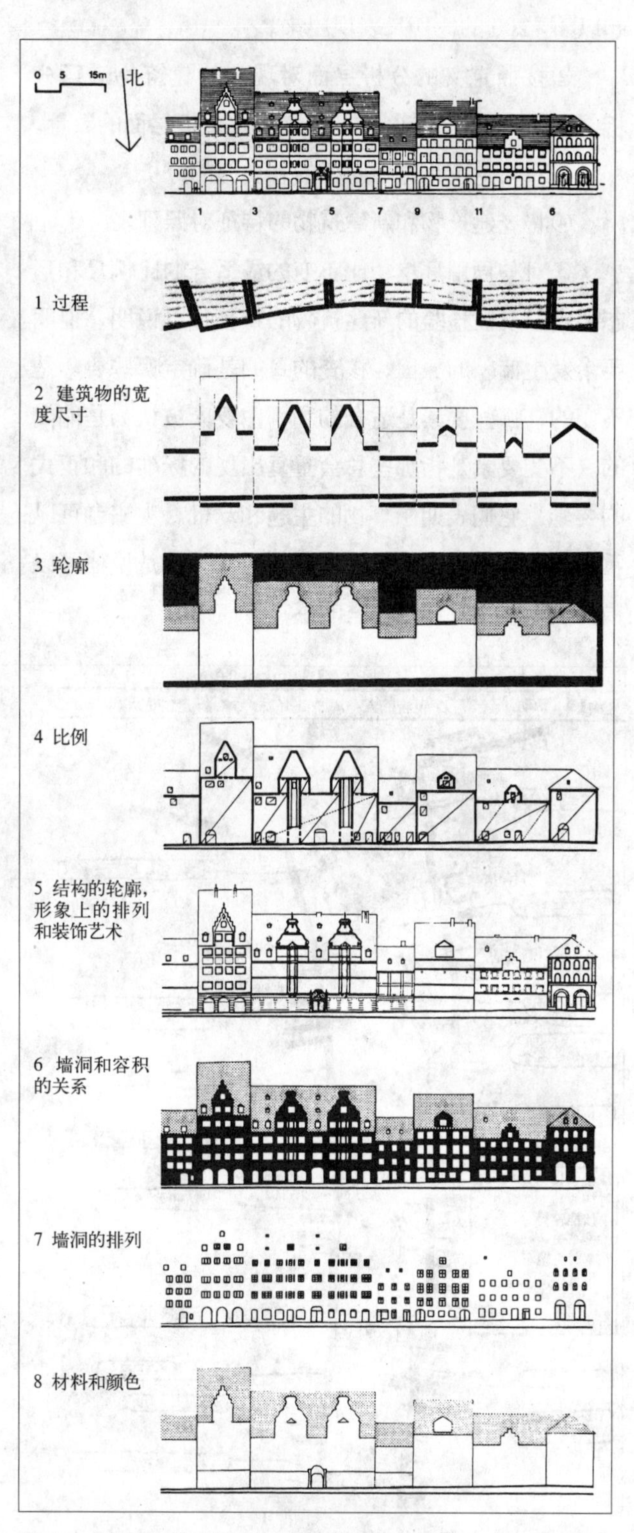

图7.9 外墙立面的分解（联邦建设部：肯普滕市）

通过整个城市内多个形态单元的比较一方面可以确认出反复出现的城市形态规律性，另一方面可以确认出相应的特殊形态。对现有建筑物内在联系中的形态质量或形态缺陷进行的这样一种调查评价也可以为新添加的建筑物的评价提供基础。其检验程序如下所述：

①把待调查的建筑物与足够数量的相邻建筑物一起以 1：200 的比例尺表现出来。

②按照定义的分析层面对现有的建筑物进行分析。按照本地区特有的特征组别确定分析层面的数量。

③对新建筑物进行同样的和类似的分析。

④将老建筑物和新建筑物的特征对照列表。

⑤对与周围环境相比不变的或适合的比例尺和形态要素以及被检验的新建筑物的特征加以说明。说明要素发生偏差的原因。核查的目的是确定哪些要素是不变的，哪些要素是适合的和哪些要素被认为是偏离的。不变要素是指那些总会重复出现的标准的和正式的要素，它们表明了事物的主题和动机。观察者可以重新认出他所熟悉的事物并将其归类，就是说他可以很快确定方位并产生安全的感觉。

适合的要素涉及事先确定的要素、主题或动机的采用。此外适合的要素还意味着仍然能把偏离了重要的基本特征的建筑物包容进整个结构和统一的城市建筑群的风貌之中。

相反，偏离的要素则与预先规定的标准的和正式的法则不同并且通过新的要素对这些法规进行补充。在个别情况下也可以指的是一种有根据的强调，这可以使一种特殊的情况得到适当的阐明（联邦建设部，肯普滕市，第 146 页）。

评价的基础和标准

评价是以比例尺为前提的，凭借比例尺可以对预先确定的物体进行评价。这种形式的比例尺是通过专业讨论、自己的立场和当地的情况产生的。在此我们不介绍关于城市形态问题的专门的专业文献，对此我们在本章结尾处的一个参考文献目录中向读者做了推荐。正像卡伦（Cullen）、林奇（Lynch）、特里布（Trleb）、弗兰克（Francke）及其他人所表述的那样，城市形态和城市规划的理论是进行分析的基础：特里布把这一问题划分为“城市风貌”、“城市形象”和“城

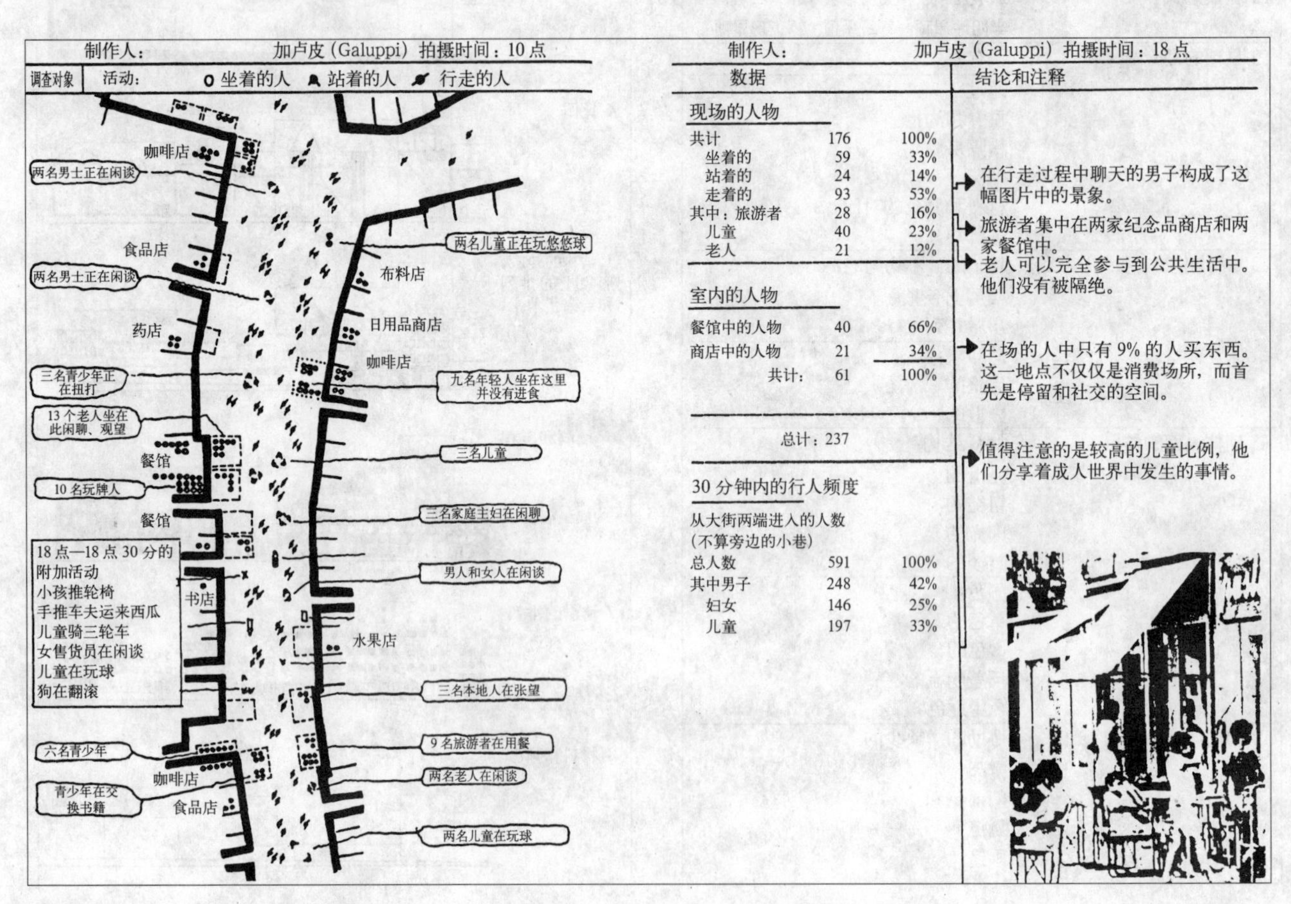

图 7.10 布拉诺市的城市观察（公共空间人物行为的快速摄影）［京特（Günther），1972 年］

市形态”三个领域：“城市风貌存量调查包括感觉质量、城市风貌要素和设想质量的调查。城市形象存量调查则调查各方面联系的质量、次序质量和作用质量。城市形态存量调查包括环境形态、环境塑造、环境构成、环境项目、环境利用和感知条件等方面的调查。”（特里布，1974年，第195页）上述三个领域的分析得出了现象特定形式的原因和动机，并可以为规划设计方案提供可供实施的启发和决策帮助。而且彻底的和系统的形态分析还可以为制定强制性的规划规则提供基础，正像在设计规章中所规定的那样。这些城市规划规定是建立在基本目标和范例的基础之上的，它们包括保持、增强和促进自己城市的独特个性，或者凭借确定方向、受到启发、得到调剂、美观等空间需求的满足使一座城市的生活质量得到提高。

d）空间活动的记录程序

如果人们假设某些空间特征会对人类的行为发生挑战、促进、引导或减弱、阻碍、防止等各方面的影响，则一种其他的分析方法就变得十分有意义了，这种方法就是“作为空间行为观察的一种形式而出现的活动

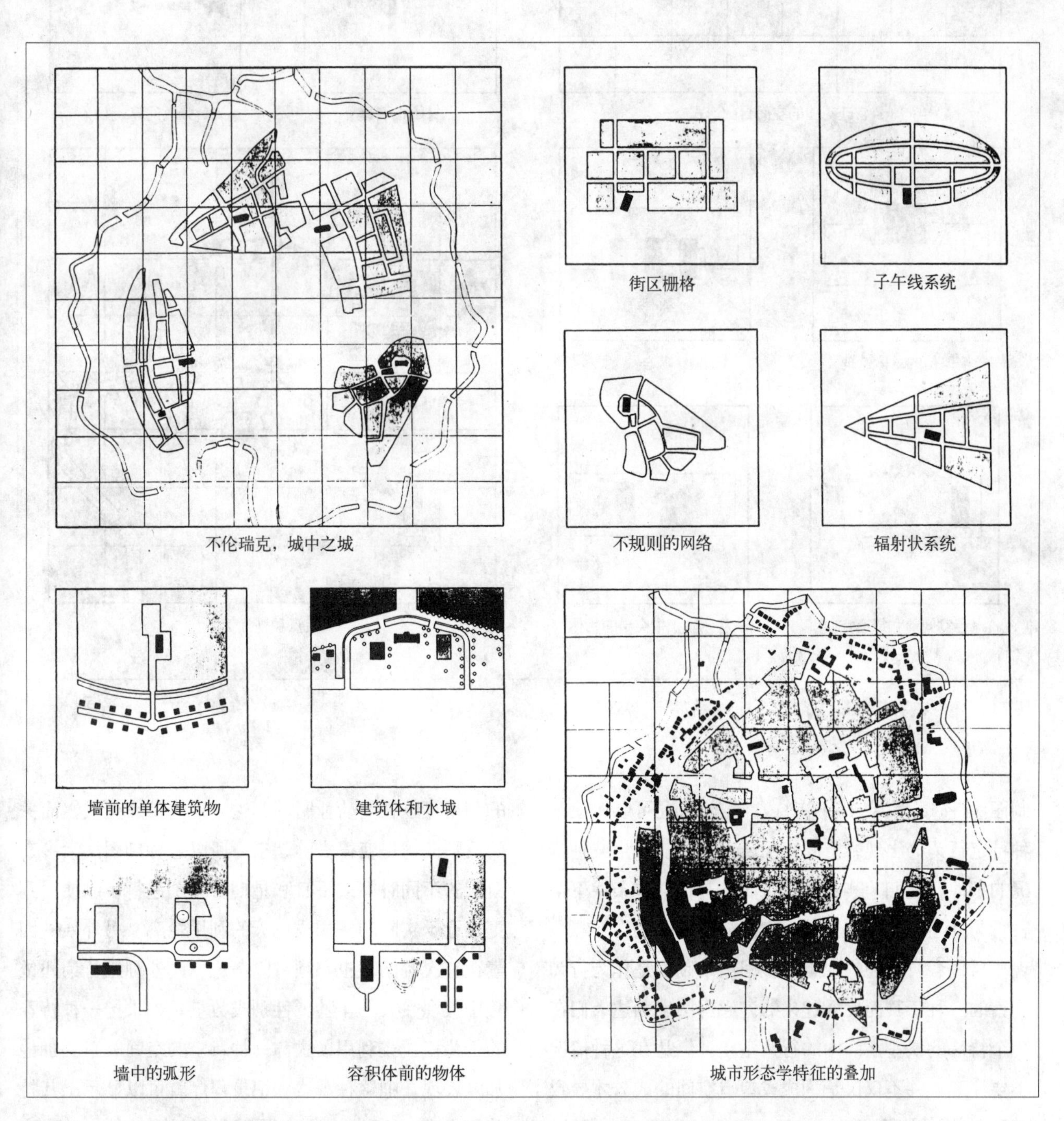

图 7.11 不伦瑞克宫殿花园：形态学分析［翁格尔斯（Ungers），1983年］

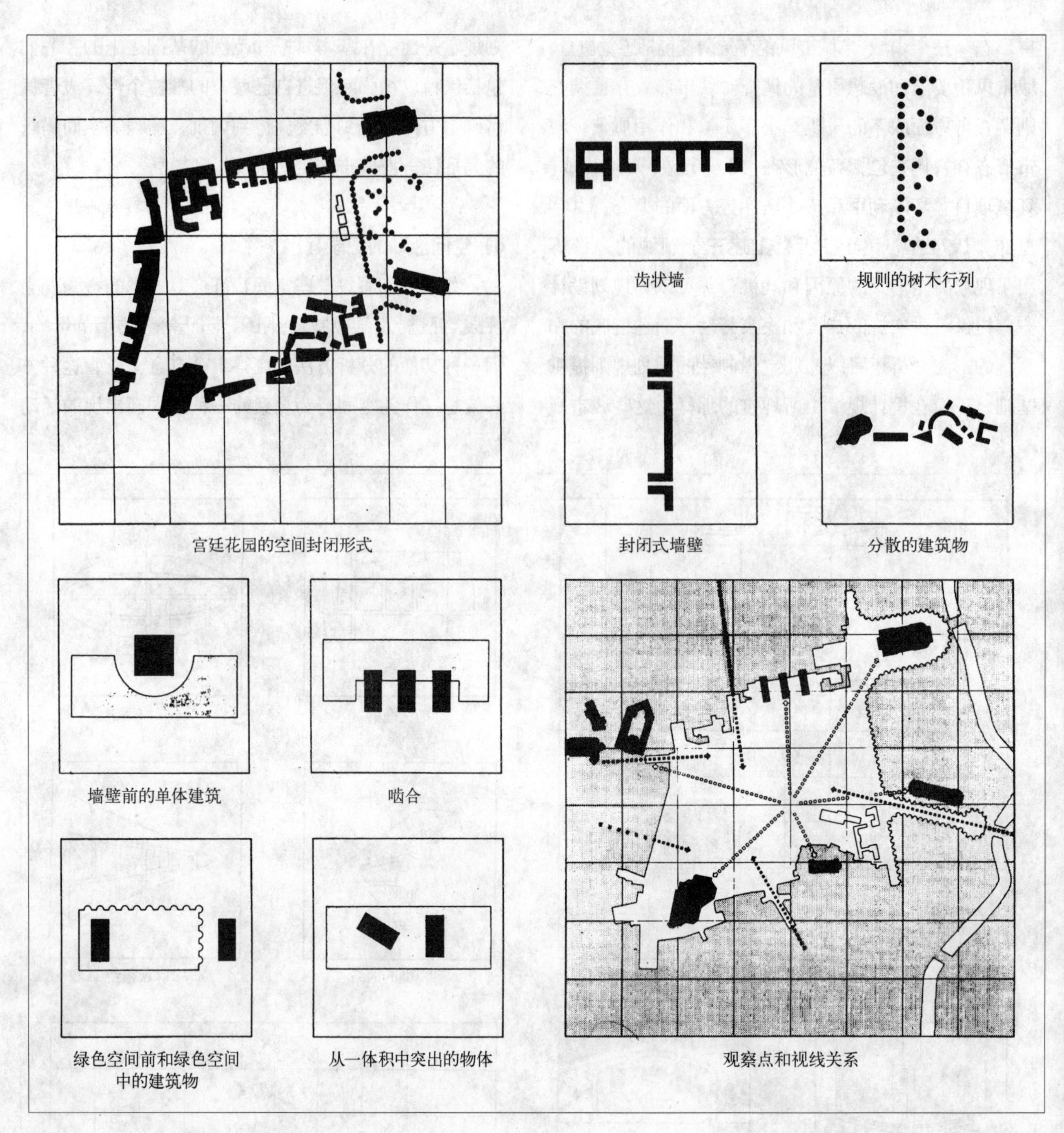

图 7.12 不伦瑞克宫殿花园：形态学分析（翁格尔斯，1983 年）

制图法”（R· 京特 +J · 京特）。空间状况可以促使某种特定行为的出现。空间情况表现了可能发生某种状况的条件，它们为其提供了可能性。在某些条件下某种行为发生的频率会上升。空间或物体的各自形态表现了居民各自行为的变量。空间活动制图是作为行为观察的一种工具而发展起来的，它用图来描述人们在一个特殊的狭小空间内的行为举止。但是在这种情况下要注意，并不仅仅是构成或塑造空间的成分才导致某种行为的出现。例如相邻建筑物（如商店或餐馆）的利用可以在其营业时间为这一地区带来生气，而关门后则使这里变得安静起来。所以这种制图法大多在白天的不同时间或平日和星期日分别进行，以便得到更接近于实际的一周或一天的利用轮廓。另外气候因素在每次制图时也必须可以考虑。此外利用行为还依赖于被观察人的年龄、性别或数量。如果把一种特殊的行为模式或利用模式与一种特定的空间关系叠加地加以表现，则这种观察和记录程序就可以显示出其特殊的优点。这种方式的记录只能通过多次的实地观察来完成，并且部分地需要多名观察者实地的长时间逗留。图 7.10 表示的就是这样一种空间利用制图法。

e）现实状况的形态学分析

这一由翁格尔斯带来讨论的分析形式被理解为是至今为止所提到的行为方式的一种抉择，它涉及空间现象的调查。其“想像构图中的思考和设计、隐喻、模式、类比、象征和比喻是一条从纯粹现实主义方式到创造性的思维方式的道路的阐释。”（翁格尔斯，1977 年，第 313 页）

翁格尔斯认为空间现象的调查一般有三个层面：

— 事实的简单记录；

— 空间经历的主观解释；

— 空间现象的发现和形象化理解以及随后的方案化。

这里我们谈论的是一种综合远多于分析的程序，城市不是按照可测量的标准（例如人口密度和建筑密度或交通负荷）和功能（例如居住、工业、休闲……）来分析的，而是把城市解释为是基本结构类型的构想、想像构图和隐喻的表达。图 7.11 和 7.12 显示的是不伦瑞克宫殿花园形态学分析的片段。在此首先对比如城市平面图的结构和形状以及单一的空间构成要素等内城中决定形态的要素和周围的环状绿地进行了调查。不伦瑞克发展至今的每个城市的不同发展体系在表现图上简化为基本类型（图 7.11）。对宫殿花园进行形态学分析时采用的也是类似的程序（图 7.12）。对此翁格尔斯解释说：“这项调查试图在城市轮廓和城市形象中识别出那些可以推导出构成形态的功能的部分。在此按照空间主题系统性地对构成城市的城市风貌进行搜寻。”（翁格尔斯，1983 年，第 125 页）这样的一种形态学分析涉及城市质量阐述层面上的类型学的强调，这种强调是功能内在联系的调查的一种补充。

参考文献

Albers, G.: Die Rolle der Bestandsaufnahme und der Situationsanalyse in der städtebaulichen Planung. In: Bundesminister für Raumordnung, Bauwesen und Städtebau (Hrsg.) Bd.03.038, 1975

Bundesminister für Raumordnung, Bauwesen und Städtebau (Hrsg.): Stadtbild und Stadtlandschaft. Planung Kempten, Allgäu. Schriftenreihe Stadtentwicklung, Bd. 02.009

Günther, R.+ J.: Burano. Eine Stadtbeobachtungsmethode zur Beurteilung der Lebensqualität. Bonn-Bad-Godesberg 1972

Kieren, M.: Oswald Mathias Ungers. Zürich/München/London 1994

Lehrstuhl für Städtebau und Landesplanung: Rengsdorf. Konzepte zur Ortsentwicklung. Aachen 1987

Luhmann, N.: Politische Planung, Opladen 1971

Polya, G.: Schule des Denkens. Vom Lösen mathematischer Probleme. Bern 1949

Trieb, M.: Stadtgestaltung. Theorie und Praxis. Düsseldorf 1974

Ungers, O.M.: Entwerfen mit Vorstellungsbildern, Metaphern und Analogien. In: Stadtbauwelt 56, 1977

Ungers, O.M.: Die Thematisierung der Architektur. Stuttgart 1983

Zwicky, F.: Entdecken, Erfinden, Forschen im morphologischen Weltbild. München/Zürich 1971

第 8 章　方案搜寻的技术

A. 问题的提出

如果把设计定义为是一个创造性的解决问题的过程，则找出创意和方案的步骤也许就是需要最高度的创造力的步骤。因此在这里首先对创造力的概念做一个简短的说明。

“创造力一词来源于拉丁文‘creare’一词，为产生、生产、创造、创建的意思。按照这一起源创造力是一个不断发展和展开的活跃的过程，它包含了自己的起源和目标。所有创造力的定义都强调了所提出的构想的创新价值，它们包括质量方面、丰富的想像力和数量方面。”[林内韦（Linneweh），1973 年，第 15 页]

“只有我们考虑到了新的观察可能性并且发展出了新的创意，我们才能找到规划方案。不再是例行公事时才能产生创造性，因此创造性和问题的解决是无法分开的，它们是创新过程的同一个方面。”（同上，第 42 页）“看到问题意味着发现要素或事件从来没有在事先就结合起来，取得一致或得到组合。这样理解的创新过程不仅包括问题的解决方案，而且还包括问题的识别。”（同上，第 42 页）

在复杂的城市规划问题中从来不会只有一种解决方案。依据事先定义的前提和各个观察角度的重要性可以得出许多可能的发展方向。因此，正像第 7 章所阐述的那样，为了能采取有针对性的行动，关于可能的方案方向的设想或关于方案方向的构想就显得十分必要。里特尔这样描述这一问题：“问题的阐述与一项方案建议的发展同时发生；如果人们遵循一项规划方案原则，人们才能对信息进行有意义的收集，规划方案原则只能在人们对这一问题所知道的尺度内产生等。”（里特尔，1970 年，第 17 页）

下列技术是方案搜寻的途径，这些技术不仅在建筑学和城市规划中通行，而且在许多其他的行动领域也适用。图 8.1 描述了所选择的一些技术。

B. 方案搜寻的技术

1. 相似的方案

一种空间秩序逻辑的应用与一门语言的应用没有什么不同。但是以此还没有表达任何东西，也没有书写历史。构想也使用这一语言。新的构想到处都是罕见之物。所提出的大多数方案以前都以类似的方式被提出过。这就是说，可追溯到一套已经形成了的全部技能。就像一名医生一样，他很少去研制一种新的疗法，而是学习别人的经验，建筑师和规划师也总是使用自己所具备的全部专业技能。这

形态学方法
- 对规定的问题进行概括
- 对问题的参数进行测定和定位
- 所有可能的规划方案的形态学列表
- 规划方案的评价
- 最佳方案的选择

系统化的设计
- 系统化的设计步骤
- 街区图解
- 核查一览表

构想的概略性制订
- 宏观：总构想的出发点
- 微观：详细构想的出发点

奇思妙想
- 讨论＝构想发生器
- 批评＝弱点分析

设计起步的限制
- 事物限制和空间限制的查明
- 从限制中寻求方案

类型学设计
- 城市形态学设计
- 建筑物类型学设计

空间的前后关系—场所
- 前后关系的设计
- 创造力的地点

实例搜集
- 启发性实例
- 实例的复制品（建筑范例图书）或抄袭

设计上的全部技能
- 形式上的全部技能：可能的方案的形式上的限制。翁格尔斯的实例。
- 方法上的全部技能：独立的方法论，为此在外形方案上显得十分坦诚。

图 8.1 方案搜寻所选择的技术

首先指的是城市空间、建筑物组织、建筑学语言、开敞空间秩序、立面编排等方面的布局方案类型。每次都要在建筑学上有新的发明是不太明智的，但是在上述这些经验的基础上可以获得不断的进展。因此在设计时首先考虑的不是要做出全新的事物，而是要把现有的知识融合到一项特定任务的设计方案之中。创新的空间可以在现实状况的特性或框架条件的活动空间中产生。

最老的技术之一是重复：对可比较情况下的经过证明的解决方案进行审查。方案类型原则上的持续改善和现代化在所有行为科学中是最重要的。仅这一点就是十分重要的，因为使用者学会了其空间环境的特定语言而且对其已经习惯了。这些习惯是设计时的一个重要常数。

2. 试验：尝试和错误

这涉及习惯的规划方案的偏离，这时就出现了系统性搜寻的技术。它指的是一定功能或形式的局部方案的控制性“试验”，然后分步骤地融入总方案之中。试验是逐渐接近的一种方法。尽管缺乏基础人们仍在尝试一项职责并且学会它。如果涉及全新的而又缺乏经验的工作领域，则在干中学就总是必要的。每个人都通过这种方式发展了自己的基本能力。有经验的设计师在某种情况下也使用试验的方法。

3. 突发的设想

另一种途径是突然出现的设想，这样的设想可以通过处理其他事实情况、思维体系、艺术和文学活动、仿效构词或者通过最简单的幻想而产生，它们经常要求脱离习惯的思维形式，思考至今为止“不可想像的事情”。另一种途径是对许多实例和方案的了解。就像在音乐中那样，新的启发可以通过著名的基本模式的变换而产生。

这在所有情况下都很少涉及完整的方案设想，而是涉及各个不同方面都从属其中的基本的主要理念。因此在设计时就涉及到一个等级问题：重要的和不太重要的部分这样连结，以便使其内容和功能尽可能自己得到澄清。

4. 形态学方法

茨维基（Zwicky）创造出了一种带形态学箱图的系统性方案搜寻的专门方法。这种方法首先适合于设计的初始过程以及可能具有完全不同的方案方向的设计任务，它不适合于有许多约束（例如在现有的建筑群中加建建筑物）的设计任务，但是特别适合于打破固有的思维界限和想像束缚。它与第 7 章中介绍的翁格尔斯的形态学方法仅在概念上相同。当空间形态学突出了典型的结构状况时，茨维基的方法则在寻找类型学上各种不同的设计方案。

这种方法由下列几个主要步骤组成：

“第一步：对一个预先规定的问题进行准确的说明或定义以及适当的概括。

第二步：对预先规定的问题的解决方案发生影响的所有状况进行准确的说明和定位，换句话说就是：

定义的研究或科学的表述就是，问题的参数。

第三步：形态学箱图或多维形态学图表的制定，预先规定的问题的所有可能的方案都不带偏见地编排在这一图表之中。

第四步：根据选择的评价标准对形态学箱图中所包含的所有设计方案进行分析。

第五步：最佳方案的选择和同一方案直到最终实施或建造的继续跟踪。”（茨维基，1971 年，第 90 页）

图 8.2 的形态学箱图详细说明了一个新城市区或一座新城市设计的多种多样的可能性。垂直方向为设计的各个方面，水平方向为可能的决策选择。但是肯定几乎没有人以这样的设计作为开端，即通过首先编制一个形态学箱图然后做出选择来做设计（图 8.3）。

我们很少从这样基本的层面来开始工作，而是在已获得的知识和想法的水平上来工作。但是这种方法在下列情况下还是有意义的，在一个临界过程中检查那些东西没有权衡考虑到，或在小组程序中作为一种方法引起对不同的想法的讨论。这种方法肯定在开始阶段是很全面的，并且在开放的问题解决程序的搜寻方向上有它的意义。其他方法也有类似的系统性，例如一种由 B · 阿歇尔（B.Archer）设计的“目标决策系统”：“从问题的前后关系出发，以大量的前后关系变量来表现，以及一个可以做出决策的领域，以大量的决策变量来表达，由此设计师关于这些决策变量可以提出大量的建议。这些建议的特性的数量可以被定义为是这些规划方案的“成绩”［赫夫勒（Höfler）及其他人，1970 年，第 59 页及其后］。在这一背景面前设计可以被视为是一种权谋和一种前后关系变量和决策变量的重复变化。

5. 系统性的设计

系统性的设计与系统性的规划是一致的，这里涉及的是应注意的所有成分的划分、一种逻辑的和程序的内在联系中的局部系统以及一种可以不断续写的工作过程的程序。在编制复杂规划时就要进行系统性的变量和方案设计。通过过滤程序最终可以进行方案设想的成对比较并淘汰较差的方案。人们将检验引起兴趣的方案的特点和结论。随后进行较好的方案的优化、原型的建设和检验、测试、最终修正、直至最终将完全成熟的方案付诸实施。

系统性设计的重要组成部分是关于操作可能性和选择的研究。H · 里特尔是这样描述揭示了有意义的方案可能性的选择搜寻的：“什么时候有问题出现，就是说人们没有办法的时候，首先人们就必须至少找到一种设想作为方案的候补者，这就是‘制造变种’。如果人们有了一个以上的方案候补者，人们就必须找到相应的理由，以便使候补者减少到一个，即‘减少变种’（里特尔，1970 年，第 19 页）。变种产生意味着在遵守不可改变的，就是说设计者无法影响的像法律、人口增长率、社会结构等数值时必须把所谓的‘前后关系变量’定义为决策的基础。‘前后关系变量’

可能性方面	1	2	3	4	5	6
几何学	网格状	环形与放射形系统	圆形	线状形式	不规则的	规则和不规则的
道路系统	无等级	主要街道和支路	三级或多级	直角的	对角线的	街角为圆形的
广场	无广场	一个中央广场	多个广场	袖珍广场	庭院	多种形式构成的等级
侧面轮廓	无高度差别	强调中心	强调主要街道	强调边缘	强调功能	无规则的
建筑方式	封闭的	半开放的	开放的	特殊的建筑方式	变换不同的建筑方式	任意的建筑方式和建筑高度
绿化系统	无绿地	中央公园	多个公园	环状绿地	放射状绿地	街道绿地
工作场所	均匀布局	在小的区域	在大的区域	根据种类划分	沿着后面的街道	偶然的布局
服务业	均匀布局	中央区位	分散的区位	沿着主要街道	有等级的体系	移动的服务业
预留用地	小块预留用地	位于后部区域	在垂直线上	在大的空隙中	在暂时还未建建筑物的地点	位于边缘

图 8.2 一幅用于新城区城市规划设计的形态学箱图的示例

	高速公路	欧洲广场	建筑用地
边缘	关闭的 开放的	关闭的 开放的	关闭的 开放的
边缘的形象	树木 矮树篱	树木 墙壁 水幕墙 灯光墙 艺术墙 建筑物	树木 墙壁 矮树篱
视觉效果	不显眼的	不显眼的 富于表现力的 难忘的	不显眼的 富于表现力的
白天的色彩效果	深色／绿色	浅色的 深色的	浅色的 深色的
夜间的色彩效果	深色的	浅色的中心 深色的边缘	深色的边缘 浅色的广告
顺序	均匀的、边缘关闭	强调突出的	从属性的

图 8.3 一幅练习区形态学箱图的示例

为规划决策设置了框架，在此涉及的绝不是‘客观的’事实状况，而是以主观判断为基础的（图 8.3）。人们可以把前后关系变量系统视为‘任何人对一个问题所讲述的故事’。不是每个人都以同样的方式看待问题，讲述同样的‘故事’，以同样的前后关系变量描述情况。”（里特尔，1970 年，第 23 页）

由前后关系变量的选择和评价可以定出可能的发展方向的不同选择方案，这被视为是与确定了的前后关系之间进行的一种创造性的研究探讨。这时并不是每个可能的选择都是有意义的，为了淘汰无意义的选择，就要通过其他的强迫措施继续削减方案的多样性。里特尔把强迫区分为下列一些不同的种类：

— 逻辑上的强迫排除了思维上不可能的事情；

— 自然上的强迫排除了违反被认为是有效的和不可改变的自然法则的事情；

— 技术上的强迫指的是凭借现有的工艺技术手段的可实施性；

— 经济上的强迫为所需的费用设置了界限；

— 文化上的强迫描述了那些可以为利用者、居民等带来期望的事物的界限；

— 政治上的强迫指的是人们对规划方案可能性的可实施性的期待(里特尔,1970 年,第 26 页)。图 8.4 表示了里特尔的系统性规划程序的模型。

C= 前后关系模型
c_i= 前后关系变量（i=1,2,…,k）
Ω= 对象模型
d_i= 设计变量（j=1,2,…,m）
p= 成绩模型（评价系统）
p_k= 成绩变量（评价变量）（k=1,2,…,n）
x= 最终判断（$x=f(P_k)$）

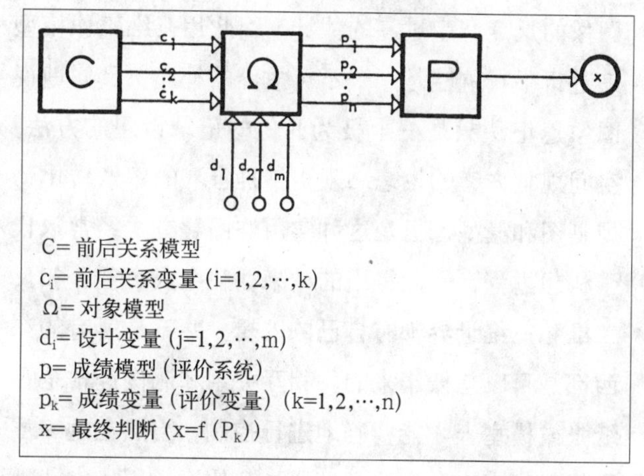

图 8.4 设计程序的前后关系－对象－成效模型（里特尔，1970 年，第 22 页）

6. 框图

需要完成的局部任务可以以框图的形式进行分类。局部任务之间很强的依赖性可以用直线连接来表示。这一示意图有利于局部任务及其内容和时间结构的说明。

7. 核查一览表

在核查一览表中记录了规划方案必须满足的要求和条件，例如它们可能是：建筑容积的绝对值和相对值、使用面积、道路面积、停车场、需要保存的植物、要求和目标、费用、干预的规模等。一个详细的标准图表对设计方案各种不同特性的比较来说是十分有益的。核查一览表可以自动地得到完善和扩展，它还可以使人们不至于忘记重要的事物。

8. 构想（宏观、微观）的速写式制定

建筑师最常用的方法之一是速写式接近设计方案的方法。构想通过类似实例的改编或画在纸上以设想构图的形式出现。规划方案既可以从总设想（宏观尺度）出发，也可以从细节方案（微观尺度）出发制定。规划方案的速写式搜寻是接近目标的一种特别合理的形式。通过重复的步骤可以在纸张上十分迅速地对方案构想进行检查。我们的眼睛（或者更确切地说是我们的空间想像能力）在规则的和无规则的二维空间秩序的辨别力方面是很强的。虽然广泛流行的二维绘图法适宜于记录空间布局、邻居状况、粗略的面积和构想，但是它也可以使人们对图像的尺度产生过高的估计。因此用三维工作模型来进行平行监控是一个不可放弃的补充。具体地说图像速记法只是一个极为简化的记录设想的方法。空间规划方案的设想必须由精神世界的图像转化为规划图和模型，但是这种实用的图解方式经常取代了构想过程，因此得出的结果往往令人失望。相反二维和三维世界都有自己的逻辑，并不是所有的东西都是可以想像出来的。相互关系和比例经常是在纸张或模型上才能精确地进行控制。当然在这一层级的工作中也会自发产生通过其他途径不一定能够获得的突发的奇想。但是有一点是肯定的，即独立的规划方案不仅仅是通过草图和模型产生的，而是以一个想像的程序作为前提的。图解方式在设计中所占据的统治地位正是为什么许多建筑物都缺少独立的内涵（特点）的原因，建筑物的构思失落在自己的图像之后。随着计算机辅助设计（CAD）系统在设计中的应用这一问题变得更加严重。

9. 突发奇想、辩论、批评

设计过程初期的一个有效的方法是通过一次轻松的小组辩论逐渐接近完全不同的规划方案。在一个小组中进行的关于设计方案和设计方向的辩论可以在不同的“头脑”中汲取想像，因此经常能够得到比自己的思维过程更宽泛的可能性。经过一段时间后出现的对自己工作的亲密性（经常起因于热恋、缺乏其他的选择和对本单位缺点盲目无知）可以通过其他人没有偏见的眼光得到最有效的消除。在建筑学学校中广泛流行的定期举行的设计讨论、设计辩论和设计学术讨论会是减轻上述这些缺点的有效方法。

10. 找出限制因素作为入门

一个在城市规划中经常使用的方法是首先描述出行动内容上和空间上的责任和限制。在“负面规划”中记录了哪些土地不能使用或者具有预先的规定，以这种方式可以迅速搞清真正的活动空间，从而避免不现实的搜寻程序。例如在高层建筑物中这方面的题目有：10 万马克设计一座楼房或只能设计 3 米宽的房屋或者类似的限制。经常出现的情况是，正好方案搜寻中通过现实的或假设的预先规定所造成的搜寻过程的缩短以及有秩序的思维的挑战等强烈的限制因素往往可以产生十分令人满意的规划方案。

11. 类型学的设计

对特定的规划任务和建设任务（例如郊区居民点、街区边缘建筑物、成排房屋、高层建筑、学校等）的规划方案来说除具备自己的独特个性之外经常还有普遍的组成部分：这是通过某种任务所产生的特性，这些特性避免不了地不断重复。这些可以普遍化的组成部分就构成了典型的规划方案、规划或建筑类型。在这些类型中凝结了大量的经验、协调、空间组织的优化程序以及完全成熟的规划方案的设计。在此之中存贮的大量经验科学不是简单地就可以被一个所谓的“天才”设计所取代的。在此方面一个很好的示例就是荷兰节约成本的住宅的灵巧的住房平面图，例如还有莱茵地区上世纪的三窗户住房。无论如何人们都可以从这些最佳的实例中获益良多。因此在许多科学中流行的一个方法是在这些最佳方案类型的基础上寻求因地制宜的改动和继续发展。在一些建筑学校通常进行的实践，即对好的设计和建筑物进行临摹也是学会理解这些建筑物特点的一种方法。没有任何一种科学和艺术能够放弃这个时代及其前辈的经验。在优秀的方案和方案类型中凝聚的各种分析是这种经验的宝库。

12. 空间的前后关系—地点

设计任务的具体地点在设计中是除任务本身之外最重要的出发点。由历史上的前后关系、以及像比例尺、周围环境的空间和建筑学语言、建筑类型、布局形式等这些当地的特殊条件就形成了一种挑战，这种挑战就是通过添加新建筑物使本地区具有一种特有的个性或使这种特性得到增强。人们必须注意地方的特点，它们是自己研究的对象，有时需要自己的思维有一个全新的开端。

13. 实例搜集

有意义的整个任务或局部任务（例如框架规划、城市规划设计、城市规划布局形式、停车系统、开敞空间造型、建筑类型、建筑学语言、立面结构、改扩建细节、表现形式等）的方案实例的搜集对设计工作来说是一种重要的助益。这些实例的聚集使目标的定位和事务所内部关于设计方向的讨论变得容易了许多。从中可以确定出具有共性的元素。这些材料不仅对检查自己的思路和讨论设计方向十分有意义，而且可以使设计保持在一个较高的水平。建筑师和规划师最大的错误是他们对独创性的错误理解。建筑学世界不可能每个星期一都有新的发明，已经经过验证的事物应该继续使用、改善和变化，只有这样一个时代的建筑艺术语言才能逐渐产生。

14. 设计上的全部技能

随着经验的增加发展出了一种操作和设计语言的个人技能。基础性的搜寻过程变得越来越短甚至完全取消，因为理所当然已经有人阐述了他的答案。由此节省下来的时间经常被用来对设计任务及其区位进行深入的研究，这方面一个很好的例子就是O·M·翁格尔斯在参加设计竞赛时所采取的行动。翁格尔斯一直在从事空间逻辑以及周围城市的或景观的比例方面的研究，并由此得到了他的设计的宏观结构的一些特定指标。即使人们并不总能与其（经常是有些呆板和人为推导出的）结果取得一致，为了使问题领域的前后关系变得更加明确，这种方法是不能放弃的。

15. “模式语言”

这一由克里斯托弗·亚历山大研究出的设计方法是从下面这个信念出发的，即存在着一个“建筑的永恒之道”。其理由是，正确对待使用者的需求和追求高质量在直觉上是“正确的”。对亚历山大来说每一项设计任务都可以分解为一系列单一的相互处于一定关系下的基本元素或模式，它们首先可以作为一个单元来设计，然后再与其他模式一起组合成为一个完整的问题解决方案。这种“模式语言”内的组合是按照类似于“自然语言”的规则实现的：单词相当于模式，语法规则相当于模式之间关系的规则，句子就相当于建筑物或地点。

这一由253种模式组成的语言涉及生活空间的不同比例尺层级，这些层级是：地区、整个城市、市区和街坊、公共空间和私人空间以及街坊内的机构、建筑群和单体建筑物、道路和开敞空间、建筑物内的房间及其组成部分和构成空间的元素、构造、细部、颜色和装饰。像生动的语言一样，这种语言的词汇也在不断地增加和改变，模式语言也必须不断创新。这还意味着不同的文化、社团或群体要以自己不同的形式包含在模式语言之中。但是这些下过定义的253种模式只为每项设计任务的出发提供了一个基本的框架，然后这些模式还要依据具体的任务情况加以完善或修正，并互相进行协调。

在经过了初期的成功后“模式语言”有些被人们所遗忘，人们批评亚历山大在单个元素方面过于偏爱那些明显陈旧的英国式乡村房屋和郊区住所，所以这些样式已经受到了偏爱的影响。首先这一观点在他刊于《建筑学报》第7，8期的第一篇文章中就作了评论性的介绍。《建筑学报》（1973年）刊登了关于这种方法应用的报告和摘录。1995年初出版了这部著作的德文版，但是关于这本书的争论丝毫也没有结束。尽管有一些保留但这种思维方式仍是有益的，因为它不是从空间，而是从正面感受到的元素（或更确切地说是情况）出发。例如模式语言这样描述房间中壁龛的作用或一个睡觉位置的作用，人躺在这里可以向外看。它们在城市规划问题中研究外部空间或广场边缘的作用（图8.5）、街道至建筑物的过渡问题。这也涉及那些通过使用证明是合格的建筑物和城市空间元素，以及那些被认为是质量优良而被接受了的元素（例如林荫大道）。当那些口头流传的设计把这些元素添加在适当的位置时，亚历山大在设计时则以这些元素为起点。设计师从建议的"模式"和自己的东西中做出一个选择，他想把这一选择用在设计中。所以这项设计就包含了一些作为指标的规定元素，以此他就接受了现实状况的具体要求和景象（正如，如果一个业主要求厨房必须要有一个从那里可以向下看到大街的凸肚窗，或者一个乡镇要求在广场上修建一个矿泉、一面支座墙壁和一家街头咖啡店以及种植一颗椴树）。

"模式语言"体现了一种从人类的行为需求出发的设计思维方式，因此在有些方面正好与现在流行的几何学－构成主义的设计风尚相对立，所以对亚历山大的方法的反应经常会这样激烈。

16. 不同比例尺下的工作

一个设计方案内容上和绘图上的编制应该确保设计构想在所有重要的方面成为一个整体上一致的设计，并且提供一个在现有手段下切实可行的设计方案。上位方案必须由局部方面（例如建筑容积分布、开发状况、外部空间的结构、单一建筑物的形态）内容上的具体化及其空间要求来进行重新审查。对此就需要进行各种不同比例尺层级上的工作，这种工作能使其特殊表现力互相得到补充。一个总的结论性的设计只有在大比例尺的方案内容与小比例尺的细节问题得到澄清之后才能产生。在这方面有一种使设计师可以在工作过程中进行控制的技术，这种技术既不会使总构想的上位利益也不会使担负了总体构想的局部方面的内容受到忽略。例如为了确定设计基本方案（1∶1000 或 1∶2500）中计划的外部空间是否具有足够的尺寸，以便能够容纳所要求的汽车停车位数量，就需要插入一项外部空间的详细设计（1∶500/1∶200 的平面图和剖面图），这有可能导致设计方案中外部空间和建筑物的重新布局。

— 正面的外部空间（106）
建筑物周围或建筑物之间的一些外部空间是正面的。建筑物侧翼、树木、矮树篱、栅栏、拱廊或带有凉棚的道路的叠加都赋予了每个外部空间某种尺度的独立性，以便使其不至于到处延伸，而是成为一个具有正面特征的独立形体。

— 座级台阶（125）
为每个有人员闲逛的公共广场在其向下走的阶梯边缘或平面突变的地方设立一些台阶。使较高平面可能具有一个通到下面的直接通道，以便使人们能在那里集会并观察所发生的事情。

图 8.5 "模式"的实例（《建筑学报》，1973 年，第 30 页）

再比如为了确定建筑容积（1∶500），可能建议制作单个建筑物及其建筑物局部比例尺为 1∶100 或 1∶50 的细部图，这些细部图可以深入到建筑结构的细节并且还包括所使用的材料和颜色。一项最终的建筑容积设计方案通过这样的详细方案论述的率先行动才能获得有根据的排列和重点。

在不同比例尺层级上进行的符合具体化或概念化不同层级的方案编制也可以识别出总构想阐述的活动空间。通过建筑物种类和建筑学细节一个同样的城市规划方案可以得到不同的具体化形式和造型。

参考文献

Alexander, Ch.: The Timeless Way of Building. New York 1979
Alexander, Ch.: A Pattern Language. New York 1977
Bundesministerium für Raumordnung, Bauwesen und Städtebau: Stadtbild und Stadtlandschaft - Planung Kempten/Allgäu. Heft 02.009
Höfler, H.; Kandel, L.; Kohlsdorf, G.; Kreuz, E-M.: Der Entwurfsprozeß und Verfahren zum methodischen Entwerfen. In: Planungsmethodik Heft 4. Stuttgart 1970
Linneweh, K.: Kreatives Denken. Techniken und Organisation innovativer Prozesse. Karlsruhe 1973
Luckmann, J.: Zur Organisation des Entwerfens. In: Planungsmethodik Heft 4. Stuttgart 1978
Markelin, A.; Fahle, B.: Umweltsimulation, Stuttgart 1980
Maser, S.: Methodische Grundlagen zum Entwerfen von Lösungen komplexer Probleme. In: Planungsmethodik Heft 4. Stuttgart 1970
Reinborn, D.; Koch, M.: Entwurfstraining im Städtebau. Stuttgart 1992
Rittel, H.: Der Planungsprozeß als iterativer Vorgang von Varietätserzeugung und Varietätseinschränkung. In: Planungsmethodik Heft 4. Stuttgart 1970
Ungers, O.M.: Die Thematisierung der Architektur. Stuttgart 1983
Wittkau, K.: Stadtstrukturplanung. Düsseldorf 1992

第9章　规划的评价

A. 问题的提出

一项评价是以下面两点为前提的：

1. 能够对一项结果进行评价的标准；

2. 至少有一项方案建议。

多个建议可以大大减轻评价的难度，因为从可能性的活动范围中可以得出方案编制者制订的标准。

一项方案建议一般都是整体性的建议，各项要素是互相交织和高度综合的，设计所起的作用也是合乎逻辑的。因此在仔细研究制定出的规划身上首先很难得到一个详尽的评价，因为所有方面可能都进行了权衡。评价程序在多个层级上进行，最普遍和最重要的评价是对基本构想和主要设计设想的评价。然后才对局部方面、各个单一层面和评价标准进行检查。

设计方案的评价是一个复杂的过程，它需要十分丰富的经验。设计评价特别出现在设计竞赛、高等院校的教学理论和竞赛设计之中。把评价形式化和客观化的所有尝试都达到了极限，它总是只能产生近似值。设计竞赛经常是十分详尽的初检尝试也证明了这点，这种尝试使得规划方案的结构特性至少能够进行比较。评奖委员会的评价有时能使按照招标和初检的一般标准必须淘汰的设计进入头等组别。在此未来设计方案所有评价的一个原则上的困境变得十分清晰：为了充分理解设计方案的可能空间，招标者规定的设想范围经常是有限制的。有时也会出现招标者没有想到的令人意外的规划方案。为了找到最有创造性的设计方案和把方案在一个特定的范围内进行比较，评价标准并不总是适宜的。如果这不仅仅涉及艺术成就和综合性成就的评价，而是涉及像费用、面积、建筑容积、标准规范的遵守情况、可更改性等这些可以进行比较的问题的评价，则适当的标准就能起到很大的作用。比较和评价只能在可比较的层级上进行。在此方面设计构想、艺术表达方式和设计观的评价是非常困难的评价层级，这些方面无法进行数量化的比较。因此评价者的偏好在这里可以强烈地表达出来。为了防止自己和决策委员会受到自己偏爱的诱导，补充的客观化尝试总是有益的，尤其是要对方案实施时某种预决定产生的财政和法律后果以及所有可能相关的责任法律后果做好准备。

B. 标准的构成

对粗略评价一般来说作为第一种近似三个数值（+0－或1 2 3）就足够了，凭借这些数值可以对标准的满足状况进行评估。用数字表示的数值的优点是

1. 城市规划理念（规划方案在遇到外界变化时的持续性）
2. 建筑物的质量（独立性、周全性）
3. 交通连接的质量
4. 开敞空间和绿地方案的质量
5. 生态利益的重视程度
6. 照明标准、间距和规划法规的遵守状况
7. 停车场
8. 其他现状和任务的相关方面
9. 各阶段的实现和可实施性
10. 费用、资助能力

图 9.1 城市规划设计方案的评价标准

能够叠加。但对于规划方案和变量的精确比较来说这种方法还不够。这里需要像费用、面积或正面作用和负面作用的量等用数字表示的量值。通过权重在每项标准上的分配可以产生进一步的精确值，以此可以与评价值相乘。由此结果变得更加令人难以理解。人们总是会遇到这种情况，即这种形式的精确化过程在最后总会对结果产生怀疑。然后再反过来对权重进行干涉，这就表明，评价最终是一个很难进行量化的过程。

一项设计在实施过程中是否能够提供解决问题或排除缺陷的预期方案，为了能对一项设计的这些方面事后进行评价，事先就需要一些能够衡量设计方案的标准。这样的标准由各自的问题得到定义，并且可能依每个参与设计的人的问题意识而有所不同。单个的标准有可能在设计的进程中被修改或者完全被取消或者增加新的标准。

标准应该包括一个问题解决方案的最重要的尺度。这些标准当然依是否涉及一个纯粹的设计方案评价而有所不同，在这项评价中构想的内容、后果、功能性具有较高的权重，或者方案的实施和建造费用等方面是否扮演了一个重要的角色。设计者经常不理解的是，对投资者和使用者来说适用性、建造费用和使用寿命远比形态要来得重要。图 9.1 表示的是城市规划设计方案评价中经常采用的一些标准，图 9.2 是高层建筑设计方案的评价标准。图 9.3 表示的是德累斯顿－维也纳广场设计竞赛预审报告的一个示例。这项预评价由一个说明设计方案特点的口头部分和来自城市管理部门、联邦铁路和投资者的有经验的顾问的陈述组成。各项要求的满足情况和所要求的利用的楼层建筑面积被以表格的形式表示出来。上述这些说明在评奖委员会会议上起着基础材料的作用。评价工作通过淘汰那些几乎没有明确的基本构想或有明显的弱点的设计方案的方式来进行。从最后剩下的那些作品中再通过横向比较滤出一个对完成所要求的任务最有贡献的设计方案。

1. 构想
2. 外形
3. 内部组织
4. 城市规划上的排列
5. 对历史关联方面做出的反应
6. 内部空间和外部空间的可用性
7. 用途的可变性
8. 成本
9. 实施方面的情况
10. 耐用性、关键性工艺设计细节所占的份额
11. 法定规范的符合情况
12. 考虑业主、使用者和邻居的愿望

图 9.2 高层建筑设计方案的评价标准

C. 实例

1. 住宅建筑项目的评价

赫夫勒（Höfler）／坎德尔（Kandel）／林哈特（Linhardt）（参照第 7 章中茨维基的形态学方法）设计出了一个十分详尽的用于对稠密的具有个性的单层建筑住宅建筑项目进行比较的标准的示意图。图 9.4 中垂直方向表示的是评价的每个局部方面，水平方向表示的是可供挑选的基本的决策可能性，它们涉及设计方案、产权状况和城市规划特征。

2. 绕行道路选择方案的评价

在汉萨同盟城市不来梅应该审查，一条沿着铁路路堤的公路是否可以减轻车流量很大的联邦 6 号公路的负荷，这条公路以大量的过境交通为不来梅西部的三个小城镇中心带来了较大的负担。在此定出了多个变量，并且通过数量和质量的比较对它们造成的影响进行对照。为此首先完整地为绕行道路的不同路线制定出原则上的可能性（依靠形态学方法）。这里涉及到三种基本抉择（A－C），另外部分地还有多个变量（1、2、3）。这些在图 9.6 中首先是以图解方式编排的，粗线表示的是过境交通的交通主干道，细线表示的是只拥有郊区交通的城镇内部主要街道，内部画有阴影线的小块区域标明了城镇商业中心的位置，画有阴影线的外线是现有的铁路路堤。

预审结果

城市规划方案的独有特征

历史上的许多联系使设计方案具有了独有的特征。给人留下深刻印象的是微观的 15 米高的形成广场边界的和不严密的“别墅”建筑物。一个沿着平拱朝向绿地 23 米高并容纳有大型商场的第二个建筑物“花环”从这里开始。布拉格大街和莱特班大街是前往老城最重要的步行连接通道。通过 17 层的 Mercure 宾馆的密封在通往布拉格广场的地方形成了一座大门，同时也形成了一个连接这两个广场的城市空间上的狭小通道。广场的东端由法国庭院和汽车站构成，维也纳门被设置在布拉格大街和彼得堡大街之间，贝内公司位于布拉格大街入口的东侧并在建筑学上显得十分突出。住宅大多建在绿化带旁边，并排列在“别墅”之中

专业顾问的陈述

交通规划

— 遵守了交通规划方面的规定。东面的隧道入出口进行了轻微的修改，但这在交通技术上是可以变换的。汽车站设在维也纳广场的西面，与交通网络的连接问题已经解决

— 前往地下车库的地下通道问题从交通技术上已经得到解决

园林局

— 与 26 号环相联系的围绕着高层建筑的明显而一贯的绿色弧形痕迹是本项设计的主要动机

— 轴线没有绿色元素

文物保护局

符合城市规划文物保护方面的愿望。此广场符合由历史起源推导出的有特色的空间方案，火车站的价值得到了强调

建筑监理局

— 广泛地遵守了相应的间距

— 消防安全和人员疏散问题通过建筑设计得到了保证

— 小轿车的主要停车场地位于地下车库

贝内有限公司

— 较好地完成了设计竞赛的任务

— 对于第二个属于维也纳门的楔形建筑群来说需要附加的面积占用；从投资者的角度来说这一楔形建筑体应作为一个单位尽可能由一个投资商来建造，否则隧道管的上部结构可能在这一建筑体的尖端产生设计上和经济上的问题

— 城市规划方案含有对历史建筑物的深思熟虑

— 建筑体和建筑容积得到了协调的分配

Kaufhof 百货股份公司

从百货公司的角度来说有条件的适宜

德国联邦铁路

— 铁路用地上拥有坚固和一流的建筑物

— ZOB 区域更好地充分利用仍是值得追求的

— 车辆换乘问题很好地得到了解决（火车总站的东侧有附加通道）

城市规划构思设计竞赛
州首府德累斯顿 – 维也纳广场

代号 1 1 3 3

预审的结果
预审标准

第 3 页

设计竞赛要求形式上的满足状况

号码	所要求的设计竞赛成绩	满足 1/3	满足 2/3	满足 3/3	注释
1.a	结构方案比例尺 1：2000			■	
1.b	平面图 – 城市规划方案比例尺 1：500 – 标注有建筑物和楼房层数 – 标注有道路面积（包括隧道） – 标注有安静的交通用地面积 – 用虚线标注出了地下车库 – 标注了广场形状 – 标注有绿地形态			 ■ ■ ■ ■ ■ ■	
2.a	图表形式的平面图比例尺 1：500 – 底层 – 一般楼层			 ■ ■	
2.b	图表形式的平面图比例尺 1：500 – 地下车库及其通道			 ■	
3.	正视图比例尺 1：500/ 透视图			■	
4.	剖面图比例尺 1：500			■	
5.	各个图件相互之间协调一致			■	
6.	模型			■	
7.	文字说明报告			■	
8.	面积计算 – 建筑总面积 – 建筑容积率 – 建筑密度			 ■ ■ ■	
9.	没有要求的工作				
10.	作者的说明（放在封闭的信封内）			■	
11.	文字和图件材料遵守了提交日期			■	
12.	模型遵守了提交日期			■	
	评委的注释				

预审结果
面积计算（按照设计竞赛参加者的说明）

第 4 页

名　称	数值（平方米）	注　释
A 总面积 – 土地总面积 – 建筑占地面积 – 建筑总面积	 217000 160000 359000	
B 建筑总面积 – 工商业 – 商业 – 写字楼 / 诊所、事务所 – 旅馆 / 餐馆 – 手工业 – 文化事业 其中： – 贝内公司 –Kaufhof 股份公司 – 法国庭院	236000 137000 44000 29000 6000 20000 15000 42000 20000	法国庭院
C 住宅建筑面积占总建筑面积的比重 %	123000 34%	
D 建筑密度	0.4	
E 建筑容积率	2.2	
F 停车位		
G 拆除面积		旧汽车站
评委的注释		

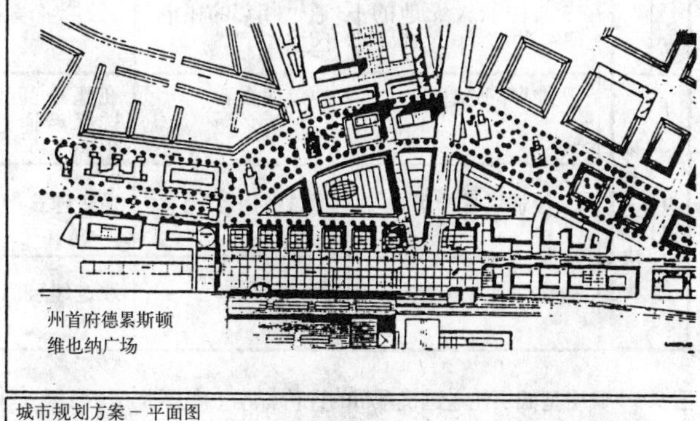

城市规划方案 – 平面图

图 9.3　一个设计方案评价的实例（维也纳广场设计竞赛，德累斯顿）

局部方面		设计变量	可挑选的决策可能性				
			A	B	C	D	E
不可混淆性	建筑物形象	01 建筑体的差别	依住宅的不同而有差别，受使用者的影响	依住宅的不同而有差别，预先规定的	无差别		
		02 立面的差别	依住宅的不同而有差别，受使用者的影响	依住宅的不同而有差别，预先规定的	依建筑物的不同而有差别	无差别	
		03 外部设施的差别	依住宅的不同而有差别，受使用者的影响	依住宅的不同而有差别，预先规定的	依建筑物的不同而有差别	无差别	
	住宅	04 住宅平面布置的差别	依住宅的不同而有差别，受使用者的影响	依住宅的不同而有差别，预先规定的	依建筑物的不同而有差别，预先规定的	无差别	
适应能力	住宅	05 扩建方式	通过加建边房或上部加建	通过在预留用地上的扩建	通过同一建筑物内房间之间的连通	通过相邻建筑物中房间之间的连通	没有扩建的可能性
		06 缩小的方式	通过单所住房的分隔	通过带分开的入口的可分开的房间	通过把住房的一部分连通到其他的住房中	不可分隔	
	房间状况	07 带地下室功能的辅助用房的规模和种类	全地下室	部分地下室	主居室楼层的单个辅助用房	无带地下室功能的辅助用房	
		08 带阁楼功能的辅助用房的规模和种类	可扩建的顶层	不能扩建的顶层	主居室楼层的单个辅助用房	没有具阁楼功能的辅助用房	
	利用状况	09 用途可能改变的方式	一般来说改变用途有可能	用途改变仅局限于单个房间	不可能改变用途		
	开敞空间	10 私人开敞空间改变的方式	可以与公共区域相连通	交还给公共空间	私人区域的连通	没有改变的可能性	
独立性	产权关系	11 有关土地的产权关系	使用者的财产	使用者的共有财产	第三者的财产	建筑商的财产	
		12 住房的产权关系	使用者的财产	建筑商或第三者的财产			
		13 停车位的产权关系	使用者的财产	使用者的共有财产	第三者的财产	建筑商的财产	
		14 花园的产权关系	使用者的财产	使用者的共有财产	第三者的财产	建筑商的财产	
		15 公共设施的产权关系	使用者的共有财产	第三者的财产	建筑商的财产		
	通达性	16 停车位的种类	单车车库／单车停车位	集体停车位／车库			
		17 住宅通道的种类	通过具有私人特征的区域	通过半公共区域	直接通往公共区域		
		18 通往私人绿地的通道种类	通过相邻的住宅区域	通过半公共区域	通过公共的交通区域	无私人绿地	
自决	规划上的决策	19 地产的选择	通过使用者	在建筑商预先选择后通过使用者	通过建筑商		
		20 投资过程的确定	通过使用者	通过建筑商			
		21 住房尺寸的确定	通过使用者	通过建筑商			

图 9.4 紧凑型低层住宅建筑项目的评价标准（赫夫勒／坎德尔／林哈特，1983 年）

局部方面		设计变量	可挑选的决策可能性				
			A	B	C	D	E
自决	规划上的决策	22 建筑标准的确定	通过利用者	通过建筑商			
		23 停车位数量的确定	通过利用者	通过建筑商			
		24 私人开敞空间尺寸的确定	可以由利用者选择	由建筑商决定	由规划局规定		
加密能力	住宅	25 住宅的设置	越过 1 层	越过 2 层	越过 3 层和多层		
		26 住宅的堆叠	无堆叠	两套住宅相叠	两套以上的住宅相叠		
		27 水平相加	无	向一边	向两边	向三面	多面的
	交通连接	28 交通连接的种类	混合交通连接（人行道在街道旁边）	机动车道和人行道相分离（街道＋住宅道路）			
		29 交通用地的高程位置	平地	位于建筑物之下	位于开敞空间之下		
		30 公共人行交通的高程位置	平地	两层			
	居住设施的辅助面积	31 公共绿地的规模和分布	无公共绿地	绿化区仅在交通用地内	只有树木在交通用地区内	住宅周围类似于公园的公共绿地	
		32 私人绿地的设置	平地	在屋顶和阳台上	在建筑物中（温室）	无私人绿地	
		33 运动游戏场地的提供情况	无公共游戏场地	游戏设施位于交通用地区	儿童和青少年的单独游戏场地	游戏场（单独的）	
		34 居住功能公共空间的提供情况	无	集中的场地和分散的场地相结合	通过交通用地的多用途	集中而单独的场地	
		35 用于居住功能的公共建筑物的提供情况	无	“儿童之家”	“少年之家” “儿童之家”	“俱乐部” “少年之家” “儿童之家”	
用途多样化的适宜性		36 建筑用途性质的确定	不允许工商业利用	只允许有不扰民的行业	一般允许有工商业		
		37 工商业用途融合的可能性	纯居住区	部分或全部都可以进行工商业利用的居住区			
		38 工商业建筑物建筑上融合的可能性	不适合	适合			
邻居关系和安全的适宜性		39 交通系统的集中程度	宽阔的	紧凑的			
		40 街道的功能	无过境交通，不形成住宅道路	无过境交通，形成住宅道路	有过境交通，形成住宅道路	有过境交通，不形成住宅道路	
		41 住房的朝向	只朝向私人区域	朝向交通区域			
		42 住房和停车位之间的联系	不经过公共区域	经过公共区域			

图 9.5 续表 9.4（赫夫勒／坎德尔／林哈特，1983 年）

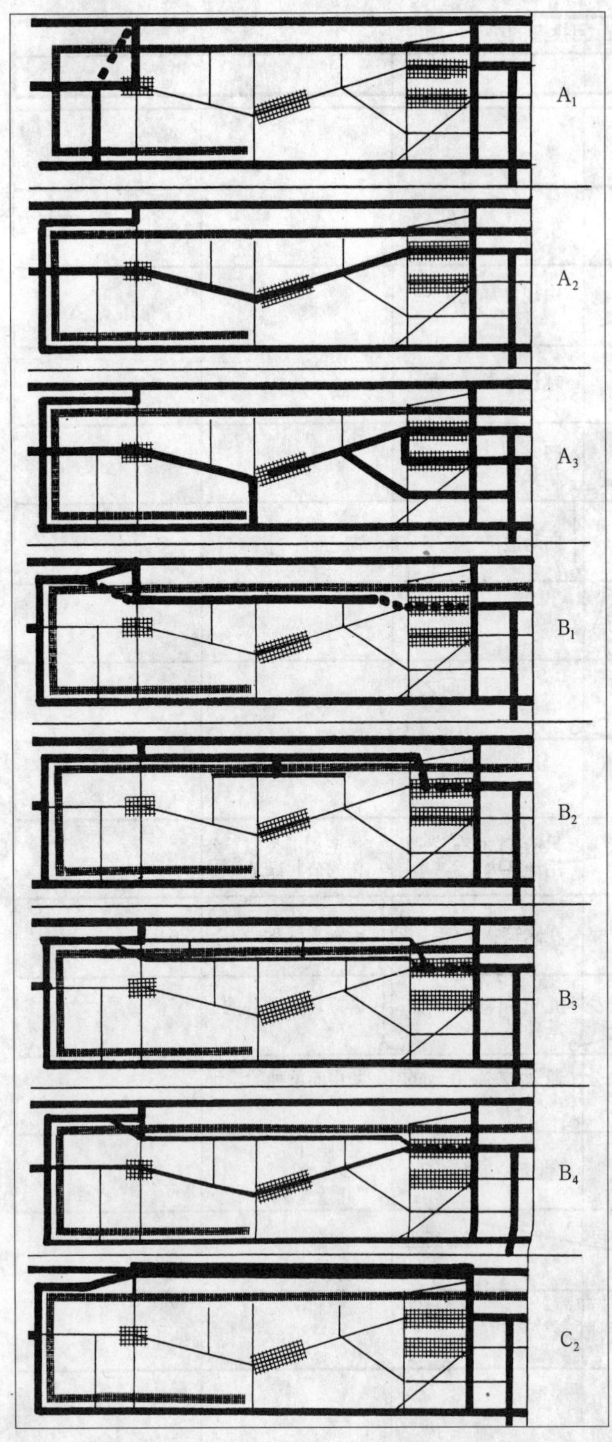

图 9.6 新的联邦 6 号公路走向在不来梅西部的可能的抉择方案（莱因斯／库德斯，1979 年）

这些原则上的可能性在晚期阶段减少到两个可行的各自拥有一个变体和现存初始状态（规划方案 0）的原则性规划方案。初始状态构成了一种基准尺度，用它可以测量出情况是变好了还是变坏了。为了测量潜在的效果和规划后果选择了那些尽可能能适当地体现所有方面的准则。这些准则是重要目标的通达性、居民和中学生被车流繁忙的街道所分隔、敏感设施附近的交通干扰、交通噪声对居民、机构和休养地区的压力，以及益处各不相同的发展可能性。最后，费用和实施的其他方面也是很重要的。图 9.7 表示了居民的噪声负荷在三种变体方案下的对比情况。图 9.8 表示的是数量上的比较，它对那些数量无法合理地构成的地方的质量评价进行了补充。

图 9.9 对照现状（规划方案 0）依托通达性、居民点负荷、开敞空间的噪声负荷、土地损失情况和发展的可能性等这些选出的参数列出了两个规划方案的不同影响。

3. 亚琛布兰德费尔德地区城市规划创意设计竞赛实例

此项设计竞赛的任务是为 20 世纪 70 年代末规划的 80 年代非常缓慢实施的亚琛－布兰德市区东扩（约 4000 名居民）编制一个城市规划方案。希望完成的任务是对老规划方案的重新阐述以及为“布兰德费尔德”住宅区的后期建筑加密和升值提出一个规划设想。

在约 79 公顷的总土地面积之内应该为还没有建筑物或不用来作为建设用地的地区编制一个框架方案。借助于一个深度研究报告应该在三个局部区域(共计面积 7.5 公顷）画出公共资金资助的楼层租用住宅的设计图。作为居住用途的补充沿着联邦高速公路应该设计一个混合利用区。为了为评审委员会的会议做准备，除了要对下列的每个局部方面做出详尽的数量评价之外，为了改善每件作品基本设计思想的可比较性还要准备统一的文字说明。例如：需要评价的局部方面有：

— 居住单位的数量；
— 停车位；
— 土地消耗；
— 密封度；
— 城市规划上的密度。

这些内容被一起表示在一幅一览图上，这些统一的对照使培训过的观察者很快地辨别出结构上的特征和设计构想。

这一说明减少到现有的、显著的元素之上，这些元素是联邦高速公路的走向、主要交通网络、体育设施和现有的建筑物。在现状中只对规划的建筑结构进

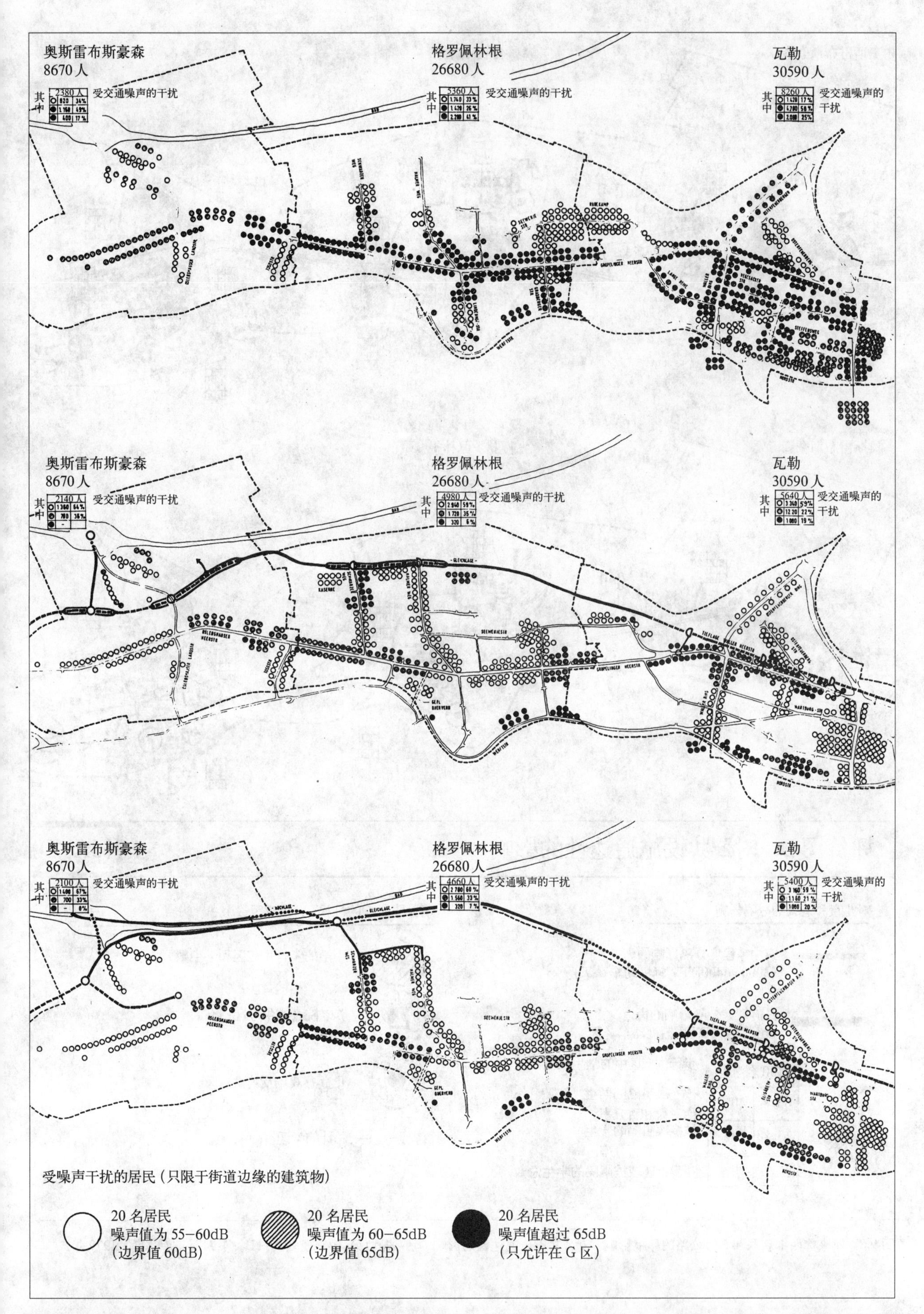

图 9.7 不来梅西部新的联邦 6 号公路的环境影响评价：居民的噪声负荷（上：规划 O；中：规划 A；下：规划 D。莱因斯 / 库德斯，1979 年）

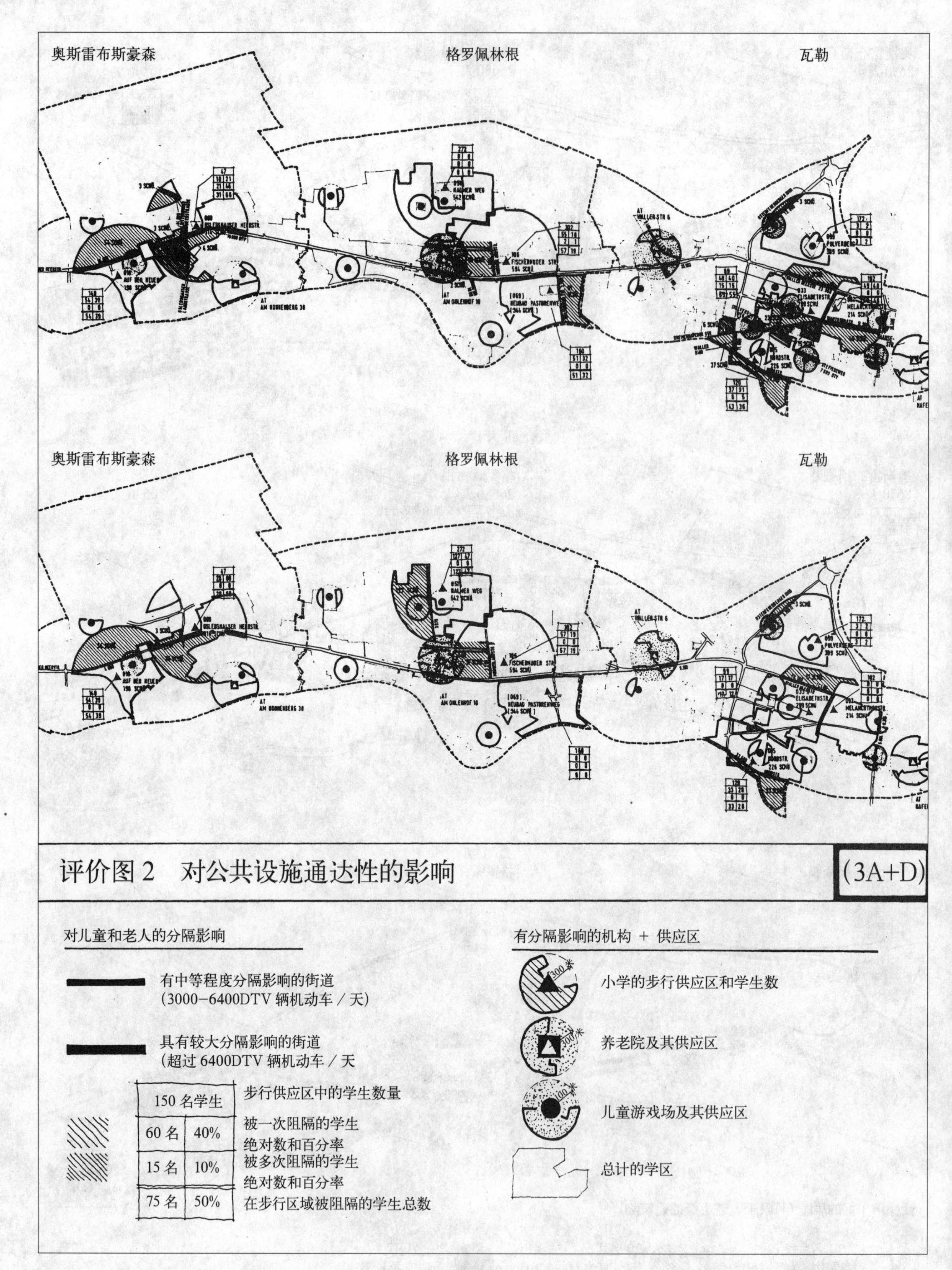

图 9.8　不来梅西部新联邦 6 号公路的环境影响：对公共设施通达性的影响（上：规划 O；中：规划 3A+D。莱因斯 / 库德斯，1979 年）

标准	规划 0			规划 3A+B			规划 3C+D			注释
	绝对数	%	最终值	绝对数	%	最终值	绝对数	%	最终值	
I 通达性和交通危害										
a) 目标、源泉、国内交通										
－港口	不受限制			不受限制			不受限制			没有可测出的差别
－内城	受联邦 6 号公路超负荷的限制			受交通降噪措施的限制			受交通降噪措施的限制			
－住宅区	不受限制			同上			同上			
－中心	不受限制			不受限制			不受限制			
b) 对中心通达性的影响	4911	13	5073	531	1	531	531	1	531	被阻隔的居民
c) 对公共设施通达性的影响										
－小学生	343	24	611	262	18	337	262	18	337	学生数
－游戏场数	7	37	13	4	21	5	4	21	5	游戏场数
－养老院	2	50	4	2	50	4	2	50	4	养老院数
－绿地	5810	29	6690	2000	10	2000	2000	10	2000	居民数
d) 交通危害										
－学校	15	75	22	8	38	12	8	36	12	学校数
－幼儿园	15	35	15	11	26	11	11	26	11	幼儿园＋游戏场数量
－养老设施	3	38	3	–	–	–	–	–	–	数量
II 居民和居民点的负荷										
a) 交通噪声负荷										
－居民	16020	24	24380	12760	19	16020	11860	18	14820	居民数
－机构	13	56	–	8	35	–	6	26	–	公共机构数
b) 有价值建筑物的保存	仅在一定条件下可能			有很好的可能性			有很好的可能性			
III 开敞空间的贬值										
－交通噪声负荷	27	41	41	61	–	61	53	–	80	公顷
－土地丧失	–	–	–	7	–	7	7	–	11	公顷
IV 发展的可能性										
－受影响的居住单元	375	37		142	14		162	16	–	居住单元
－受影响的开敞空间	4	–	4	2	–	2	2	–	2	公顷
－受影响的荒地	8	–	8	17	–	18	11	–	11	公顷
－区位发展	没有可能			有很好的可能性			有很好的可能性			
－居住环境改善	仅在一定条件下可能			有很好的可能性			有很好的可能性			
受影响的居民总数			36754			18888			17688	
受影响的机构总数			57			32			32	
受影响的面积总数＋面积损失			53			88			104	

图 9.9 不来梅西部新联邦 6 号公路不同规划方案变体影响的测算（莱因斯／库德斯，1979 年）

行补充，并用一个平面的黑色符号表示使其得到突出。这种仅限于很少的几个城市规划元素的评价方法的采用提高了规划构想的可辨认性，并且使单件作品可以在相对短的时间内进行很好的比较。

通过简化的说明也可以在获奖规划作品的比较中很好地看出每个设计方案的城市规划质量或缺陷。这一点也能从评委对获得前两名的设计方案的评价记录的一个简短摘录中清楚地看出：

一等奖

— 沿主要街道构成了非常连贯和空间上十分有力的基本骨架；

— 对现状做了成功的补充；

— 良好的利用和总体上较好地完成了城市规划的任务。

二等奖

— 清楚地阐明了街道和停车空间；半公共区域或背后区域与公共空间相分离；

— 对主路北端的中心提出了特别令人信服的方案建议；

— 北部区域的封闭式建筑结构使一个高质量的公共空间得以形成，这一空间构成了与现有结构之间的一个连接要素。

图 9.10 表现了所有的规划方案，图 9.11 表示的是六个获奖方案。

D. 成果的模拟

所有城市规划和建筑设计方案表现的种类都对未来的规划现实进行了模拟，这或多或少可以以形象的和与现实接近的方式进行。两维的图件通过简单的平面表述、正面表述或剖面表述以缩小了的比例尺为所期待的情况给出了一个概括性的图像。这就要求观察者有一种想像上的补充。用规划标记和符号表达了城市规划内在联系的一览图和平面图具有更高的抽象度，这些图件只有经过了一定的训练后才能读懂。这样外行人在规划过程中就很难发表批评性的意见和参与决定。而缩小了比例尺的三维模型则显得更为直观，首先它能与观察者的想像力产生共鸣。为了更好地促进反映现实的感知，一种以表述过程为基础的感官模拟技术就被研制了出来，这种技术试图向人们介绍无形的环境质量、空间印象和形态特征，其出发点是人类在环境中的感知、体验和行为的心理学层面[见马克林（Markelin）/法勒（Fahle），1979年]。

用适当的描摹媒介和技术可以为感官环境模拟创造条件，在这些条件下人类的感知、体验和行为可以在现有的或规划的环境状态下进行模拟。感官环境模拟的应用领域主要是在建筑指导规划和地方公众社会活动的市民参与活动中，但是在设计竞赛程序和建筑师和规划师的教育中也有应用。所采用的手段如下：

— 尽可能带有高度阴影的彩色图件；

— 城市规划等级线和透视图；

— 比例尺为1：250至1：2000的介绍城市规划关系的监视模型；

— 用于控制街道、广场比例尺和效果的模型录像内窥镜（比例尺1：100 至1：250）；

— 比例尺为1:100至1:200的近似模型的制作；

— 重点细部的草图；

— 具有计算机一般化处理过的变动步骤的计算机透视图；

— 可比较项目的照片；

— 口头说明（材料、细节）。

图9.12表现的是渥太华可能和担心出现的高层建筑发展状况及其对城市剪影的影响的一个计算机模拟。以此可以从不同的地点和高度出发以巡视状态对规划建筑物的影响进行测试。

参考文献

Bundesminister für Raumordnung, Bauwesen und Städtebau (Hrsg.): Stadtbild und Stadtlandschaft - Planung Kempten/Allgäu. Schriftenreihe Stadtentwicklung, Heft 009. Bonn 1977

Höfler, H.; Kandel, L.; Linhardt, A.: Analyse des Einflusses geltender öffentlich-rechtlicher Normen und Vorschriften auf Verwirklichungsmöglichkeiten und Kosten von 1-3 geschossigen, verdichteten individualisierten Bauformen. Schriftenreihe des Bundesministers für Raumordnung, Bauwesen und Städtebau Städtebauliche Forschung, Bd. 03.097 Kosten- und flächensparendes Bauen. Bonn 1983, S. 201-203

Leins, W.; Curdes, G.: Trassenstudie B 6 im Bremer Westen. Untersuchung im Auftrag der Stadt Bremen. Aachen, Institut für Strassenwesen; Institut für Städtebau und Landesplanung, Aachen 1979 mit F.W. Oellers, W. Mesenholl, St. Winter und J. Meyer-Brandis

Markelin, A.; Fahle, B.: Umweltsimulation. Stuttgart 1978

National Capital Commission: Protectig the Parliamentary Precinct Skyline. Central Ottawa Height Controls. Faltblatt. Simulation: Centre for Landscape Research, University of Toronto

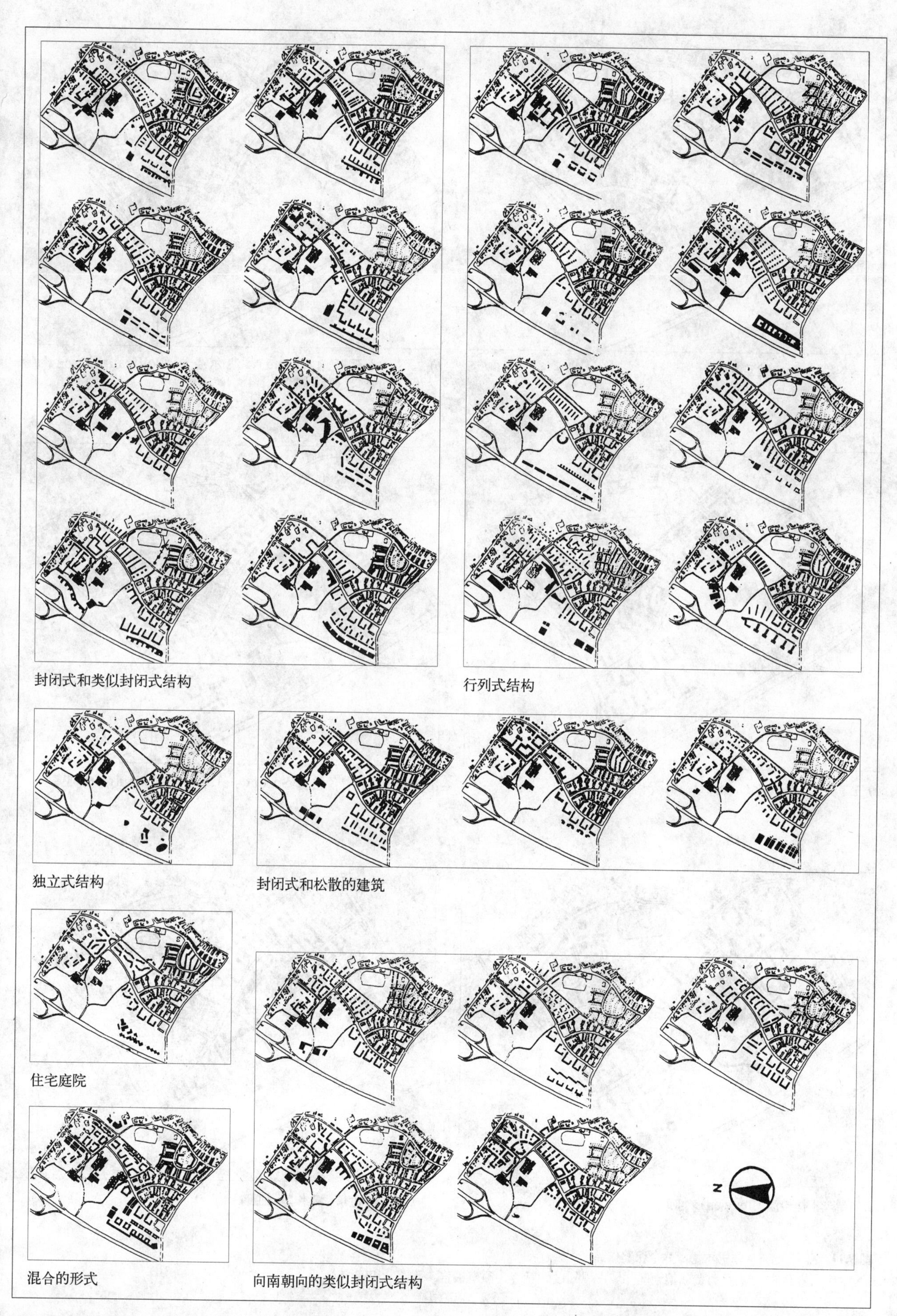

图 9.10 城市规划方案的比较（亚琛－布兰德费尔德地区设计竞赛，1993 年）

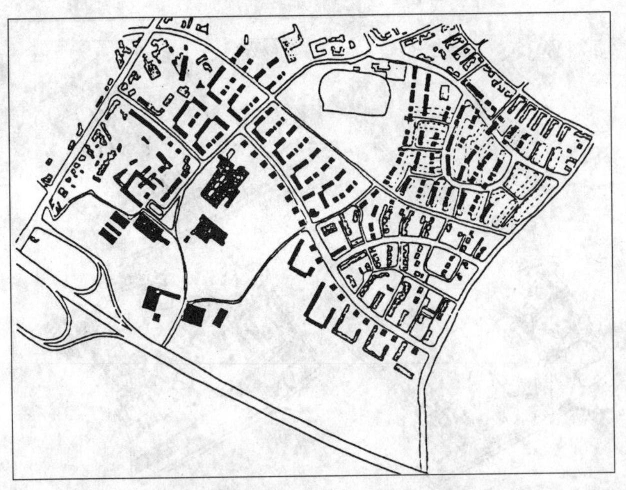

a) 一等奖（3 Pass 建筑事务所，科隆）

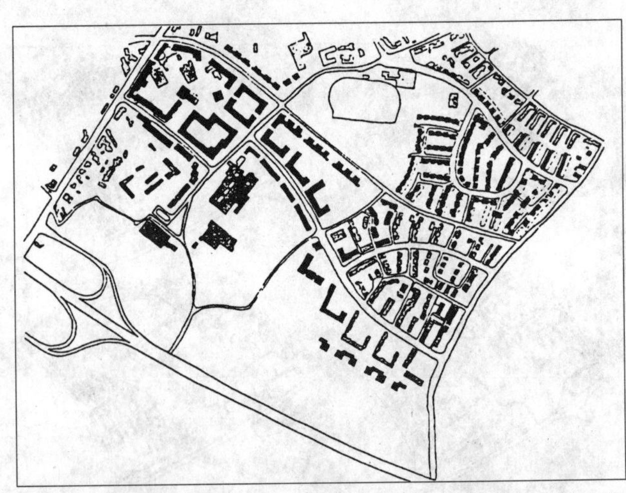

b) 二等奖［贾斯珀（Jasper），波尔曼斯（Pollmanns），里希特（Richter），亚琛］

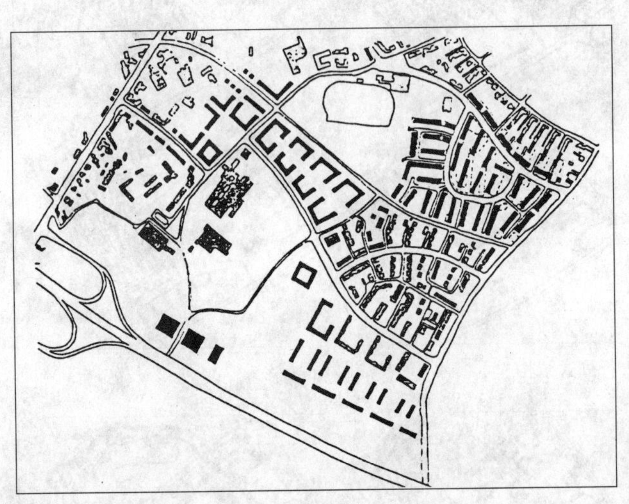

c) 三等奖［雅斯佩特（Jaspert），科隆］

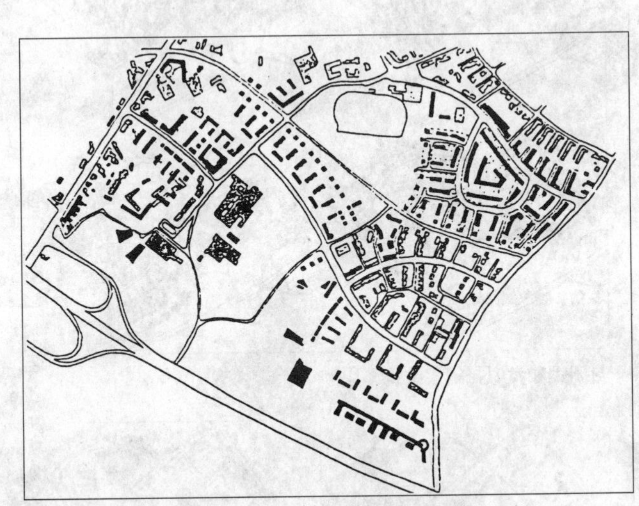

d) 四等奖［施普伦格拉(Sprungala)，科伊特根(Keutgen)，亚琛］

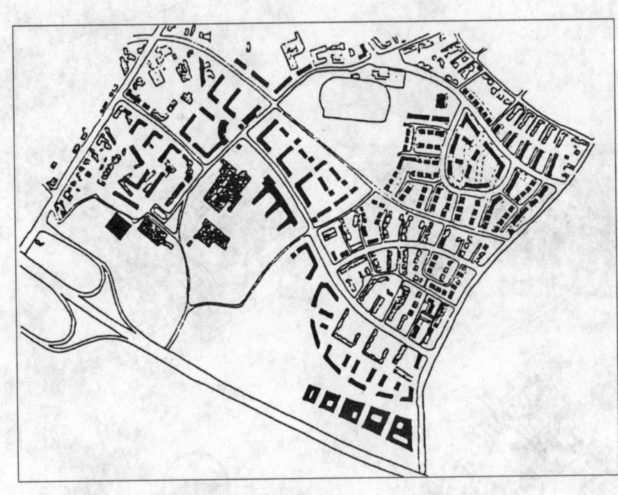

e) 五等奖［托伊温（Teuwen），亚琛］

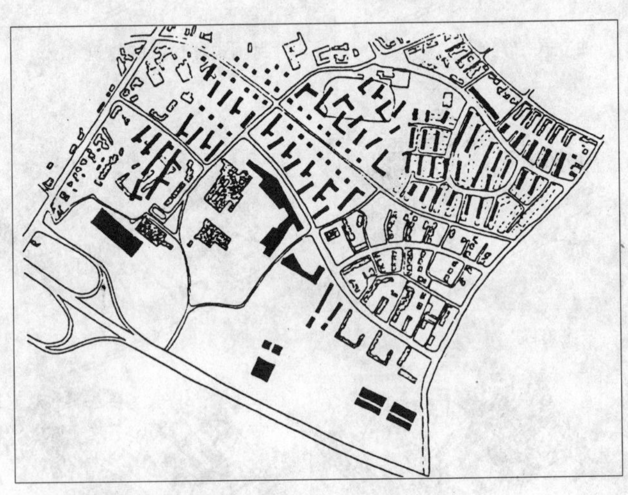

f) 购买标（建筑学工作室，亚琛）

图 9.11 亚琛－布兰德费尔德：六个获奖作品
（亚琛市："布兰德费尔德地区"城市规划设计竞赛，预审报告，亚琛，1993 年）

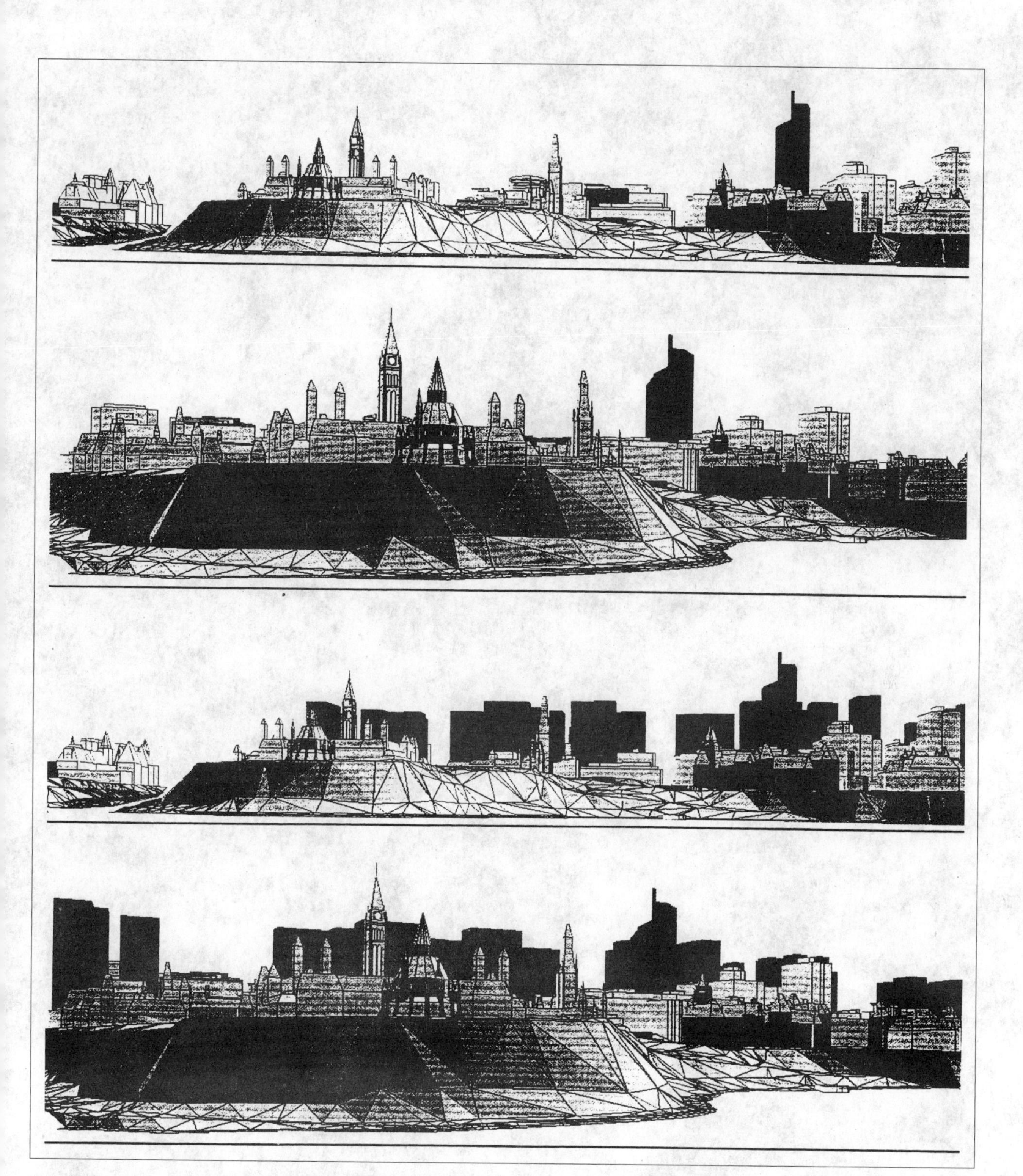

图 9.12 渥太华：不同发展方案剪影效果的模拟（国家首都委员会，加拿大）

这些图片各自表现了不同视角的一个变体。上：具有一个独立高层建筑的城市剪影；下：具有多个高层建筑的城市剪影。

第二部分　城市形态结构设计的任务和方法

在本书的第二部分中我们按照主题的分支在各个不同的层级上对城市规划的任务职责进行了选择。这些任务是按照晋级式序列的方式排列的，首先探讨的是像建筑物与周围环境的协调、建筑群和小区域的建筑用途的调和等这样一些小的局部性任务，接下来是广场和城镇内部空闲地等这样一些论题。旧城改造和城市碎片一章也是城市内部改建的一部分。

然后我们从城市的尺度跳出进入到地区一级。我们想以老工业区亚琛地区为实例说明下列问题，即面对这样的任务时所出现的问题与一个城市的狭窄空间所出现的问题完全不同，这对所采用的方法也有影响。像形态、空间排列、空间构成、特征点、美观问题和功能问题等方面在地区影响这一层级上都起着不容低估的作用。我们把这一章节理解为是一个空间框架，它包含了在许多其他章节中论述的任务的基准点。

这也适用于同一章中框架规划一节，这一章在城市的中级层面上有着同样相联系的意义。

然后我们在把论题转移到城市边缘地区，这一地区大多只有很少的规划控制，相应的就出现了大量的矛盾。这种情况一方面是由经常推移的不稳定的城市边界所引起，另一方面是由于以前的农村性郊区转化为住宅区所引起。

最后我们才论及村庄，这是一个非常令人感兴趣而又十分困难的课题。

这里涉及城市和农村之间的文化冲突、具有不同时间尺度的世界，还要涉及其他的信息是否会向进步的城市信息（尽管它在农村地区留下了明显的痕迹）提出异议的问题：一个一览无余和熟悉的地点，一个简单生活易于满足的世界，安静沉思而又与城市生活的忙碌保持有巨大距离的生活是另一种节奏下的生活。

我们所有人的头脑中都对乡村怀有这样一幅浪漫主义的景象，这就令人产生疑问，这是否会在处理这些空间的过程中构成一种危险。

与此相反，人们在城市社会的普遍组群中对危险的敏感性很早就会出现。恰好通过一定的距离才能清晰地辨别出一些问题，日常习惯则可以使人变得盲目，在此方面涉及的不是相反的东西，而是一个我们如何对待我们的文化景观（无论是城市的还是乡村的）的共同而清晰的模式。变革和现代化的必要性是不容置疑的。因此这涉及能满足现实要求和能使文化遗产获得尊严的组合。

第 1 章　建筑物的添加，建筑群，建筑用途的混合

1.1　问题的提出

在本章中我们概括了小区域层级城市规划的任务。添加指的是在现有的建筑前后关系中补充附加的建筑物。这项任务是现状中最常见的任务之一。由于法律框架的重要意义在此我们也对来自于规划法律的要求进行探讨。

建筑群的概念对一个建筑群和一个小建筑团组尺度层级的新规划和补充完善的任务做出了规定。

建筑用途的混合指的是本书第一部分第一章所谈论的任务，为了减少交通流量和增强城市性我们需要再次强调建筑用途的混合。

1.2　添加

添加及其对建筑师和规划师的重要性可以从下列几个不同的层面中考察：

– 规划法律层面；

– 城市规划结构；

– 建筑艺术层面。

在规划过程中这些层面可以以不同的方式互相结合。

规划法的层面

添加的概念来自《建筑法典》第 34 条。新建筑物的很大一部分都归在这一条之列。因此每位建筑师和规划师都必须精通规划设计的法律基础。我们想对法律概念、它的法律背景和规划法和建筑法规方面需要注意的要求尽可能简短地进行一下阐述。详尽的论述请查阅专业文献和本章末尾的参考文献目录。

城市规划结构层面

这里涉及的是单个元素与周围结构之间的内在关系，即均衡性及其各元素在内在关系中所扮演的角色。

建筑艺术层面

在此新建筑物与周围环境之间的形态关系处于特别重要的地位。这一层面包括建筑物的类型、宏观排列、建筑学语言、材料、颜色等。

A. 规划法律上的添加概念

图 1.1 包含的是在新联邦州至 1997 年有效的《建筑法典实施条例》的法律条文和特别规定。这一条例的核心是什么？

1. 第 34 条只在没有规划而周围又有建筑物的地

第 34 条 具有内在联系的已建成地区之内建设意图的许可性
(1) 如果能依据建筑用途的种类和尺寸、建筑形式和建筑物需要的土地面积把建设意图符合周围环境特点地添加进去并能确保交通联系，在具有内在联系的已建成地区之内的建设意图才能得到允许。居住和工作之间的健康关系必须得到保护；城镇风貌不得受到损害。
(2) 如果附近环境的特点符合依据第 2 条第 5 款颁布的规定所描述的建筑用途区之一，则根据其用途种类评价建设意图许可性的惟一标准就是看上述规定是否普遍允许在这一建筑用途区内建设此类建筑物；第 31 条第 1 款规定了本用途区在例外情况下可以允许的建设意图，此外还应采用第 31 条第 2 款的相应规定。
(3) 按照本条第 1 款和第 2 款对许可设立的建筑和其他设施的不许可的扩建、改建、用途变更和更新可以在下列的个别情况下得到批准，如果
1. 由于公共利益的原因需要得到批准；
2. 这一意图是想建设一个企业并且在城市规划方面无可非议。
如果这一偏离在尊重了邻居利益的情况下与公众利益协调一致以及对外交通得到了确保。第 1 句话不适用于零售企业，因为没有它们靠近消费者的商品供应就会受到损害。
按照第 246a 条第 1 款第 1 句第 8 点的标准《建筑法典实施条例》第 4 条第 2 款第 1 句也在新联邦州适用到 1997 年 12 月 31 日。此项规定如下：
"按照第 34 条第 1 款和第 2 款对许可设立的建筑和其他设施的不许可的扩建、改建、用途变更和更新可以在个别情况下得到批准，如果建设意图服务于居住目的并在城市规划方面无可非议以及这一偏离在尊重了邻居利益的情况下与公众利益协调一致和对外交通得到了确保。"
(4) 乡镇可以通过法规
1. 确定已经建设的有内在联系的乡镇局部的边界。
2. 如果这些区域在土地利用规划中已经规定为是建设用地，则就应把外部区域中建有建筑的区域作为已经建设的有内在联系的乡镇局部来进行规定。
3. 为了保证整个地区的完整性按照第 1 点和第 2 点把单个的外部区域地块包括在本地区之内。
第 1 句话第 2 点和第 3 点的规章必须与有序的城市建设发展协调一致。在此可能适用第 9 条第 1、2、4 款等单一的规定。相应地采用第 9 条第 6 款的内容。
(5) 在依据第 4 款第 1 句第 2 和第 3 点做出的规章发布之前应给予所涉及的公民和公共机构在适当的期限内发表意见的机会。在规章中应适当地采用第 22 条第 3 款。

图 1.1 《建筑法典》第 34 条原文 [菲克特 (Fickert)，H.K.:《建设意图的许可性》。VHW 出版社。波恩，1992 年，第 66 页]

点适用，就是说建筑物在建筑上必须具有紧密的内在联系。如果当地已经拥有具有法律效力和合格的建筑规划（《建筑法典》第 30 条），则在此就不应采用第 34 条。如果存在具有法律效力的简单的建筑规划，则这些规划的规定对建设意图就具有约束力。

2. 建设意图必须按照建筑用途的种类和尺寸、建筑形式和建筑物需要的土地面积符合周围环境特点地添加。用途的种类指的是实际的用途，建筑物的尺寸指的是现有建筑物的尺寸（高度、宽度、深度）；建筑形式指的是把周围环境归入按照《建筑用途规范》(BauNVO) 第 22 条划分的一种建筑形式之中（此条把建筑形式划分为三个原则上的种类：封闭的、开放的和偏离的建筑形式）。可建筑物的土地面积指的是建筑占地面积及其与土地尺寸之间的比例关系（就是说是建筑地块，而不是位于建设用地之外的地块部分）。这些表现在建筑密度 GRZ、建筑容积率 GFZ 和建筑容积数 BMZ 以及层数和建筑物的实际高度 H 上（TH= 檐口高度，FH= 屋脊高度，例如在《设计绘图规范》中有详细说明）。建筑密度、建筑容积率和建筑容积数只能在十分相同的建筑结构和地块大小的情况下才能采用（菲克特，1992 年，第 76 页）。否则，必须根据具体情况搭建一个合理的框架。图 1.2 表示的就是添加的主要方面。

前提	要求
建筑用途的种类和建筑尺寸	安全的交通网络
建筑方式	健康的居住和工作关系
建有建筑物的土地面积	没有损害城镇风貌

图 1.2 添加的主要标准

特点指的是主要周围环境的整个内在联系。它可以通过一个"框架"的构成来准确地表达（见 B 部分）。

添加的第二种情况在第 34 条第 2 款中被区别了出来，在此《建筑用途规范》中的评价立足于可比较的建筑区而不是现有的实际用途。如果现实情况是如此，则对于这种用途种类来说就应采用《建筑用途规范》中相应建筑区的评价。对于建筑物尺寸、建筑形式和建筑占地面积来说则继续适用第 1 款中规定的周围环境现状条件（菲克特，1992 年，第 178 页 f）。

添加这一概念指的是"规划法律方面"的添加而不是建筑学和材料上的添加。每一名优秀的建筑师在他的构思中至少都会考虑到这一方面。

按照《建筑法典》第 34 条添加的概念首先仅仅包括"土地法律方面"的要求，涉及到建筑物仅仅指的是与周围建筑环境相比的建筑物宏观形式。添加的概念不包括建筑学语言、墙体和窗户开口的比例关系或建筑材料等这些微观形式，添加的这些方面不可能在《建筑法典》的基础上中做出规定。对艺术 - 建筑学方面做出规定更确切地说应该是州一级《建筑设计规范》的责任，第 5 条对此做出了非常泛泛的说明。但是这也可以通过乡镇设计规章的制定或通过在《州建筑设计规范》的基础上对建筑规划的文字或制图规

定进行补充来做出规定。如果这些规定已经存在，人们就必须像重视所有其他的公共法律规定一样也重视它们。《建筑法典》和《州建筑设计规范》允许在一定的情况下免除上述规定的执行。如果由于与这些规定相矛盾或受到这些规定的约束建设意图会带来需要澄清的问题时，这一点就显得尤其重要。

B. 方法学

人们如何才能记录前后之间的关系？在此我们想以一个直觉的行为方式和一个系统化的行为方式作为示例来说明。

1. 草图法

我们假设，建筑物将要添加进入的前后关系是一个不太宽泛的而从某些观点出发又是可以容易查清的。人们进入这一情景中（或影像如照片、透视图、录像、模型等）并试图使一幅添加的建筑物的图像在自己的“眼前”产生。在这幅图像中应尽可能地包括建筑物的粗略排列、大小序列、建筑材料和色彩效果等内容。然后人们再尝试把这幅图像简略地记录下来，并记下无法表达出来的思路。人们可以把这种并不简单的方法略加改变，人们在现场以建筑物前后关系的草图作为开始，然后同样也是在现场再把设计构思添加在草图中，或者人们凭借草图和照片在办公室的工作台上绘出设计构想。

这特别涉及到建筑物的总体构思、立面和建筑物的排列。通过地块层级上的两维作品可以更好地获得建筑物内部组织的设计构想。水平和垂直组织构想的连接（例如通过多个楼层进行的连接）最适宜在模型上或用等距线来表现。应该注意的是，其出发点更确切地说是设计的总体设想，这一设想在下面的步骤中受到检验和进行修改。谁如果还不能胜任，或者建筑物的前后关系过于复杂，则使用系统化的方法会取得更好的效果。

2. 系统化的方法

一个框架的形成

对所有的建设意图来说首先都需要构建一个将来的建设意图添加在其中的外部框架。这一框架的限制性不应该太强。我们把这些框架区分为根据事实构成的框架和法律判决及法律解释要求的框架两种。

a）根据事实构成的框架

最小的框架由计划兴建的建筑物毗连的两座建筑物可能还有对面的建筑物构成。可是在实践中递交的请求批准的建筑申请经常不包含任何外部联系，既没有相邻建筑物的檐口高度又没有屋脊高度也没有立面的片段。在这种情况下显然没有构成一个有效的框架。

b）法律上的框架构成

如果没有足够的经验，情况复杂和记录得不够准确，或为了对活动余地和界线获得一个证据性的证明，这一途径才是适用的。没有评价标准单个步骤就无法合理地进行，因此我们以从法律判决中制定出的标准作为开端来阐述。此外图 1.3 描述了这些步骤。

1. 为标准的周围环境划定界线
2. 澄清前提
   a）相同的环境
   b）不相同的环境
   c）周围环境与《建筑用途规范》所规定的一个建筑区相符
3. 按照建筑用途种类进行的添加
4. 按照建筑用途尺寸进行的添加
5. 按照建筑形式进行的添加
6. 按照建筑占地面积进行的添加
7. 交通的确保
8. 重视公共利益（居住和工作的关系、城镇面貌等）

图 1.3 添加的检验步骤（《建筑法典》第 34 条）

添加的一般标准

a）标准公式：一座计划兴建的建筑物添加在标准的环境之中，“如果这一建设意图在任何方面都处于来自于周围环境的框架之内。”（菲克特，1992 年，第 73 页）

b）标准环境的有效范围：“标准的周围环境一般来说是这样延伸的，一方面周围环境为建设用地打上了土地法方面的烙印或者对其发生影响，另一方面建设意图的实施又能对周围环境发生影响。标准的周围环境的影响范围延伸得不像一个建设意图的‘远距影响’（例如《建筑用途规范》第 11 条第 3 款所描述的大型商业零售企业在城市规划上的影响）那样远。这样的远距影响对添加的评价来说没有意义；这方面的视野必须仅仅限于附近的环境上。”（菲克特，1992 年，第 73 页及以后）

在查明周围环境的特点时，那些处在与其周围基本一致的建筑物的引人注目的对比中的个别设施通常作为外来者而不受重视，只要它们无例外地高耸于周围环境之上并且没有与周围的环境构成一个整体的话。

建筑用途的种类和尺寸、建筑形式和建筑占地面积决定着由周围环境导出的框架。一个特定工业企业的添加不一定以设计意图的范例为前提，而多是以构成框架的工业建筑物为前提。

只要（由于范例作用）不会造成土地法律方面值得注意的紧张关系或使现有的紧张关系升级，则建筑意图在超越了框架的情况下仍能得到实施。

如果一个建设意图没有考虑到周围现有的建筑物，则这一框架内的建设意图虽然可以被添加，但它仍然可能是得不到许可的。如果与范例性提出的或其他的公共利益相对立，则这个建设意图就是不准许的。在建设审批程序的框架内对互相对立的利益进行正面的调解是不允许的；这样的一种"权衡"只有乡镇在进行正式规划时才有权作出。

图 1.4 添加的标准（菲克特，1992 年，第 74 页）

菲克特把图 1.4 中列举的一些要求称为其他的一般标准。现在人们该如何行动？对此我们想根据各个步骤进行一个示范性的说明。

标准周围环境的界定

周围环境的特点是按照下列步骤进行记录的：

a）标准周围环境的界定；

b）由这一周围环境构成一个框架。

界定依赖于周围环境的状况。在相对一致的建筑群以及针对这些建筑群规划的情况下周围环境可以减到最低限度仅仅局限于相邻的地块。对相异的周围环境进行界定则要困难得多，这里相反的途径可能是有益的：一座新建筑物对相邻地区土地利用和相邻建筑物的影响能延伸到多远？划出了周围环境的界线，就可以对用途、建筑群和建筑形式等进行记录了。图 1.5 表示了一个框架的实例。只要考虑他人利益的这一准则和邻居的利益没有受到损害，一座建筑物就可以添加到这一框架之中。

澄清前提

根据周围环境类型的不同处理的方式也有不同。

用途的种类：特殊住宅区 – 混合用途区
用途的尺寸：带有扩建的阁楼的 2–3 层楼房；建筑密度 0.6–0.8；建筑容积率 0.3–0.5
屋顶倾角：40–45°
建筑形式：封闭式

图 1.5 一个框架的特征

a）一致的周围环境

式样相仿的房屋组成的街区的边缘、高度相同的行列式住宅建筑群等相对一致的环境导致了一个由规划法律的重要特征构成的受限制的框架。

b）有差异的周围环境

周围环境的单个元素是按照种类和尺寸来表明其特性的。偏离的频带宽度决定了许可的回旋余地。如果具有住宅和工业企业，则从混合用途区到工业区的框架就足够了。如果土地的四分之一至一半都建上了建筑物，则建筑占地率为 0.25–0.5。如果楼房层数变动在 2–5 之间，这一频带宽度就构成了框架，但在此情况下要考虑相邻建筑物的情况，因此在一座两层建筑物的旁边不允许兴建五层的建筑物。

c）周围环境符合《建筑用途规范》规定的一个建筑用途区

如果查明的框架得出，周围环境符合《建筑用途规范》规定的一个建筑用途区，则《建筑用途规范》中的规定就适用于用途种类的许可。对于用途尺寸来说周围环境的尺寸继续适用（菲克特，1992 年，第 188 页）。这在设计规划的意义上是一个重要的区别。

按照建筑用途种类进行的添加

如果建设意图遵守标准框架内现有的用途（例如工业区 – 混合用途区），则按照《建筑用途规范》在这些地区许可的或例外情况下许可的用途就是可能的。

按照建筑用途尺寸进行的添加

如果一个建设意图从"任何角度"都遵守由周围环境得出的框架，则这一意图就可以添加。这些框架指的是许可的占地面积、建筑面积或建筑容积、许可的全楼层数或建筑设施的高度（菲克特，1992 年，第 76 页）。如果一项建设意图遵守框架内查明的数值，它就可以符合规划法地进行添加。

按照建筑形式进行的添加

对标准周围环境的建筑形式应加以规定。是否一个 50 米长的建筑群的开放的建筑形式能添加到现有的开放建筑形式中，依赖于当时的情况。新建筑不应该带来紧张关系和显得肆无忌惮（菲克特，1992 年，第 77 页）。

按照建筑占地面积进行的添加

这里应该考虑的是建筑物与其他建筑物之间的相

对位置和把建筑占地面积作为标准。

交通的确保

交通设施不仅必须能产生或已经存在，而且新建筑不允许使现有的基础设施负担过重（例如道路、下水道等）。

重视公共利益(居住和工作的关系、城镇面貌等)。

对采光、空气质量、无噪声等“健康的居住环境和工作环境”(《建筑法典》第一条第5款）的要求必须得到满足。建设意图不允许损害城镇风貌。违反公众利益的建设意图不得被批准（菲克特，1992年，第79页)。

上述的这些提示已经足够了，具体的应用情况应参见法律判决和法律解释引申出的准则。

C．城市规划－建筑学上的添加

1. 城市结构上的前后关系

当添加的法律概念仅涉及土地法方面的含义而还没有涉及建筑学方面的含义时，添加的任务对建筑学家来说已经走得很远了。一项好的添加不仅要得到许可，而且还要在建筑艺术上做出贡献。所以我们在下列的步骤中想把添加的法律概念从建筑学方面进行完善。因此要在城市结构和艺术造型的层面上对这一课题进行尝试。

“添加”问题的提出是以下列条件为前提的，即周围的城市结构和建筑风格阐明了建筑物的前后关系(来源于拉丁语的“contexere”)。相反，任何一个建筑项目也被一个所谓的“前后关系”所围绕。它对整个结构又在再度起着反作用。当复杂的城市结构为城市的局部区域和单体建筑物表现出一种前后关系时，建筑物则为各自的细部构成了一种前后关系。

这种元素与结构之间的因果关系表现在不同的比例尺层级上。为了找到设计的依据，我们应对这种内在关系进行分析和论述。

2. 作为个别现象的总和而出现的前后关系－分解的方法

a）城市空间和建筑物布局

对建筑师和规划师来说很重要的城市空间的前后关系，可以按照不同的标准（除主观的经历印象之外）系统化地进行调查或评价。

b）图形－背景图的抽象化

把一个城市或城区平面图减少到只有“正面的”(有建筑物的）和“负面的”（无建筑物的）两种空间，可以把现有的结构表现为一种抽象化的图案。下面的实例表现的就是列日市 Hors-Chateau Feronstree 城区一块用地大尺度的相互关系（图1.6)。随着比例尺的不断

图1.6 一块建筑用地与城市和城区的相互关系［赖歇尔（Reicher）的硕士毕业设计，1987年]

放大，人们能够得到关于城市结构的越来越多的信息。

街道和广场被认为是这样一种空间，在此一定的法则会产生相应的作用。建筑边缘的线路走向决定着空间的边界。反映建筑物高度与街道宽度之间相互关系的横断面对街道的空间效果有着决定性的作用。

沿着建筑物轮廓的假想线房基线为空间作了记号并使其与其他空间发生了联系。

建筑物的位置、树木、墙壁、家具等对空间起作用的元素也影响着城市空间的比例。

c) 等级体系的确定

各自的设计任务都要求澄清现有城市规划的优先次序。例如：亚琛瓦尔瑟大街住宅项目（图 1.7）。

这一项目的设计方案从两个不同的城市规划等级体系出发：

— 沿街的线形建筑；

— 后部区域的行列式建筑。

这一价值表现在城市规划的图形上。当在街边作为对相邻建筑物的反应通过不同建筑线之间的协调产生了一种相邻建筑类型的延续时，后部区域的建筑物则可以被理解为是对相邻的行列式建筑的表述，在这种情况下，构成空间的构想（基于内容上的目标是公共住宅项目）具有决定性的意义。

一种轻质屋顶的透明“接合处”调节了：

— 开放的和封闭的建筑形式；

— 临街建筑和庭院建筑。

小型建筑物部分的缩进调节了两个不同的建筑线。

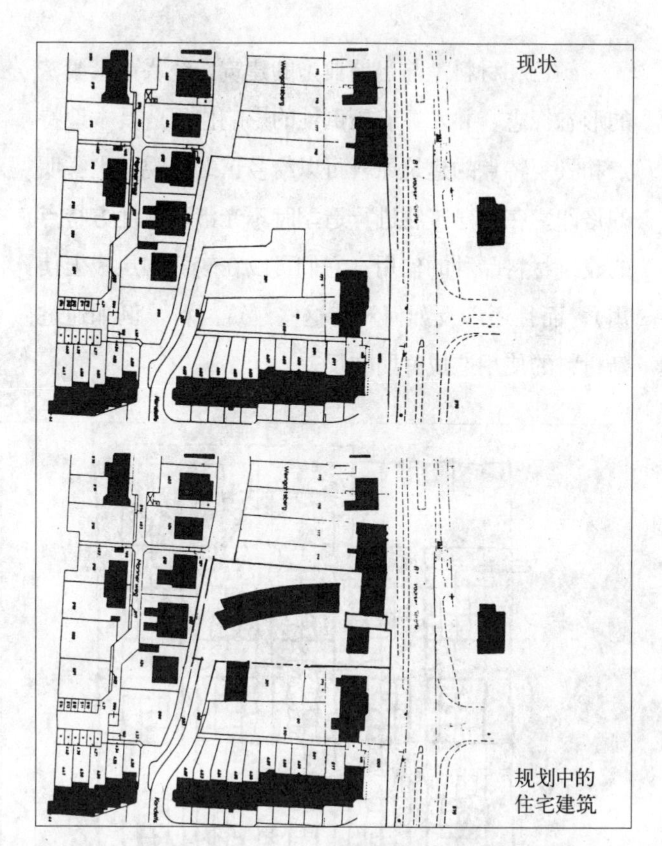

图 1.7 一个住宅建筑在一个建筑行列中的添加［建筑师：赖歇尔／哈泽（Hanse），亚琛］

3. 建筑物类型及其立面构图

按照不同的特征可以对建筑物的形态进行进一步的分析，这些特征是：建筑形式、楼层数量、建筑物位置、屋脊朝向、房檐高度。经过单个特征的叠加和重复可以产生一个匀称而和谐的城市面貌；而巨大的反差则可以产生一种喧闹而混乱的外观形态。

a) 正视图的抽象化

所谓房屋的第五面屋顶景观的形成使人们认识到屋顶形式、天窗、屋顶截面和屋顶结构的秩序准则。

房屋立面也遵循一定的形态准则，这些准则是：

– 容积与透明度之间的关系；

– 墙体面积与开口面积（窗户和门）的比率；

– 立面比例；

– 面积和线条对立面的划分。

示例：列日市 Hors–Chateau 城区房屋立面研究（图 1.8）。

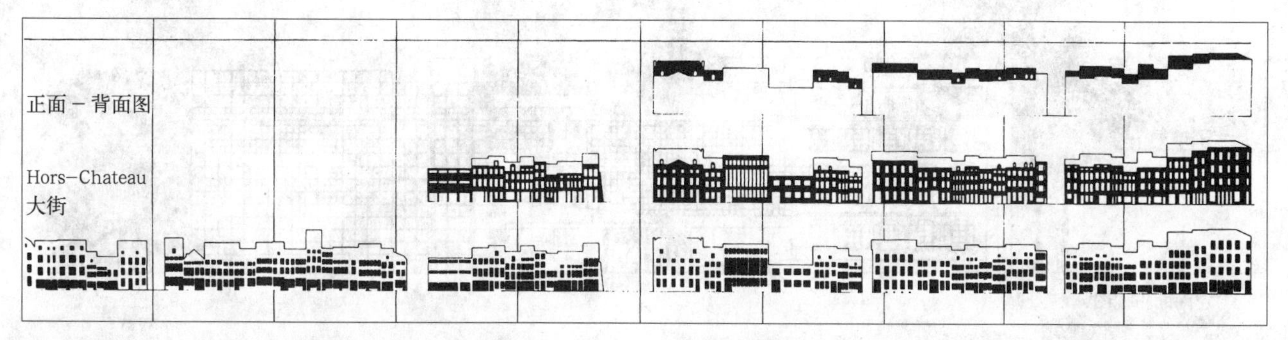

图 1.8 列日市 Hors–Chateau 大街房屋立面的正面 – 背面图（赖歇尔的硕士毕业设计）

颜色和材料是与当地典型的建筑传统联系最紧密的形态标志，并发挥着压倒性的影响作用。具本地特点和景观特点的建筑原料可以给乡镇的外观打上鲜明的烙印。在对建筑物进行造型时不光涉及具地方特点的建筑材料品种的使用（它们可以在较低的层级上使用），而且还涉及如何对待这些建筑材料，例如通过新材料的使用造成鲜明的反差。

b）造型准则的导出

正像下列实例表明的那样，从现有建筑物的形态中可以推导出许多准则，这些准则（以表达出来的形式出现）可以使现有建筑物和新建筑物之间的过渡变得和谐。

例如：里夏德 · 迈尔（Richard Meier）进行的法兰克福工艺美术博物馆的外立面研究（图 1.9）。

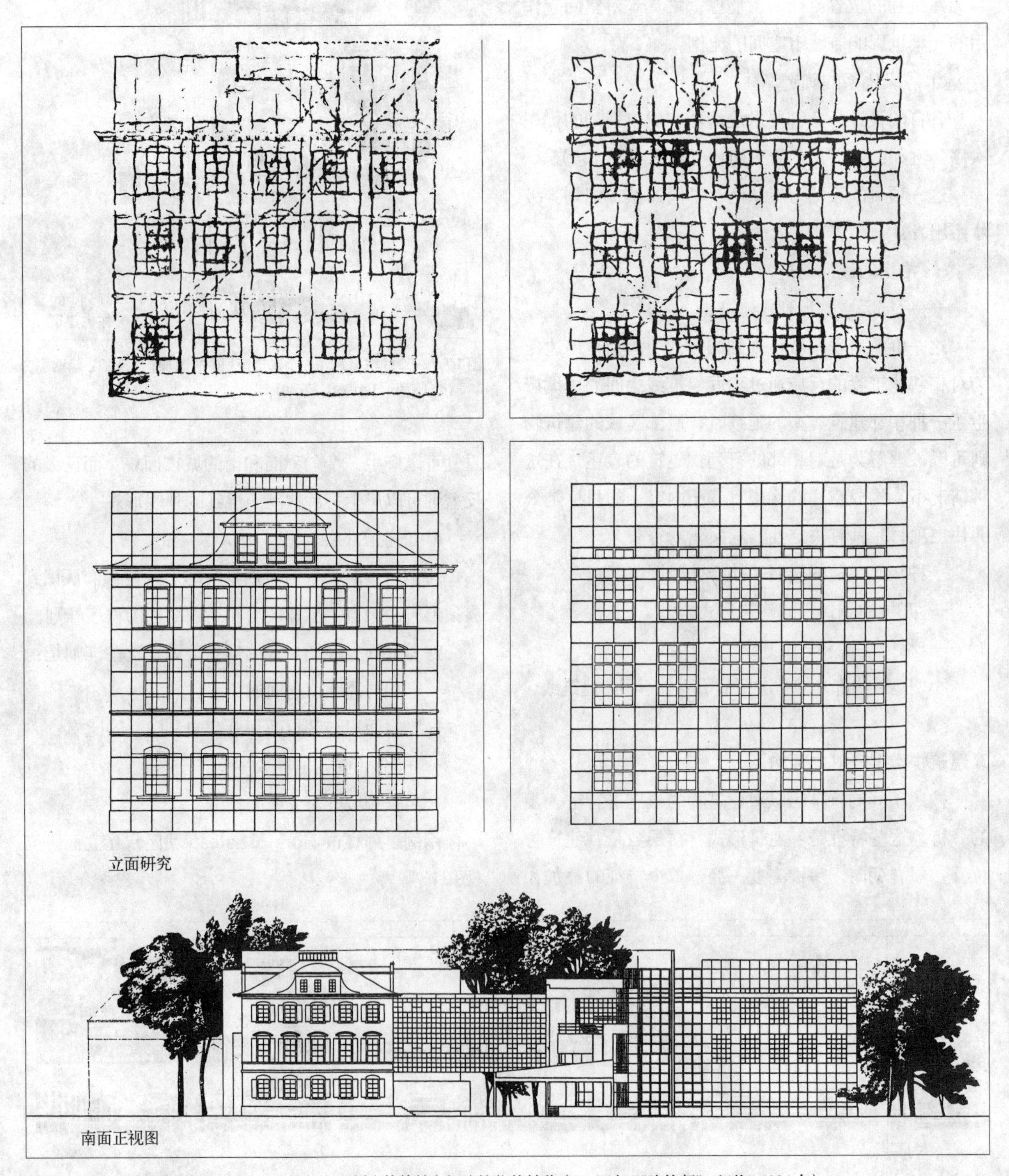

图 1.9 法兰克福工艺美术博物馆老建筑物立面划分的特性向新建筑物的转移（R· 迈尔，《建筑师》，纽约，1984 年）

4．建筑学上的观点（图 1.10）

建筑观

从属　　加入　　突出

……阐述……
重叠
比例尺
独立性
继续进行
适应
……参照……

冲突

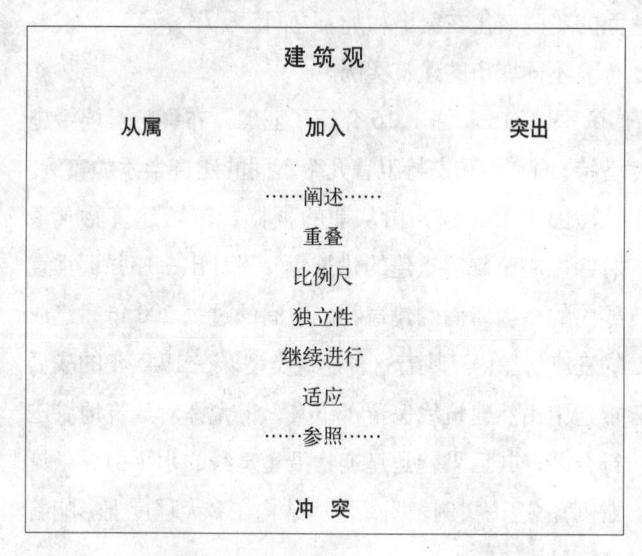

图 1.10　建筑学观点及其冲突

建筑师和规划师在设计方案中通过建筑物的造型和形态表达了自己与现有建筑风格不同的建筑观。这有下列几种形式：

a) 从属

新建筑风格与现有的建筑风格相比处于次要地位，这一方面是通过建筑物高度上和体积上对相邻建筑物的适应，另一方面是通过立面调整达到的。如果新建筑物处于无法辨认的情况下，从属性准则就会出现问题。但是这并不适于在一座历史性的建筑学上统一的建筑物上的添加，以便使其不致坍塌，这里涉及的是老建筑按照原样的重建。

b) 加入

一种新建筑风格在现状中加入的前提是要尊重现有的建筑风格，加入并不排除采用新的材料或对周围的建筑物进行表述。使老建筑和新建筑的差别变得显而易见或使现有的元素继续存在可能会导致紧张状态的出现。

c) 突出

突出的准则是把新建筑物放在突出的地位，从而无视现有的形态标准。新建筑物的独立性居于中心地位，如果现状不能反映质量而且新建筑物由此被认为有积极的意义，这种作法才不会受到批评。

许多建筑学上的补充无法很明确的归入上述类别中的一类；许多甚至被观察者给予了不同的评价。对现状的清晰分析是正面评价的前提。

在这一矩阵图（图 1.11）中我们概括了建筑学－城市规划添加的各个方面。众所周知，建筑学添加涉及到多个层面。通过建筑风格、建筑材料和颜色等特征的加入或从属，可以使一个鹤立鸡群的建筑体显得不那么突出。相反，一个按比例添加进来的建筑物，通过与众不同的建筑材料和建筑学语言可以明显地与周围相脱离。其各自的表现和作用我们想通过一些实例来加以说明。

手段／观点	建筑体	建筑风格	建筑材料	颜色
从　属				
加　入				
突　出				

图 1.11　建筑艺术添加的手段／组合途径

D. 实例

慕尼黑巴伐利亚经济大厦

图 1.12 表现的是，建筑师是如何从相邻建筑物的特征中为新建筑物推导出框架的：在建筑物的顶层高度上采用了缩进的形式，6 层的层数与右侧的相邻建筑物对齐，2 个新建筑部分的宽度与相邻建筑物的

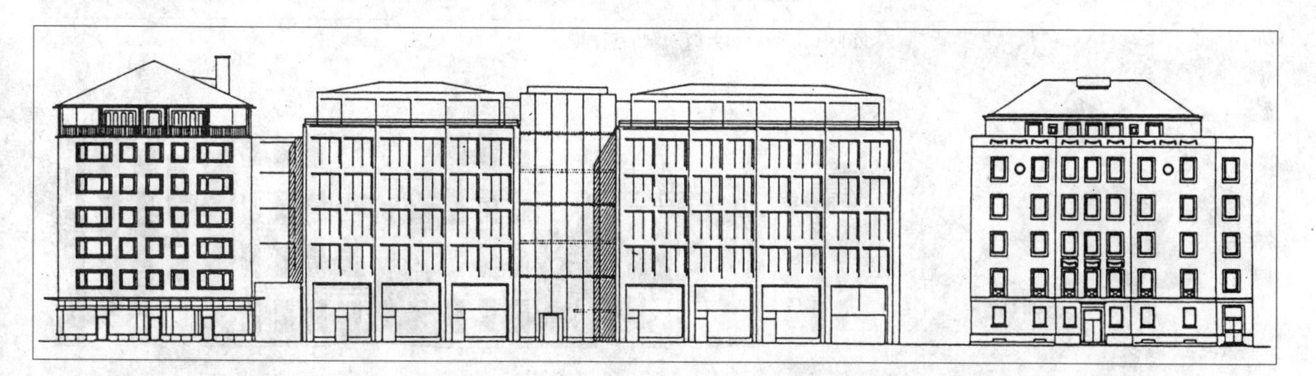

图 1.12　建筑学添加［巴伐利亚经济大厦，希尔默 & 扎特勒（Hilmer & Sattler）建筑师事务所。《德国建筑师报》，1993 年 11 月］

宽度对齐，不显眼的中间部分在两种宽度之间起了一种调和作用。对相邻建筑物底层的强调增强了。参见方法矩阵图（图 1.11）建筑物与建筑体一起添加。对入口区垂直方向的强调显得有些突出。立面划分也有突出的趋势，凭借材料和颜色还可以使这些特征进一步增强或减弱。

格罗宁根城市图书馆（图 1.13）

乔治·格拉西（Giorgio Grassi）在荷兰格罗宁根于两座被拆除建筑物的地点上建立了一个其建筑容积在街区内部才能看得到的图书馆。其临街的头状建筑物采用了周围建筑物的材料和划分标准。图书馆巨大的建筑体消失在街道行列式房屋的"帷幕"之后。

亚琛市中心凯泽浴室场地上的建筑群

处于完全不同的标准和完全不同情况下的一个项目是位于亚琛老城中心的前凯泽浴室地块上的建筑群（图 1.14）。这里应该建立一堵广场围墙，同时又要保留通往大教堂的视线。这一建筑群应该使人们知道凯泽温泉是亚琛的起源之一，同时它与三面的连接都很困难。最后它还应该使两个具完全不同建筑风格的相邻建筑物协调起来。围绕泉水流经的内院建立的一座建筑群被作为解决方案提出，这一方案在当地虽然有争议，但它通过新奇而大胆的建筑学语言毫无疑问地为这座城市的建筑学创新做出了贡献。它的建筑风格是独立的（也许太独立），与任何相邻建筑物都显得不亲近，但是却突然把市中心的两座建于 60 年代的"误入歧途的"现代派单体建筑物结合成为了一个城市建筑群，在"时髦"的新建筑物旁边突然出现了看起来很"老"的建筑物。这一建筑物的添加是符合规划法规的。在建筑形式上它通过封闭式和开放式建筑形式的不断变换和采用内院和小巷的形式以现代化的手段遵循了角状的老城这一主题，建筑学上按照各面的不同变化在突出和加入之间。

不同城市的建筑实例

图 1.15 和图 1.16 介绍了亚琛、布鲁日、埃希施塔特、图宾根和安特卫普几个不同的建筑学添加实例。

图 1.15 中 *a*）由从前的哥特式市场建筑物（最右面一座整修后重建的建筑物）设计出一座强调垂直导向的屋檐坚固的建筑物。中间的过去 200 年间建成的三座房屋仍反映着这种建筑类型。在 1945 年的战后重建中虽然建筑线保留了下来，但允许对建筑地块进行合并，其后果就是建筑物沿建筑线的水平引导（见左侧）。这一实例表明，地块结构在多大程度上影响着建筑风格。

b）图片的中部有一些立面狭窄的建筑物，它们的地块类型还来源于中世纪。由于地块的合并和楼房层数的增加（右侧）这里在两侧也出现了尺度的突变。

c）第一眼看去人们猜想带圆山墙的建筑物是在老建筑群上的一种巧妙添加，错了，这一整体都是新的，但是在其历史性建筑形式的回答中有些问题。

f）图宾根的内卡河岸具有山墙刷满灰泥的建筑物给人留下了深刻的印象。这一新建筑物采用了这种建筑形式，而且使用的波形瓦屋顶涉及到传统的屋顶形式。建筑物的上半部分也继续采用了人们熟悉的孔状立面，而下半部分则采用带大面积玻璃的立架建筑方式。

图 1.16 中 *a*）建筑师沙特纳（Schattner）设计的新入口并没有损害这里的历史性建筑风格，但是通过"距离小巷"创造了一种紧张气氛，而且立面显得很不突出，直至过于突出的新入口标记出现。

b）由于其光滑而涂漆的混凝土立面同一个大学建筑群在街道一侧的两个添加变得极具争议。

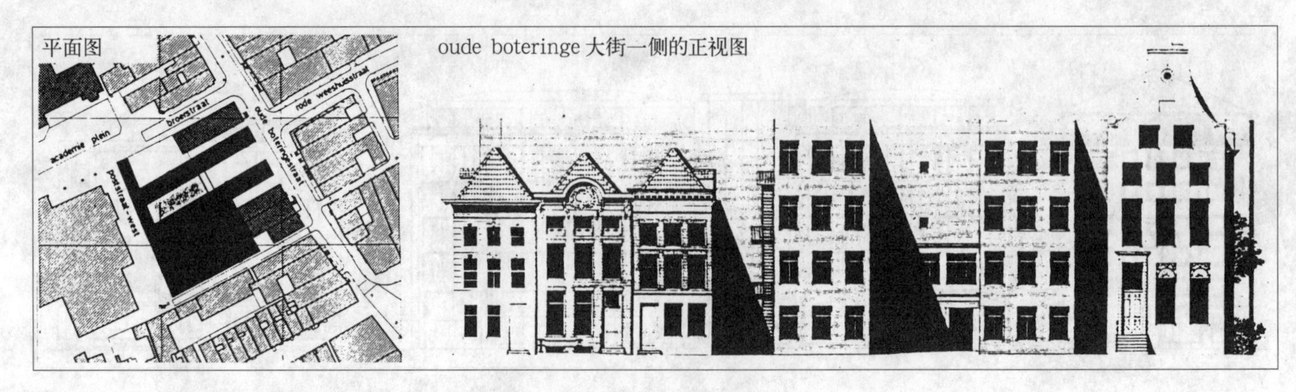

图 1.13 格罗宁根城市图书馆。建筑师：格拉西（《建筑世界》，1993 年第 3 期，第 93 页）

a) 布赫尔一侧的正视图

b) 庭院正视图

c) 庭院正视图

d) 从科勒大厦看去的正视图

e) 内院

图 1.14 亚琛凯泽浴室建筑群：无从属的添加 [1994 年建成，建筑师：卡斯珀（Kasper）教授，克勒韦（Klever）教授，亚琛]

a）亚琛：市场旁边建筑物的尺度突变

b）亚琛：波德瑞施大街建筑物的尺度突变

c）布鲁日：朗格莱旁边的新建筑物

d）布鲁日：格罗内莱旁边的添加

e）埃希施塔特：城镇入口附近的添加

f）图宾根：内卡河岸边的添加

图 1.15　建筑学添加和隔离的实例

a）埃希施塔特：一座新入口建筑物的添加（把以前两个分开的建筑物相连。建筑师：沙特纳）

b）埃希施塔特：用两座新建筑物填补一个建筑空隙（建筑师：沙特纳）

c）安特卫普：科克里凯旁的街角建筑物

d）安特卫普：科克里凯旁的街角建筑物

e）安特卫普，谢尔德河岸：按照尺寸进行的添加，通过颜色与周围相脱离

f）安特卫普：圣雅各布斯教堂的犄角建筑物

图 1.16 建筑学上添加和脱离的实例

c+*d*）这两个街角建筑物有两种不同的建筑学语言。右侧的一个来自我们的时代并以建筑容积添加进来，在建筑风格上它与周围相脱离，但是这种脱离并不太强烈，这样就在单调的立面环境中增加了一个现代化的重音。左面的建筑物是一座较老的战后建筑物，作为对街对面新建筑物的反应它的上角区被打开增加了玻璃面积。

e）这座建筑物的建筑容积无可指摘，充满自信的屋顶结构也较好地强调了这里的情况。颜色条带使其过于与前后关系相脱离。这一建筑物应引起人们的注意。

f）一种具有较高的内在和外在质量自信但是又不引人注目的添加。

1.3 街区建筑群

A. 概念和基本形式

人们对建筑群的理解一般是指以街道划分，并一般被四条街道围绕的建筑群，它们构成了街区。在罕见的情况下街区也可以只由三条街道（三角形街区）或五条和更多条街道（不规则街区）组成。我们可以把城市从小到大分为带单个建筑物的地块、街区、小区、市区和大区等单元。但是小区、市区和大区是一种划界的产物，而不仅仅是由结构推导得出的。因此对地块、建筑物、街区和街道应采取另一种划分方式。即使街区不作为一种建筑形式出现，街道总是把城市细分为单一而多边连通的区域。为了与街区相区别我们称其为城市场地，城市场地是一个由于土地持久的相互联系通过街道明显划分出的单元，它还可以细分为多个地块。

这样的城市场地不仅各个方面都有连接通道，而且通过三至五条街道总是有两侧与城市道路网络的交换网相联接。

由于上述原因街区是城市中最经济的单元，因为它前后之间有着清楚的分区：前面朝向街道的公开区域和后面背向街道的私密区域。当前部区域遭到街道的干扰时，后部区域则受到了保护，其前提是在街区内部没有扰民的利用方式存在。另一个城市结构方面的优点是，大型街区的内部可以为以后的建设包含有一定数量的预留地。边缘建筑物很快就把街道两边的公共空间占满了[街道很快就“用完了”，再也没有存在了几十年之久的碎片（城市空地）了]，在未来时期只能在街区内部加密兴建建筑物。

意义更加重大的是街区建筑群用途混合上的可能性，由于其巨大的深度以及内部预留面积和缓冲面积，街区建筑群可以最大限度地允许用途混合。缓冲区指的是临街地块后部的预留地，这一区域可以在需要的情况下在整个深度上建造一至二层的建筑物，从而导致土地的深度利用，而临街建筑物又不必发生变化。由于它的双重特性街区建筑群是“城市化”方面最有潜力的元素。这一被规划师普遍接受的立场面对的是下列看法，即把街区建筑群理解为是过时的和落后的：新的街区概念在那里？这样的观点明显地还是建立在孤立的城市、用途截然分离和个人毫无顾忌的基础之上的。在本书第一部分第一章中提到的菲尔德凯勒就用“被肢解的公共空间”、“机动车道路”、“作为机器的建筑学”、“城区用途的分解”（费尔特克勒，1994年，第112页及以下）等这些提示语足够地指出了城市结构不成比例的问题，这些都导致了现代化窘境（不必要的）的出现。我们不想让它在这里重复出现，并想让人们参阅这一有阅读价值的分析。

这里涉及的并不是街区建筑群的一种特定景象，而是一种允许有许多变化和突破的组织原则和秩序原则，但是它绝不能被视为是惟一（但是是一种特别适宜的）的基本要素。因此街区建筑群并不是所有的方面都必须封闭，它们既可以是开放的建筑形式又可以是混合的建筑形式。它们的外部尺寸可以对不同的街道间距、角度、笔直的和弯曲的街道以及不同的建筑形式做出反应。它的另一个特征是，通过街区建筑群可以建成具有双重边缘的线形建筑物，这对清晰的两侧边界和屏障的形成十分重要。图1.17表示了封闭式建筑群的不同尺寸、类型和边界形状。

街区建筑群及其结构质量近几年来再次成为了讨论的话题。在此街区和地块划分的巨大惯性强迫业主和建筑师不得不对其做出对城市有益的明智的新阐述。对街区建筑群特性的研究还不多，在这里我们只想请读者参见伯姆（Böhm）／芬克（Finke）／施马尔施埃德（Schmalscheidt）／沙尔霍恩（Schalhorn）（1977年）、帕内莱（Panerai）／卡斯特克斯（Castex）／德

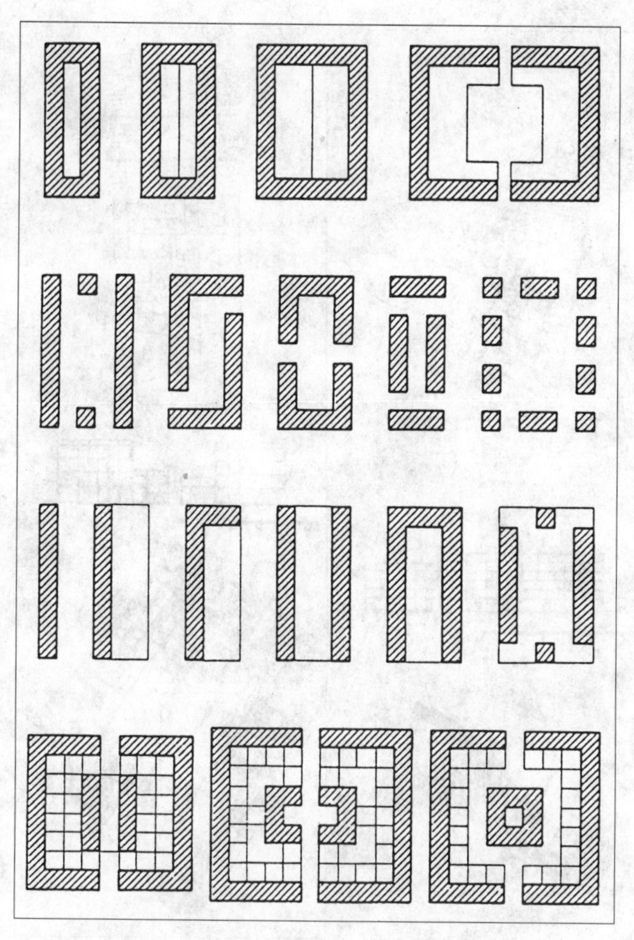

图 1.17 封闭式建筑群的不同尺寸、类型和边界形状（库德斯，1993 年，第 210 页）

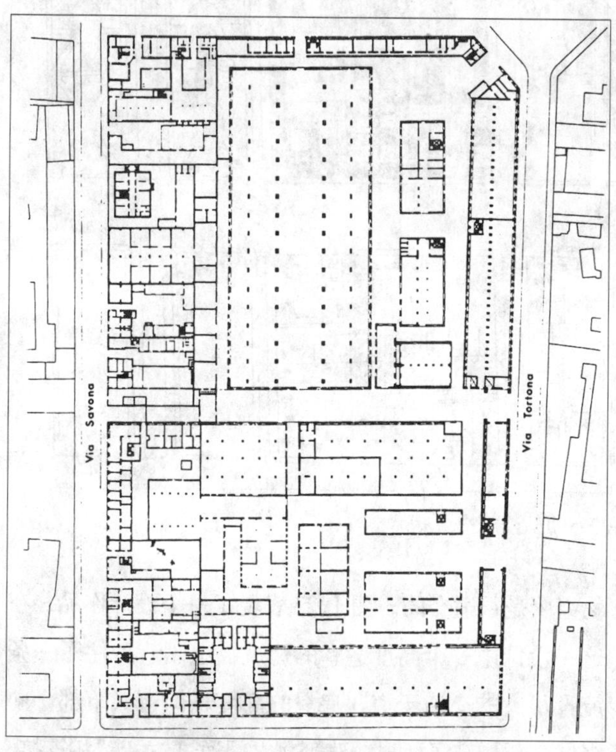

图 1.18 米兰热那亚门附近的手工业街区建筑群［莫塔（Motta）/皮济乔尼（Pizzigioni），1991 年，第 146 页］

波勒（Depaule）（1985 年）和格罗斯（Gross）/博斯尔（Bösl）（1986 年）的工作。在建筑物与城市内在联系研究方面一项值得注意的工作是由米兰工业学校做出的（莫塔/皮济乔尼，1991 年）。在那里调查了楼梯间（建筑物对外连接的组织手段和为公共空间带来活力的地方－见图 1.20）的位置情况或墙壁在地块边界上所起的作用（增强了地块的局部独立性－见图 1.19）。街区建筑群的一个特性是把各种不同的建筑形式、建筑尺寸和用途综合在一起的能力。有规则的边缘的街区建筑群中建筑物的尺寸可以有多么巨大的差别，看看米兰热那亚门附近手工业街区建筑群的实例（图 1.18）就知道了。左下部边缘的是住宅，其他的建筑物为手工业建筑物。这样不同尺寸的建筑体在狭窄空间内的和睦相处只有封闭式街区建筑群才能达到。

建筑物组团：在城市建设史上最晚自巴洛克时期起就出现了覆盖整个街区的大型建筑物。为了与街区建筑群相区别我们称其为“建筑物组团”。通过写字楼尺度的强制放大建筑物组团在近几年中的应用越来越广泛。它的优点是有清晰的侧面和后面边缘，这一特点特别适用在不定形的区域。由于（经常只有一个）主入口只通向一条街道，建筑物组团与各面都有入口的街区建筑群相比在活跃公共空间的气氛方面有着明显的缺点。

对柏林市内城市发展的讨论的主要部分就集中在这种建筑类型。投资商和大业主（如戴姆勒－奔驰、索尼等公司、银行、联邦部委）在无视城市结构上的长期后果的情况下正在谋求占据整个街区建筑群的地产。不顾上面所述的公共空间的枯竭状况，这样大规模的土地占有在市场上不是特别明智的。因为今后只有类似的大投资商才能成为买主。最近人们似乎已经认识到这一问题，戴姆勒－奔驰公司已经将其位于波茨坦广场的大型地产重又拆分成较小的单元，起先被购买者所批评的 20% 的住宅用途份额由市场决定地得到了增加(《明镜周刊》,1995 年第 8 期,第 77 页)。这样市场造成了城市结构上越来越多的混合利用（至少是这种趋势）。

但是也有建筑物组团能发挥作用的情况，由于它能对大型地块进行彻底的控制，建筑物组团可以为用途和建筑物内部的水平和垂直组织提供较大的活动空

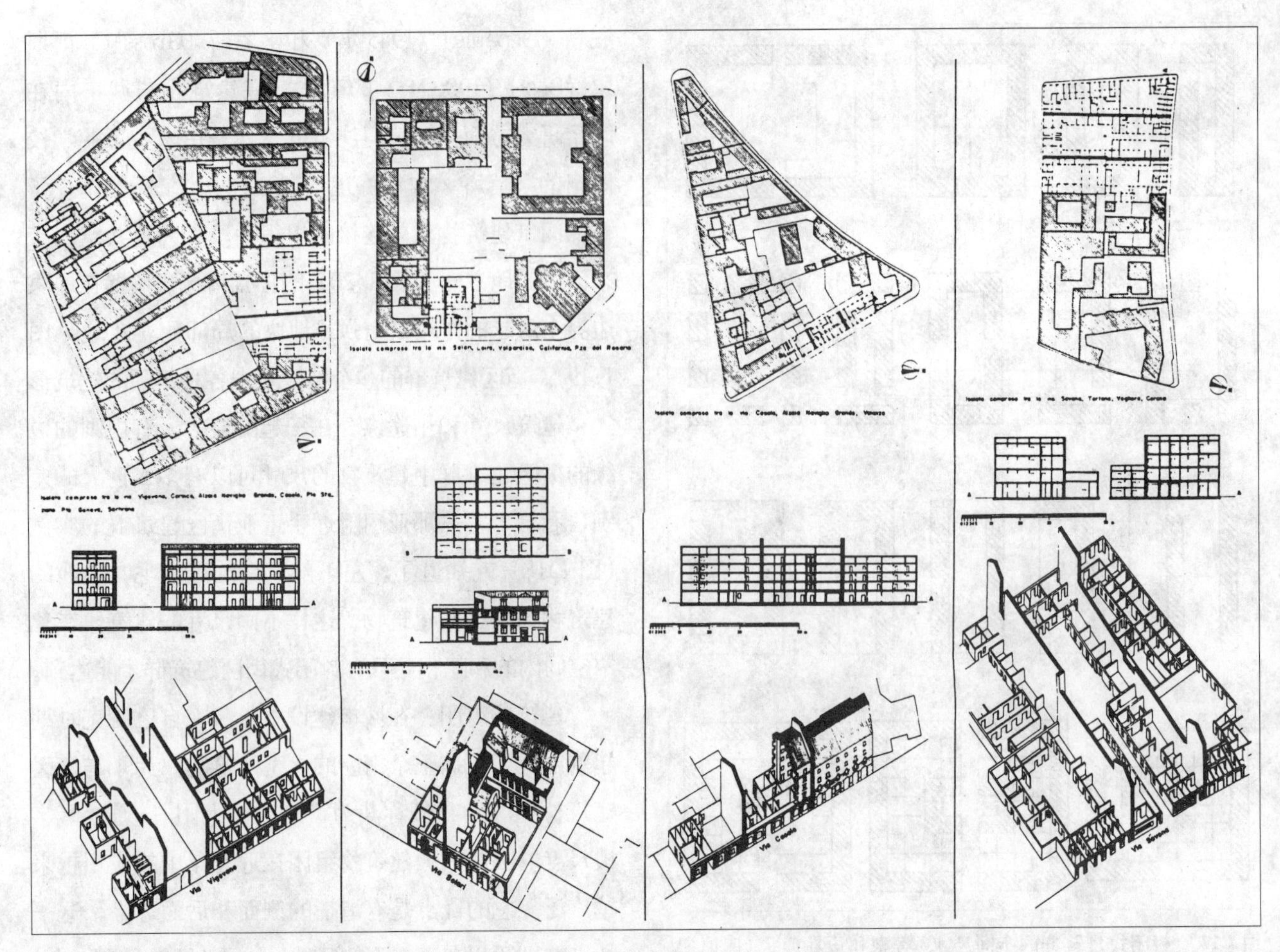

图 1.19 通过墙壁对地块进行分隔和地块的隔离（莫塔 / 皮济乔尼，1991 年，第 226 页）

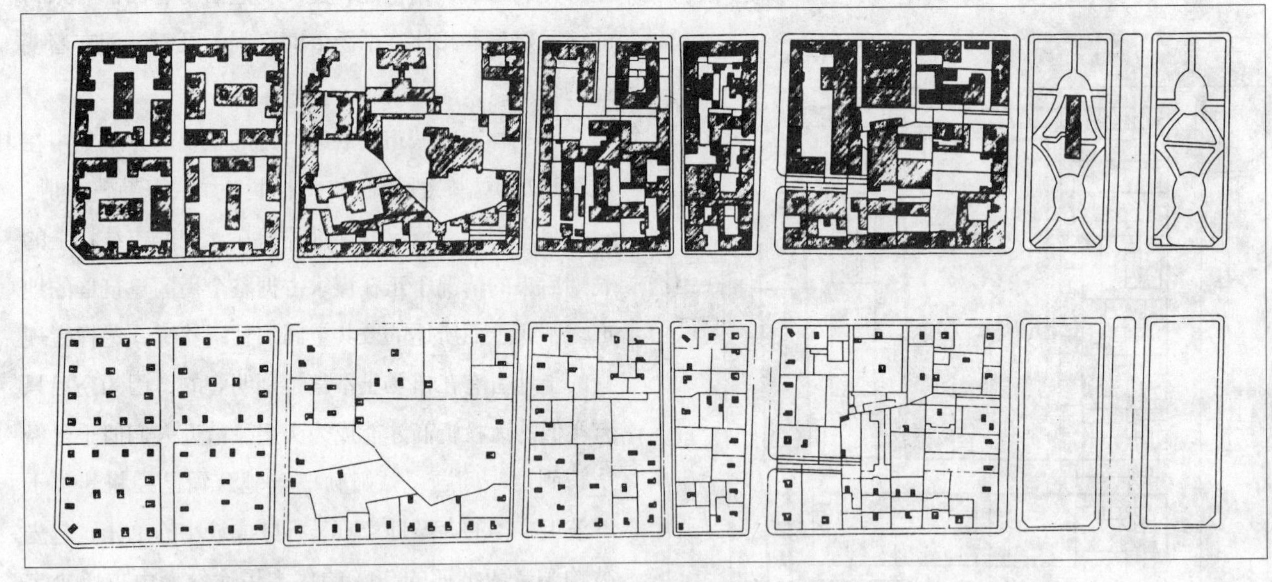

图 1.20 公共空间活力发生器楼梯的位置（莫塔 / 皮济乔尼，1991 年，第 235 页）

间。图 1.21 用图解方式表现了建筑物组团一些变体：这些变体从带有外部连接的完全盖满的建筑物组团、不同形式的边缘建筑物的到带有内部连接的内院形式，或一个通过拱廊十字形或对角线形连接的设计方案。在地块深度很小的情况下要产生两面的边缘采用建筑物组团是很适合的。图 1.22 表现了一个设计作品，在这一设计中一个高度适宜的建筑物组团遮护住了一条流量很大的交通干道，房屋的高度从街道（下部）向老城不断增高了两层。建筑物之间通过“关节”相连接，屋顶的一部分应该像城墙一样可供人们在上面行走。

图 1.21 建筑物组团的变体（各种各样的利用、连接和划分形式）

图 1.22 作为超级结构出现的建筑物组团（马德里－欧罗潘。建筑师：格罗斯）

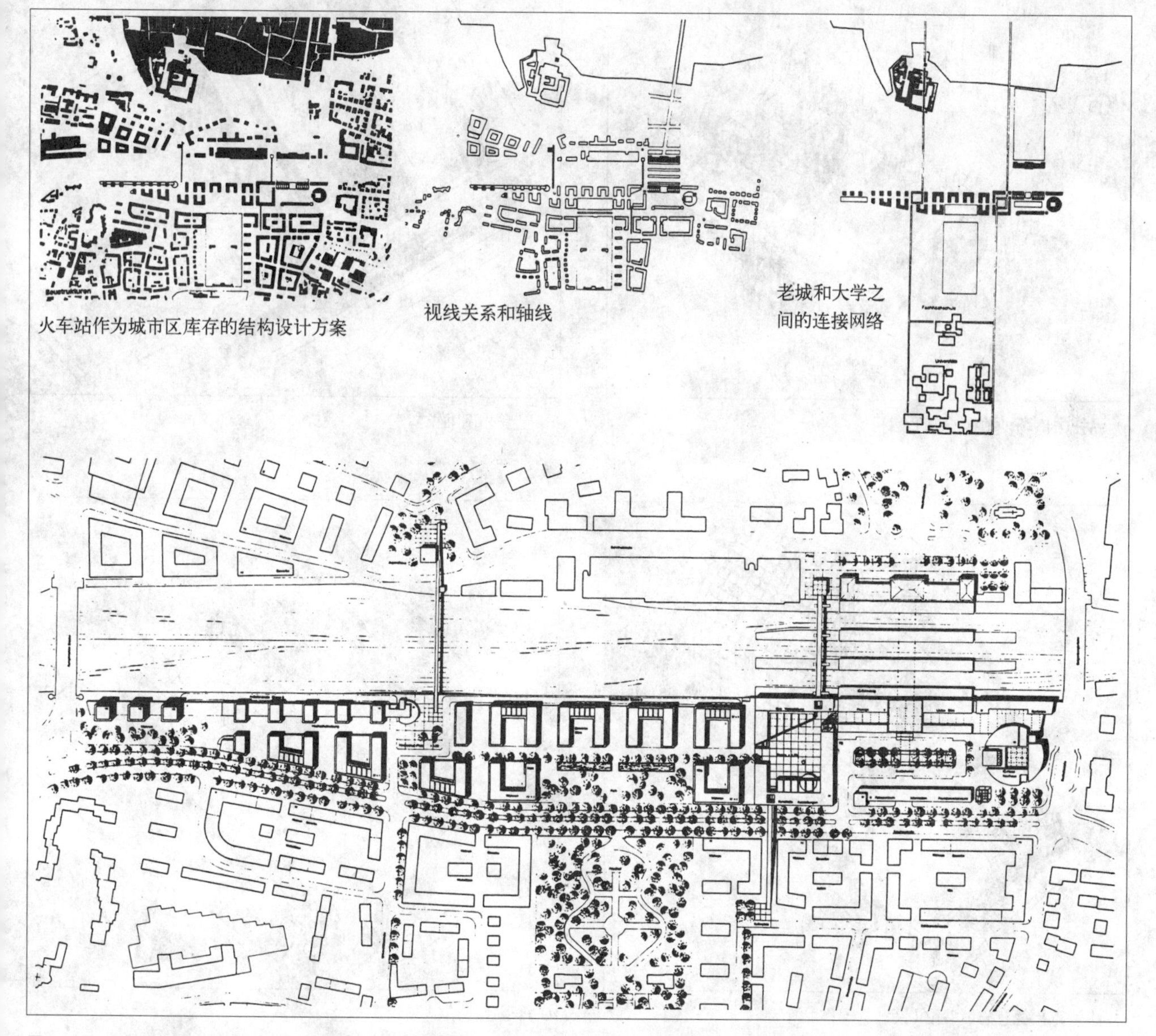

图 1.23 雷根斯堡：通过街区建筑群形成大尺度的秩序［克拉梅尔，西弗茨（Sieverts）及合伙人建筑师事务所，科隆，德国建筑师联合会会刊 1994 年第 9 期］

B. 大尺度的建筑群结构

在残缺不全的城市区域样式相同的建筑物，也能在重建城市结构的内在联系方面发挥很好的作用。它为城市平面布置带来了安宁和正常化，一个好的例子是在雷根斯堡和平大街以前铁路用地上的建筑设计（图 1.23），左上角的黑色设计图表示的是现有结构的新的延续（一种虽然经过修改，但几乎是自然的延续），右图表示的是建筑群接受大尺度空间关系的能力，下图为详细设计方案。

O · M · 翁格尔斯几十年来一直把街区建筑群作为城市的基本元素对它们的各种形式进行着深入的研究。在此引人注目的是，翁格尔斯是如何处理情况的偶然性的。不规则性、周围环境的中断、转弯或角度的变化被以一种简漏而有纪律的形式整合在主秩序中。以主要形式和辅助形式的简化语言，从建筑体和开口等方面翁格尔斯毫不费力地就解决了双坡屋顶、尖形街角和穹隆形等问题。几何学在这里被用来作为一个集合性的论题（图 1.24）。

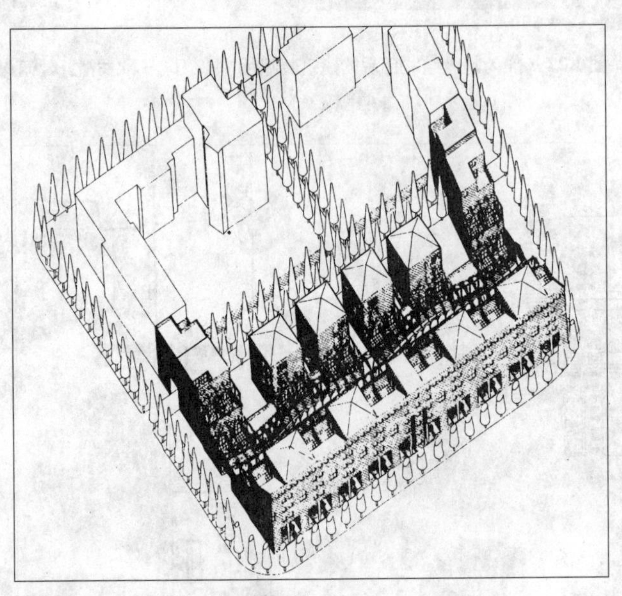

a）吕托夫广场，柏林（原始设计）

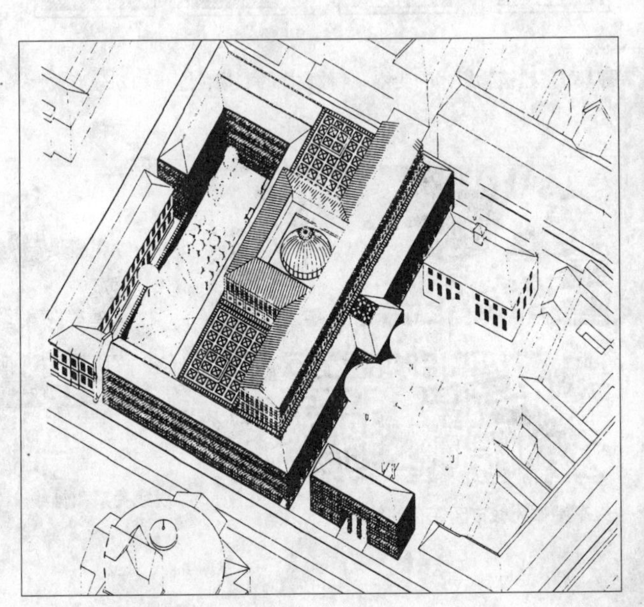

b）巴登州图书馆

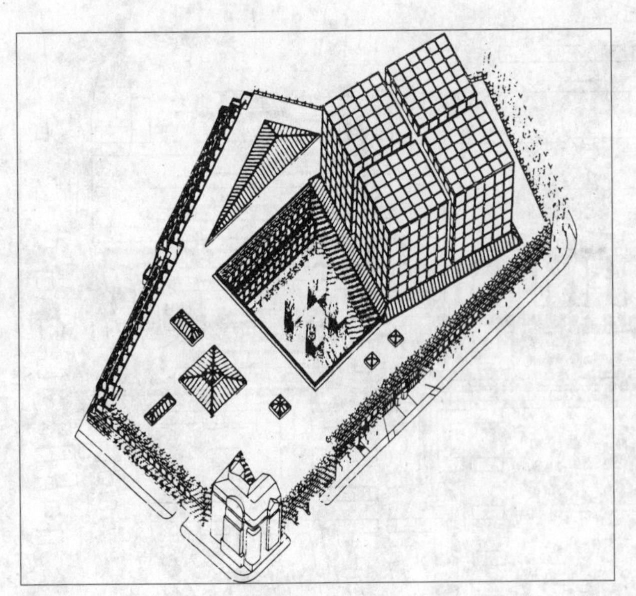

c）法兰克福德意志图书馆（设计竞赛作品）

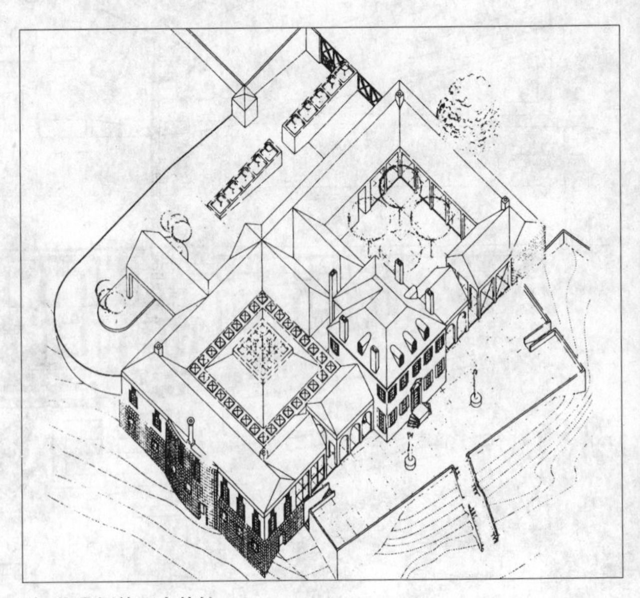

d）华盛顿德国大使馆

图 1.24 翁格尔斯：用于不同目的的街区

C. 多样化的外观形式和内部利用

在IBA柏林的框架内街区建筑群在它的利用可能性方面重又导入了宽泛的阵线上（见IBA项目概览1987年，城市项目1993年）。由于这些原因街区建筑群成为了城市空间设计中一个需要严肃对待的课题。它的可能性还完全没有被充分讨论，街区建筑群的重要特征是它具有有利的表面数值和各种用途混合的可能性，这在土地的经济利用和节能方面特别有益（见库德斯，1993年，第11章）。即使用途没有混合，街区建筑群仍是一种经济上和能源上合理的基本形式，无论对住宅还是对商务建筑和工业建筑来说都是如此。图1.25表现的是慕尼黑－吉兴西门子商务城中的一个街区建筑群，它的西侧外层建筑物起到了阻隔噪声的作用。内部则用建筑群中的建筑群设计方案，通过一条轴线和内院产生了一种自己的内部空间质量。这是建筑密度加密和节约土地建筑的一个很好实例。

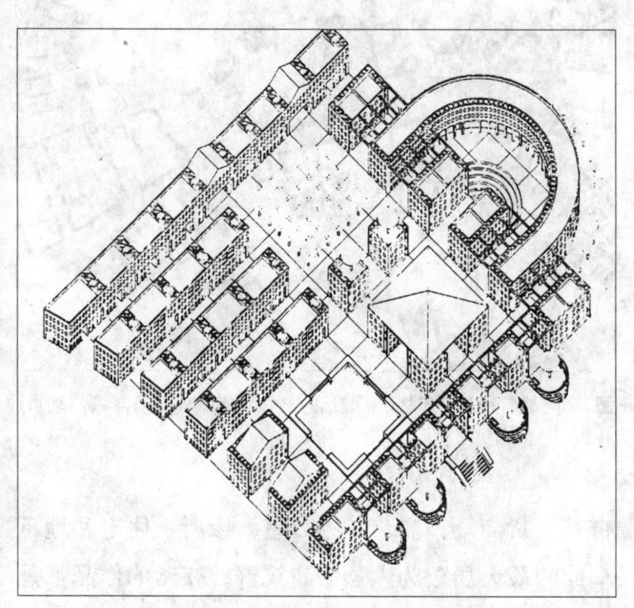

e）萨尔茨堡弗雷伦路住宅建筑物

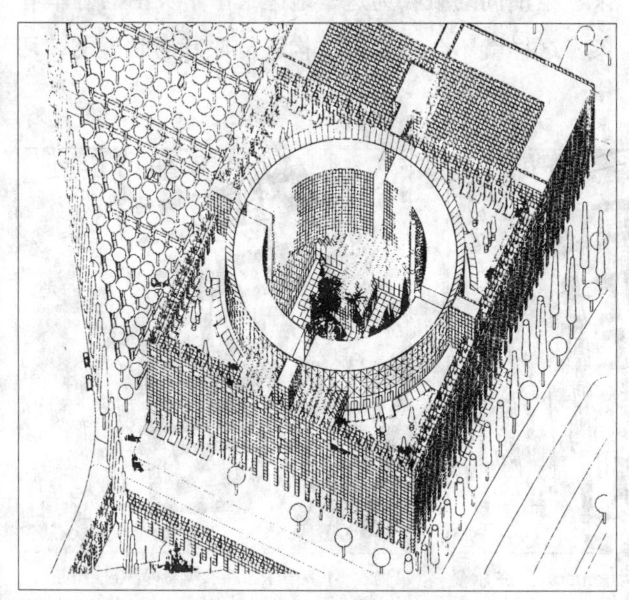

f）柏林宾馆（设计竞赛作品）

仑，M：O·M·翁格尔斯。苏黎世，1994年）

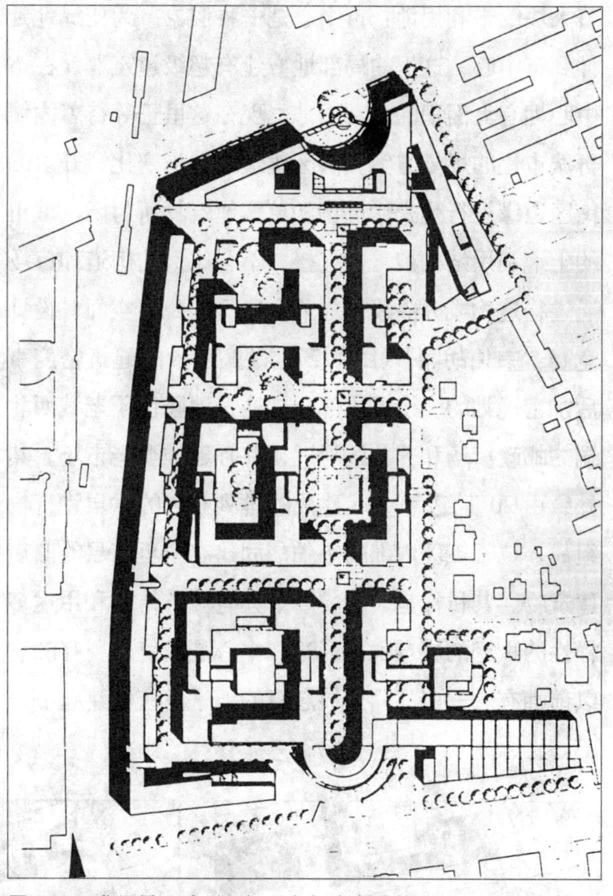

图1.25 慕尼黑－吉兴西门子商务城（《建筑世界》，1993年第39期，第2111页）

D. 超级建筑群中的建筑密度后期加密

从松散的“国际现代建筑学会议”(CIAM)城市向文明的、稠密的和混合的城市结构变化的一个漂亮实例是德累斯顿内城的改扩建。前东德由于其虚弱的经济能力在战后的城市建设中只把这一地区的边缘建设起来，而街区内部留下了大量的空地，其建筑密度很小。图 1.26 表示的分别是战前和战后重建后的状况。人们可以清楚地看到（以较大的比例尺比较第二部分第 4 章中的图 4.1 和图 4.2)，市中心仅仅是由一条街道伴随的“建筑物帷幕”组成，在其后存在着大块的未利用地：市中心是一种假象。为使绿地延伸到市中心，这里的局部地方建有超级建筑群。在市中心拥有大面积的未利用地，现在这里正等待着内城再城市化的规划方案。街区建筑群被加密化，开放的街区边缘被行列式建筑物和单体建筑物所封闭。城市的土地利用结构被重新连接，不合比例的街道和广场通过构筑物或分隔改建成为合比例的公共空间。设计竞赛“韦伯胡同”(图 1.27）是高质量的建筑密度事后加密规划的一个组成部分。这一地区位于老城西北端的邮政广场和养兽场附近，并且延伸至老市场。其外缘由 20 世纪 50 年代建成的排列整齐的六层建筑物组成，位于街区内部的韦伯胡同建有一至二层的商店建筑物。其目标是，形成一个具有城市结构和用途多样性的稠密的城市中心，这一中心是围绕着现存的和以前拥有的三条胡同发展起来的。这里应该建起一个

图 1.26 战前和 1987 年战后重建后的市中心(库德斯,1993 年,第 158 页)

带有百货商场、商店、办公室、诊所、住宅和地下车库的最大层数为六层的建筑群。获奖的作品都是设计出小型封闭式建筑物的作品（三等奖除外)。原来三条胡同的吸收为这一地区给出了灵活的基本骨架。这样就不会对城市结构进行任意而时髦的“切

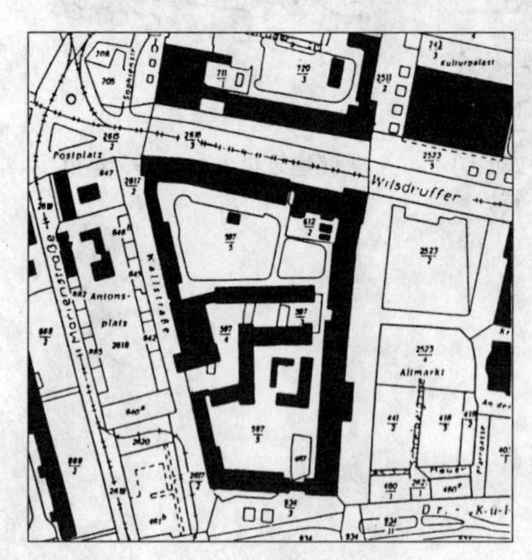

a) 现状

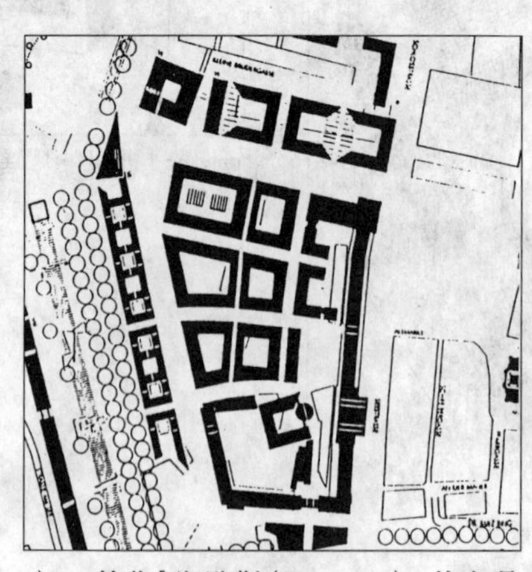

b) 一等奖[朔默斯(Schomers)，许尔曼(Schürmann)，施特里德(Stridde)。不来梅]

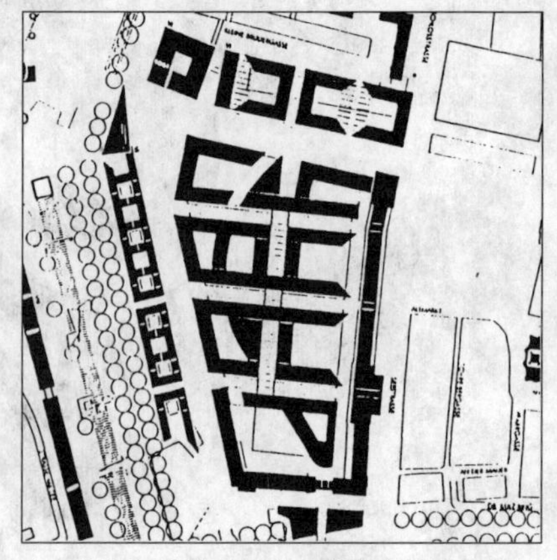

c) 二等奖[罗德(Rhode)，克勒曼(Kellermann)，瓦夫罗夫斯基(Wawrowsky)。杜塞尔多夫]

图 1.27 德累斯顿韦伯胡同：一个混合商业建筑群

割”。在完成这样的任务时，总是几何学上简单而容易实施的建筑设计方案会获得认同。具有特殊外形的建筑物设计方案误判了设计竞赛决策过程的等级制度：这种类型的城市规划设计竞赛要起到城市结构方案的预澄清作用。应该为建筑物的下一个阶段留下活动空间，在第一阶段对建筑物细部的（特别是设计决定的）过度干预错误认识了事物的渐近等级。因此像 *i* 或 *j* 这样的设计方案由于设计得过于拥挤和从一开始就确定了建筑物的特定用途根本就没有机会获奖。

虽然在这一设计任务中用途混合也占据一定的地位，我们还是想在下列章节中专门进一步研究这一问题。

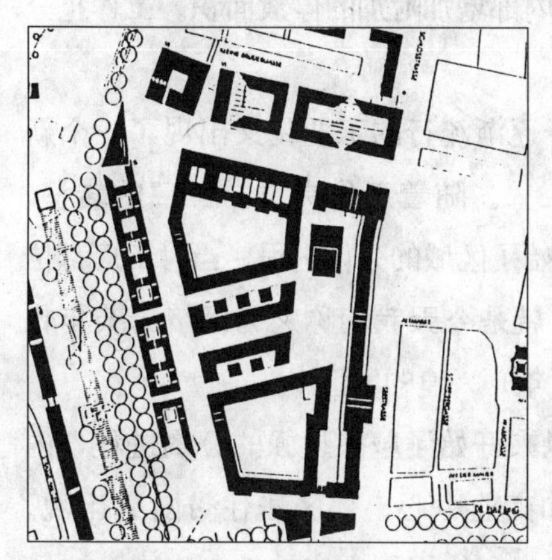

d）三等奖［塞德尔 & 维尔特（Seidel & Wirth）。德累斯顿］

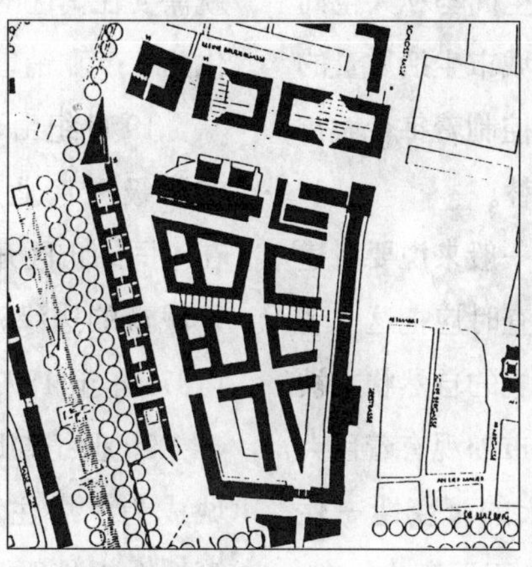

e）购买方案（克雷姆茨（Kremtz）。德累斯顿］

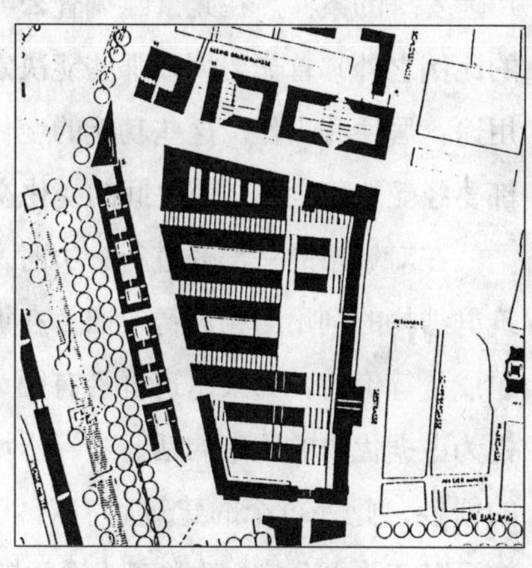

f）入选方案［英根霍芬（Ingenhoven），奥弗迪克（Overdiek），佩钦卡（Petzinka）。杜塞尔多夫］

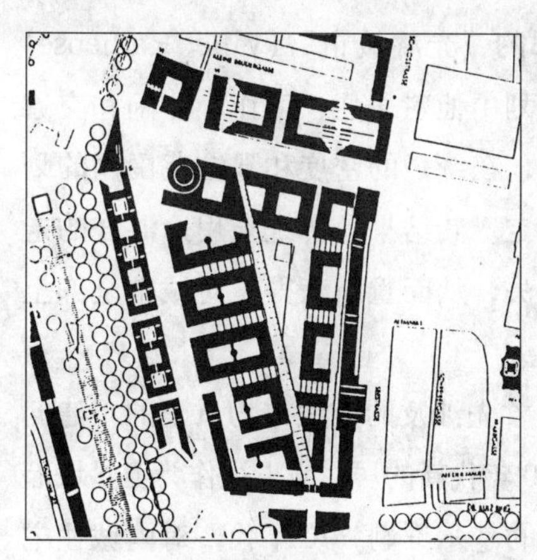

g）入选方案［诺伊费特（Neufert），米特曼（Mittmann）。科隆］

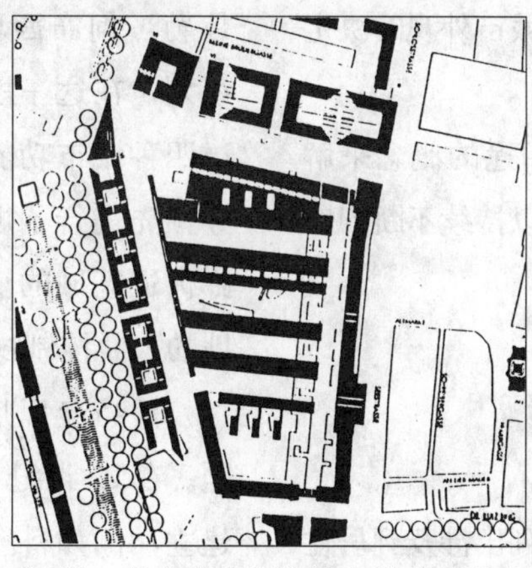

h）第一轮方案［克拉姆 & 施特里格尔（Kramm & Strigel）。达姆施塔特］

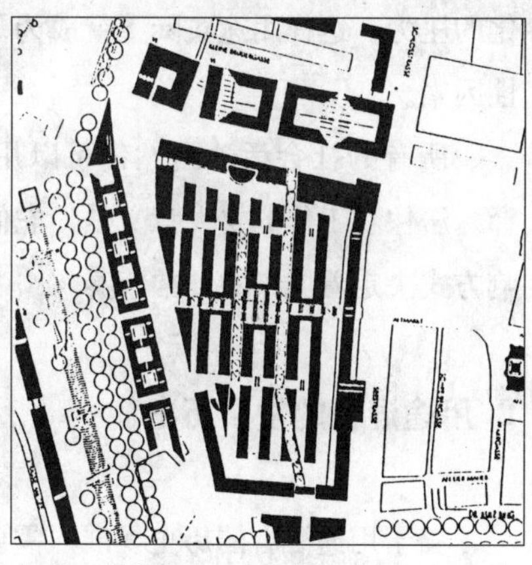

i）第一轮方案［冯 · 格尔汉（V.Gerkhan），马尔格（Marg）。汉堡］

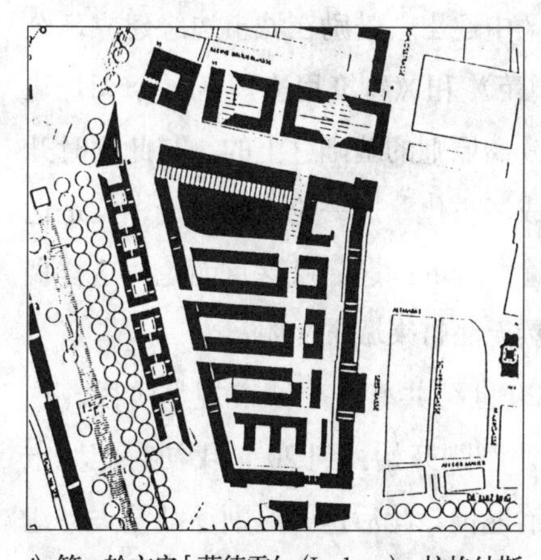

j）第一轮方案［莱德雷尔（Lederer），拉格纳斯多蒂尔（Ragnasdottir），奥埃（Oel）。斯图加特］

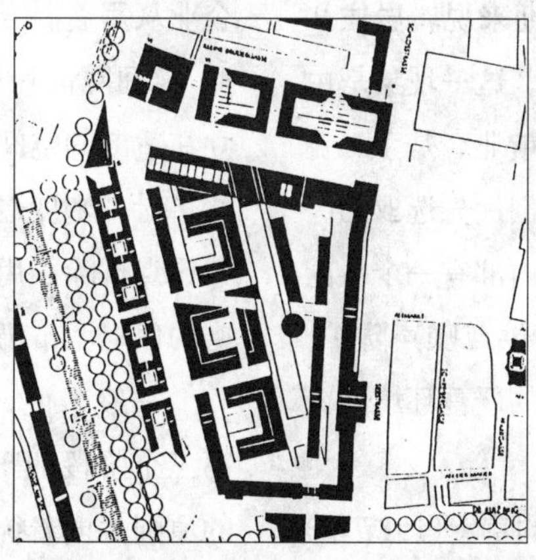

k）第一轮方案［克勒费尔（Kleffel），科恩霍德（Köhnhold），贡德曼（Gundermann）。汉堡］

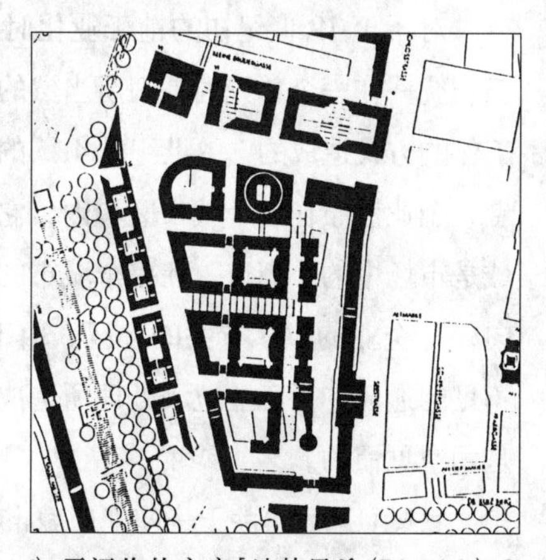

l）无评价的方案［迪特里希（Dietrich）& 赫尔曼（Hermann）。科隆］

尔（Nickol）／施托尔岑贝格（Stolzenberg）：韦伯胡同设计竞赛预审报告。德累斯顿，1993 年］

1.4 用途混合

A. 居住和工作作为决定性的因素

在这一章节我们将探讨一个城市规划元素、一个建筑群、一座行列式建筑物或一个地块单位内部不同用途安排的条件。在此（除调查公共空间与私人空间的比例之外）首先要调查那些能决定城市生活质量的用途：居住和工作。这些功能的变化控制着每个城市都要经受的稳定与转变之间的变化交替。

在对城市的一部分进行分析时，一般来说要对建筑群结构的利用结构进行对照，在调查时应把这二者看成是等价的，如果建筑群没有因为它的自然状态被视为占据优秀的因素的话。实际上城市外观有着巨大的惯性，此外单个的建筑物有着巨大的可变性－住宅可以变为办公室，教堂变为博物馆，工厂变为住宅。但是在整个城区没有建筑群在中期内能够承受得住变化的压力，这样用途实际上就成为了城市外观的决定性因素。

所有的社会活动当然都可以用用途的概念来解释。居住和工作的重大意义是，它们以持续不断的影响方式决定着城市的日常节奏。

B. 用途混合的发展历史

关于用途混合的历史发展只需要列出涉及到居住和工作领域结构变化的一些重点。

对于至 19 世纪初的前工业化时期来说，居住和工作统一在一个单元内是理所当然的。这一现象是由工作的方式造成的：中世纪时 4/5 的就业者是手工业者，企业散布在整个城市区域内，它们优先选取的区域是市场中的小街道。在整个城市的内部有一个从内向外与企业的收入有关的分区。由于缺乏噪声防护、不足的通风和手工业垃圾处理所造成的严重环境污染是司空见惯的。

丢勒(Dürer)关于一座理想城市的草案(1527 年)第一次包含了一个按照单个手工业企业的有害物质排放划分的清晰分区（例如铸造作坊布局在城市的最外角）。这一方案从行列式建筑方式出发，但是实际上中世纪的建筑多为与封闭式建筑物混杂的具有较高的上部建筑和综合性的高密度行列式建筑。

中世纪之后到来的属地经济由货物交换成为了一种货币经济，以公务员为主的中产阶级逐渐形成以及通过许多战争形成了一个新的纯消费者群体——军人。居民的迁居频度不断增加，马车被广泛采用，这就需要在街区的内部增加附加的停放面积。工作也分化为生产和销售。

19 世纪由于逐渐流行的工业化又出现了一个新的阶级－产业工人。随着工作岗位向工厂的转移，在不同的市区开始了区域的分化进程。当时工厂都位于城市的边缘，就是今天我们称之为经济繁荣年代（1871 年至 1873 年）兴建的城区中。

20 世纪初以来开始了越来越强的分离进程，内城成为了居住和商业中心，郊区居住带随之出现。第一个土地面积分配的规划方案被编制出来。这一时期的一个里程碑（虽然它的远期后果是灾难性的）是勒·柯布西耶的“光辉城市”(Ville Radieuse)规划，在这一规划中他对居住、工作、休闲和交通这四种城市功能，在统一的密度和限定范围内的划分预先进行了规定。其结果是传统上用途混合的走廊街道区域的消失，从而重新获得了对城市全部土地的公共控制权。

1945 年以后首先涉及的是城市物质上的重建问题。在 20 世纪 60 年代新的居住城市被作为卫星城而建立，例如科隆的楚尔维勒。70 年代，对内城住宅区的需求再次增加。居住环境质量的概念产生。工业企业从用途混合区中迁出，鼓励在城市边缘建立新企业。《间隔面积规范》和《建筑用途规范》今天是建立在适度的空间分离原则的基础之上的。与此同时开始了对“密度造成城市化”这一论点的讨论，但是这一论点排除了用途混合的问题。就这点而论，这样稠密的住宅城市仍然无法带来城市文明。

一般来说，20 世纪共有三个城市规划阶段，这第三个阶段似乎才刚刚开始：到 20 年代初封闭城市的原则占据着统治地位，此后这一原则逐渐消失，建筑物与内在联系相脱离。今天城市被作为具有不同密度和质量的碎片的聚集体来对待，要讨论的只是它的形态和网络。

城市文明与混合的结构有着内在联系，这是毫无争议的。“混合的农田”这一概念表示的是一种小范围的、表面上的、偶然的混合，这种混合可以有着城市的特征。但是“混合的农田”的重要特点是一个大的组织单元内部（例如一个街区）单个地块上用途的灵活性。在对城市区域进行新的规划时，这种用途的灵活性看起来在建筑法律和美学方面几乎无法统一，例如正像柏林 IBA 项目所表明的那样。“混合的农田”的概念只用在不断增长的混合利用区中。但是通过一个城市规划单元之内的公共用途和私人用途的一体化，多样性和密度在规划的而不是由偶然事件打上烙印的地区也能够得以实现。

C. 劳动力市场的变化

全社会的工作领域可以划分为三至四个部门：

— 第一产业：农业；

— 第二产业：工业；

— 第三产业：商业和服务业；

— 第四产业：教育和休闲。

正像在上一节中所认识到的那样，各个产业对社会以及对城市发展的意义是互相交替的：继第一产业之后第二产业在城市中也不断减少，工业生产被挤压到城市边缘。第三产业急剧增长，信息业成为了我们社会的核心控制手段，第四产业也接踵而来。在工作时间不断缩短的过程中教育和休闲产业显得越来越重要。

四个产业的分类涉及到个体的生活方式：正式和非正式产业的区别。正式产业包括具有定期收入、纳税、交纳社会公共福利税费的注册的工作领域。非正式产业可以用工作的概念来描述，它包括所有未注册的活动，例如自由的技术性、科学性、手工业和艺术性生产活动，往后正式工作的初期阶段，市民的自发行动、不领取报酬的社会活动、非法劳动，特别是工业品修理领域的工作等。

工作时间的缩短和其他活动的规模互相间进行着调节。许多人同时在正式产业和非正式产业中工作，例如属于非正式产业的还有家庭手工劳动、没有登记的或不需要登记的第二职业、非法劳动等。这种模式被称为二元经济。也有一些异议，这些异议认为从二元经济的模式中并不会必然得出对住宅之外的附加工作地点的需求，因为如果不是雇佣劳动的第二职业，由于联网的情况越来越多很多工作在家就可以完成。这一假设被证明是错误的：即使要产生相应的费用和时间耗费，住宅之外的工作场所显然也是很有吸引力的，因为它向人们提供了从私人领域（经常是充满冲突或是无聊的）转换到一种全新的身份的机会。

从上述的发展趋势我们可以看出，尽管工作领域的抽象过程以及由于工作时间的缩短居住地点和工作地点之间出现了一种细网眼结构，而且这种结构还必须扩大。其前提是较好的通达性、靠近居住地点的工作位置、小规模性和易变性。社会的第三产业化使污染物和对土地的需求越来越少，这些都减轻了规划的难度。

D. 法律上的框架条件

《建筑用途规范》把用途区按照其占优势地位的用途分为 11 种，例如一般住宅区、特殊住宅区、工业区。《建筑用途规范》的基本原则是要建立健康的居住和工作关系，因此这项规范描述了哪一种用途与所称的主要用途能取得一致。这种规划工具被乡镇政府用在土地利用规划和更细致的建筑规划中。如果企业或公共设施与本地区的主导用途能较好地相容，则它们就能得到批准。为了能对单一企业对环境的干扰作用做出准确的评价，管理部门还额外地使用《空气质量技术指南》、《噪声技术指南》、18005 号《德国工业标准》（城市规划中的噪声防护）以及所谓的北莱茵－威斯特法伦州《间隔区公告》等规范。

在这一间隔区公告中确定了类型的企业被归入 8 个间隔区等级（从 100 至 1500 米，总是涉及用途的保护值）。图 1.28 范例性地说明了哪种企业许可有哪样的间距。这一公告在一个框架内可以灵活地解释，这时企业通过特定的措施（噪声防护、烟雾抽吸、工作时间的调节）可以提高自己的融合能力。这些措施首先适用于现有的企业（处于与其他用途区混合的状

一级	1500 米	发电厂
二级	1000 米	钢厂
三级	700 米	发电厂
四级	500 米	变电站、冷却塔、汽车影院
	300 米	汽轮机、研磨厂
五级	300 米	冶炼装置、颜料厂、漆器加工厂、肥料厂
六级	200 米	洗车装置、木工厂、存储厂工厂院落、石料加工厂
七级	100 米	钳工车间、涂漆厂、家具作坊、汽车修理厂纺纱厂

图 1.28 北莱茵－威斯特法伦州《间隔区公告》节选（政府公告。北威州环境、空间规划和农业部，1990 年 3 月 21 日）

态）。在新规划时对企业可融合性的评价是作为国家企业劳动保护监督部门一部分的各地企业劳动保护监督局的权限。这一公告刊登在 1990 年北威州政府规定（第 283 号）以及许多关于建筑规划和建筑用途规范的法律解释的附录中。

E. 现有建筑用途混合的类型

作为历史发展的结果，今天一般来说第三产业都集中在市中心（科隆为例），外围被一个混合利用区环带所包围。在这个环带以外土地利用分离为居住、手工业、工业、特殊用途、休闲设施等单一结构的岛屿。街区建筑群中的混合利用在包围市中心的环带中最为典型，这里多为经济繁荣时期（1871–1873 年）兴建的街区。

团块式街区建筑群的特征是（图 1.29 左侧）：

— 秩序结构：

街区为空心体，交织着一个由手工业建筑物和车库组成的网络。

— 整个形态：

由于封闭性的几何形状而显得稳定。

— 建筑物形态：

通过街区边缘建筑物限制手工业建筑物在面积和高度上的扩展。屋顶面积经常未加排列，建筑物排列不整齐并且互相没有联系。

— 空间质量：

街道空间：具有时间上和空间上的连续性。

内部空间是造型上的灰色区域。

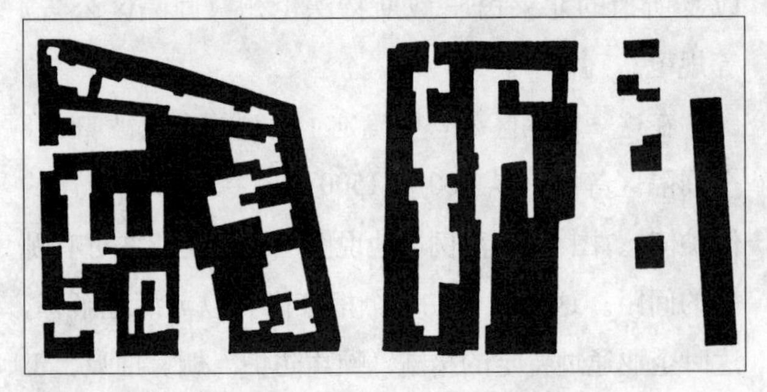

图 1.29 街区的混合利用（左侧）和 19 世纪形成的行列式建筑物（右侧）

新的混合状态位于内城的边缘而且经常处于城市规划的破碎区域，例如位于铁路轨道附近。典型的布局为行列式。

行列式建筑群的特征是（图 1.29 右侧）：

— 秩序结构：伴随街道平行附加的住宅建筑物，在后部区域也渗有其他用途。

— 整个形态：

由于缺少空间边缘而不稳定。

— 建筑物形态：

手工业建筑物经常冲破比例尺，单体建筑物凝聚在一起。屋顶水平方向未加排列。

— 空间质量：

造型上的灰色区域反作用于街道空间。

F. 边缘区域的疑难问题

在一个街区或一座行列式建筑物直接位于边缘建筑群后面的区域，居民对建筑深度的用途需求（花园、阳台、停车位）与楼房底层的企业对建筑深度、扩展可能性、庭院面积和停车位的需求互相重叠。尽管存在着竞争，城市中的楼房底层区域仍是建立连续性的混合用途区网络最重要的地方。因为在人车流量很大的街道位于底层的居住用途反正存在问题，从二层起其他用途对住宅的竞争才会减弱。只要底层出现平屋顶，它就可以作为住宅的阳台起双重作用。图 1.30 表现了边缘分区的一些可能性，这些可能性不仅对团块式街区建筑群适用，而且对行列式建筑群也适用。

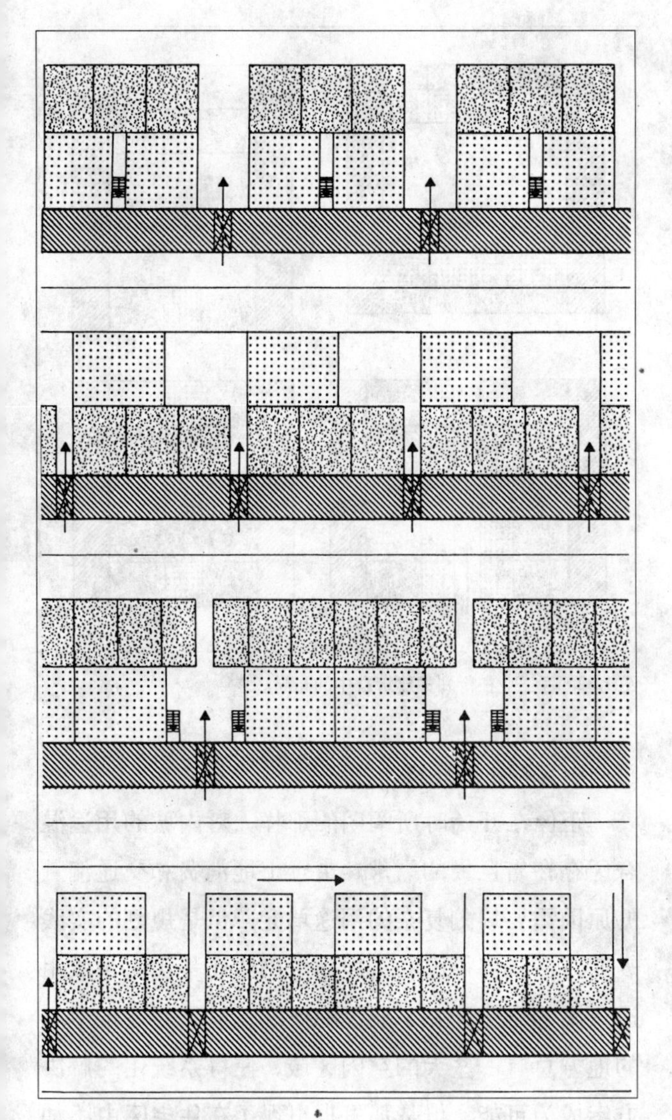

图 1.30　边缘分区的可能性

G. 新规划中典型的解决方案

用途混合复杂的解决方案首先出现在封闭式建筑群和行列式建筑群的布局中（如高层建筑这样的垂直分层除外）。其他的样式如行列式或庭院式只可以提供很小的活动空间或者仅仅是布局的变形。因此下面我们想对封闭式建筑群和行列式建筑群的典型分区做一番介绍和评价。在此总是要对生产性的小型手工业企业在居住用途区中的可融合性进行调查。

封闭式建筑群

1．在封闭式建筑群内部带有设施的手工业企业布置在封闭式建筑群的边缘，与外部单独连接。这种形式是生产和销售相结合的企业所特有的。建筑物后居民们的绿化场地被占用，作为补偿企业的屋顶可以作为阳台。绿地通过无窗户的企业墙壁得到保护－由平屋顶上面获得采光。必须要有后部建筑线和屋顶的造型控制和墙壁造型（图 1.31 上左）。

2．深的向内部区域隔离的平顶建筑物（例如超级市场），只能通过外部进行连接。带绿化的无窗户墙壁。需要有上面所述的造型上的控制（图 1.31 上中）。

3．手工业建筑物沿着内部街道，它把庭院与建筑群的内部空间隔开，需要有后部建筑线。企业只在长轴方向有扩建的可能性。建筑群的内部空间被分隔为两部分，通风受到阻碍，其他方面同上（图 1.31 上右）。

4．封闭式建筑群内部空间的岛状手工业庭院。在封闭的形式下企业噪声的防护可以达到最佳。与外部的交通连接穿过花园，较小的扩建可能性，多家企业共同使用庭院需要进行内部的协调。需要有公共设施，因为它作为独立体出现，有较高的造型质量。无法对外做广告。其他方面同上（图 1.31 下左）。

5．手工业利用仅在建筑群拐角

广告效果最佳，因此特别适用于进行销售。没有扩建的可能性，在较小庭院面积的情况下有较大的表面积。可以合理地与上层楼层的办公用途结合使用，因为从那里很难进入建筑群的内部区域。对楼房外角的造型要求很高。其他方面同上（图 1.31 下右）。

行列式建筑物

1．手工业建筑物布置在街道边缘建筑群的背后区域，单独的连接或作为连续的建筑带。由于从横街的公共空间可以看到里面，所以必须有后面的建筑线（见图 1.32 上左）。

2．手工业建筑物布置在中间区域，从两条横接出发横向连接。为中间带有庭院的手工业建筑物，需要规则的布局，较小的扩建可能性。通过与横接的联系可以产生广告效应（图 1.32 下左）。

3．与内部的手工业街道平行布置，横接联系，较好的防护和纵向通风。只在纵轴方向有扩建的可能性（图 1.32 上右）。

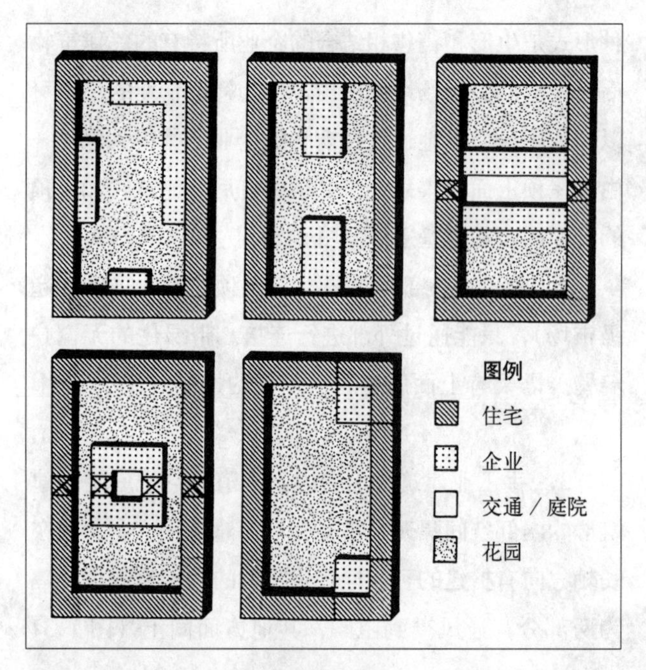

图 1.31　手工业在封闭式建筑群中的布局

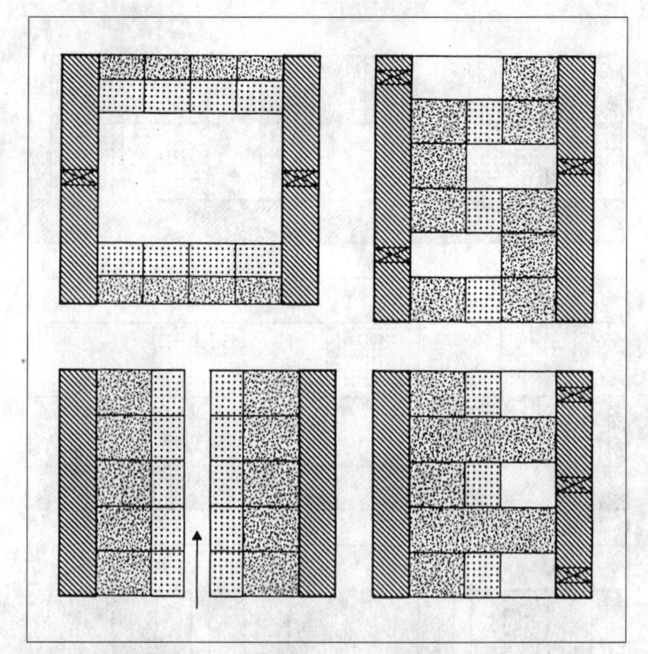

图 1.32　手工业在行列式建筑群中的布局

4．手工业厂房横向对着行列式建筑物，平行的连接（图 1.32 下右）。行列式布局成为了封闭式建筑物，在狭窄的地方达到了土地的有效利用，由于阴影的作用和通风不良剩下的内部空间不适于作为绿地。

H. 规划的前景

对单个解决方案的上述评价表明，在规则布局的用途混合中不仅在现状建筑物上，而且在新规划中都会出现争议。这首先涉及到居民的绿地需求与企业占地之间的用地竞争，这里主要涉及的是扩建的可能性。企业的大小必须与周围的单位相联系，例如一个封闭式建筑群中的企业大小超过 500 平方米，其边缘长度约为 100 米时无法建在小面积场地上。

用途混合在必要的情况下也会出现很大的密度，必须通过屋顶绿化、水体连接的顶棚等措施使其得到平衡。除了归入主通道一侧的地方之外，可能受到阻碍的通风会对内部空间发生影响。应该通过噪声防护、吸尘等技术措施减轻环境污染。最后用途混合还有象征学的含义。城市像一段文字一样由具有特征和不具特征的元素组成。例如，工作场所可以像经济繁荣时期街区建筑群的老厂房那样，有着鲜明的特色，在良好造型的情况下成为建筑群内部空间中有特色的元素。

正像在开始时所阐明的那样，对内城的用途混合区存在着巨大的需求。由于土地消费和交通流量的原因需要规划复杂的用途单元。但是规划的实践表明，在联邦德国的新规划中仍然还是优先采取用途分离的居住区和工业区的做法。虽然靠近市中心的地方总有一些大的空闲区域，使得系统化的解决方案成为可能，但是那里也出现了在住宅区中添加商店和日托托儿所等用途混合的现象。这部分地是因为，投资者习惯上专门集中于特定的区域，例如工业区或住宅区。即使修建一座市场也偏爱采用对面没有居住用途的简单的大厅。地产划分是目前流行的投资模式，因此很难在街区建筑群和行列式建筑群中找到用途混合的很好实例。由于上述的原因目前的趋势是产生单一功能的大型建筑物，在这些建筑物中除主导用途之外的其他用途都处于微不足道的从属地位。不仅在底层带有商店的住宅建筑物中是如此，在阁楼的用途为住宅的写字楼中也是这样。汉斯·施蒂曼（Hans Stimman）在一篇关于柏林弗里德里希大街新街区建筑群的论述中抱怨说："'住宅'和'地块'的重新发现与经济的发展和不动产投资的集中化背道而驰，这些发展使得地块不断合并，以便能够对整个街区进行规划（《建筑世界》1993 年，第 1129 页）。上述刊物的第 21 期对多个这类主要用途为商业和办公并在阁楼中有 20% 的住宅的建筑群进行了批评性的评论。

在德国传统的用途混合形式为一种由办公、商店或公共用途和住宅组成的结合体。在外国，特别是在瑞士有着许多小型的、灵活的、多用途的混合建筑物的实例，在这一章中我们将对此进行论述。人们已经认识到在这方面需要补做许多事情，因此联邦政府在未来几十年中，作为城市规划方面最重要的任务之一的一个新研究领域就是用途混合。首先资助项目的内容必须发生变化，如果国家资助的住宅建筑、学生宿舍和老年人公寓以及工业建筑的资助条例不允许把楼房底层的商店和办公室包括在计划之中，那么这就是在专业领域方面必须突破的第一个障碍。即使这一问题得到了解决，更好的技术规定和更吸引人的建筑学把工作、居住和生活等用途重新在一个符合时代要求的美学水平上汇集在一起，还有一个主要问题存在：即在人们头脑中已经根深蒂固的用途分离的、松散的和充分绿化的城市的观念。只有反城市的理念被一种可以接受的用途混合的城市结构理念所取代，城市规划才能取得大幅度的进步。

I. 新方案的实例

用途混合的封闭式街区建筑群

用途混合的封闭式街区建筑群的规划方案发展方向我们在上面已经进行了阐明。一个用途混合的街区建筑群的令人信服的新解决方案十分罕见。一个以前的实例是科隆圣马丁区由许尔曼设计的封闭式建筑群。甚至乐于实验的“IBA 柏林”项目在此方面也没有做出贡献，虽然在 IBA 项目一览表中出现了大量的新型封闭式建筑群和封闭式建筑群碎片，也有一些建筑物的底层有商店，但是用途混合这一课题在这一时期没有放在突出的地位。也有一些讲究的建筑物带混合用途的尝试，但是这些仅限于楼房底层的解决方案或在分离的地块后部。这种类型的解决方案有巴塞尔一座带超级市场的封闭式建筑物[迪纳（Diener）& 迪纳，第 90 页]；一座内部设有时装店的封闭式建筑物，巴塞尔[迪纳（Diener）& 迪纳，第 84 页]；伦敦一座带超级市场的封闭式建筑物[格

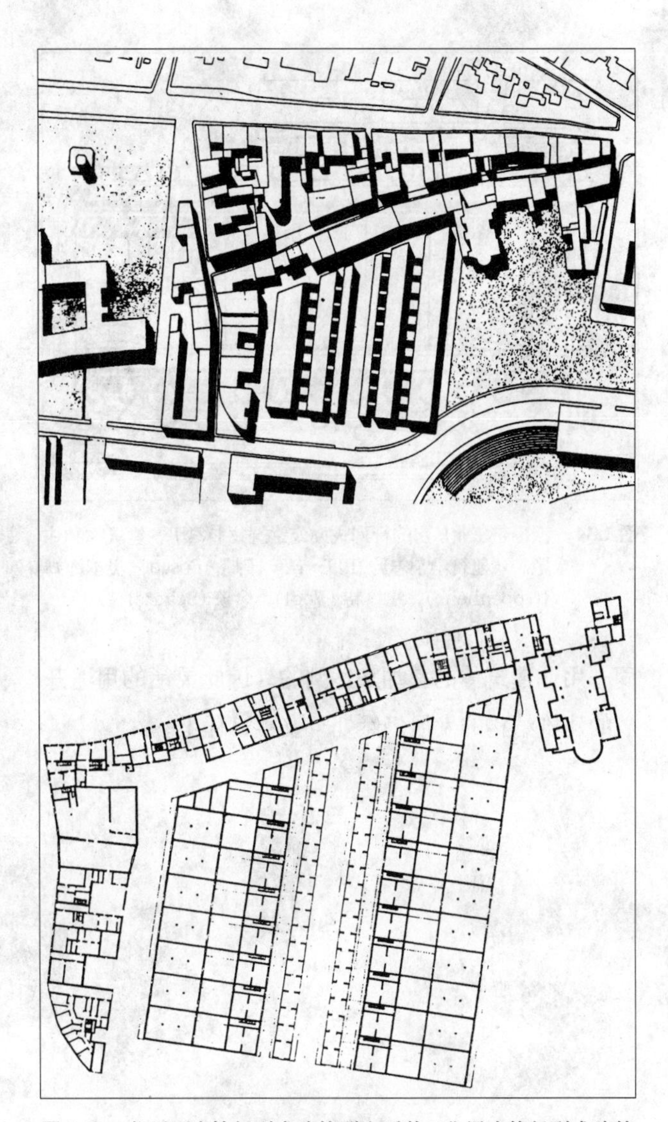

图 1.33 位于历史性行列式建筑群之后的工业用途的行列式建筑物[阿尔多·罗西（Aldo Rossi）：建筑物和建筑项目。纽约 1985 年，第 284，286 页]

里姆肖（Grimshaw）]；剧院建筑物，海牙[赫茨贝格尔（Hertzberger）]；图书馆建筑物，费尔巴赫（莱德雷尔）。但是这些建筑物只是有条件地满足了这里提出的要求。

用途混合的行列式建筑物

在行列式建筑物中显然更容易找到符合时代要求的解决方案。与位于进深处的封闭式建筑物相比行列式建筑物的后部区域有着较大的自由度，这样的实例能找到许多。一个实例是 A · 罗西位于曼图阿的“带有手工业者庭院的住宅”设计方案（图 1.33）。另一个实例是一个由三座住宅建筑物和两座办公建筑物以及布置在中间工业厂房组成的复合体（图 1.34）。在这些实例中我们可以清楚地看出，用途混合总是通过

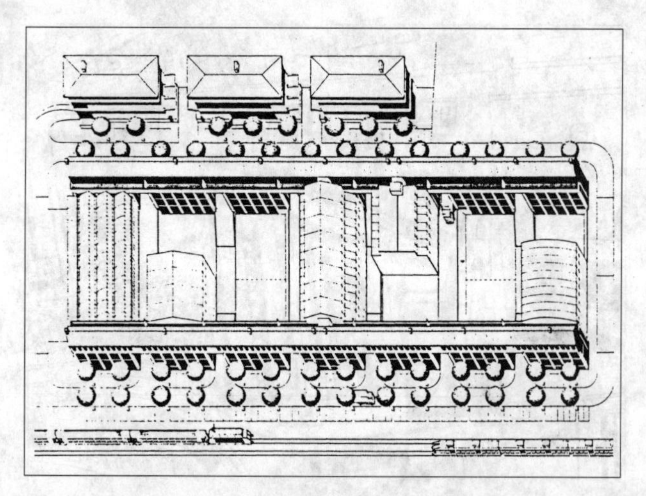

图 1.34 沃伦带工业厂房的行列式办公建筑物［《工厂、建筑物和住宅》，《建筑学杂志》，1993 年第 11 期，Fosco－奥本海姆（Oppenheim），福格特（Vogt），舍茨（Scherz）］

同一用途建筑体的叠加来达到的。因此灵活的用途开放的建筑结构的发展仍然处于议事日程上。

参考文献

Curdes, G.: Stadtstruktur und Stadtgestaltung. Stuttgart 1993

Diener & Diener: Bauten und Projekte 1978-1990. Basel 1991

Gross, S.; Bösl, Th.: Nutzungsmischung als Prinzip der Stadtstruktur. Städtebauliche Arbeitsberichte 5. Lehrstuhl für Städtebau und Landesplanung. Aachen 1986

Fickert, H.K.: Zulässigkeit von Vorhaben. §29 bis § 35 BauGB unter Berücksichtigung des BauGB-MaßnahmenG. Verlag Deutsches Volksheimstättenwerk, Bonn, 5. Auflage 1992

Frank, Ch. (Hrsg.): Schultes, A., in Bangert, Jansen, Scholz, Schultes. Projekte 1985 - 1992. Berlin 1992

Internationale Bauausstellung: Projektübersicht. Berlin 1987

Motta, G.; Pizzigoni, A.: La casa e la citta. Saggi di analisi urbana e studi applicati alla periferia. Milano 1991

Keil, G.; Mayers, E.: § 34BBauG. Stadtgestaltung oder Stadtzerstörung? Die Problematik des Einfügens. Vertiefungsarbeit am Lehrstuhl für Städtebau und Landesplanung der RWTH Aachen 1981

Kieren, M.: Oswald Mathias Ungers. Zürich 1994

Panerai, Ph.; Castex, J.; Depaule, J.Ch: Vom Block zur Zeile. Wandlungen der Stadtstruktur (Bauweltfundamente Bd.66). Braunschweig 1985

Senatsverwaltung für Bau- und Wohnungswesen (Hrsg.): City-Projekte. Büro- und Geschäftsbauten. Berlin 1993 (Broschüre zur Ausstellung City-Projekte)

第2章 城市面貌和城市空间

2.1 问题的提出和方法论

城市面貌和城市空间具有共同的特点，就是它们的作用首先都是从其自然方面出发的。持续性建设的是侧面剪影、广场和街道等宏观形式。虽然宏观形式具有许多重要的方面，而且在细节上也会发生变化，但宏观形式（正像人们感觉到的那样）的变化一般来说是比较缓慢的。一方面城市面貌的概念无论是在空间上还是在内容上的内涵都十分广泛，另一方面这一概念则包括了其全部空间内自然上和语义上的作用。城市空间涉及到建筑结构的公共“间隔”，虽然建筑结构也构成着城市面貌，但这只是它的一部分。本章要讨论的就是这一问题。

A. 城市面貌

大城市作为一个整体已经不可能被人们感知和回忆。一方面我们知道大城市有在航片、地图和照片上反映和记录下来的“客观的”自然结构，另一方面这一结构又经受着持续不断的变化。要对一座城市整个结构的充足的部分进行记录和回忆已经很困难，再加上还要对变化进行记载的存贮就更加困难。人类的头脑只能以记住最重要的事物这种形式来解决这一难题。重要的是弄清情况的能力，这种能力确实是存在的。因此就逐渐产生了一个简化了的空间模式（精神上的地图），以此我们辨认方向。使用显著的元素（标记）来进行简化，这些元素作为固定点构成了拓扑学的粗略结构。然后把间隔逐渐用细微的标记进行填充。林奇在其1965年进行的基础的经验性调查中发现，人们会建立粗略的心灵地图，在这些地图中重要的定位特征被从空间上联系起来。这些地图中没有一张记录了整个城市，也没有一张在地理上正确，但用于定向它们是足够了。林奇发现，这些特征可以归入五个核心性的概念之中，人们可以按照它们在城市中进行定向，这五个概念是：道路、边界线、区域、中心和标记。林奇认为这些特征很少会孤立地出现，而是互相结合在一起的。能给城市面貌留下痕迹的标志与周围的环境相比占据着支配性的地位，但是这些要素的感知和再次可辨认性还受到周围环境的特性的影响，这些特性可能是：

— 惟一性或形象背景清晰度；
— 形式的清晰程度；
— 连续性；
— 优势；
— 连接环节的清晰程度；
— 方向的区分；

— 视野区的范围。

因此能使人们辨认、区别、感受和联想一座城市的所有特征都属于城市面貌和城市形态的一部分。这些特征不依赖于人们分配给它们的意义。这是显而易见的，即与分散而混乱的定向标志分布相比人们更偏爱一种定向标志的良好分布。如果不是如此，城市面貌塑造的任务也就不存在了。城市面貌指的不是每个人的主观地图，而是地图所表示的东西：自然的实物结构。如下事实不应该被错判，即这一结构当前的利用状况也是感知和回忆的一个重要标志，例如它们包括楼房上的广告、街道上的行人、交通的形式。由于它的持久性以及城市结构被委托给城市规划师规划，所以在此我们仅对城市结构进行讨论。

B. 城市结构和城市发展

为什么城市经常显得杂乱无章？为什么城市规划未能成功地引导城市以清晰的形式发展？这里存在着形式与过程之间的对立和冲突。发展过程首先是无规则的，它表现为土地需求、投资兴趣、新的位置地点和瓶颈。相反，形式则是发展过程的具体化结果，它在活跃的社会中总是处于一种过渡状态：公司从其所在的建筑物中发展出来，新的组织形式要求有新的建筑形式，通达性和用途意义的改变在几年之内就改变了街区的用途结构，从而也改变了整条街道和整个城区的面貌。最后，对此的一个重要解释是时间，市政府和市议会总想在其 4 至 5 年的任期内证明自己的政绩，公司则必须短期性地对变化了的生产要求做出反应，为了招来投资，一位有兴趣的投资商被允许得到一些可供使用的地产，也许这对城市的内在联系有一些负面影响，但对城市的经济发展似乎是有利的。这里有许多可以理解的原因，为什么现有的城市结构标准和适用的建筑和规划法律被视为是发展的障碍。

城市向周边地区的扩展也有类似的影响。如果城市的范围发生变化，这种变化大多以小步骤的形式出现。互不相连的城市、郊区和村庄沿着公路干线可以发展为一个整体。类似的情况也出现在中间区域。尽管如此，这些很少受到控制的发展仍然遵循着自己的逻辑：这就是向城市边缘逐渐降低的地价，趋向可供使用的土地和现有的或位于附近的交通线路。规划师和建筑师早就由于它的外观形式对这一过程所产生的经常是偶然而混乱的结果做出了负面的评价。这些现象被赠予了“野猪沙漠”、“灰色区域”、“城市边缘的混乱”和其他一些贬义性的标志。

事实上这里涉及的是没有处于规划注意力中心的区域，带有乡村 – 近郊土地利用特征的农业和林业土地利用、从市区迁出的工业和手工业区、城市边缘的新型居住区以及学校、交通运输企业的工业庭院、监狱和高速公路导向的购物中心等转移到这里的基础设施在这里混合在一起。这一用途混合体实际上经常是很不均一的，并且没有外观秩序，它表现的不仅是城市的“野生植物”，而且同时还是居民点生长过程中的一种重要的调整措施。

其原因是在大多数居民点系统中居统治地位的环状 – 放射状发展过程。对几个世纪以来城市发展的观察表明，居民点首先是沿着已经存在着的交通线向外发展起来的。然后放射状交通线中间可供使用的土地再被建筑物填充起来，直到这一时期的需求被满足。随着时间的推移下一个无论是位于放射状交通线两边的地方还是中间区域都住满了居民，直到发展最后到达自然的或法律的边界为止。最后只有那些没有在地产市场上出现的地块以及受到法律或技术限制（恶劣的建筑用地、公园、自然保护区、城市边界）的地块能为发展的范围划定界线。在直角的交通网络结构中出现的中间区域从几何的基本原理来说不会有剩余面积。在边缘地区这种几何图形不再存在，但是那里构成了类似的图案。

因为居民点的发展首先集中在主轴线的两侧，交通状况不佳的中间地区则成为了无建筑物或少建筑物的其他地区。这些地区具有发展预留地的功能。在克服了至今为止的界限以后，这些地区在发展战略方面就具有了重大的意义。怀特汉德在 1987 年强调，这些地区具有城市发展周期性元素的作用。这些城市边缘地区或“边缘带”同时也有一种修正和发展的功能，它们的特点是，它们作为城市的边缘长期不受人们的重视，并且很少被包括在城市结构的规划方案和网络方案之中。像已经指出的那样，位于放射状道路之间空闲的中间区域经常出现的是土地的农业利用、小型

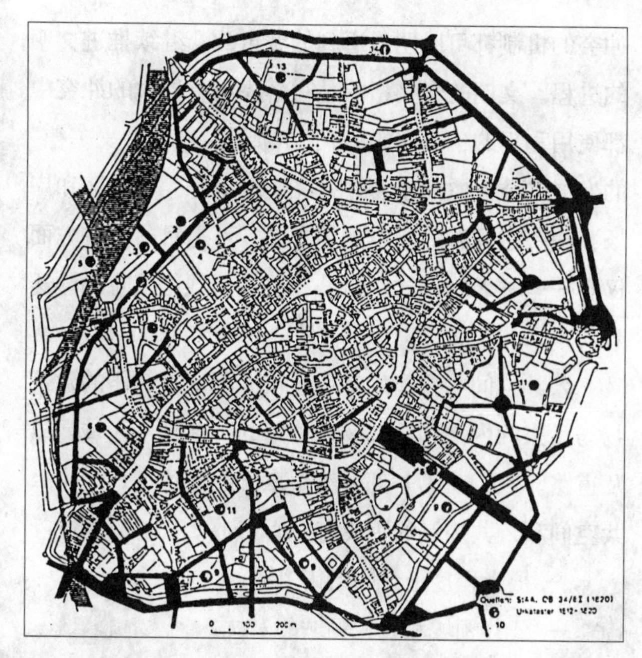

图 2.1 亚琛：城市边缘的土地利用（1820–1900 年）

花园、在一种经常是偶然的“混合状态”下的土地粗放利用（例如仓库用地）。如果放射状交通线两边的城市土地利用继续向外扩张，由于中间区域离市中心越来越近，这些居民点结构上的“后部区域”就将获得新的意义。虽然它们距离主要交通干道稍远，但是它们离市中心比离城市边缘要近。现在这里就出现了新的住宅区或工业区。这些地区对由于城市扩张而需要不断充实的基础设施来说也是十分重要的地点。

通过这一发展背景产生了所表示的城市结构。正像我们看到的那样，这一结构有着它自己的逻辑，这种逻辑特别明显地以看似偶然的形式表达出来。城市边缘的结构和形态近期被作为一个题目重新发现。但是城市边缘和类似的中间区域是否能长此以往地在任何时候都有秩序的出现，仍是悬而未决的问题。

C. 任务

从这项发展中可以清楚地得出，居民点系统的外部边界总是不断变化的，这就是为什么只有在特定的经常是通过自然或地形确定的地点才能给出一个经久不变的居民点边缘的原因。在其他的地方则总是出现没有明确形式的中间状态——“各项要素都在寻找一种内在联系”。如果这样一种发展过程覆盖了足够巨大的空间，就会产生一项任务，即建立内在联系和使无定形的结构变得简单明了。这项任务不仅由城市的角度，而且还由居民和用户对定向特征、标记和身份象征的需求形成。为此一般来说会出现下列的可能性：

— 主要街道次序的形成；
— 通过新的边缘封闭无定形区域；
— 对居民点的入口和出口进行强调；
— 对中心区域和广场进行强调；
— 确保眺望风景和看向居民点外部的视野；
— 确保和发展有强烈表达能力的居民点侧面剪影；
— 对居民点边缘进行整顿和归纳；
— 在空闲的中间区域建立标志。

这些任务在分析上和方案上并不简单，因为这需要一种培训出来的感知能力，但是这有时只能辨认出一些很小的出发点。

D. 方法

林奇 1965 年和特里布 1977 年提出的概念和行动方式可以作为一种方法采用。所有方法的核心是来自于城市使用者的感知角度（即从街道内部出发）、周边区域、从引人注目的制高点出发或越过绿地和水域的建筑结构的形象化调查。下面的实例表现了各种不同的行动方法。

2.2 城市边缘

大城市的边缘已经无法相联系地体验到。而中小城市边缘的情况则完全不同，在这里每个人都可以感觉到城市边缘的存在。我们想以于利希市的例子对一种可以一览无余的城市做一个说明。

在这里对现状的调查是通过踏勘、驾车行驶或飞行来进行的。工作的基础是照片、草图、1 : 5000 的航空摄影地图（影像地图）。通过对边缘质量进行标记按照下列三方面的评价对现状进行评价：

— 有正面影响的部分；
— 没有问题或有些小问题的部分；
— 有负面影响的部分。

图 2.2 表示的是城市边界的物质构成。黑色箭头标明的是负面影响的部分，浅色箭头标明的是正面影

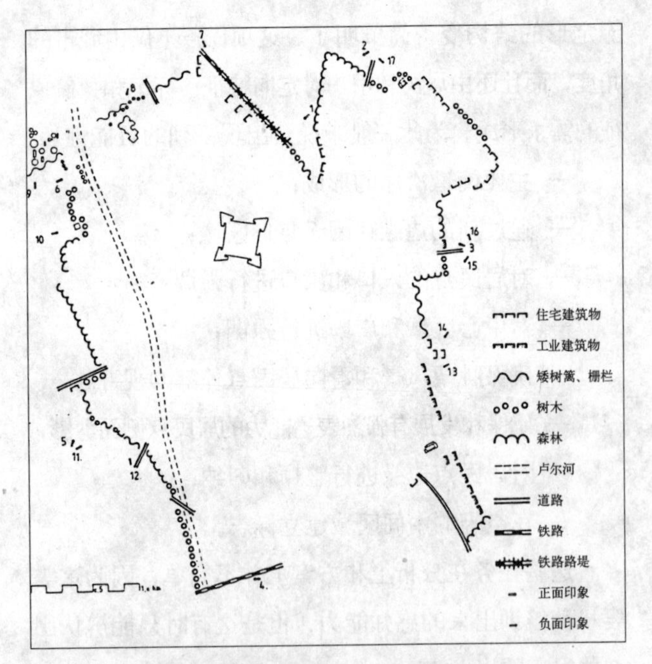

图 2.2 于利希市城市边缘分析（SLS：城市规划工作报告 7.1，亚琛，1988 年）

响的部分（在示例中表现得太小）。数字表示的是被改画了的图片。人们把带有现状物体的草图与采用了用种植树木表现城市边缘的建议的第二张草图相比较（图 2.3）。图 2.4 表现的是带有对正面元素和负面元素的评注的城市边缘的各个局部。

2.3 城市空间

像我们在第一部分第 1 章说明的那样，城市公共空间有着一种文明的职责：通过多样性、冲突和解决冲突的机制都可以明显看到的城市公众继续推进文明的进程。文明的含义指的是在解决所有形式的冲突中都使用和平的、“文明的”手段并促进“共和主义美德”的发展。今天它的主要含义在运输动脉、步行区和广场、消费空间和休闲空间等方面，可是目前这些方面仅有一些贫乏的形式。但是在这些区域仍然隐约渗透着其本来的含义。

公共空间主要指的是通过很大程度上封闭的建筑物与私人的内部和后部区域分开的“前部”区域，以及道路。我们在第一部分第 1 章已经论述过，产生公共空间和公共控制的手段有：

— 很大程度上封闭的街道线；
— 公共领域和私人领域的对抗；
— 建筑物、入口和用途朝向公共空间的定向；
— 混合的利用方式。

只有建筑物与街道（和广场）间存在有明确的关系，公共空间的角色才能明确。人们不应该由于在流动的空间中看起来迷人而明智的建筑物设计方案而偏离这一核心问题。但是，即使建筑物构成了封闭的街道线，它们也只能这样使公共空间具有生气，即供给使用者房子住，并让使用者从“前面”进入建筑物。背后的第二个入口和楼后的大型停车场和车库不可避免地要使公共空间变为碎片，并明显地改变了公共空间的价值。当然室内大厅和基座层也夺走了公共空间一些最一般的功能，即外部公共领域和内部私人领域之间中间人的功能。

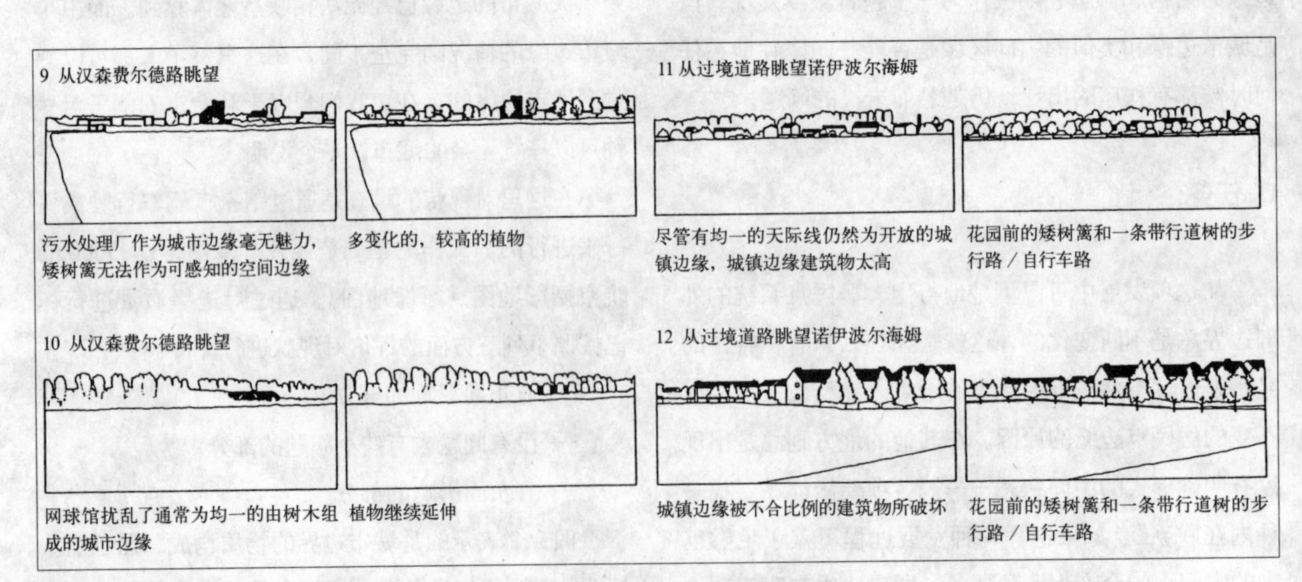

图 2.3 城镇边缘的局部和种植树木的建议（LSL：城市规划工作报告 7.1，亚琛，1988 年）

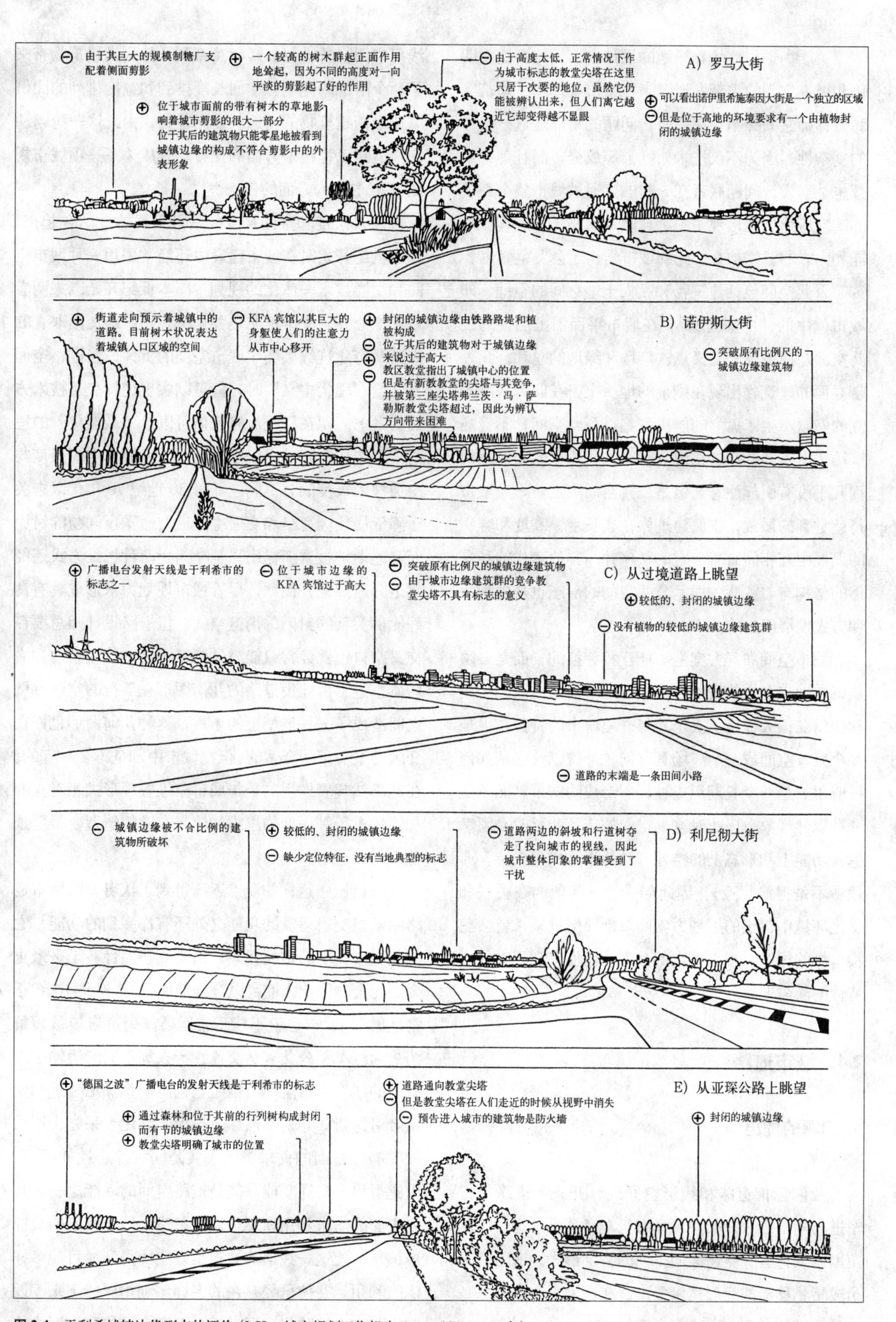

图 2.4 于利希城镇边缘形态的评价（LSL：城市规划工作报告 7.1，亚琛，1988 年）

关于街道、广场和绿地的设计自广场的再次文明化和街道空间的重新发现以来在城市规划师、建筑师和设计师之间并不存在分歧。问题的难点是这一课题的复杂性，因为不仅技术、社会等成分，而且美学成分也是同设计问题联系在一起的。通过城市整个系统的高度压缩这里出现了一种自然形状与所有过程、功能和内容的紧密结合，此外城市结构还会发生变化。

公共空间包括建筑物和私人土地之间的空地，即城市体中的"中间区域"。在城市平面图上出现的公共空间是街道及其交叉点、广场和绿地的总和。此外带立面的建筑物出现在剩余的地块上。在此为解决孤立的问题产生了孤立的解决方案，公共空间，不管是广场、街道还是小巷在规划时在这些孤立的建筑物周围几乎没有引起注意。但是公共空间决定着一座城市可感觉到的质量。正像建筑体在其长度、高度和容积的发展中互相间有着一定的秩序并与其他建成的和自然的结构有着关联一样，公共空间的形态也是由种类和方式发展而来的。

城市空间布局方案是不能互相替换的，而是必须从每个地点各自的条件中推导出来。公共空间的构成和使用在很大程度上决定着每一座城市的特征。但是每个城市空间或一个广场具有何种外貌以及它是如何被使用的是一个长期历史过程所形成的结果，而不是一种偶然现象。因此对这一空间的干预和更改必须考虑其功能上和形态上的特性（柏林不是代尔夫特，弗赖堡不是博洛尼亚）。因此如果把从其他内在关联和文化环境中得出的规划方案简单地照搬过来，就会犯根本性的错误。规划方案的令人信服性来自于对地方特性的深刻理解。

2.4 城市道路

A. 问题的提出

我们应把道路和线形空间区分开来。道路把行车道与周围划分开来并包含有行车道、排水沟、活动范围、人行道等交通地面排列的特定形式。道路是人员或货物移动的线形技术要素。在技术上它首先只是一种水平的元素。道路与自己的内壁一起成为了一种线形空间。行道树、矮树篱系列和行列式建筑物带来了两个附加的论题：空间长度排列和宽度排列的比例以及沿街建筑物的用途。显而易见，由此这一论题从一项道路工程技术方面的任务转变成为了一项城市规划－城市结构方面的任务。

技术尺度和空间尺度经常可以妥协地结合起来。到本世纪开始时在城市建设中还经常采用一种城市空间和交通技术一体化的规划，而本世纪开始以来两者却逐渐分开。一个征兆是关于毫无顾忌地使用取直的街道两旁建筑线破坏了城市空间的批评。当道路空间交付给"现代主义"时，就可以实现纯粹交通技术方面的考虑。现在已经没有任何可以给"最佳化"的道路规划造成障碍的界限了。在规划中城市空间尺度与交通技术尺度的分离问题随着20世纪70年代以来关于降低居住区道路和交通主干道交通噪声问题的讨论而又逐渐地被重新提出。至今为止两种思维方式还经常是分道扬镳，例如，尽管城市规划力求形成具有良好比例关系的封闭的街道空间，但道路设计师总要在交叉路口设置经常只能容纳两辆小轿车的左转弯和右转弯车道，由此用道路的几何图形在平行的空间墙壁之间造成了一种造型上的矛盾，这种几何图形也许在开敞的景观下是合适的，但在城市中却是不合时宜的。在此仍然起着作用的是与城市三维宏观形式相对立的加快轿车行驶速度的思维和使行车道的造型变得更加独立化的追求。

在讨论中这样的观点逐渐得到了认可，即城市道路除承担交通运输的功能之外还有许多别的功能。它们是城市文明的重要元素，由于其普遍性甚至是最重要的元素。因此人们可以夸张地说，如果道路不能"正常运转"，城市也就不能正常运转。街道应该被理解为是为汽车、公共客运交通、行人等不同的运输手段服务的线形城市空间，但是它们也应该满足邻近的使用者对送货、建筑物前厅、逗留、绿化、采光、通风和安静等方面的需求，这确实是一种综合性的要求。由此得出，交通功能只能是道路空间的功能之一，其他方面的需求和用途不应该被忽略。因此我们的目标应该是，使这一线形的城市生活空间得到尽可能多样化的利用，并使已经存在的多样化利用保持下来。近二十年来人们收集到了考虑到汽车交通的和谐形式的足够论据和实例材料，对此我们在这里就不重复了。读者可以参阅一些新的论文，例如费尔特克勒1994年、霍尔茨阿普费尔（Holzaptel）等人1985年、博德（Bode）等人1986年和沃尔夫（Wolf）1992年的论文。

B. 方法

最重要的方法是一种整体性的类型学行动方式。首先街道空间的功能应被视为是居民点结构的一种线状连接元素。它们在同一个空间内有着多个重叠的任务：

— 居民点结构的技术的－组织的连接；

— 使定位变得容易；

— 连接相邻的用途和建筑物；

— 为在各个路段上出现的对前部区域、行人、骑自行车人、安静的交通和流动的交通的面积划分要求提供解决方案；

— 指明重要的目标和定位标志。

进行定位的一个好方法是大范围的视线关系。因此眺望山岭、谷地或标志性建筑物等的视野应该得到保留，并用来作为舞台背景性的元素来使用。在规划街道时高度变化（鞍形）和方向变化可以通过一个转弯或岔路口来表明。另一种方法是把街道路段直线性地引向过高的定位点（山顶、教堂、城镇侧面剪影）。法国人19世纪初在亚琛－艾弗尔－科隆地区进行的道路规划中成功地采用了这一方案。

道路和线形空间水平和垂直排列的基础在《城市结构和城市规划》一书的第12章至第14章中有所论及。为了避免重复在此我们特别要指出这一点。在那本书中我们没能探讨的问题是街道空间造型和广场造型的细则，它们与这里所要探讨的设计任务十分相近。海因茨（Heinz）等人1986年提出了一种在对空间进行整体性研究的意义上最详尽的方法，我们可以接受他们提出的24个造型准则（图2.5）。不容置疑的是，由城镇类型、及由此产生的城市形态和预先形成的网络结构中得出的基本特性必须是造型的最高准则。在

造型准则1：
道路空间造型必须考虑网络结构。城市规划结构和网络结构应该一致。
造型准则2：
通过相应的城市空间类型学必须使城市规划结构在道路空间次序中可以清楚地辩认。
造型准则3：
网络排列必须适应建筑结构。
造型准则4：
经过和驶过的相邻空间的特性的区别应尽可能的清晰。
造型准则5：
在土地利用变化基础上的空间次序应花样繁多的进行设计。
造型准则6：
一个道路空间在它的线形性上应与其他城市空间有鲜明的对比。
造型准则7：
空间的功能应在空间表现中加以表达。
造型准则8：
道路空间不应该被“空间构成”过分地肢解。
造型准则9：
每个道路空间应该作为一个空间单位来设计，在小的局部空间内大的线路不应该被掩盖。
造型准则10：
一个道路空间的不同形态特征应该是连续的。
造型准则11：
只有具有特点的地方才允许在空间单位内对这一地点进行强调。
造型准则12：
在道路空间元素种类具有连续性（宏观结构）的情况下元素自己必须尽可能多种多样。
造型准则13：
道路空间既不能太短也不能太长。
造型准则14：
空间的大小必须能够通观和体验，并拥有一个可感知的空间终端或空间过渡。
造型准则15：
道路空间的建筑质量必须这样来测定，即使与其功能相联系的用途（行为）成为可能，并使其得到足够的保护。
造型准则16：
行车道两侧的横截面部分应在功能上和视觉上结合在一起。
造型准则17：
单一元素必须是可信的，就是说是以空间的具体情况为依据的。在一个空间现状的功能和形态之间应建立一个和谐的单元。
造型准则18：
道路空间元素的种类应该经济地使用。
造型准则19：
空间比例从“最佳的”标准尺寸出发应该有意识的多样化。
造型准则20：
只要可能，元素的选择应尽可能采用植物，而不是使用封闭性的表面。
造型准则21：
应该避免采用限制性的单功能元素。
造型准则22：
地方特色和历史的联系性必须得到保证。
造型准则23：
千篇一律的现象必须避免，取而代之的应该是地方特色。
造型准则24：
在每一个道路空间中都必须注意美学和城市建设的艺术准则。

图2.5 道路空间的一般造型准则［海因茨（Heinz）/莫里茨（Moritz）/温格尔斯（Wingels）：《道路空间的造型》，1986年）

这一意义下这里所列出的准则并不是毫无争议的，而且这些准则需要从思维上适应各自的具体情况。不过至少它们构成了一种适用的基本轮廓。另一个重要的出发点是道路空间的线形走向。

道路空间的连续性和由此产生的路网的连续性是一个重要的形态目标，把一个市区中19世纪连续性的道路网格转变成许多个性化的局部空间是一个错误。

这也是对那一时期街道基本特性的一种粗暴违背。不过相反的做法也是错误的，即把由完全不同的历史时期的城区组成的不同的城市区域中的不连续的个性化道路空间改变成为连贯的连续统一体。重要的是，应该尊重与各自空间的特性相联系的基本质量，而不是抹杀它们。

在这方面重要的事情还有，用道路造型的特性对重要的目标、方向和建筑物进行强调，并使不重要的事物相应地居于从属地位。应该用尺度变化和建筑学上－艺术上的强调来预示重要的元素。另一个重要的元素是对交通面积的处理。在具有平行内壁的空间中面积划分应尽可能地与内壁平行，并采用对称的布局。只有道路一侧对道路的前部地带有长期的需求时，才可以采用非对称的布局形式。城市线形空间中的行车道转向、铺设石块路面和为降低噪声而在行车道上安装减速障碍都引起了许多不安。同样，许多内城道路都在遭受“植物化”的痛苦，这种“植物化”是由绿化园林局用表面上容易护理的常绿植物（栒子属植物灌丛，此后其中可以积存大量垃圾，并经常限制了汽车驾驶员的视线）造成的。

图2.6图解性地表示了道路空间的一些基本情况。该图指明了各自的特性和空间结构中一些选择出的类型学上的可能性：

a）这些实例表示了地形造成的不同空间影响，道路空间造型不应忽略这些影响。

b）相同的边缘高度形成了等值的两侧和安静的空间。因此均匀而对称的造型是显而易见的。不相同的边缘高度和边缘干扰可以被相反地利用：一个对称而均匀的造型可以缩小差别。这一点也可以被人们利用，较高的一侧配备高大的树木和宽阔的人行道。缺口可以通过行道树的中断来强调或者通过行道树的持续来掩盖。

c）一般情况下横截面是对称的。非对称的分割只有在下列几种情况下才是合理的，即两侧的利用方式区别很大并且这种分割能为停车场、货运汽车的转弯半径带来益处，或者在对称划分的情况下在阳光照耀的一侧无法设置停留区时，或者只有这样才能创造出具有附加功能的空间（自行车道、绿化带、商业集中区前的宽阔的人行道）。

对于空间内壁横截面的变化可以用行车道或两侧面积的变化来做出反应。这样尺度的变化不是被强调就是被掩盖，应该尽量避免行车道的变化（如右外侧）。它们几乎起不到降低交通噪声的作用。如果同一段街道的土地利用需要不同的前部区域时，这种改变才是正确的。

d）通过向外突出的建筑物对边缘进行的强调、颜色或建筑学强调应该尽可能地与恰当的内容相结合。上部建筑物能为人们的感觉留下特别深刻的印象，而且只能在特殊情况下采用。只有具有明显的侧面关系元素（横街或公众流量很大的特殊建筑物）时行车道才能被石块铺面所中断。

e）同等级小街道的交叉路口不应该被强调。只有重要的、导出次序的、中断的或关键的交叉路口才应该被强调。在这方面适合的手段有建筑学或颜色上的强调、兴建较高的街角建筑物、街角加宽或在道路面积的中间进行强调。

上面所述的一些情况在图2.7中表示。在此也出现了一些忽视了直线形空间的模棱两可的情况，比如弯曲空间中的笔直街道或笔直空间中的弯曲街道。这样的解决方案只有在极为特殊的情况下才能采用，例如在对宽阔的前部区域有很高要求的点式集中利用中，或具有很强休闲功能的空间，只有通过这样的手段才能掩盖特别乏味的边缘建筑群。在一般情况下，对称的划分在城市空间上起的作用是最平稳的。

对于街道的横断面设计来说，20世纪80年代中期以来在保持城市空间的多功能性方面发生了根本的变化。道路交通研究机构和联邦及州的不同部门编制出了新的道路设计规范（例如EAE 85，ESG 87，EAR 91等）。在这里对此我们不想进一步论述，因为这些规范已经成为了规划设计的一般手工艺工具。

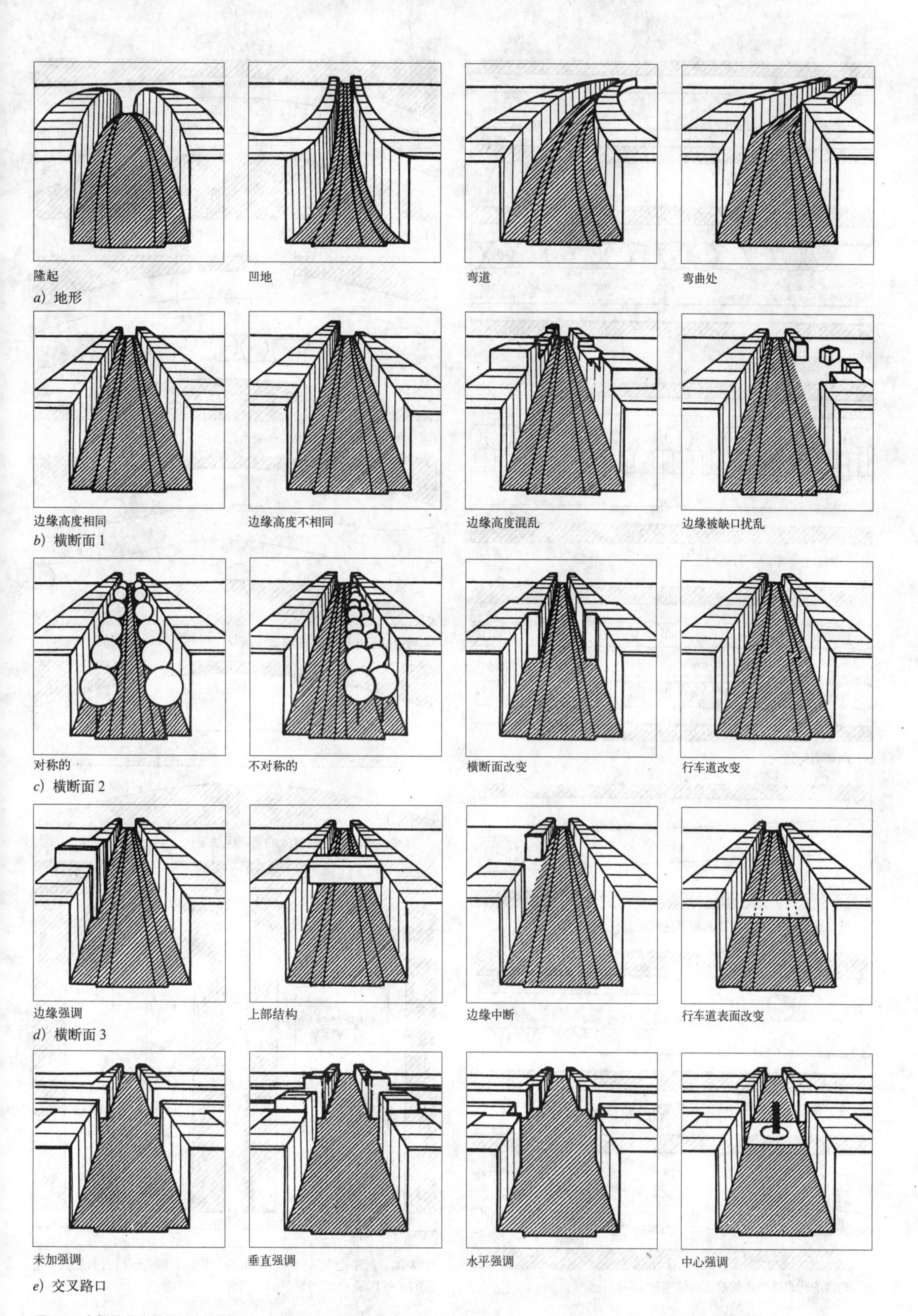

图 2.6 空间的基本情况（依据海因茨／莫里茨／温格尔斯，1986 年，第 3 页）

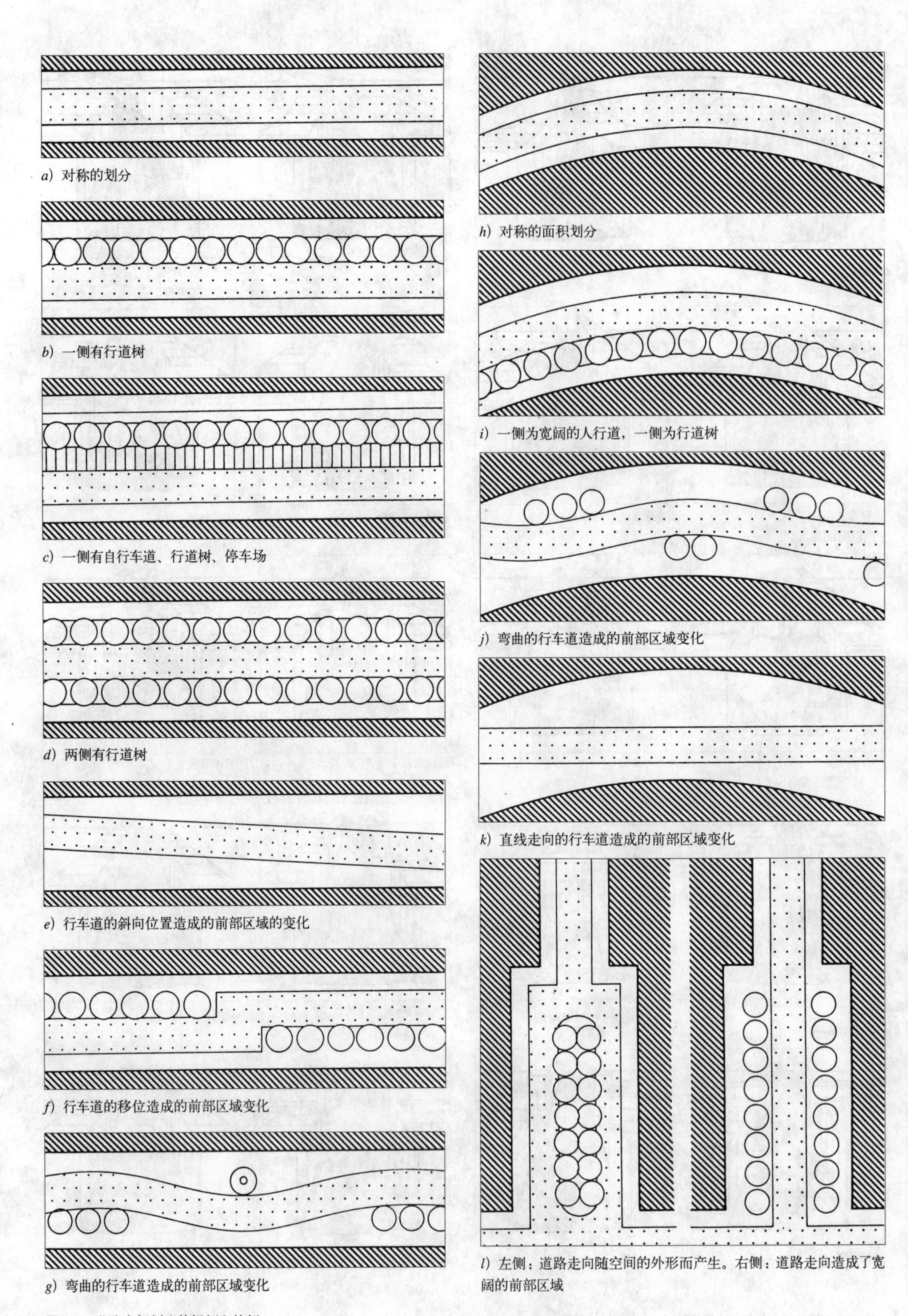

图 2.7 道路空间划分的惯例和特例

C．实例

1．地方道路的次序

在城市和地区的交通干道，特别是放射状道路上出现了形态上的问题。通过城市向周边地区不加控制的“蔓延生长”放射状道路横穿过几乎所有的城市增长环带以及绿化带、工业区和郊区。如果放射路没有较大间隔地穿过城市地区和相邻城镇，就会产生其间被偶然的城市结构、加油站、汽车市场和家居市场以及广告墙等所填充的漫无边际问题很多的条带。这样的空间会给一个地区带来负面的印象。

道路空间划分的手段有：

— 道路空间的方向的明显改变；

— 通过公园和农田使道路空间中断；

— 视点和地面标志的保留；

— 加宽、变窄和边缘建筑群的加高；

— 方向变换和拐弯的清楚预示；

— 借助树木、行车道变窄和路面的改变使驶过城镇时有视觉上路面变窄的感觉；

— 强调城镇的入口和出口；

— 树木群和标志性建筑物。

在一项关于一个地区城市规划改善调查的框架内制定出了图 2.8 表示的亚琛北部地区轴线的评价（原图为彩色的）。正面的、负面的和中性的道路区段通过道路颜色的变化加以标明（用三种颜色对道路条带的描述也区分出了对道路的评价，例如行车道、路边带、人行道和边缘的建筑构成）。

此外还用箭头表明了城镇入口的质量，用圆圈表明了城镇中心的质量，用远景符号表明了投向风景的重要视线关系以及用横阴影线表明了应保留的间隔。对形态有积极作用的大型绿地、工业区的边缘和矸石山也予以标出。

2．于利希市主干道外观形态的改善

我们想以于利希市为例来说明一座中等城市主干道的评价情况（图 2.9）。图 2.9*a* 表示的是居民点

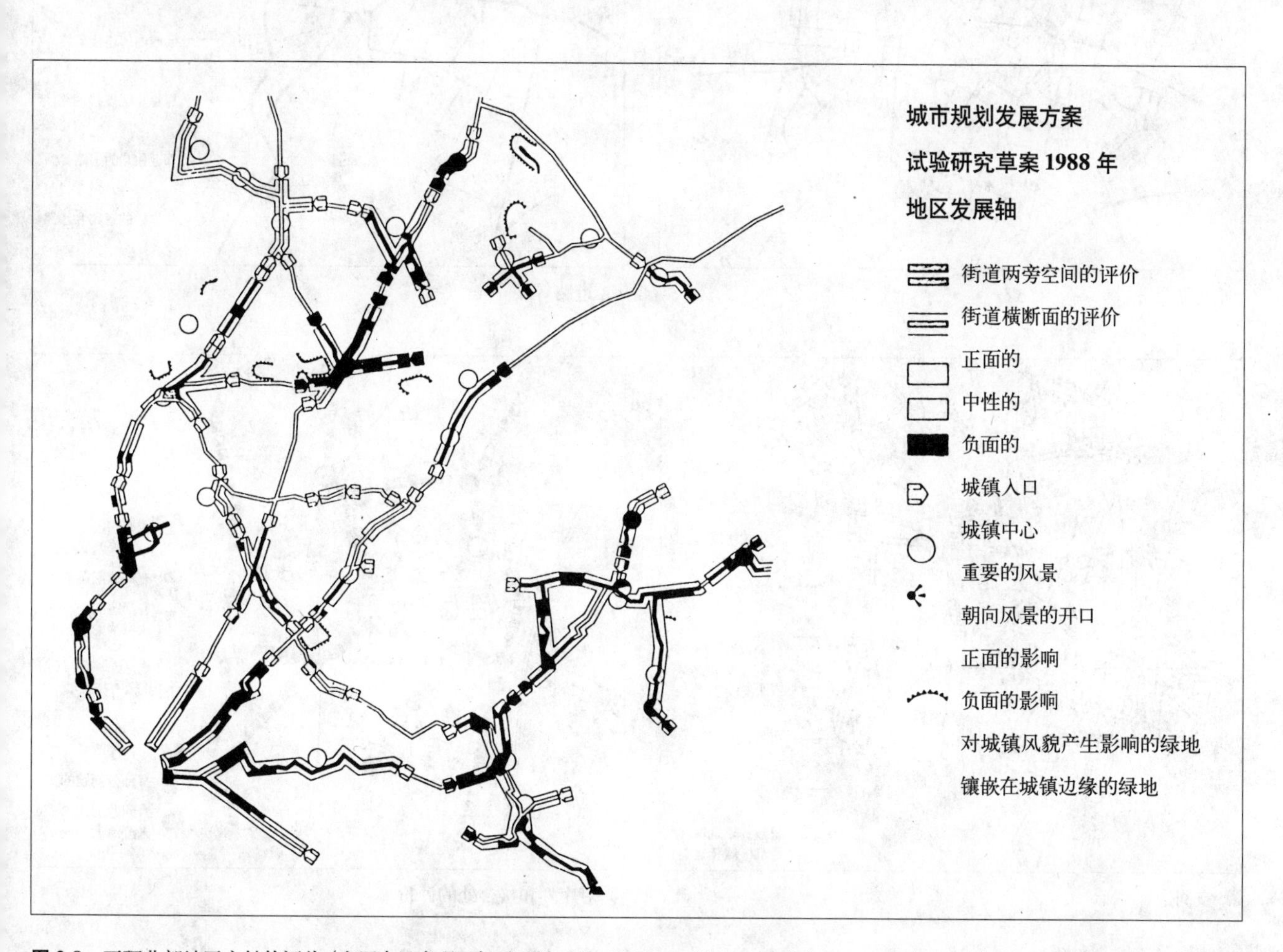

图 2.8 亚琛北部地区主轴的评价（在图中只表现了负面区断。ISL/HMS，亚琛，1988 年）

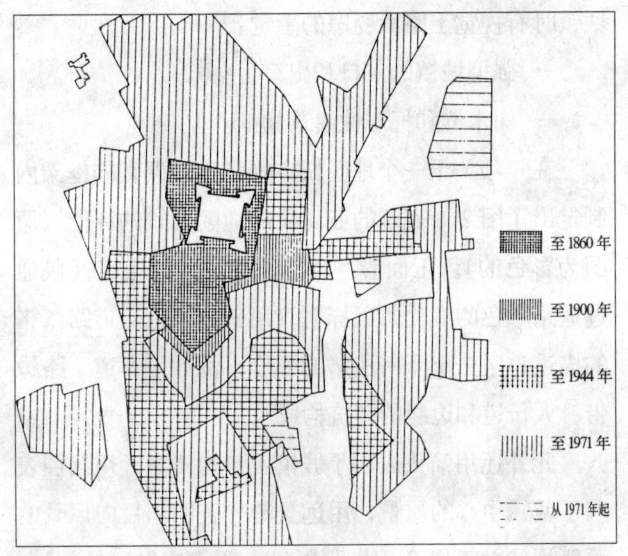

a）历史发展过程

b）建筑结构

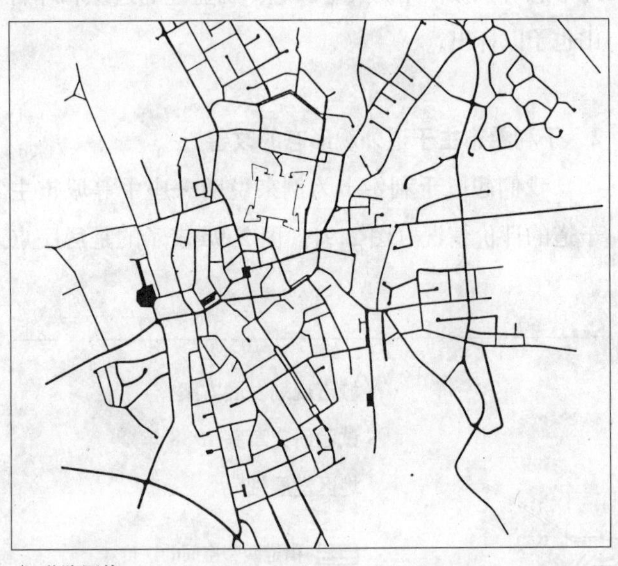

c）道路网络

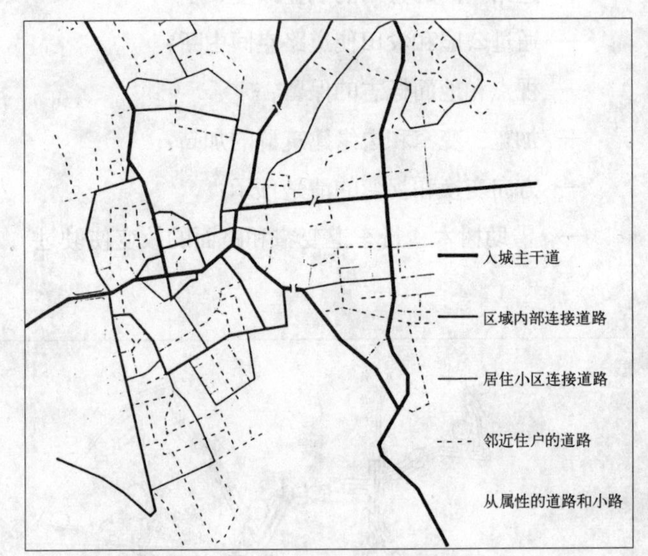

d）道路等级

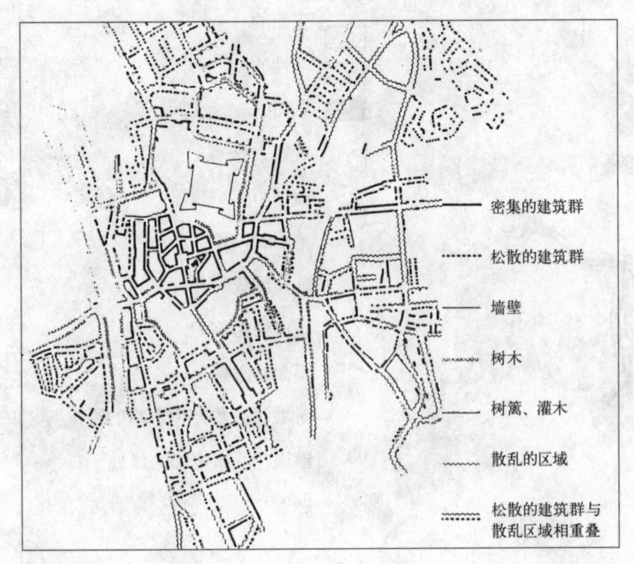

e）空间边缘

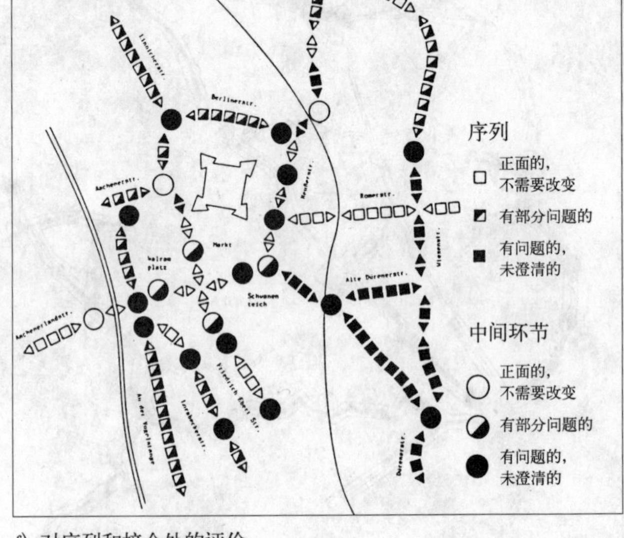

f）对序列和接合处的评价

图 2.9 于利希市主干道的空间问题（LSL：于利希市的形态方案，亚琛，1987 年）

主体形成的次序。不同的阴影线表明了各自的发展时期。在这里人们能够辨认出，没有一条通道能在一个时期内连贯地建成，因此就出现了一些断裂。图 2.9*b* 表示的是建筑结构。这里明显地突出了二战破坏以后在老城区上重新建立的以前文艺复兴时期的市中心，在此人们能清楚地辨认出清晰的和混乱的通道区段。图 2.9*c* 表示的是道路实际宽度的整个道路网络，在这一宽度下过境道路显得并不突出。在图 2.9*d* 中对道路按照其交通上的意义进行了分级，所以道路的功能才变得清晰起来。空间边缘图 2.9*e* 清楚地显示了封闭的边缘建筑群与开放的边缘建筑群之间的断裂区域，例如市中心东边的断裂区。在图 2.9*f* 中对道路序列和中间环节的质量进行了评价。

评价方法：

步骤 1：实地走过轴线，把每个区段拍摄下来并实地记录下第一次评价。

步骤 2：把评价转绘到比例尺为 1：5000 的图上。

步骤 3：为那些可以进行改进的区域提出建议，这些建议可以作为地方上讨论的基础。

图 2.10 表现了于利希市东西轴线的评价。评价是口头进行的并在图上标有简短的提示。西边城市入口的主要问题是历史形成的。作为阿尔卑斯山以北最古老的文艺复兴发起城市，于利希最初是由堡垒包围起来的。现在一条主干道通过西边的城堡，从而产生了“城堡 – 过河处 – 河东岸 – 瓦尔拉姆广场 – 历史性的城门”这样的顺序。

这里涉及到三个城市入口，其中只有最后一个是清晰的。但是这一入口的价值也受到了贬低，因为这条大街作为过境道路从以前文艺复兴时期的城市的边缘通过。从科隆到亚琛的主要交通干道以前的联邦 1 号公路）成为了历史性的商业中心的竞争对手，并使其贬值。

规划方案试图重新整理已被扰乱了的和内容已变化了的空间结构。这些方案通过具有明显特征的次序为现状的清晰化提供了建议。城堡的城壕再次变得可以看到，并且可以通过一座桥梁穿过（图 2.11*a*）。城堡通过道路上方的一座桥梁连接，进入城堡的入口标志为一座城门。城堡的内部用当年的造型手段进行了改造。街道切入到形状的内部，这样人们可以感觉

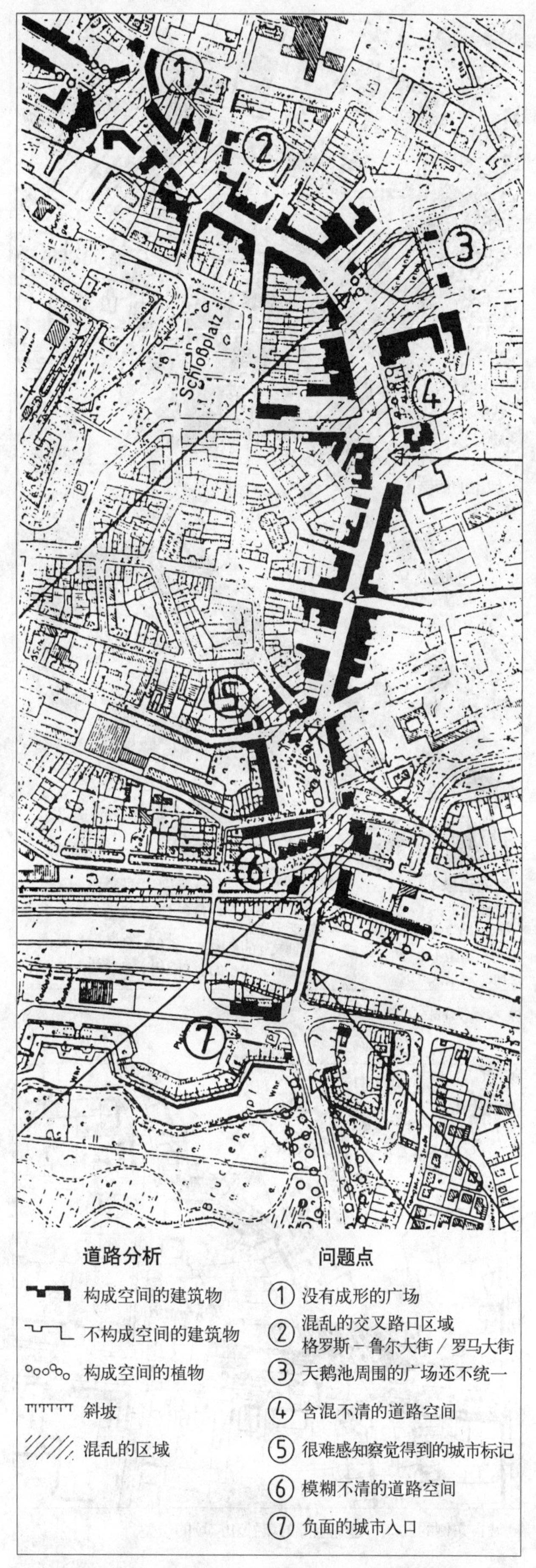

图 2.10 于利希的格罗斯 – 吕尔大街：城市空间问题（LSL：城市规划工作报告 7.1，亚琛，1988 年）

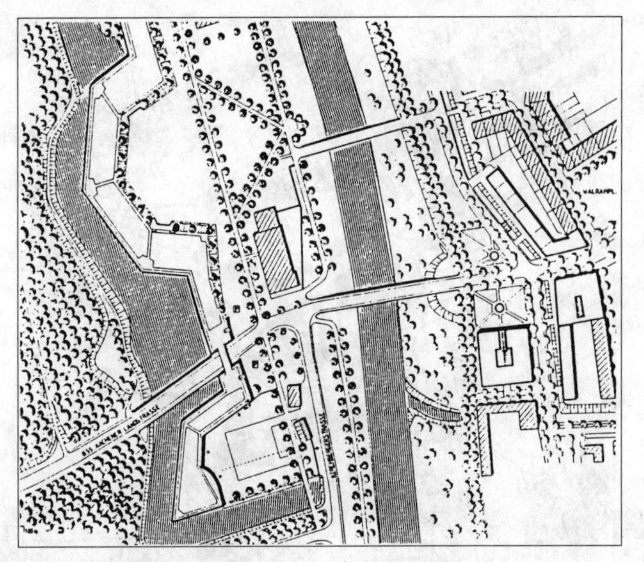

a) 城市的西侧入口

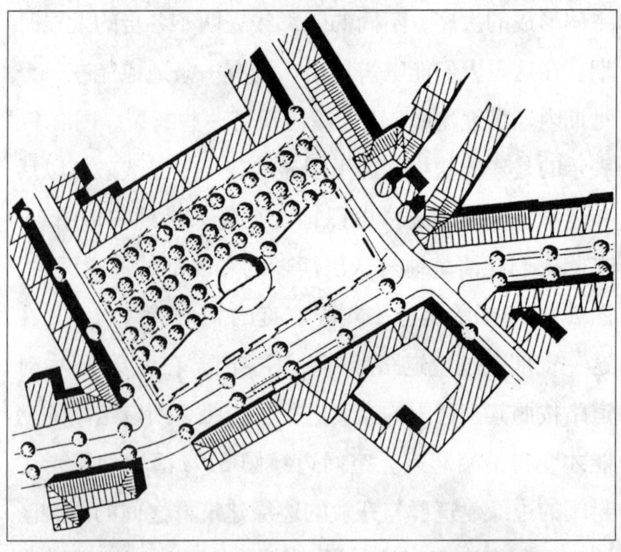

b) 瓦尔拉姆广场 - 投向有历史意义的城门的视线应得到保留

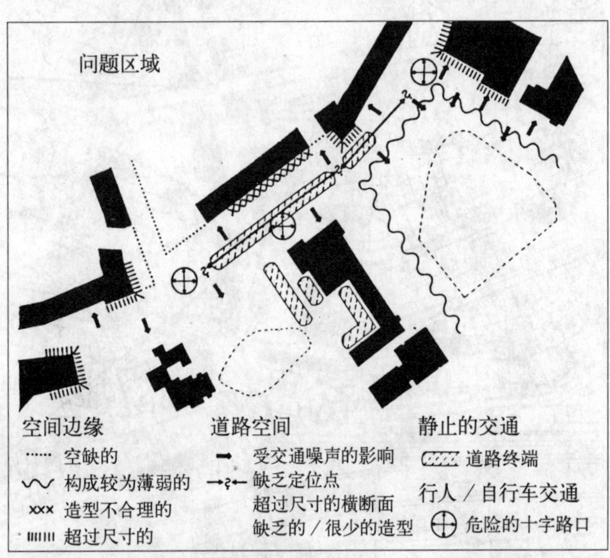

c) 天鹅池地区的微观评价

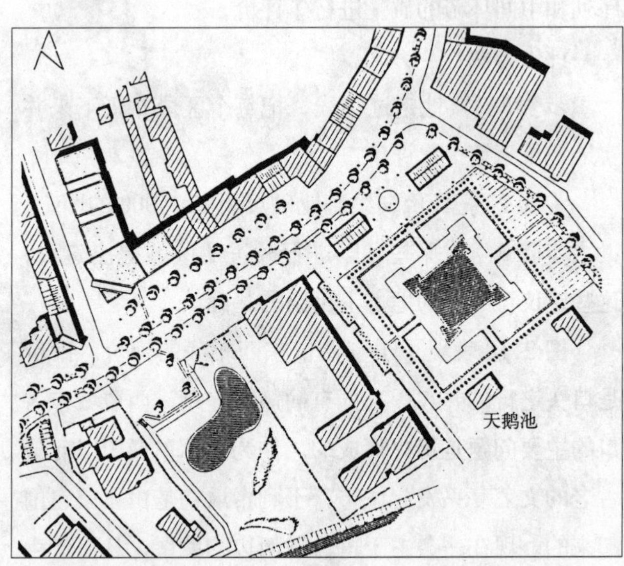

d) 天鹅池地区的设计建议

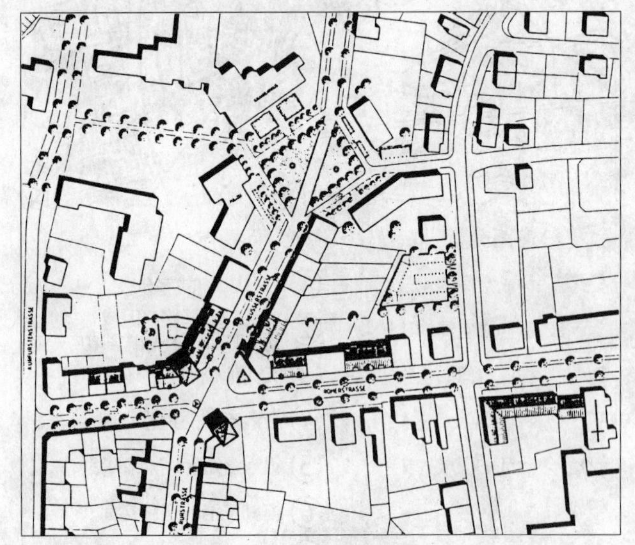

e) 城市东侧的入口 - 建筑空隙的填补和广场的造型

f) 一个空间连接点的同分异构现象

图 2.11 于利希市：问题区域的设计建议（LSL：于利希市设计方案，亚琛，1987 年）

到道路是后来的附属品。然后道路越过吕尔河，两侧的两列树木使河谷地区成为了一个独立的线形空间，它的穿过人们可以明显地感受到。此后朝着街道横向布置的建筑物标志着城市的第一道边缘，这道边缘在瓦尔拉姆广场前尽可能窄地挤在一起。然后是宽阔的广场，道路伴随有行道树。

在一个变形的设计中（图 2.11*b*）对投向古代城门的视线关系提出了建议。过了 300 米之后建筑群又重新扩大，大街穿过以前的要塞区域，在这里今天建有市政厅，一所学校和绿地。这一空间比例不协调、设计不合理（图 2.11*c*）。设计建议之一是用布置得很狭窄的行道树和建筑物前宽阔的前部区域围绕住道路空间，并把城堡形状的水池改造成为一个举行公共活动的区域。

图 2.11*e* 和 *f* 表示的是对一个交叉路口街角的空白（或利用不充分的）地块进行填补的设计建议。三座新的主体建筑物标志着内城的边界。显而易见，改善线形空间最重要的手段是空间的内壁。

3．一条通道的形态改善

在小城镇中整条街道的问题自然可以详尽地加以处理。例如，为位于诺伊维德县雷格斯多夫的一条通道就提出了一个城市结构次序清晰化的建议。图 2.12 表示的是对这条道路空间质量和次序区段的评价。图 2.13 表示的是局部区段的造型建议，这些建议主要是建立连续的边缘元素，这些元素由小型行道树和通过大型单棵树木对次序和方向变化进行的强调构成。在此为空间分析选择的是一种象征性的表现形式，而为设计方案选择的则是一种十分接近于未来改建的具体情况的通俗易懂的表现形式。

4．科隆南北向城市高速路的改建

20 世纪 60 年代建立了一条穿过科隆老城中心的城市高速路，这条公路严重地分隔了城市空间和土地利用的内在联系。随着市中心区域个人交通的减少，要求对这条道路进行改建的呼声越来越高，在一项课题研究中这条道路重要的交通功能与城市空间的重建之间达成了妥协。课题中提出的设计方案（图 2.14）将这条道路改变为深置地下的过境行车道和由一条车道组成的其结构创意为林荫道的地方性连接道路。现有的建筑空隙得到填补，中断的道路被重新连接在一起。一条至希尔德小巷的连续人行道将这一空间与周围城市结构的交通系统重新完整地连接起来。

小结

即使由于空间的原因在此只能展示设计方案中较小片段，但这已经可以清楚地表明这些任务涉及到很“棘手”的问题，因为其很小的改动规模很容易在图纸上表现，但在实际操作中却十分复杂，它涉及大量的使用权问题。改善措施中许多边角小地块的转让就十分困难。虽然通过建筑规划这些目标可以达到，但是在遇到强大阻力的情况下由于干预的强度太低这种方法不常采用。所以城市规划大多采用令人信服的“软性程序”或者通过经济刺激的“金色缰绳”来进行。街道的改造明显不像广场的改造那样容易引起轰动，因此经常缺少在这些“正常的”城市空间日常元素中进行投资的政治意愿。对 20 世纪 80 年代“正常的”道路的繁琐造型志向的厌倦使设计思想重又回归到简单的造型细节、简朴而实用的材料和简洁的形式上来。这是街道设计的一个有承受力的基础，在此简洁往往意味着是更多。

2.5　广场

A. 广场的意义

广场是城市规划中一个重要的拓扑学工具：它们构成了城市轮廓中的高潮和定位点。与道路系统和交叉路口相反广场是人们的目标和停留区域。广场是按照其在整个城市中相应的等级意义排列的，而另一些广场则对其所在的市区、城区或小区具有意义。

在所有的城市文化中广场都是公共生活的高潮点。人们用“广场”这一概念将通过城市规划和造型强调的一个空间的期望结合起来。但是“广场”这一称号也可以授予所有那些通过利用方式、要求、特别的事件或值得纪念的事件使自己得到强调的交叉路口。

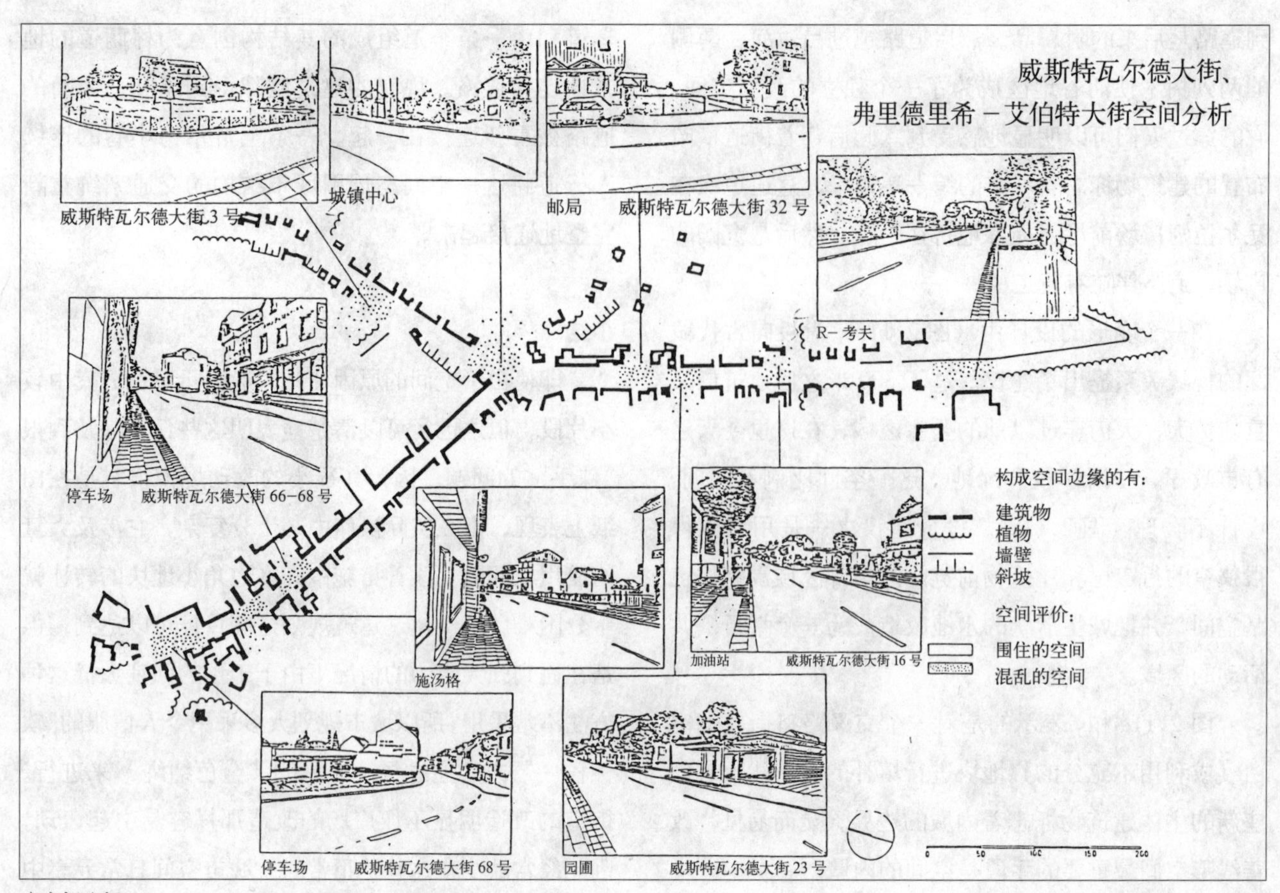

a) 空间分析

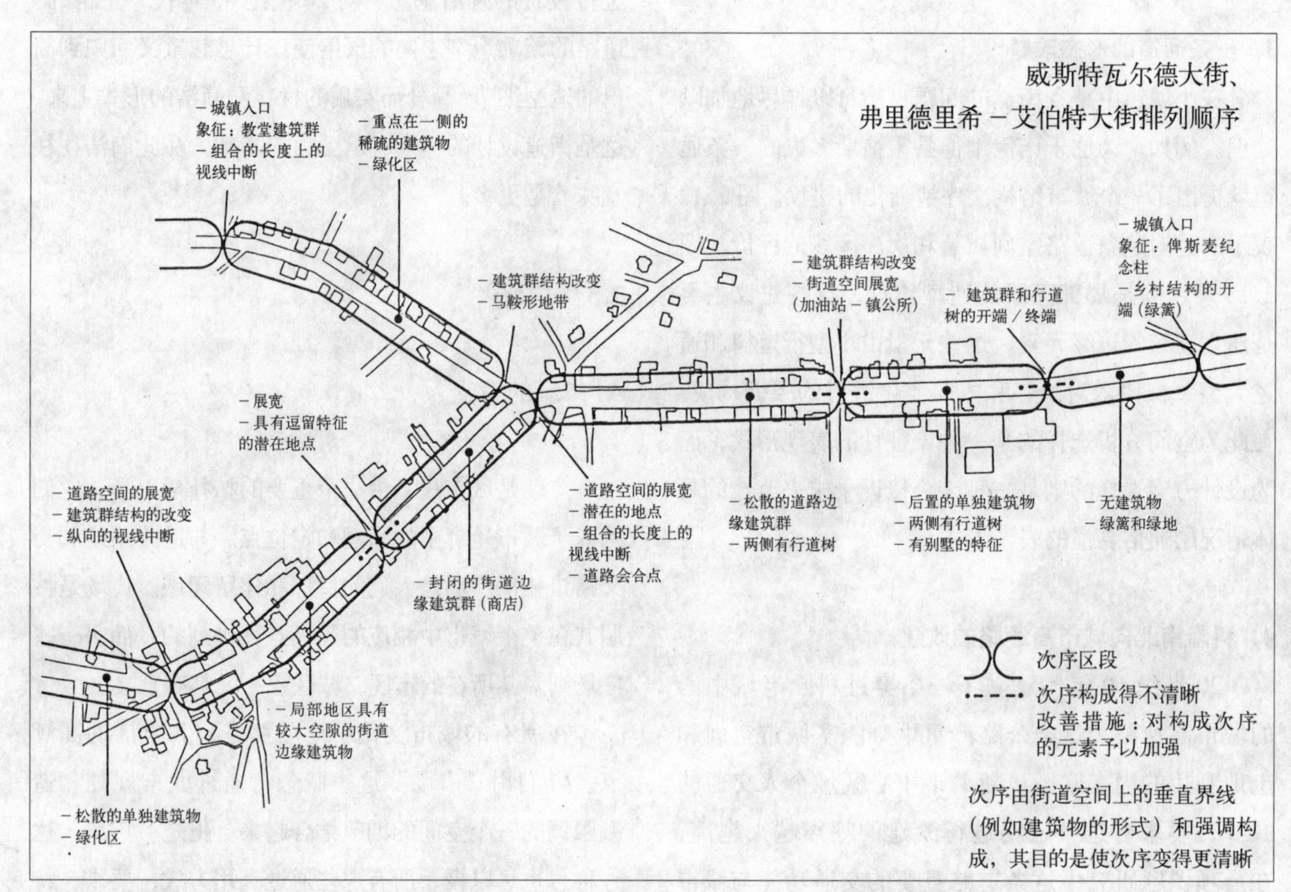

b）由边缘建筑群和道路几何图形的特征构成的次序区段

图 2.12 伦施多夫（Rengsdorf）主商业街的排列顺序（LSK：伦施多夫城镇发展设计方案。亚琛，1987 年）

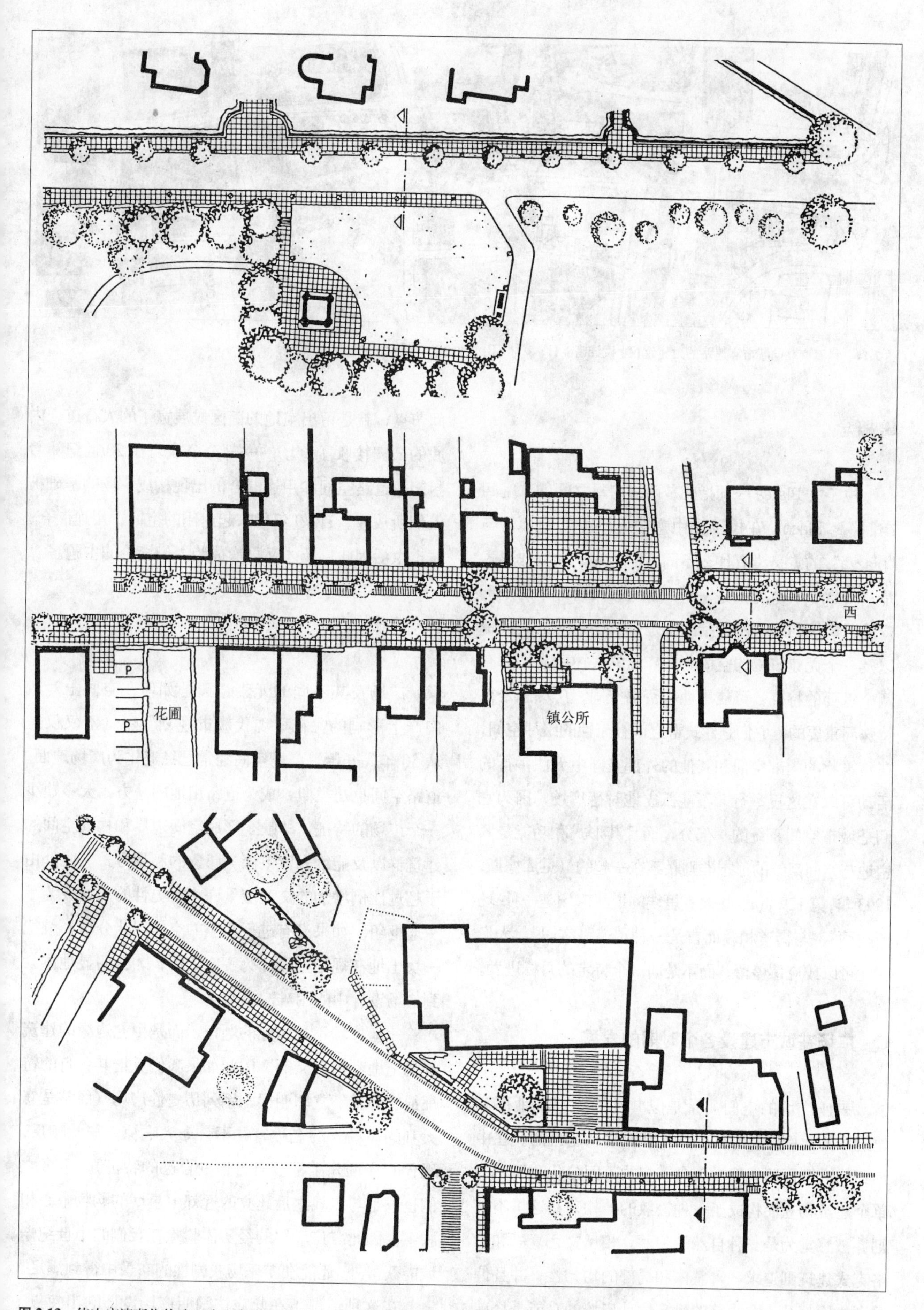

图 2.13 使次序清晰化的造型建议（LSL：伦施多夫城镇发展设计方案。亚琛，1987年）

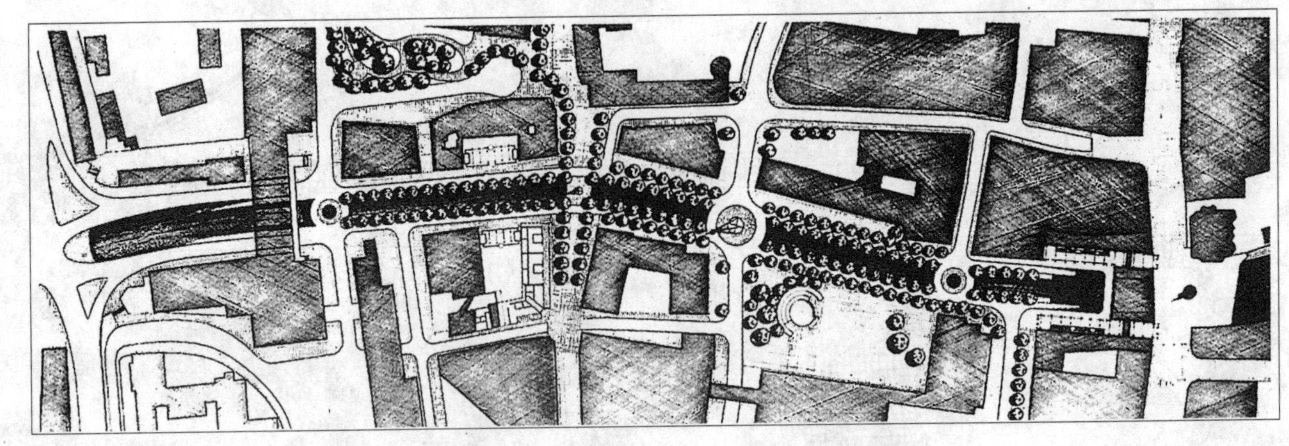

图 2.14 科隆南北向城市高速路的改建建议［设计者：H·罗林（Rohling），1989 年］

B. 概念

拉丁文 Platea 一词指的是两排房屋之间的“宽阔空间”。“Placo”在拉丁文中意味着平坦的地面，与“piazza”的意义没有什么不同。广场的一种特殊形式是“square”，它指的是一种内部大多带有绿地的矩形广场。广场的所有概念指的都是一个平坦的开阔地带以及一个无建筑物的空间。在广场的表述中它们都有两个重要的特征：可使用性和留出空间。广场总是很特殊而重要的，它们是建筑群之间补充性的缓冲空间，在建筑物的内部空间和其他的外部空间中无法举行的活动可以在这里举行。不能孤立地对待广场，因为它们是城市空间系统的一部分，而且其形式和功能是紧密地与空间系统的形态准则联系在一起的（见库德斯，1993 年，第 129 页）。按照克里埃的说法广场是一种“场所空间”，与街道相较而言是一种“道路空间”，人们在此可以或应该停留，而不是向一个特定的目标进发。

C. 广场在城市建设各个时期的发展

一座广场的空间质量是以其地面与相邻地面和建筑体的比例以及它们的结构和布局为基础的。在中世纪的广场周围偶然毗邻在一起的不同年代和风格的单个建筑物立面构成了一种松散的结构，在这里不规则性被感觉为是一种自然的美丽。相反文艺复兴和巴洛克式建筑则追求一种整体和局部的均匀性，并且偏爱各方面都是十全十美的建筑体。广场的功能是楼前广场、节点广场和装饰广场。19 世纪的广场不是空间节点，就是留出空地的街区或展宽了的人行道。内城的公园接收了广场的一部分公众。在 20 世纪随着封闭式道路空间和用途混合的出现构成广场的基础被人们所放弃。自 70 年代末起封闭的空间、用途混合、城市生活因此广场才又再次成为人们谈论的主题。

D. 现状

广场及其不同的元素今天是如何在空间上对我们产生影响的？在“现代城市规划”中（不仅仅是从 50 年代开始）广场空间经常已经退化为广场地面。道路空间也是类似，成为道路用地的地方，大多缺少一个广场的特征，即缺少形成空间边界和构成空间的建筑群以及能给人留下深刻印象的利用方式。此外由于超过比例增加的交通流量许多历史性的广场成为了交通枢纽。如果没有进行相应的空间现状分析，就把一块土地在规划上设计为一座广场，才会明显地体会到广场设计中的困难。

一座广场不是由它的题记，而是由它边缘的建筑群和土地利用定义的。因此如果我们凭借其各自的特征很容易就能立即叫出一系列历史性广场（经常是意大利的广场）的名称，并不会令人吃惊。与此相反，现代的广场几乎都没有自信（自己的特征），至多它们也只是与二战之后建立的近郊卫星城的购物中心相联系。因此“广场”的经历体验除在我们的中世纪老城能获得外，还能在游乐场戏剧性的布景中得到满足。

在这种情况下在此应该阐明广场设计的出发点。关于有特色的广场形式的问题也可以与上世纪初的城市规划讨论联系起来。卡米罗 · 西特19世纪末汇编和分析出的多种多样的历史性广场的实例在此我们只能有限地应用。罗布 · 克里尔（Rob Krier）的包罗万象的实例收集了远远超过300个真实的和假象的广场形态，并且将其按照用地的形态类型及其导出的变体分类和汇编，这一实例收集也只是使人们认清，对于设计师来说广场原则上可以有任何一种形式。城市广场形态上可以按照正方形、圆形、矩形、三角形、椭圆形和梯形等形状进行分类。但更正确的是按照广场的空间作用进行分类，因为这样可以从手段上将它们作为城市空间的方案来讨论。广场名称中所反映出来的用途多样性和极为不同的使用方式也与广场墙壁的构成有关。这些都从边缘影响着广场的空间。在设计时首先需要确定一些形态的基本原则作为基础。

E. 广场类型

在提出一项设计应注意的标准之前，我们可以先把广场分为下列一些不同的类型：

1. 按句法划分的类型（规则的，不规则的）（见西特、克里尔）；

2. 按意义内容划分的类型（语义的）；

3. 按用途划分的类型（实用的）。

第2种划分方法：按照意义划分的广场类型

— 城市中央广场；

— 城区广场；

— 小区广场；

— 楼前广场；

— 城镇入口广场；

— 村庄广场；

— 安静之角（微型场地）。

第3种划分方法：按照功能划分的广场类型

— 集市广场；

— 火车站广场；

— 有轨电车站和地铁站广场；

— 汽车站广场；

— 绿地广场；

— 交通广场；

— 停车场。

在对广场进行设计和改造时应将它的意义和功能结合在一种适宜的总体形式中。

F. 广场造型的任务和目标

广场分析和设计一览表

图2.15汇编了对广场缺陷调查和设计可能有用的各个方面。它们应该对正确评价与广场在周围的公共空

A. 广场的意义
- 用于小区
- 用于城区
- 全城的
- 跨地区的
- 历史性的
- 基于现代规划的
- 基于特殊的城市规划的、景观的或造型质量

B. 形态质量
- 广场的空间框架由建筑物和树木组成
- 城市建设设施和广场的完备
- 将有意义的建筑物包括在广场的构成中
- 形成重点
- 较好地处理地形问题，将景观元素包括进来
- 处理好视线关系，注意眺望和视线的空隙
- 周围建筑群的质量
- 广场造型的质量
- 广场家具和陈设的质量
- 绿化的质量

C. 用途
- 周围建筑群的用途
- 广场场地的用途
- 移动的交通和静止的交通的交通面积的尺寸、布局和所占的份额
- 用途与广场类型相符

D. 移动流
- 交通负荷
- 通道、入口和通达性
- 行人和骑车人的交通安全

E. 建筑状况
- 交通面积
- 广场面积
- 广场设施
- 周围建筑群的建筑状况
- 种植植物的状况
- 结构

F. 广场的特性
- 场所的身份
- 和谐，混乱
- 条理性，混乱性
- 道路网络中的定位点
- 广场类型的强调和构成
- 作为澄清城镇历史的手段的建筑学

图2.15 对广场进行分析和设计的一览表

间中所扮演的角色相联系的缺陷的意义提供帮助。

比例的修正

这一比例指的是有效的墙壁高度（h）和可以概览的广场面积（b）之间的比例。有利的比例为 h：b=1：3。内部广场的比例为 1：1–1：2。十分公开的示范性广场约为 1：4–1：6。比例和意义之间有着密切的内在联系。图 2.16*a–c* 表示的是一些比例的实例。下面我们想用一些提示语指出改建的思维方向。

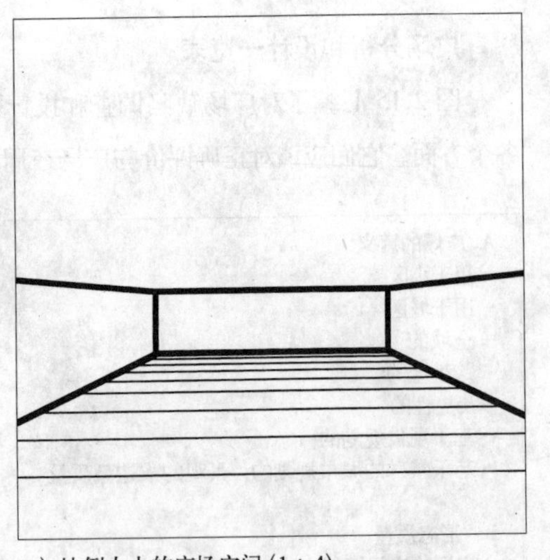

a）比例太大的广场空间（1：4）

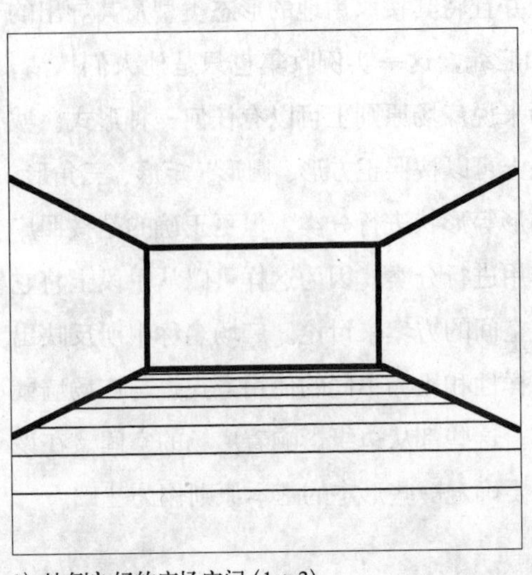

b）比例良好的广场空间（1：3）

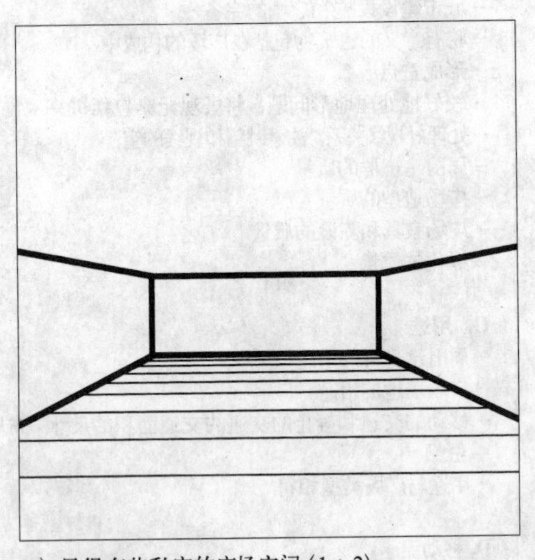

c）显得有些私密的广场空间（1：2）

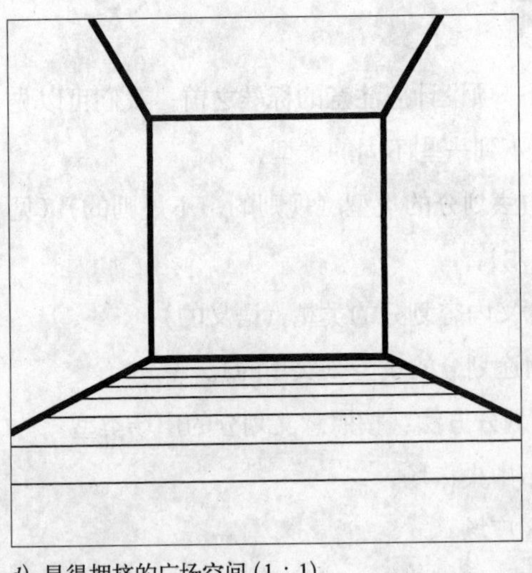

d）显得拥挤的广场空间（1：1）

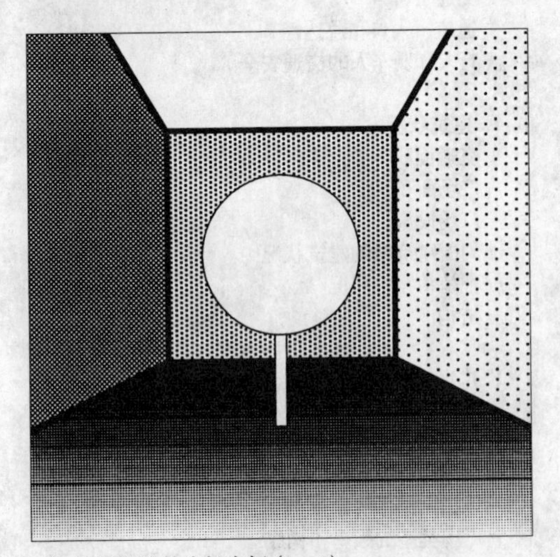

e）显得拥挤的广场空间（1：1）

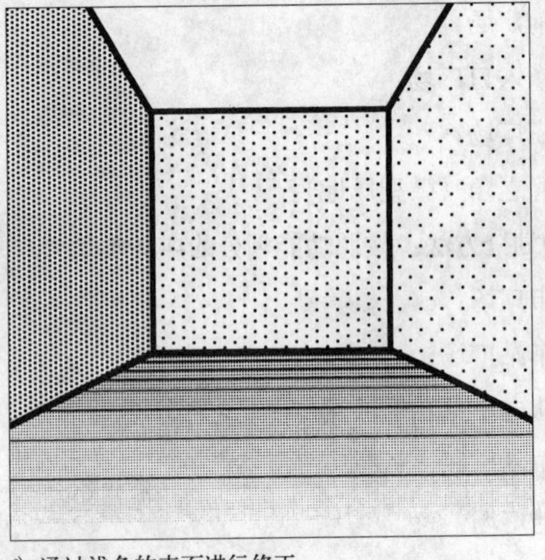

f）通过浅色的表面进行修正

图 2.16　广场的比例和比例问题

显得太小的广场空间

如果一座小型广场显得过于拥挤，广场场地就不应该再进一步划分和有构筑物，并应该铺设色彩尽可能浅的材料，广场墙壁的颜色也应该尽可能浅。图2.16 *e+f* 就概括地表示了这样的情况。

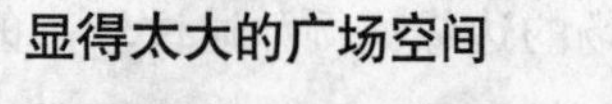

显得太大的广场空间

我们想在一座比例为 h：b=1：5 的显得太大的广场中说明改善比例关系的原则性思考方向。改变比例的一种最有效手段是在广场中（图 2.17*a* 在广场中央）或边缘（图 2.17*b*）建立可以改变比例的

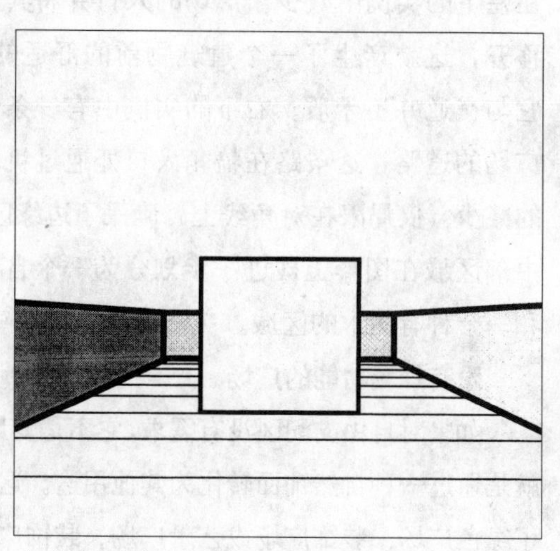

a）广场中央实心的构筑物

b）广场边缘实心的构筑物

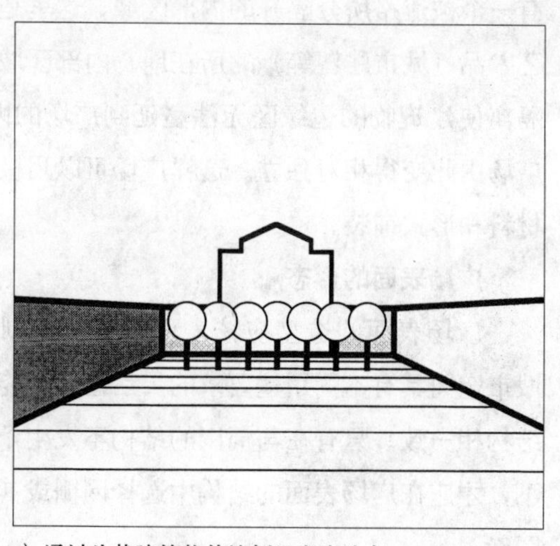

c）通过头状建筑物使比例尺发生改变

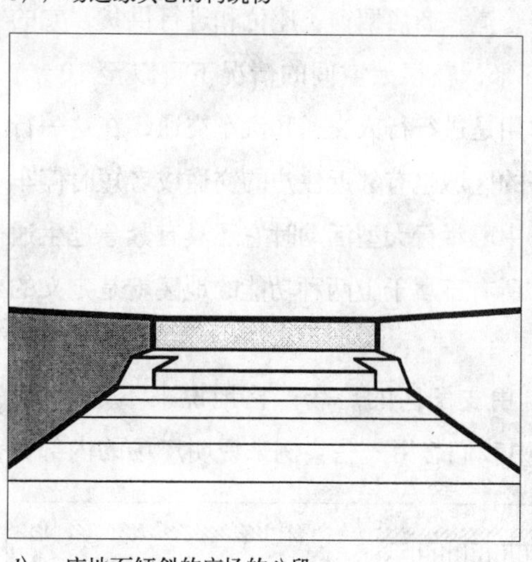

d）一座地面倾斜的广场的分段

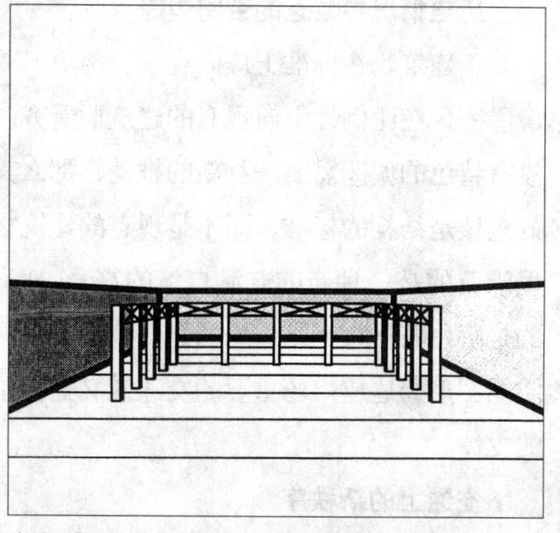

e）轻质建筑构成的次级广场墙壁

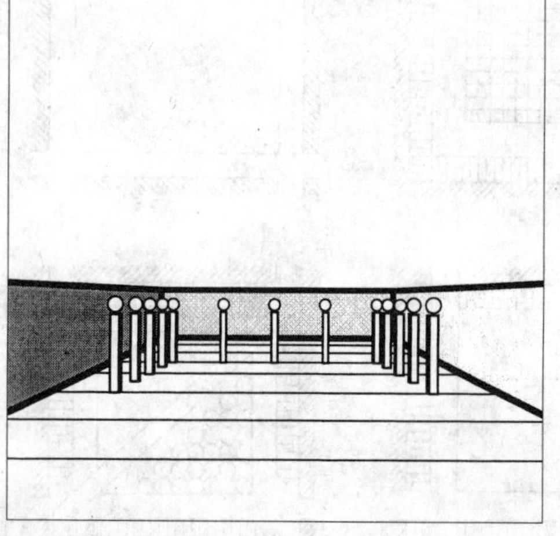

f）灯柱构成的次级广场墙壁

图 2.17　对一个过大的广场（1：5）进行比例改良的变体

实心建筑物，加高广场的边缘（例如通过较高的单体建筑物）（图 2.17*c*）也同样有效。这应该是一个尽可能以不同的高度为基础的利用。陡峭的屋顶或屋顶形态也改变着比例效果。其他的手段还有在广场的几侧或各侧建设轻质建筑（*e*），虽然它们不可能从根本上改变比例尺，但是却可以创造出一种新的边缘背景，树木也会起到类似的作用（*c*）。通过设置圆柱（例如灯柱）也可以使比例情况得到一些改善（*f*）。在地面倾斜的广场通过墙壁分段可以产生明显的高度变化（*d*）。

广场地面的分区

广场地面的划分（分区）是改善广场功能和形状的最重要的设计手段之一。广场可以被分为三个基本区域：建筑物前的边缘区，汽车交通和供货交通的交通区和没有固定构筑物的自由支配区。三个区域同样重要。建筑物前边缘区的职能是放置建筑物的维修脚手架、连接管道、商店橱窗、座位和进行供货，它的宽度为 3–5 米，在很大空间的情况下可以至 10 米。交通区的作用是进行行人交通和汽车交通，在这一行车道不隔开的区域也有邻近住户的交通或者短时停车场，在广场中心举行大型活动时它还具有紧急逃生通道的作用。所有不属于上两种功能的地区就是定义的自由支配区。

没有自由支配区的广场严格地说来不是广场。在图 2.18 中我们想用一些实例来说明广场的内部关系：左上方的实例简略地表示出了三个区域，外面是边缘区，然后是交通区，内部是自由支配区。如果只有很窄人行道的道路直接在角落处汇合，就没有边缘区存在的空间（右上的实例）。如果广场周边的建筑物建有连拱廊，这一实例就不存在问题了。在左下的实例中减少了广场的入口并将其从角落上移开，这就产生了一个建筑物前的舒适的边缘区，它与交通并不矛盾。右下的实例中有一条斜向穿过广场的道路，这条路在犄角入口处通过机动车道路的减少（仅局限在对角线上）确保了边缘区的安全。中部区域在图形上被进一步划分为一个自由支配区和一个种有树木的区域。

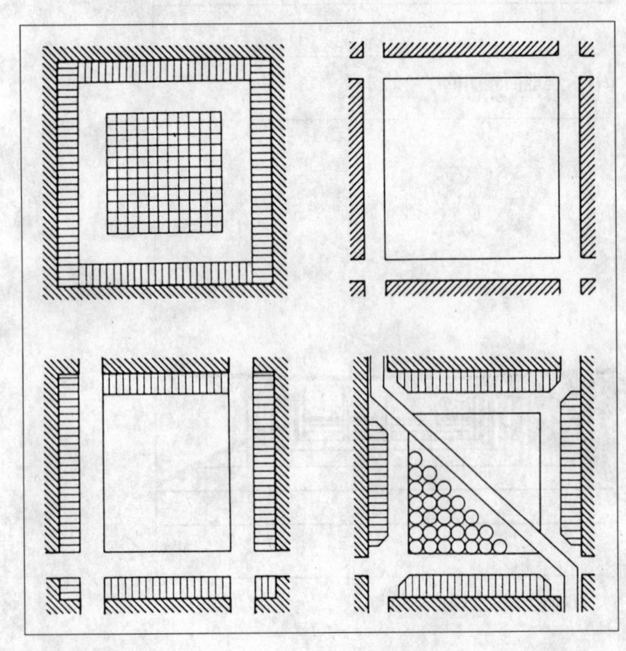

图 2.18 一座广场的分区实例

没有广场功能的广场

如果对自由支配区没有需求，它不是变为停车场，就是通过一种自然铺面转化为其他用途。这样就形成了绿色广场、装饰广场或艺术广场。装饰广场经常拥有一个被道路所分隔开的内部区域，这里是纪念碑和艺术品（城市雕塑等）的所在地。内部区域与外界的隔离使建筑物的边缘区无法蔓延到广场的内部区域，广场由此变得相对独立。这样广场可以用极为不同的材料和形式铺装。

广场表面的形态

广场表面的造型应该表现得有所克制，以便使城市空间具有不同用途要求的灵活性，并能与周围的结构相一致。只有在与周围的结构不发生矛盾的情况下，才应在广场表面的结构中选择网栅或其他的划分图案。

历史情况中缺乏的空间边缘

新建筑物在标准上应向现状、历史形成的城市轮廓看齐，在比例性上向现有的建筑群看齐。如果一个没有特色的城区需要一种新的推动，那么其基准点最好应该是结构的标准，而不是现有的建筑物。因此这里涉及的是一种新的充满自信的符号。图 2.19 表示的是萨尔茨堡火车站广场的建立情况，在这里封闭的空间图形为这座广场重要的交通意义提供了一个稳固的支撑。

交通上的新秩序

交通的新秩序经常与地下车库入口的移置和公共短途客运交通的重新组织相联系。这就出现了次级建

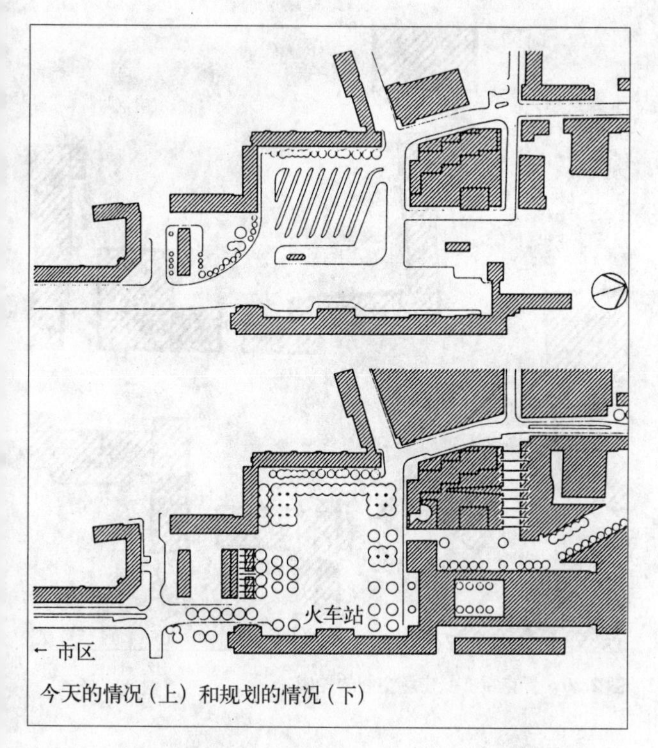

图 2.19　萨尔茨堡火车站广场（建筑师：许尔曼 / 营造师：许尔曼 2/1989 年，第 40 页）

筑物（公共汽车站、地下停车场坡道、信息栏）造型和安排方面的要求。交通连接的利益大多是广场功能不可缺少的一个组成部分，但是它又构成了当代最不稳定的一种元素。

更好的建筑学造型

这里涉及的多是广场边缘和补充建筑物。但是广场墙壁的预期空间效果经常与必要性、道路的连接和供货交通通道的布置发生矛盾。

次级建筑学

用建筑上最小的支出使广场得到更好的划分，解决比例问题和使广场具有生气。

绿化措施

行道树可以把广场集合为一个统一的空间并同时与其他的生态空间单元形成网络。但对待老城区的树木要十分谨慎！

G．设计元素

下面我们想要阐明对广场的空间效果能产生明显的影响的设计元素。

墙壁的空间构成

①四周都被围住；

②通过开放的建筑方式取消墙壁；

③通过建筑空隙取消墙壁；

④通过广场犄角取消墙壁。

一座带小型开口的封闭墙壁可以赋予广场空间一种严酷无情的气氛。相反活泼的墙壁排列可以使空间的印象变得更加柔和。一面水平分段的分层墙壁使广场空间显得更深，而垂直划分则使广场显得更和谐和亲切。

广场墙壁的划分

①带小型开口的封闭墙壁；

②水平的立面划分；

③垂直的立面划分；

④带连拱廊的广场墙壁。

水平的立面划分赋予了广场动力和活力。不同的屋檐高度强调着单个房屋的个性。连拱廊邀请人们进入或停留，比例可以很好地被看出。

地面的处理

①向上伸展的广场；

②广场上有高台；

③台阶；

④向下倾斜。

广场地面的地势、垂直结构（台阶）和斜面可以用来提高空间效果：向上伸展的广场强调了上部的横墙，台阶又使这一效果得到了额外的增强。在相反的视线方向上台阶创造出了一种假设的元素和更好的眺望条件。

结构和地面

①塑造过的地面；

②划分过的地面；

③安静的地面；

④划分过的地面和生动的墙壁。

一块人工或艺术塑造过的广场地面是城市空间的“第五面”。流动线、方向和分区，在更广泛的意义上来说土地利用都应该在地面造型中得到反映。墙壁和地面在充满张力的内在联系中以不同变体的形式出现。

树木和广场空间

①广场墙壁前的树木；

②广场中的树棚；

③纵向墙壁旁的树行；

④构成广场墙壁的树木。

通过空间组别空间体可以对更小的区域产生影响，作为“植物体”的树木是更容易使用的空间手段，它们可以作为遮阴者、光线过滤者和空间划分者起作用，并且使线状空间充满韵律。林阴道、单个树木和树木组的布局可以发挥各自的功能，塑造道路空间并提高空间的个性。

构筑物和次级建筑物

①广场中的轻质建筑；

②广场上的雕塑；

③广场中的广场；

④防护建筑物－广场的顶棚；

⑤信息栏、指路标、广告、电话亭、照明系统。

对次级建筑物进行构思是一项有趣的设计任务。为广场设计特殊的次级建筑物，而不是使用在市场上可以购得的次级建筑物可以特别地突出广场的个性。

广场的利用问题

但是广场及其造型不仅仅是一个空间的－艺术的问题，广场的利用和使用价值也是一个重要的方面，它决定着广场能否正常“运转”。如果“造型过度”导致广场无法发挥自己的功能则是很令人苦恼的事情。相反，集约型利用大多不需要繁琐的造型，它往往采用（即使是暂时的）俭约的造型。

H．实例

对大型广场进行按比例的修正

我们想以下面两个实例来说明图 2.17 中类型上所涉及的比例改变的可能性。

1. 胥克霍芬市政厅广场（海因斯贝格县）

这一广场是 20 世纪 50 年代作为一个新的城镇中心在一个矿山入口边而设计的。由于货车运输这条道路建有 7 米宽的行车道。由于矿山可以预见的关闭以及城市空间的升值，这条道路的行车道缩减为 4.5 米宽，并且两边带有 0.75 米宽的多用途条带。这座不合时宜布置的广场并不是一个统一的空间，而是由多个楼前广场组成，它超出常规而且不封闭。图 2.20 表示的就是其空间轮廓。人们在这一抽象的概括中就可以清楚地发现问题：从南面过来的街道在广场扩展中向西面敞开。道路转弯并不明显，左侧对右侧的市政厅扩建没有回应。设计的第一步是给这一空间一个有比例的含义。道路转弯的关节点应该在空间上被澄清。建筑物与一行树木一起确定了街道的次序，这一次序是由市政厅墙壁、街道终端和广场空间的开端共同构成的。被推挤到背景中的新市政厅通过包括在广场中的道路入口相连接。通过街道和新市政厅视线轴上的一座水井主广场获得了一个中心。向市政厅的不合比例的空间过渡通过砌得很高的灯柱塔门作为接合点进行了强调。为了改善广场的比例状况，砌成的灯柱构成了广场的第二道墙壁。图 2.22 的照片表示，这些元素只能部分地解决比例问题。

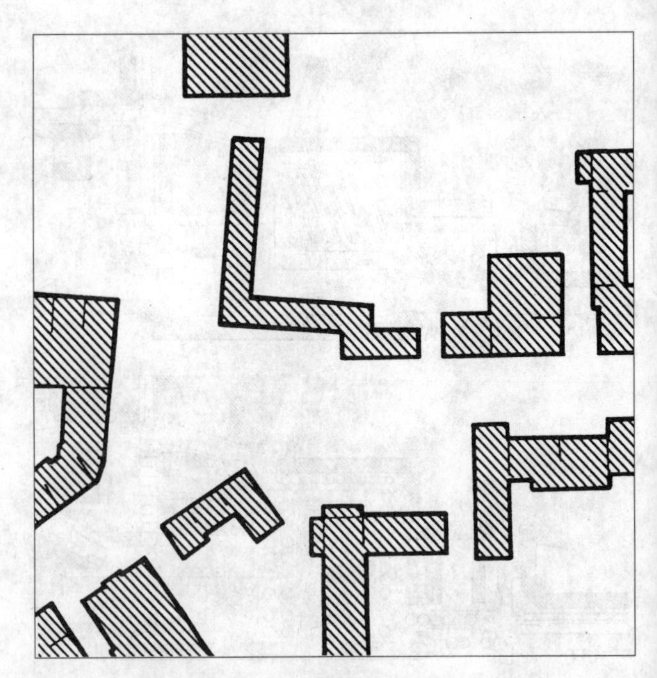

图 2.20 胥克霍芬：广场空间的轮廓

由于缺乏资金，北侧预定的玻璃作顶的凉亭无法实现。对停车计时表的设置进行管理也没有实现。图 2.22 和图 2.23 表现了广场改造前后的状况，图 2.21 表示的则是细部设计。

广场造型的基础除了空间轮廓和比例的改善之外还要尽可能地确保局部区域（详细分区）用途的灵活性。这种类型的中央广场可以有下列几种用途：市场、展览、在节日和选举活动时进行演讲、音乐会。此外，还可以作为人们白天不同时间的停留场所（尽可能也

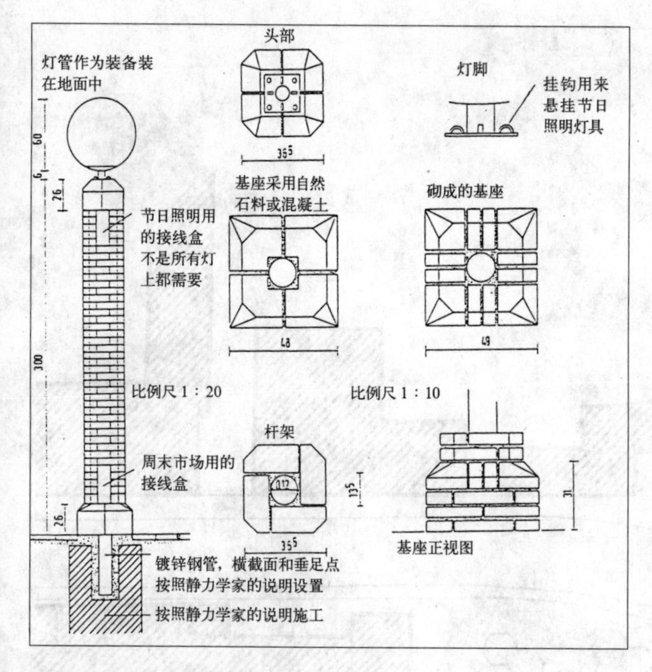

图 2.21 灯柱的结构细部

在雨中）、电话亭和信息栏、自行车停车场、供货区和短途公共客运的车站。图 2.24 表示的是这些用途的面积需求和场所的系列。这并不是说，这些规划的用途要真正变为现实。一座广场的利用历史长达几十年或更长，只要这些用途是可能的，这才是最重要的。例如：以前周末集市在别的地方举行，在此期间它扩展到了新的广场上。

城市日常生活的需求以及城市空间的用途可能性正在不断发生改变，因此每一代人都在经受着一个改造、适应和改善的过程。广场的意义和形态也在发生着变化。

2. 于里希的瓦尔拉姆广场

这座广场的位置人们已经可以在图 2.10 的下半部分看到（也可见图 2.11*b*）。这座广场目前的状况反映了这座城市的一个暴露位置上的无关紧要的空地的典型的城市空间缺陷。广场东侧决定广场形象的建筑群是一座带博物馆的文化宫和历史性城市入口的镇妖塔。镇妖塔和文化宫组成的建筑群构成了中世纪的城市边缘。在西面和北面广场被一个三层的战后住宅建筑群所包围，广场的南部边界一样由带三层建筑物的吕尔大街构成，这里的底层被商业和服务业企业所利用。

目前这一广场用来作为公共汽车站和停车场。吕尔桥构成了现代于里希城的入口。一个展宽了的街道空间通到瓦尔拉姆广场。如果人们穿过这一空间序列，由于错误的信息（这一巨大的广场被认为是市中心，其实它不是；车站遮盖住了镇妖塔标明的老城边缘）就会变得糊涂起来。因此该城在一次设计竞赛中试图澄清，如何对这座广场进行改善。

最重要的设计方面为：

– 通过一座可以展开积极的利用的建筑物对超过尺寸的广场进行缩小；

— 中世纪城市入口的清晰化；

— 广场用于集会的实用性；

— 广场的独特个性；

— 罗马时期街道走向的清晰化（自上向下斜穿广场）；

— 短途公共客运交通停靠点；

— 广场区域的进一步细分；

— 绿化方案。

一项在 1994 年秋季进行的设计竞赛产生了图 2.25 中用图表示的设计方案。下列的评价部分地是以评奖委员会的记录为根据的。

a）广场的北部有一个清晰的框架，一个位置适宜的展览建筑物和咖啡店与镇妖塔遥相互应。广场区域的对角线式排列通过突变的简单方法一方面使看到镇妖塔和文化宫成为可能，另一方面通过平台式加高产生了相对突出于吕尔大街的小尺度空间结构。

b）通过一座具有西北角的新建筑物对位于图尔姆大街的现有封闭式建筑物做出了反应。门闩形排列突破了沿护城壕的历史性走向。

c）由一座 S 形建筑物构成的广场布局产生了两个不同尺寸、功能和氛围的广场区域。面向西北产生了一座从属于住宅建筑群的小区广场，有效缩小了的瓦尔拉姆广场对着镇妖塔。

d）广场上一座明显突出于建筑线前的 U 形建筑物在西面造成了一个明显的道路空间，这一空间向东逐渐过渡为一座广场。这一形状产生了一个面向内部的带有许多用途建议的小尺寸广场，在它的南侧有一个通向林荫道的入口。这一建筑物是合理的，但是也隐含着尺寸过大的危险。由此在广场上举行节日集会

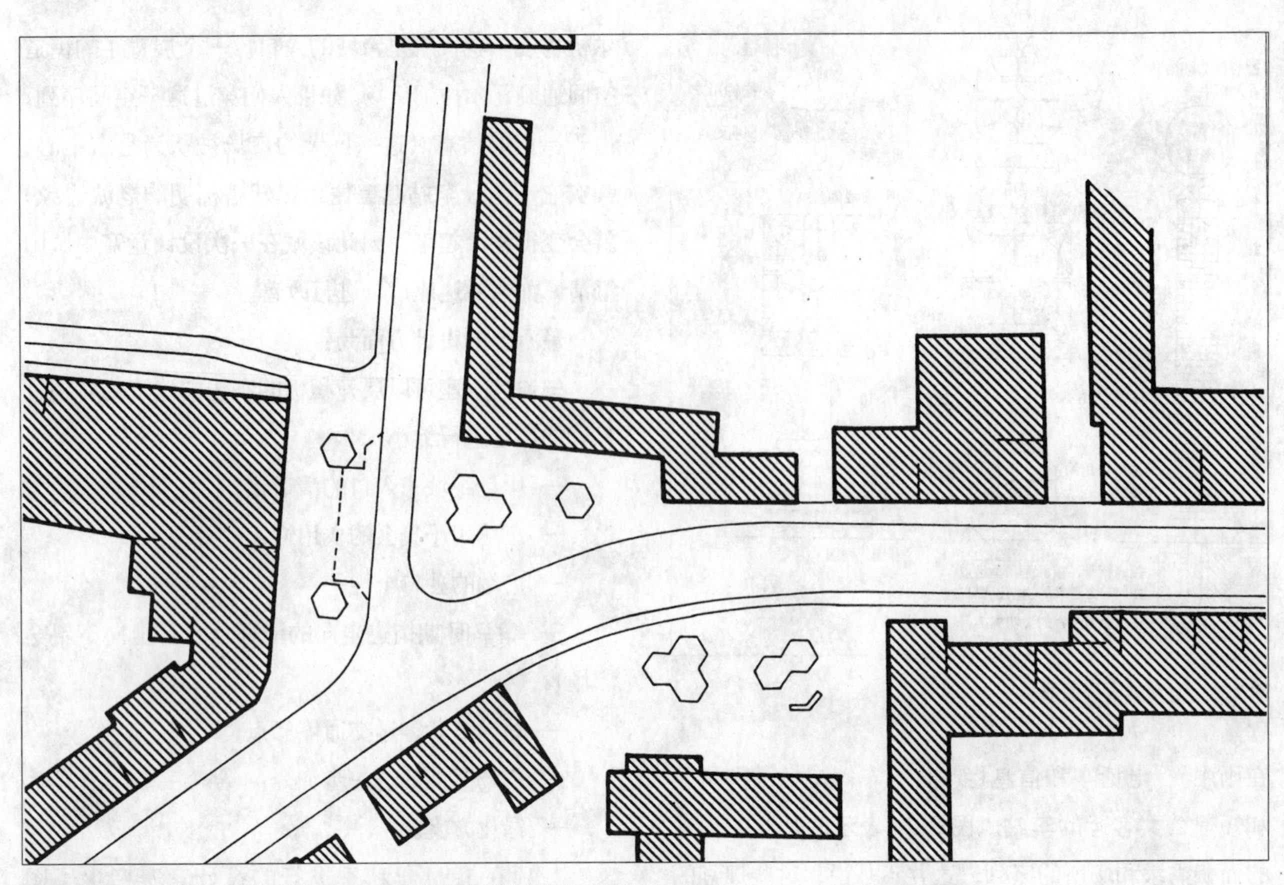

a) 面积划分表现出了交通的优势地位。上面的新市政厅坐落在稍远的地方

b) 向新市政厅的眺望方向

图 2.22 胥克霍芬市政厅广场：初始状况（库德斯 / 布鲁赫豪斯 / 格伦哈根。城市规划和区域规划研究所。亚琛，1988 年）

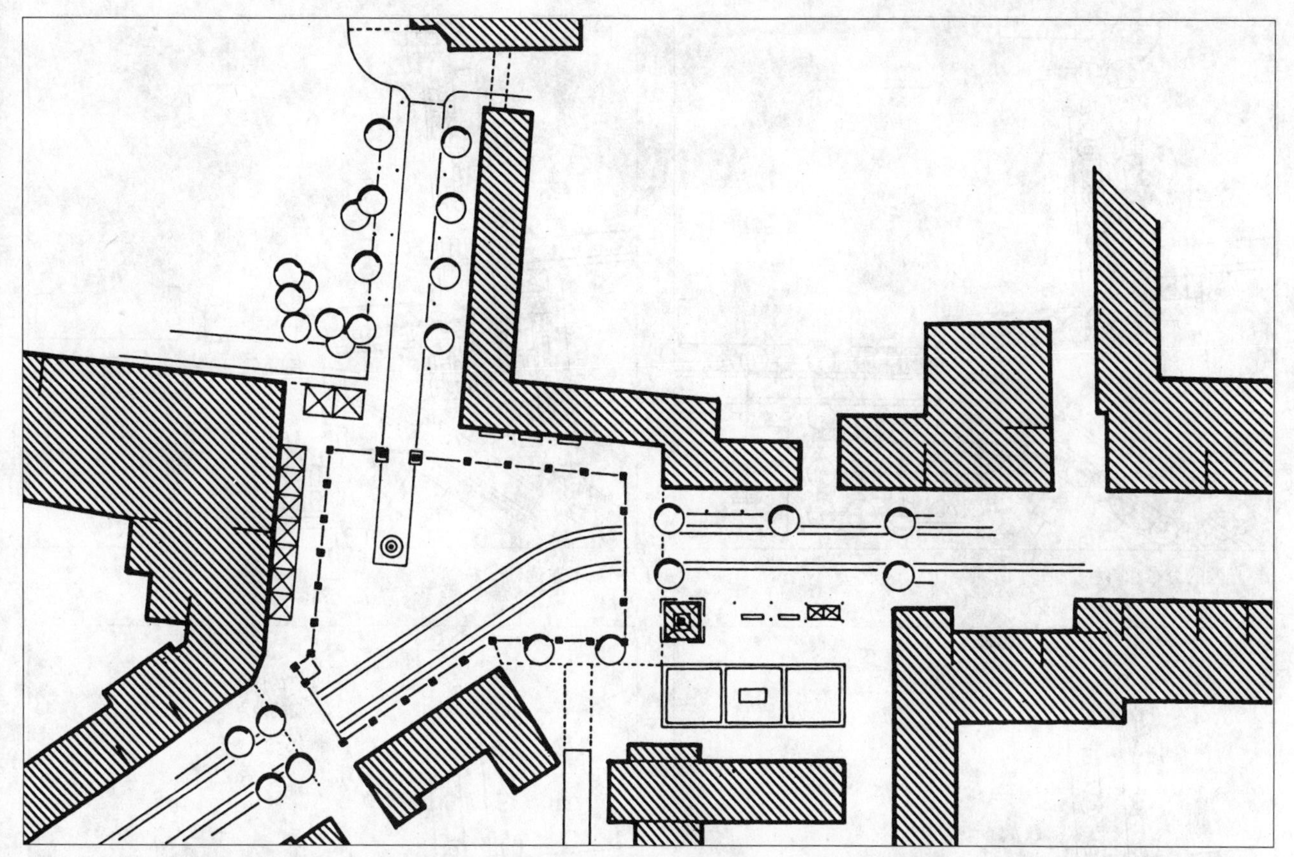

a）广场获得了由灯柱组成的第二道墙壁。新市政厅与广场之间有了一个清晰的连接。双塔式门对过渡区和那里缺乏的广场墙壁进行了强调

b）向新市政厅的眺望方向

图 2.23　胥克霍芬市政厅广场：改造完工后的状况，1988 年

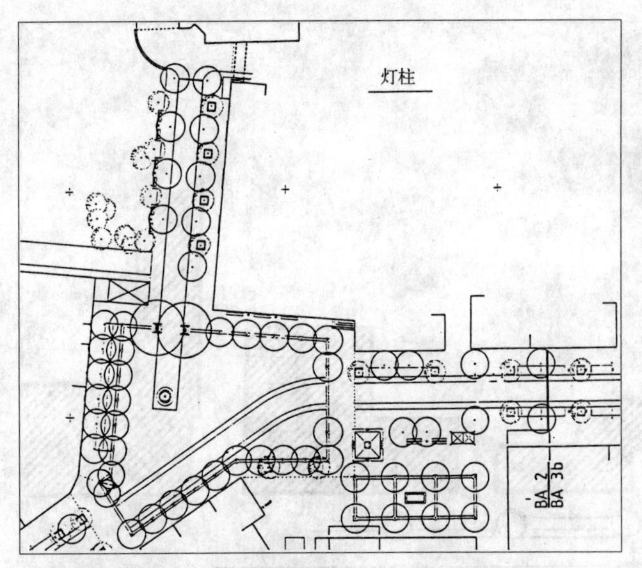

a）光源的分布和灯柱

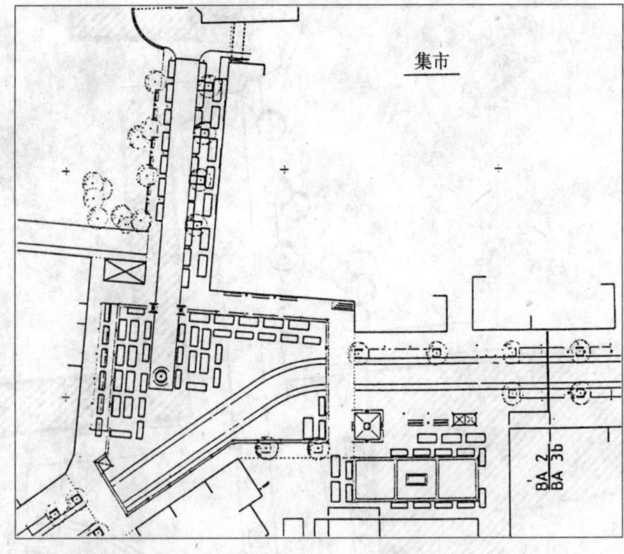

b）集市摊位

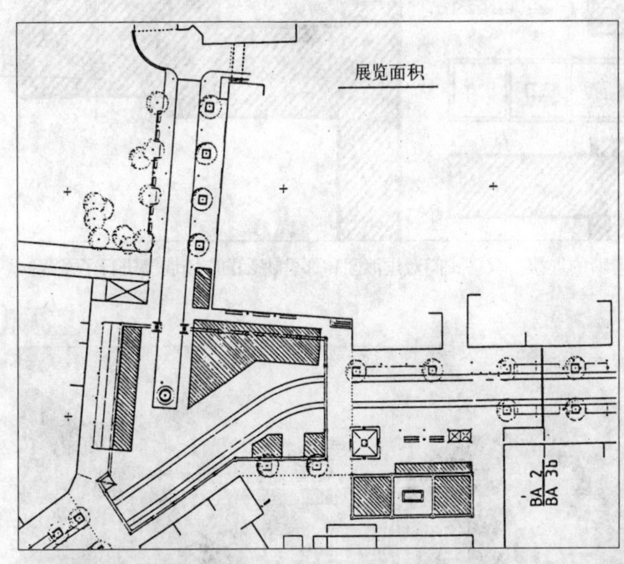

c）圣诞市场和展览的面积

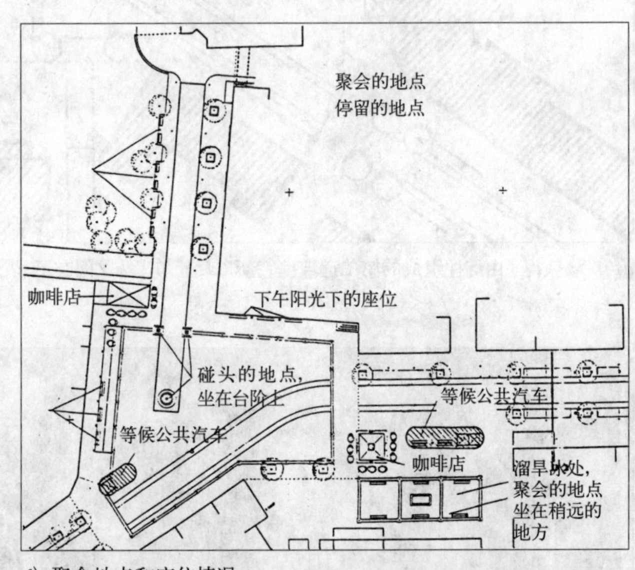

d）聚会地点和座位情况

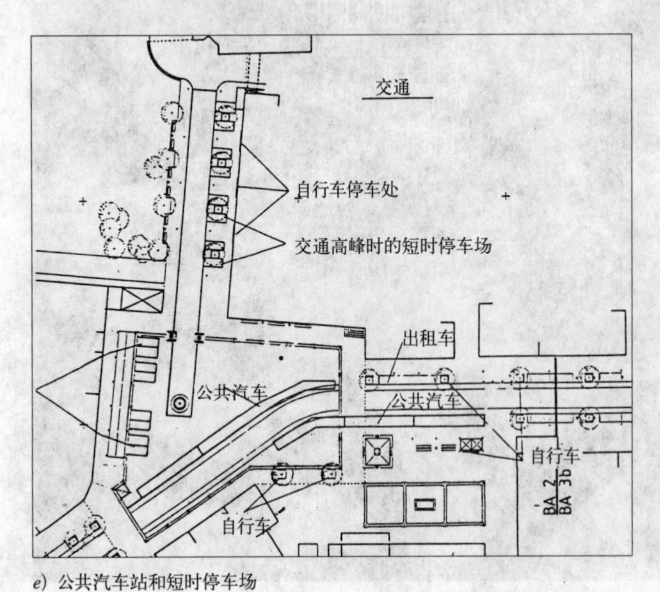

e）公共汽车站和短时停车场

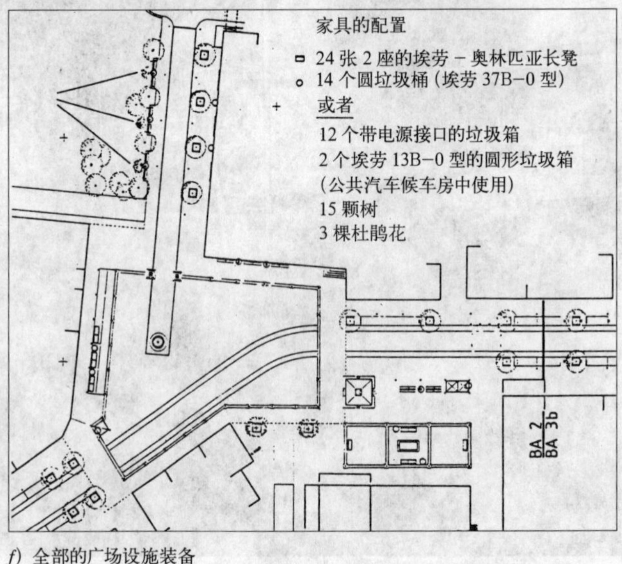

f）全部的广场设施装备

图 2.24 胥克霍芬市政厅广场：功能上的规划层面

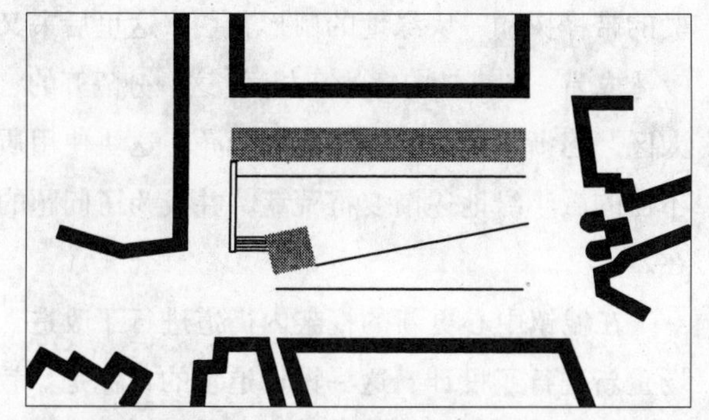

a) 对广场表面进行平台式加高以及门闩形的建筑物
二等奖［A· 施瓦茨（A·Schwarz），明斯特］

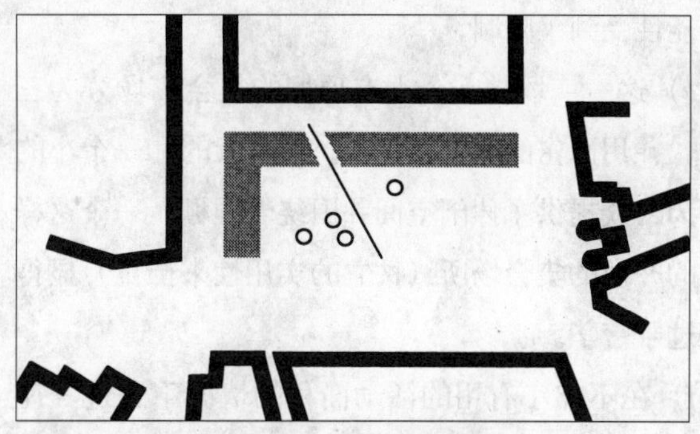

b) L形的建筑物产生了一种封闭边缘结构
二等奖［布德尔（Büder），亨瑟勒克（Henselek），门策尔（Menzel），科隆］

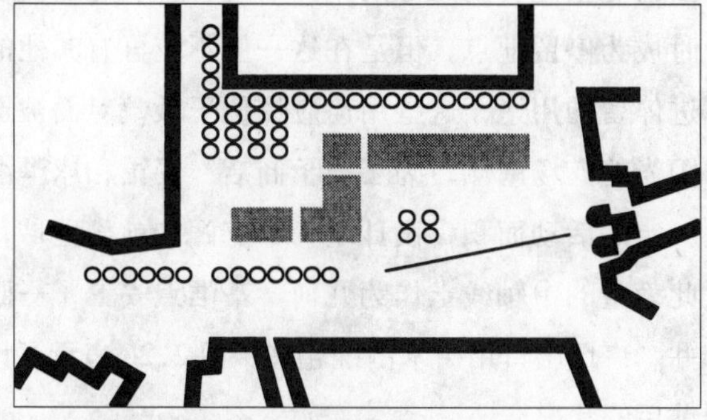

c) S形建筑物把广场分为两部分
第6名［勃兰特（Brandt），维尔茨（Wirtz），亚琛］

d) 在广场的西部建设显眼的建筑物
购买方案［亨特罗普（Hentrop），海尔斯（Heyers），亚琛］

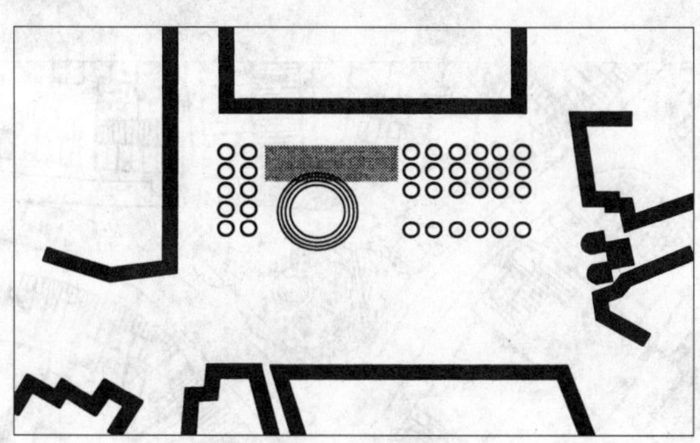

e) 种有茂密树木和大面积顶棚的广场
购买方案［埃尔金（Elkin），赫费尔斯（Hörels），科隆］

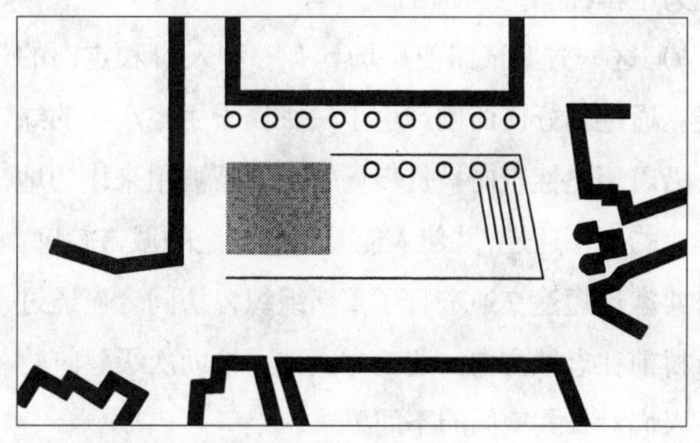

f) 西部区域建有凉廊，中间下沉
三等奖（布劳豪斯建筑师事务所，韦斯特海德，亚琛）

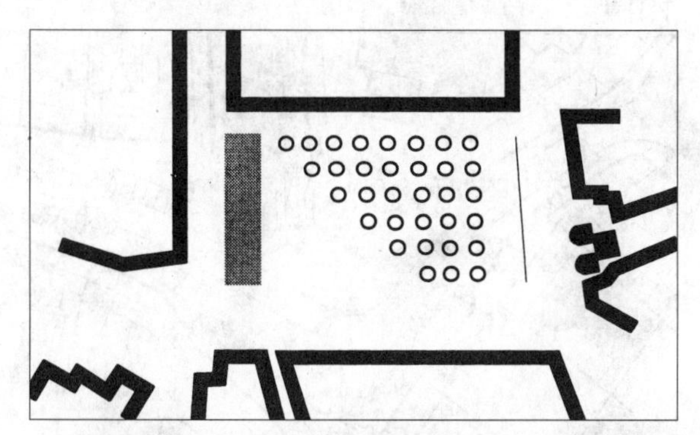

g) 广场西南侧建造了封闭式的建筑物，中部区域种植了茂密的树木
第6名［达尔（Darr），瓦尔施泰因］

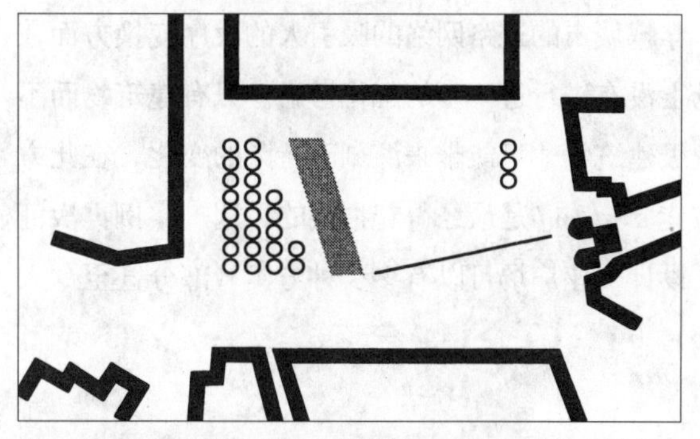

h) 有历史联系的划分广场的护城壕，西部区域作为小区广场
四等奖［瓦格纳（Wagner），明斯特］

图 2.25 于利希：缩小瓦尔拉姆广场的不同方案变体（设计竞赛，1994年）

的可能性受到了限制。

e）这一广场被一个上有顶棚的集会广场分为三部分，并用严密的树木行包围。一个大的和一个小的树林为公众提供了休闲空间并围绕着顶棚。一个这样尺寸的开放的集会场所（按它的实用性来衡量）显得有些过于奢华。

f）在不缩小有用的活动面积的情况下通过一座设计的凉廊改善了广场的比例。这一向吕尔大街倾斜的广场强调了自己活动空间的意义。但是巨大的高度差别通过通向老城门的台阶产生了一些问题。由于透明性凉廊的建筑体不构成对街对面的历史性建筑物的竞争。

g）广场西缘沿着威廉公爵大道的建筑物作为文化宫和镇妖塔建筑群的对街建筑物起到了一个清晰的城市空间终端的作用。由大规格花岗石板构成的宽路横贯广场，这一只由树木和不同的地表铺面来划分广场的创意是受人欢迎的。可惜一贯采用的法国梧桐网栅使对这一地点来说很重要的与镇妖塔之间的视线关系成为了牺牲品。

h）这一方案试图使广场具有一种入口和定向的功能。通过划分使西侧产生了一块属于住宅小区的绿地。沿着历史性走向横贯广场的护城壕被用来作为地下车库的上下通道，并使人能看到中世纪的城市轮廓。对公共客运短途交通进行了重新组织，访问者应通过钢板桥前往老城方向。这一方案试图借助次级建筑物满足人们对公共空间的不同要求。

由于空间的原因在评价中论及的细部在插图中无法表示，因此在此我们只论及城市结构的方面。在一个穿越城市的道路网络的吸引人的次序变换方面在广场上没有进行进一步的细化考虑。只有建筑物而不是次级建筑物才可能带来深刻而持久的变化，在此方面方案 *a*–*d* 和 *f* 是最经得起推敲的。这一实例再次证明，设计一座广场可以有多少种方案（部分甚至令人意外）。

3. 赫尔佐根拉特－科尔沙伊德市一座建筑物前集市广场的重建

一座带巴洛克风格立面的教堂影响着这一地点的中心，人们在教堂前设计了一座以前可以绕道行驶的带桦树和一块绿地的圆形花坛，这里后来又被改造成为一条带转向锤的死胡同，这一分隔开的“无人区”逐渐发展成为一个垃圾死角。这块使用质量不佳的微小绿地逐渐变得荒芜，并成为了问题的所在。

在城镇中心更新的框架内街道进行了改造，广场重新进行了设计。这一设计追求的目标是：教堂立面应重新变得清晰可见。像其他重要的建筑物一样，教堂应该拥有一个与它的意义相称的楼前广场。因为这里能受到充分的阳光照射，所以它还应该同时成为停留地点。但是在这一侧不应再有其他的促进停留的用途，这些用途应该位于教堂对面被遮住阳光的广场南侧。为了给予商店、餐馆和冰淇淋店一定的活动面积，设计了一个宽阔的前部区域，在此教堂的中轴线上作为几何学基准点安置了一眼水井。广场出口用树木围绕起来。图 2.26 表示了设计前后的状况。

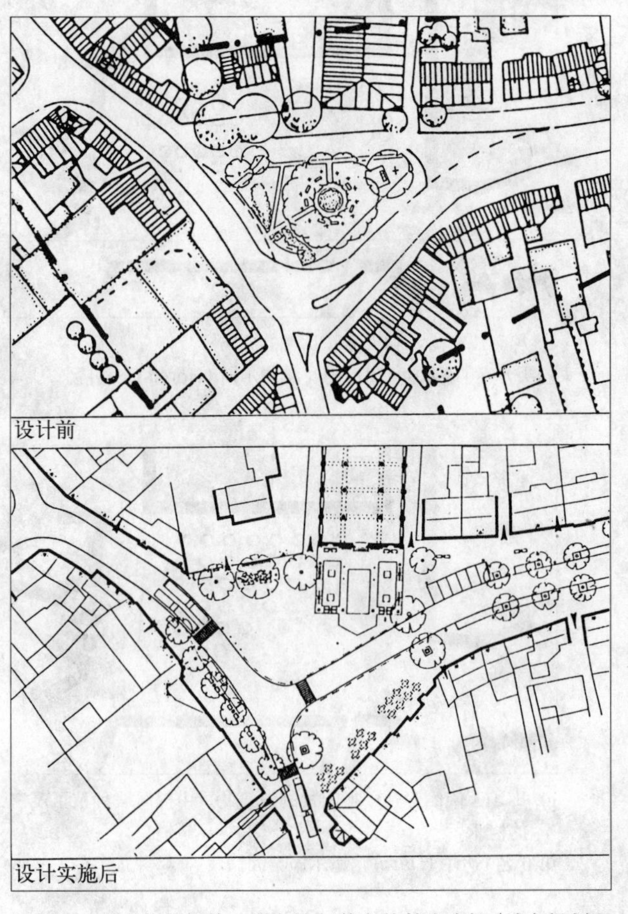

图 2.26 赫尔佐根拉特－科尔沙伊德市的教堂广场（城市规划和区域规划研究所，亚琛）

4. 亚琛：一个小型街头广场

亚琛布赫尔广场是一座倾斜的小型广场，它连接着不同的方向。应寻找一种通过统一而简单的场地表面使这种功能得到阐明的形式。图 2.27 左下图表示了这一广场的初始情况：广场墙壁的评价，建筑物的入口，广场面积的分割和行走路线。右下表示的是广场设计的四种变体。第一种变体表示的是一种同分异构的方案（一种非常稳重的方案）。

我们想以这一实例作为结论，因为它表明，在历史性建筑环境下的广场采用矜持的文化在大多数情况下是最适宜的设计观。

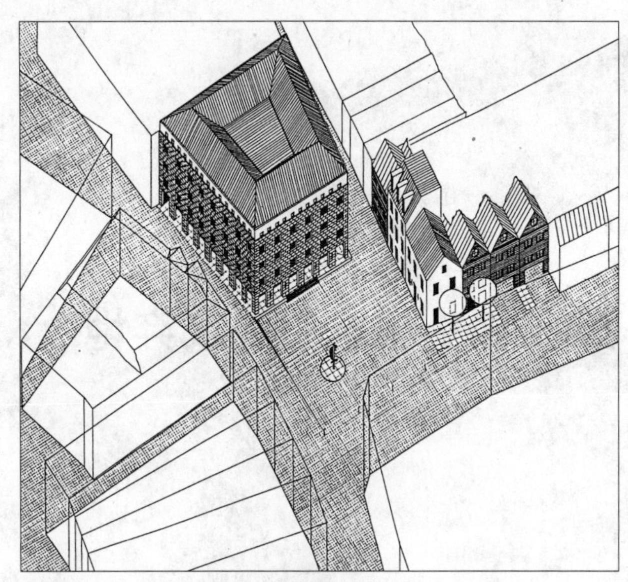

a）图 2.27 c 中左上方案的同质异构

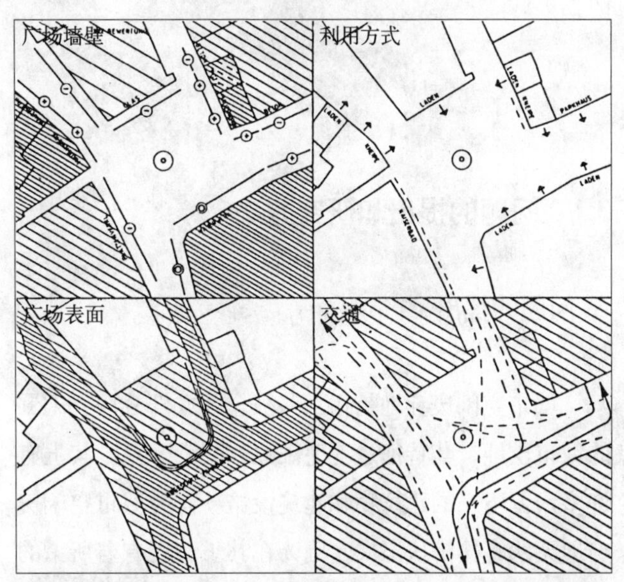

b）现状

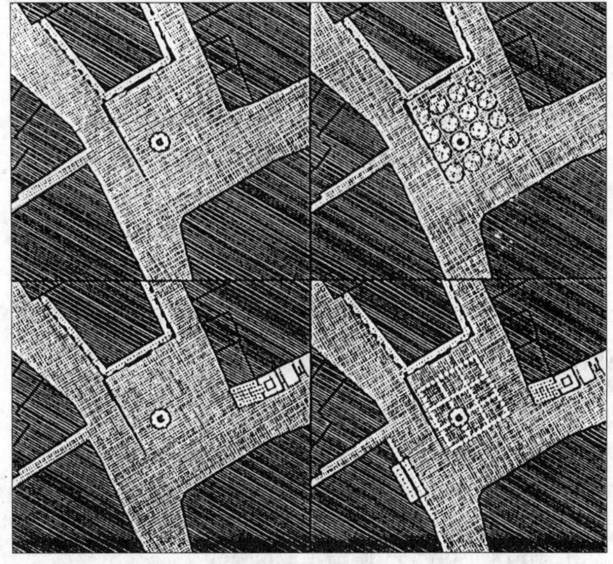

c）供挑选的方案

图 2.27 亚琛：一座小型街头广场——“布赫尔”（即席设计方案：A· 霍尔廷（Hölting），1988 年）

参考文献

Aminde, H.J.(Hrsg.): Plätze in der Stadt. Ostfildern-Ruit bei Stuttgart, 1994

Aminde, H.J.: Funktion und Gestalt städtischer Plätze heute. In: public design. Frankfurt 1989

Aminde, H.J.: Elemente einer Platzgestaltung und ihre räumliche Wirkung. In: public design. Frankfurt 1991/92

Bode, P.M.; Hamberger, S.; Zängl, W.: Alptraum Auto. Eine hundertjährige Erfindung und ihre Folgen. München 1986

Curdes, G.: Stadtplätze: Form und Funktion im Wechsel der Zeiten. In: public design. Frankfurt 1989

Curdes, G.: Stadtstruktur und Stadtgestaltung. Stuttgart 1993

Feldtkeller, A.: Die zweckentfremdete Stadt. Frankfurt 1994

Forschungsgesellschaft für Straßen- und Verkehrswesen: Empfehlungen für die Anlage von Erschließungsstraßen (EAE 85). Köln 1985

Forschungsgesellschaft für Straßen- und Verkehrswesen: Empfehlungen zur Straßenraumgestaltung innerhalb bebauter Gebiete (ESG 87). Köln 1987

Forschungsgesellschaft für Straßen- und Verkehrswesen: Empfehlungen für Anlagen des ruhenden Verkehrs (EAR 91). Köln 1991

Heinz, H.; Moritz, A.; Wingels, H.: Straßenraumgestaltung. Entwicklung von Kriterien für die Gestaltung von Querschnitten, Querschnittsänderungen und Knotenpunkten innerstädtischer Verkehrsstraßen in bestehenden Situationen. Institut für Stadtbauwesen, Schlußbericht. Aachen 1985

Holzzapfel, H.; Traube, K.; Ullrich, O.: Autoverkehr 2000. Wege zu einem ökologischund sozial verträglichen Straßenverkehr. Karlsruhe 1985

Hitzer H.: Die Straße, München 1971

Institut für Städtebau und Landesplanung; HMS Helmer, Meyer Seiler: Städtebauliches Entwicklungskonzept zur Erneuerung des Aachener Raumes - Pilotstudie. Im Auftrag der Zukunftsinitiative Aachener Raum (ZAR), Aachen 1988.

Institut für Städtebau und Landesplanung: Innenstadtgestaltung Hückelhoven. Aachen 1988

Lehrstuhl für Städtebau und Landesplanung (LSL): Gestaltungskonzept Jülich. Städtebauliche Arbeitsberichte 7.1. Aachen 1988. Hrsg. G. Curdes und J. von Brand.

Krier, R.: Stadtraum in Theorie und Praxis. Stuttgart 1975

Reinborn-Koch: Entwurfstraining im Städtebau. Stuttgart 1992

Vidolovitz, L.: Stadtmöblierung. Stuttgart 1978

Whitehand, J.W.R.: The changing face of cities: A study of development cycles and urban form. (The Institute of British Geographers special publication series; 21) Basil Blackwell Ltd. Oxford 1987.

Wolf, W.: Eisenbahn und Autowahn. Personen und Gütertransport auf Schiene, Straße, in der Luft und zu Wasser. Geschichte, Bilanz, Perspektiven. Hamburg 1992

第 3 章　城市空闲废弃地

3.1　问题的提出和研究方法

A. 问题的提出

城市空闲废弃地是指那些被全部或部分废弃闲置的城市土地，其特征是荒芜破败、长满野草，其上有许多残留下来的建筑物和建筑设施。有时城市空闲废弃地无法直接辨认出来，因为在其上面还有着所谓的“剩余利用”，让人以为还在进行着与地块所处位置无关的继续利用。

那么城市空闲废弃地是如何形成的呢？它们多数都是工业和服务业社会创新进程所造成的后果。创新是现代社会发展的发动机。创新是指那些能用新的、最省时、省力、省钱的方法解决现实问题的思想和想法。这些创新在 18 世纪时有蒸汽机等动力装置的发明，由此又出现了铁路等运输方式的创新，从而使得原材料工业、重工业和机械制造业的区位选择不再完全受能源产地和河流分布的制约。早期的技术创新还有纺织工业中机械织布机的发明和本世纪化学工业中新型纤维、药品、染料和塑料的发明，以及汽车和发动机制造业、电子和通信工业的建立。

大多数产品的发展都有一个特定的周期。在经历了一个较长的初始期后产品就得到了广泛的应用，这样就出现了大量的生产厂家和进一步加工处理的地点。在经历了饱和期后作为竞争对手就出现了其他的创新产品。这些新产品不是与老产品共同占有市场，就是把老产品挤出市场。这对生产这些产品的工厂的用地也就造成了影响（包括对生产用地本身、从业人员居住地点和城市及地区结构等方面造成的影响）。由于廉价劳动力国家的竞争，自 20 世纪 60 年代以来德国纺织工业的生产越来越多地受到了限制，许多厂房逐渐被废弃或改做他用。采煤业成为了石油的牺牲品，因为汽车承担了越来越多的铁路运输任务。水陆运输（海运和内河运输）的能力也逐渐下降，因为钢铁等大宗货物越来越多地在外国生产。现在汽车制造、化工、电子工业和微电子工业等新兴工业也处于危机之中。

上述的所有事物都导致工业用地的用途改变，甚至导致短期或长期的闲置废弃。如果这样的闲置废弃地大量出现，则表示城市或地区正在发生大规模的结构变化。

这种形式的大规模结构变化在欧洲和美洲的所有老港口城市中都发生过。例如波士顿、纽约、利物浦、曼彻斯特、伦敦、汉堡和不来梅，甚至杜伊斯堡、杜塞尔多夫、科隆和路德维希港等城市的港口用地都有废弃闲置的情况。交通运输行业也发生了重点转移。

由于原材料（钢铁）生产转移到远东地区以及建筑业中采用轻质结构，导致大宗货物的运输显著减少。由于客货运输的重点转移到公路运输上，使传统的运输方式水运和铁路运输失去了以往的重要意义。因此科隆、法兰克福、杜塞尔多夫、柏林等地的大型货运火车站被闲置。

这些靠近城市中心区的土地在城市的更新改造过程中具有重要的意义。在这里可以增建新的基础设施。一个好的新型结构布局可以对整个地区的更新改造起到促进作用。因此应较少地从经济的角度，而更多地从它们能否对城市的发展作出贡献的角度对这些土地进行评价。

B. 研究方法

上述这些土地大多数不属于城市所有，这样就出现了下述的局面：土地所有者（例如联邦铁路、工业企业、地产经纪人等）作为供货人出现，而潜在的投资商则是需求者。城市当局则可以在一定的范围内制定指导土地利用的游戏规则。如果三方不能达成一致就无法找到共同的解决方案。因此在这里就开始了各个层面公开或秘密的运作。在此总要涉及下列问题的澄清：这块土地对城市本身有何意义，对周围社区或城市部分有何意义，对城市的某个部门有何意义（经常借此推行自己的设计方案），对土地拥有者和投资商又有何意义。这些土地可以转作他用的这一现实情况使其有了一定的活动空间。

下列因素决定了一项投资的收益状况：

— 土地价格；

— 允许的土地利用性质和限度；

— 土地在城市结构中所处的位置和面积以及限制条件所造成的费用；

— 土地开发费用(包括清除污染残留物的费用)；

— 设计和建设审批过程的预期长度和结果确定性；

— 未来周围环境的特性；

— 潜在投资者（需求）的数量和潜力；

— 经济景气状况。

城市可以通过建筑设计法律和建筑设计政策对土地利用的性质和限度以及未来周围环境的特性施加影响。在此城市当局有一个强有力的地位。

查清这些土地未来利用适宜性和利用限度的重要方法之一就是进行城市结构调查以及在此基础上得出的城市规划方案。城市的长期利益对土地利用和房屋建筑提出了什么要求？城市及市民往往比投资商拥有更为长远的利益。为了能与投资商和土地出售者进行更加成功的谈判，这里必须表达出城市的利益，城市利益与公众利益在很大程度上是一致的（或者应该一致）。

为查明土地的适宜性和利用限度，在城市规划实践中采用了下列的调查模式：

— 负面规划：查清所有需要保护的土地利用形式和经常是不可见的建筑物限制因素；

— 调查周围地区的土地利用结构和新利用方式的建议（土地利用调查）；

— 调查周围地区的形态结构，并提出城市规划方面的改善建议（城市规划方案）；

— 对规划区及其周围环境提出城市规划的框架规划（全面的分析，在不同的层面上提出建议方案）；

— 投资商的项目建议。

各项利用（例如具无污染手工业的住宅区、公共设施和体育场所等）*的设计建议*可以被理解为是未来利用结构的构思模型。在确定任何方案之前，应在各项不同需求与城市结构的要求之间寻求一个最佳的平衡。为了对利用限度和不同利用所留下的烙印进行充分的说明，列出不同的选择方案和变量就显得十分重要。这样的构思模型允许在决策团体中和广泛层面的参与者之间有不同意见。这些讨论不是讨论建筑的形式，而是讨论各种土地利用的协调性及其在空间的粗略布局。

*城市规划方案*包括对未来建筑结构和绿地结构的建议，公共空间的开发和形式，交通、停车和供水、供电、供热等方面的考虑。

*城市规划的框架规划*大多是从空间上和内容上进行编制的。这一规划除对规划区进行规划外，还对相邻地区（相邻的城市区域）的空间关系进行规划分析。

*投资商的建议*往往仅局限在能产生经济利益的地块上。所以它们的内容经常不能令人满意，因为这些

建议在各种不同的利益之间几乎没有进行权衡。

当然上述四种调查模式还不能完全满足未来土地利用者的所有要求。但是它们可以阐明土地利用的活动空间和利用限度，并对粗暴的过度利用土地的想法提出警告。

3.2 老矿山用地的重新利用

煤炭采掘业在亚琛地区留下了15个矸石山，同时也就出现了前矿山用地的处理问题。在煤炭采掘业大规模停产后，矿山有限公司想把这些土地转让给乡镇地方当局。但各乡镇却对这些土地的未来用途发生了争论。

一方面这涉及周围建起了一些居民点的矿山用地，这些土地适宜于建造住房、工业区，或作为城镇附近的野外休闲区。随着这些土地的接收乡镇地方当局也就承担了经营维护这些土地和清除其中隐藏的污染残留物的责任。如果新用途带来的收益大于清除污染残留物和日常维护的支出，乡镇当局才对这些土地的接收感兴趣。

在城市规划研究的框架内对赫尔佐根拉斯－麦克施泰因的阿多夫矿山（见图3.1）进行的调查确定了土地的可能用途和用途组合。首先对六种不同的利用方向，然后对其组合的可能性进行了审核鉴定。这里也在尽可能多的可能性上使用了鉴定的地貌学方法。

利用方向1：能源科普公园

这块土地保留了其能源提供者的功能，只是现在只采用现代化的技术。无植被而裸露的南坡适宜于建设光能发电设施和太阳能设施，风力强劲的山顶部分建设风力发电设施。借助热泵可以从地层深处充满积水的坑道中采出地热能源。本处有收入（见图3.2*a*）。

利用方向2：植物生态避难所

这里的构想是，为了对野生植物无法生存的“农业草原”提供补偿在人类今后不对其进行利用的矸石山上为大自然设立一处避难区域。（图3.2*b*）显示了适合的区域。本处没有经济收入。

利用方向3：业余休闲

在这里用地和矸石山对于休闲利用的适宜性处于突出的地位。矸石山的山脚下可以兴建一个九洞的高尔夫球场，今后还可能兴建网球场。矸石山山顶为公众提供了一个登高望远的出色去处。地势平坦的地方适于修建文娱活动场所和体育馆。本处有收入（见图3.2*c*）。

利用方向4：科学研究园区

在矸石山稍微平坦些的区域建设能源和新技术研究机构。这些土地可以作为建设用地拍卖。本处有收入（见图3.2*d*）。

利用方向5：博物馆

现存的带有高的基座大厅的两个出矿提升井将改建为采矿博物馆以及青年之家、咖啡馆和餐馆。较少的收入，大量的支出（见图3.2*e*）。

利用方向6：康复医院

在较为平坦的相对独立的区域建有一所事故受伤者和运动受伤者的康复医院。矸石山不同程度的陡坡可以作为康复项目的训练道使用。有少量的交通负荷，较高的收入（见图3.2*f*）。

可以很容易地看出，这些土地对上述那些利用的适宜性各不相同。一些利用方向几乎完全不适宜，而另一些利用方向之间则可以很好地相容。图表3.3*a*用四个等级表示了各种土地利用方式之间的相容性。图3.3*b*表明了各个局部地块土地的适宜性，只有那些有叠加阴影线的地区才显示出这里有多种用途的竞争。图3.3*c*是一个各土地利用区划分的建议，这一建议可以作为规划设计的基础。图3.4清楚地表明了所选择的能源／休闲／生态／博物馆等利用组合的远景规划。

为使两个出矿提升井作为矿山历史的见证得以保存，人们为提升塔基座大厅编制出了改建方案。图3.5－图3.6是这一方案的片段。

由亚琛大学提出的这项计划的执行过程中传来了令人沮丧的消息，在此项设计正在市政当局展览的当天，一座提升井在挖掘工作中“不慎”遭到了破坏，以至不得不被拆除。不久以后第二座提升井也遭受了同样的命运。这样矿山经营者就能确保得到意图推向市场的大面积土地。而作为报复市议会则在一项后续行动中在这块土地的一个最重要的入口（专线铁路设施）上规划设计了一座学校。这样就排除了此块土地

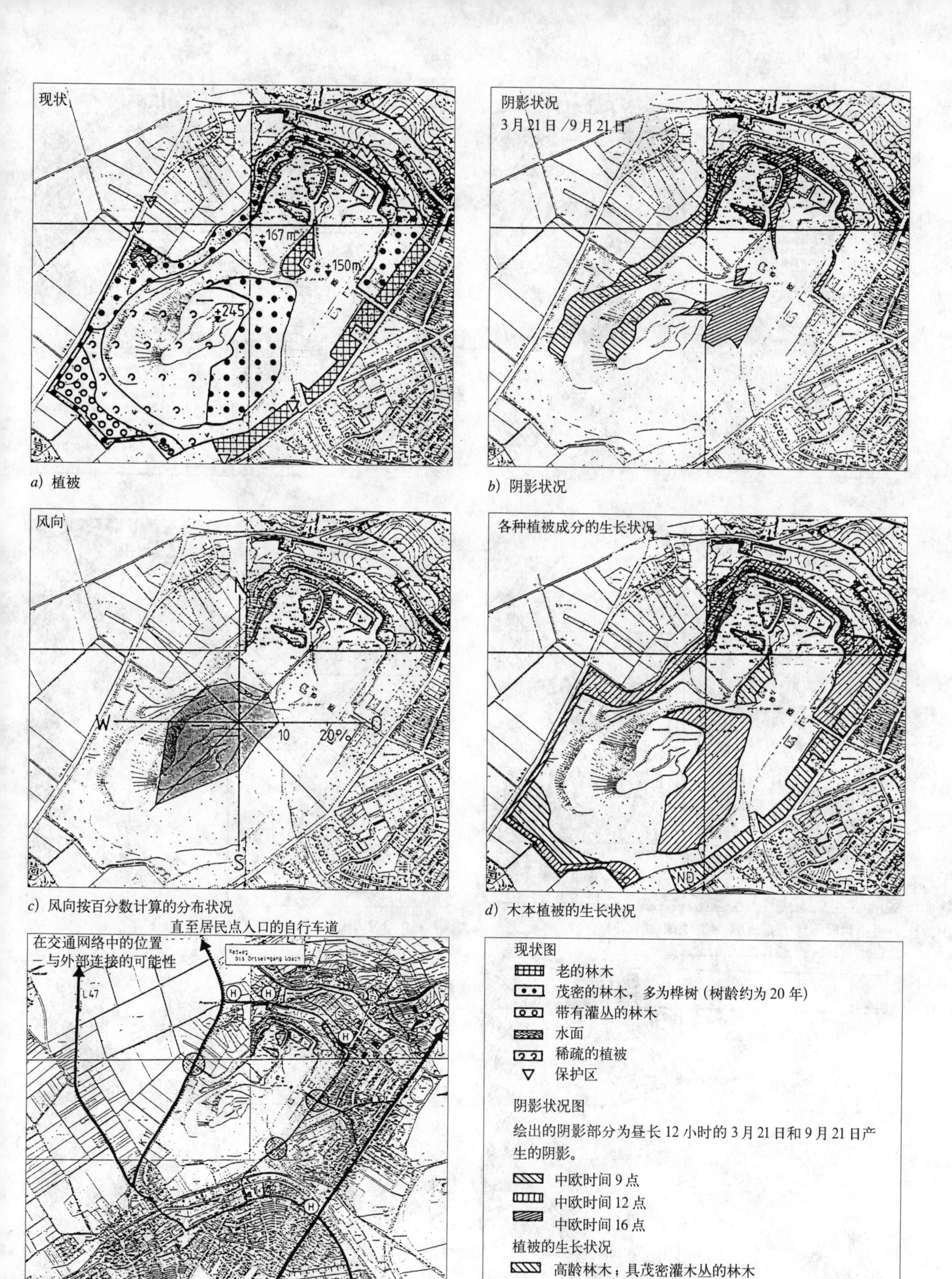

图 3.1 赫尔佐根拉斯－麦克施泰因的“阿多夫矿坑”矸石山现状分析

（麦克施泰因－阿多夫矿坑，土地利用方案。亚琛工业大学 LSL，J·克鲁格（J·Krüger），1990 年）

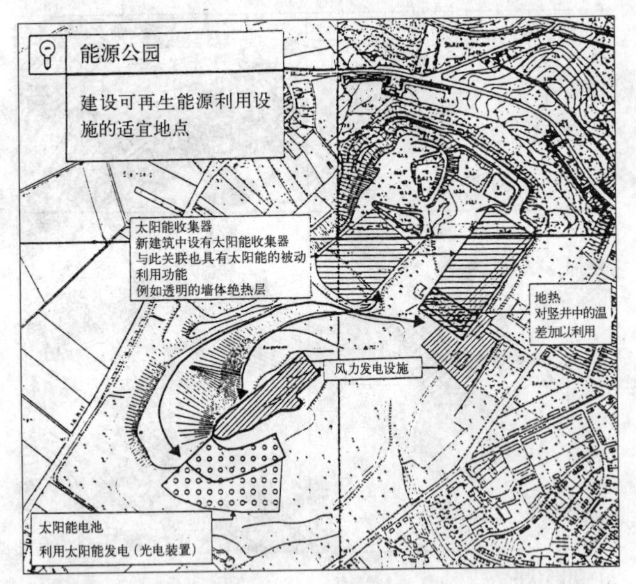

a) 能源公园

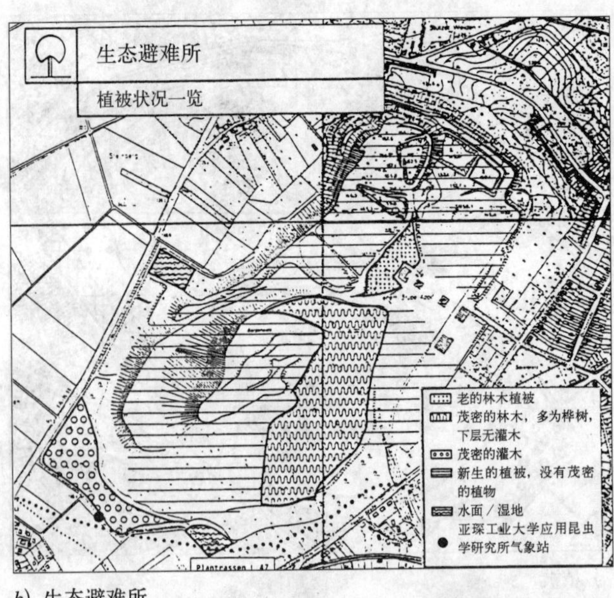

b) 生态避难所

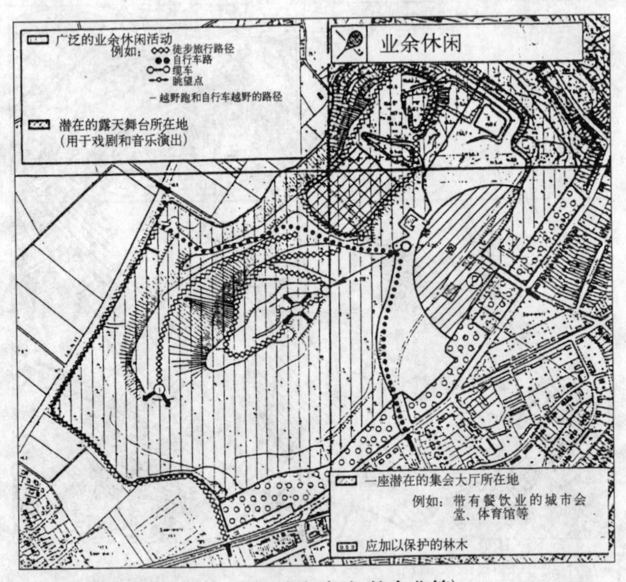

c) 业余休闲（徒步行走、网球、高尔夫球、饮食业等）

d) 科学研究园区（工艺技术研究）

e) 博物馆（采矿博物馆）

f) 康复医院

图 3.2 六种不同利用方向的构思模型（见第二部分图 3.1）

不同利用方式组合的可能性

	能源公园	风能设施	太阳能电池	太阳能采集器	地热	生态避难所	不同的群落生境	森林中的参观路径	观察站	业余休闲	徒步行走／骑马／自行车路径	越野跑路径	吊椅式缆车	滑道	高尔夫球	网球／壁球	舞厅／健身房	迪斯科舞厅	餐馆	旅馆	集会大厅	露天舞台	博物馆	科研园区	能源	医学研究	其他	康复医院
能源公园																												
风能设施			■	■	■		⊿	⊿	⊿		⊿	⊿	⊿	⊿	⊿	⊿	⊿	⊿	⊿	●	⊿	●	⊿		■	⊿	⊿	●
太阳能电池		■		■	■		⊿	⊿	⊿		⊿	⊿	⊿	⊿	⊿	⊿	⊿	⊿	⊿	⊿	⊿	⊿	⊿		■	⊿	⊿	⊿
太阳能采集器		■	■		■		⊿	⊿	⊿		⊿	⊿	⊿	⊿	⊿	⊿	⊿	⊿	⊿	⊿	⊿	⊿	⊿		■	⊿	⊿	⊿
地热		■	■	■			⊿	⊿	⊿		⊿	⊿	⊿	⊿	⊿	⊿	⊿	⊿	⊿	●	⊿	⊿	⊿		■	⊿	⊿	●
生态避难所																												
不同的群落生境		⊿	⊿	⊿	⊿			■	■		⊿	⊿	⊿	⊿	⊿	⊿	⊿	●	⊿	●	⊿	●	⊿		⊿	⊿	⊿	■
森林中的参观路径		⊿	⊿	⊿	⊿		■		■		⊿	⊿	⊿	⊿	⊿	⊿	⊿	⊿	⊿	⊿	⊿	⊿	⊿		⊿	⊿	⊿	■
观察站		⊿	⊿	⊿	⊿		■	■			⊿	⊿	⊿	⊿	⊿	⊿	⊿	●	⊿	⊿	⊿	●	⊿		⊿	⊿	⊿	■
业余休闲																												
徒步行走／骑马／自行车路径		⊿	⊿	⊿	⊿		⊿	⊿	⊿			■	⊿	⊿	⊿	⊿	⊿	⊿	⊿	⊿	⊿	⊿	⊿		⊿	⊿	⊿	■
越野跑路径		⊿	⊿	⊿	⊿		⊿	⊿	⊿		■		⊿	⊿	⊿	⊿	⊿	⊿	⊿	⊿	⊿	⊿	⊿		⊿	⊿	⊿	⊿
吊椅式缆车		⊿	⊿	⊿	⊿		⊿	⊿	⊿		⊿	⊿		■	⊿	⊿	⊿	⊿	⊿	⊿	⊿	⊿	⊿		⊿	⊿	⊿	■
滑道		⊿	⊿	⊿	⊿		⊿	⊿	⊿		⊿	⊿	■		⊿	⊿	⊿	⊿	⊿	⊿	⊿	⊿	⊿		⊿	⊿	⊿	●
高尔夫球		⊿	⊿	⊿	⊿		⊿	⊿	⊿		⊿	⊿	⊿	⊿		⊿	⊿	⊿	⊿	⊿	⊿	●	⊿		⊿	⊿	⊿	⊿
网球／壁球		⊿	⊿	⊿	⊿		⊿	⊿	⊿		⊿	⊿	⊿	⊿	⊿		⊿	⊿	⊿	⊿	⊿	⊿	⊿		⊿	⊿	⊿	●
舞厅／健身房		⊿	⊿	⊿	⊿		⊿	⊿	⊿		⊿	⊿	⊿	⊿	⊿	⊿		⊿	⊿	⊿	⊿	⊿	⊿		⊿	⊿	⊿	⊿
迪斯科舞厅		⊿	⊿	⊿	⊿		●	⊿	●		⊿	⊿	⊿	⊿	⊿	⊿	⊿		■	■	⊿	⊿	⊿		●	●	●	—
餐馆		⊿	⊿	⊿	⊿		⊿	⊿	⊿		⊿	⊿	⊿	⊿	⊿	⊿	⊿	■		■	■	■	⊿		⊿	⊿	⊿	⊿
旅馆		●	⊿	⊿	●		●	⊿	⊿		⊿	⊿	⊿	⊿	⊿	⊿	⊿	■	■		■	⊿	⊿		⊿	⊿	⊿	●
集会大厅		⊿	⊿	⊿	⊿		⊿	⊿	⊿		⊿	⊿	⊿	⊿	⊿	⊿	⊿	⊿	■	■		■	⊿		⊿	⊿	⊿	—
露天舞台		●	⊿	⊿	●		●	⊿	●		⊿	⊿	⊿	⊿	●	⊿	⊿	⊿	■	⊿	■		⊿		●	●	●	—
博物馆		⊿	⊿	⊿	⊿		⊿	⊿	⊿		⊿	⊿	⊿	⊿	⊿	⊿	⊿	⊿	⊿	⊿	⊿	⊿			⊿	⊿	⊿	⊿
科研园区																												
能源		■	■	■	■		⊿	⊿	⊿		⊿	⊿	⊿	⊿	⊿	⊿	⊿	●	⊿	⊿	⊿	●	⊿			⊿	⊿	●
医学研究		⊿	⊿	⊿	⊿		⊿	⊿	⊿		⊿	⊿	⊿	⊿	⊿	⊿	⊿	●	⊿	⊿	⊿	●	⊿		⊿		⊿	■
其他		⊿	⊿	⊿	⊿		⊿	⊿	⊿		⊿	⊿	⊿	⊿	⊿	⊿	⊿	●	⊿	⊿	⊿	●	⊿		⊿	⊿		●
康复医院		●	⊿	⊿	●		■	■	■		■	⊿	■	●	⊿	●	⊿	—	⊿	●	—	—	⊿		●	■	●	

■ 可以很好相容　　⊿ 可以相容　　● 有条件相容　　— 不相容

a) 土地利用及其相容性的组合可能性

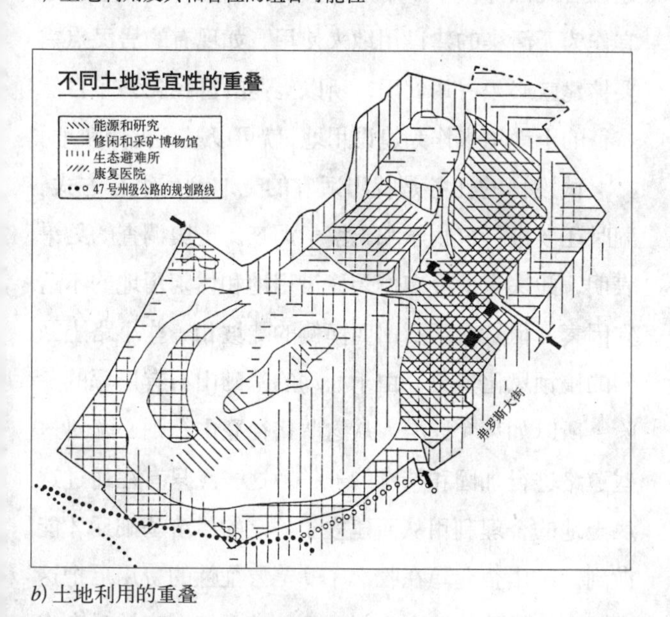

b) 土地利用的重叠

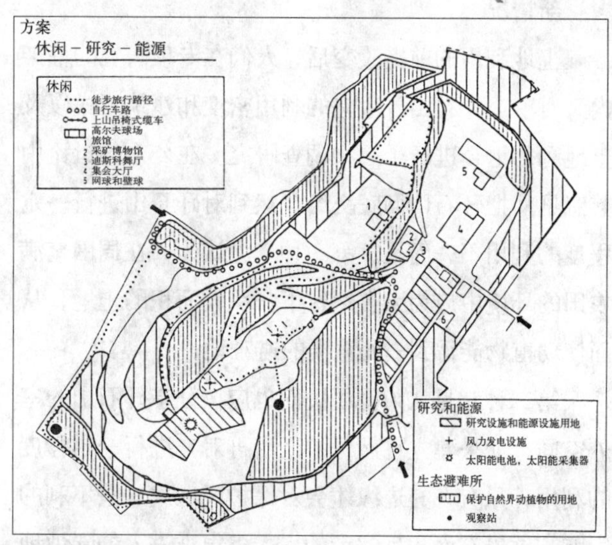

c) 建议性组合

图表 3.3　一种土地利用组合方式的得出（见专门文档）

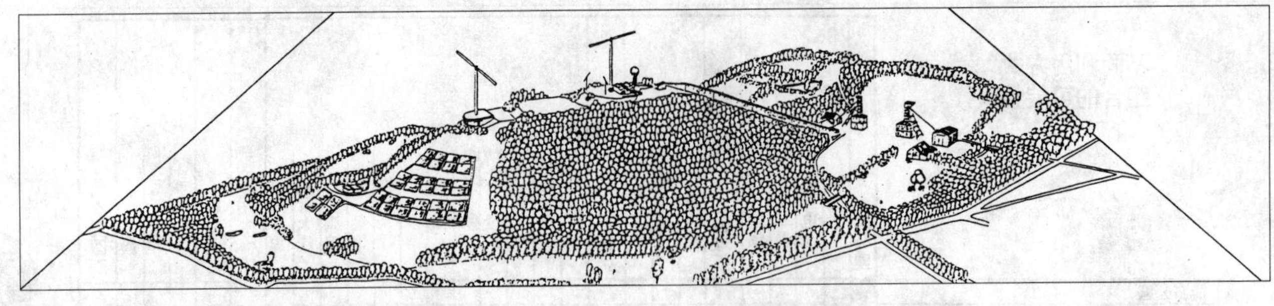

图 3.4 土地利用组合 1–3 和 5 的立体图

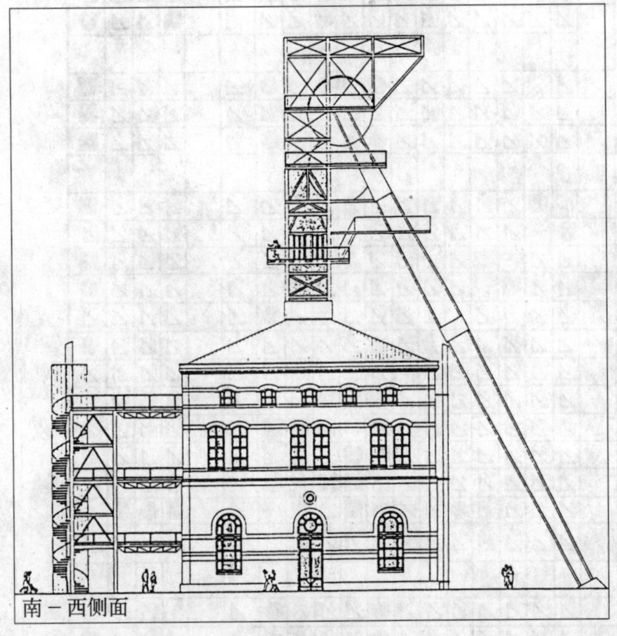

图 3.5 提升塔的正视图

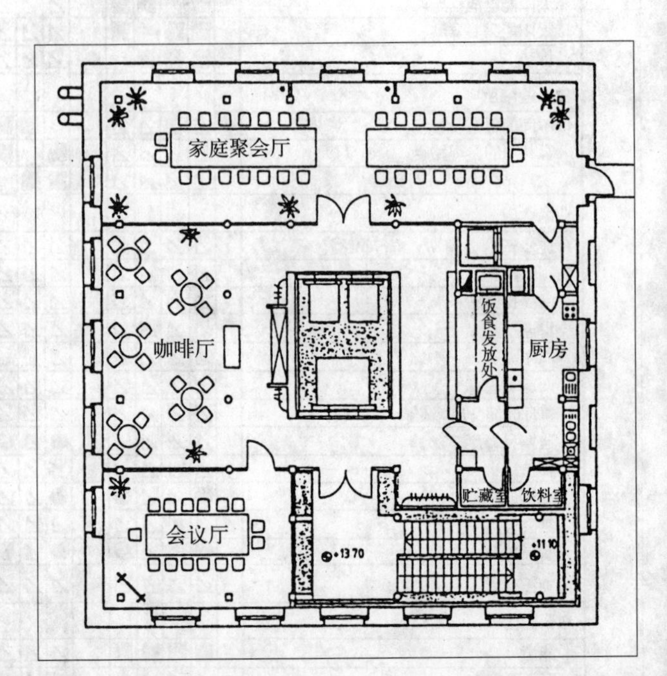

图 3.6 二层楼的平面图

工业利用的可能性，因为从住宅区通向这块土地的道路过于狭窄使它的工业利用不再能被批准。

新情况

土地利用的前提改变后，人们在专项研究的框架内又对整个矸石山最适宜的利用密度和建筑形式以及土地利用组合进行了一次调查研究。在公众的讨论中其意见从把矸石山彻底交给自然到对矸石山进行一定程度的利用不一而足。第一种意见认为，在周围充满农田的环境中应为大自然留下一块大面积的土地，从而使动植物能得到一处重要的避难地。

第二种意见认为，居民们也应该分享矸石山的室外空间，如果建立自然保护区后再对其进行一定程度的利用，只有在其边缘才会对保护区造成一些不利的影响。这里有面积足够大的，人类很难进入的陡坡地区，在此动植物物种可以很好地定居生长。这全依赖于这里保留有面积足够大而又没有受到人类干扰的区域。再加上前矿山平坦的厂区没有植被生长，这就为建设居民点提供了一个可以接受的场所，从而也就适宜作为无污染的建设用地来使用。如现有的居民点需要扩建就必须占用农田，所以上述的已经失去了自然特征的土地用来作为建设用地，就可以避免占用耕地。

试设计的任务是找出适宜的土地利用组合方式。同时还要进行植物学和土壤学调查。土壤调查的结果表明，此块土地没有作为建设用地和休闲用地的不适宜因素。但是在矸石山西南侧的陡坡和一些小路上强烈的侵蚀风化现象，由于松动的基础山石有崩塌的危险。所以如果允许游人从这些路径登山，则必须对这些道路进行加固和持续的养护。这一点只有在通过这块土地的合理利用从而建立了一定的经济基础后才能做到。矿山企业想在收取了一笔象征性的费用后把这座矸石山转让给地方当局。而地方乡镇则害怕对产生的相关费用和责任风险承担责任，因此，只有在这块土地的一部分作为居民点建设用地的前提下，地方当局才愿意接受这块土地。

试设计

图 3.7 和图 3.8 给出了可能的土地利用方式：紧挨着矸石山的北侧计划建设一个新的住宅区。南部在现有的体育场地旁边要对居民点进行扩建。如果交通能通过两条通道进行，以前的厂区就可以作为居民点的建设用地来使用。带有泥浆池的面积较大的高地适合于建设体育设施（网球场等），山顶适合于建设眺望台和风力发电设施。本地区与四周的交通联系也很重要。矸石山在其近百年的历史上一直是一个与周围地区隔绝的工业区，这片土地现在可以与周围建立联系了，特别是边缘地区可以转化成为一个野外休闲区。其东部边缘是一片稀疏的可以建为公园的桤木林。这一边缘构成了内部与外部之间的一个过渡区。而新居民区则位于一座四周被绿色包围的安静的“岛屿”上。图 3.9 表示了这一情况的试设计。设计图表示的是建设用地的高限。在图上标出的是一个大的公共广场，从这个广场有通往矸石山及北部居住区和南部居住区的道路。广场的周围计划修建一些基础设施、混合住宅和工商业建筑，其他地区为纯住宅。

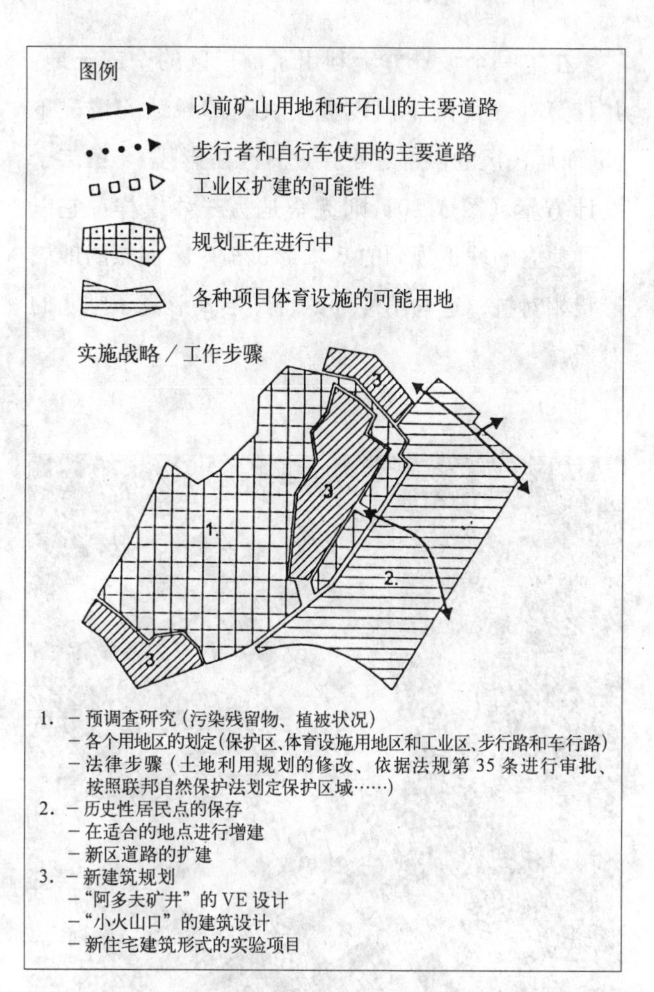

图 3.7 阿多夫矸石山：土地利用示意图和图例［库曼（Kuhmann）1994 年的硕士论文］

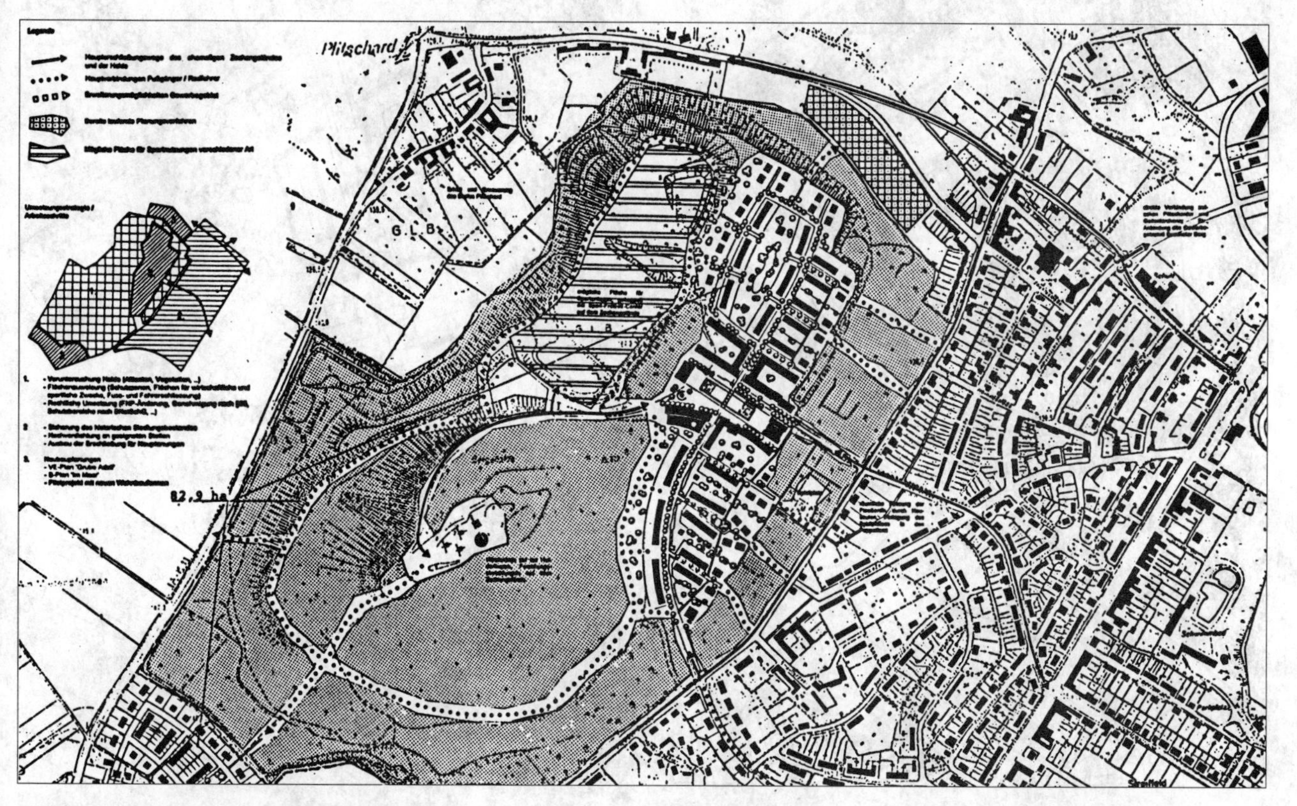

图 3.8 住宅和无污染手工业的建筑方案（库曼）

在第一个设计方案利用了前厂区的全部土地，并打算在北部的中间设立一块内部绿地的情况下（因而居民区的西部过于接近日光阴影区），第二个设计方案（图3.10）则完全是另一种模样：它以一种独立的城市规划的基本形式与厂区偶然的地块形状相对抗，这与不规则的自然形式形成了鲜明的对照。

这样就与无规律的周围地区形成了宽敞的过渡区域，使这里成为本居民区和周围市区的野外休闲区。与第一个设计方案相比室外绿地能更好地得到太阳的照射。建筑物严格地以中轴线为核心排列，这一中轴线把北部的住宅区和南部的工商业区连接成一个整体。它具有一个清晰的外部边缘，此边缘使建筑物成为了一个静止的单元。

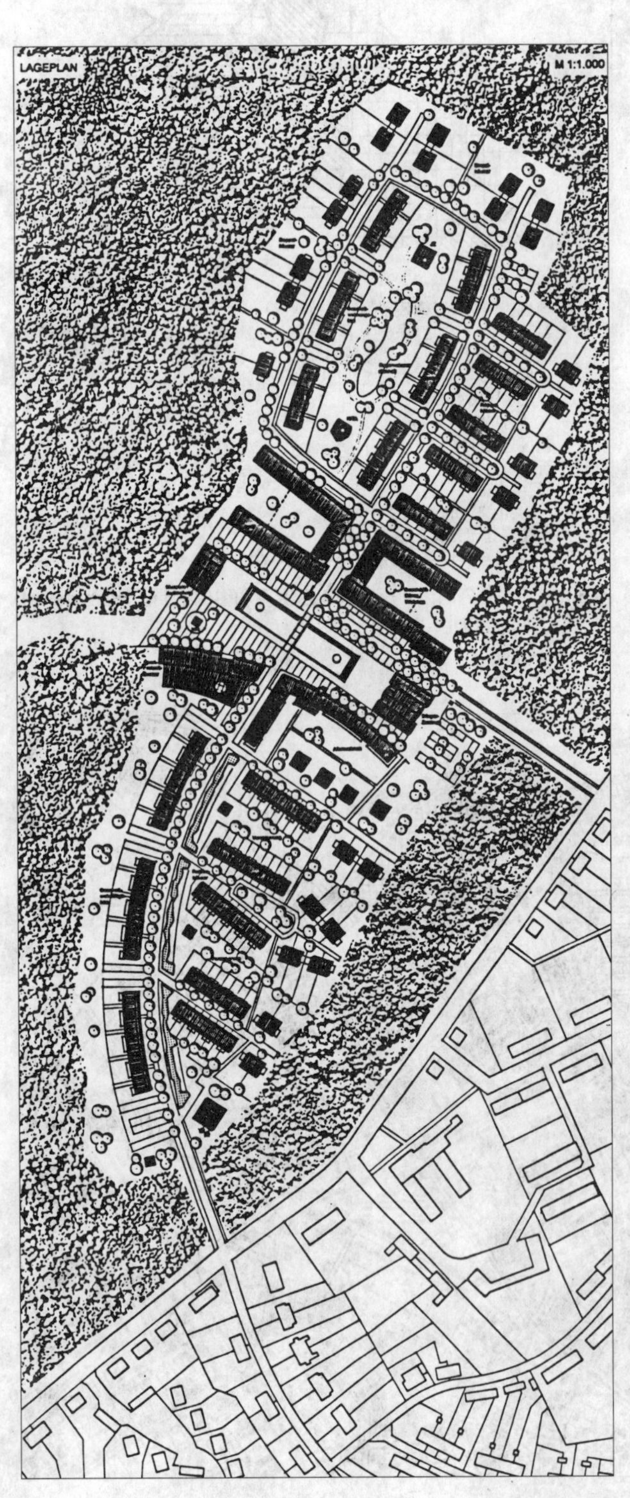

图 3.9 建筑方案 1（库曼的硕士毕业设计）

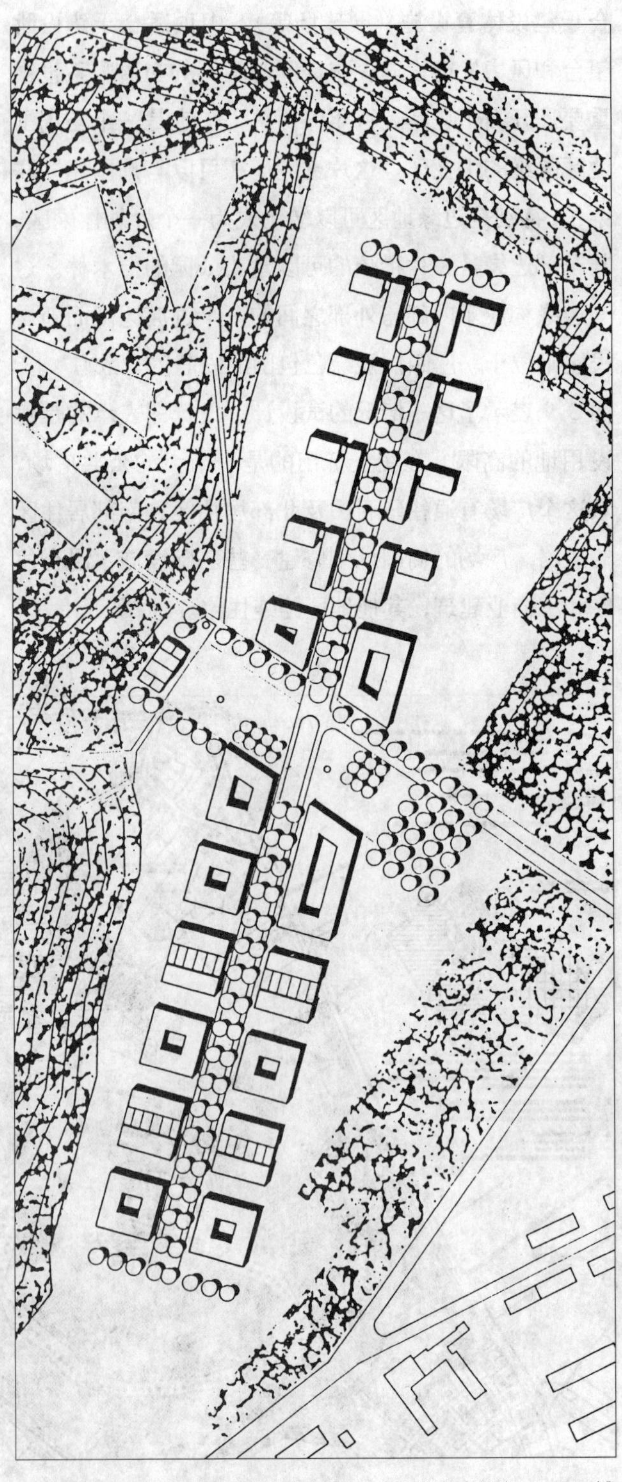

图 3.10 具清晰外部边缘的建筑方案［设计者：伊斯林豪斯（Isringhaus）］

3.3 旧港口设施的重新利用

货物运输向飞机、其他港口和集装箱的转移也对不来梅产生了深刻的影响：以前的散件货物港的大部分只是处于维持状态。货运大厅变成了库房，港口中很少再有船只靠岸。已经可以预见，某个时候再继续对昂贵的码头堤岸进行维修保养肯定就不再经济可行了。目前的任务是要为不来梅的欧罗巴港找到新的用途，并同时使之更好地与内城相连接。虽然这一港口与市中心离得很近，但它被城市快速路和铁路所分割。其港池应该通过安全而有效的利用得以保留。问题是几个大型食品厂（Kellogs，Eduscho）高大而密集的单体厂房影响了市容。

这里临河的位置是这样诱人，以至使这里除了成为无污染工业部门的建设用地之外，还使住宅用地成为了这里增长最快的土地利用方式。因此港池和威悉河岸可以成为住宅用地。现有的客运栈桥和工业行业应该保存下来。图 3.11 绘出了欧罗巴港的现状。

此项工作的主要目的是要在本地区建立起一种独立的空间秩序，这种秩序能给这一偏僻的地区打上自己特殊的标记，而同时又能把现有的建筑物与道路网络接合成为一个有机的整体。水面的存在使这块土地已经有了一个较大的开敞空间，但一些设计者仍在寻求把独立的火车停车场融合到地区结构之中。在这样一个分割破碎的地块上，把对用地结构有着负面影响的停车场融合到地区结构之中是最困难的任务之一。使绿地融合到建筑群之中和在街道两旁种植树木的决定对改善用地结构起到了很好的效果。

下面我们对几个挑选出的设计方案的特点进行一个简要的描述（图 3.12、图 3.13）。前两个设计方案试图通过围绕港池对称的建筑为这一地带建立一个以海港为中心的中央区。即使人们还没有见到港池，但已经可以从组织结构上感觉出它的存在。第一个方案设计出的中轴以港池为中心，并且合乎逻辑的一直延伸向内城。港湾终端的圆形合理地与两条支路相连接。街道网络的连接十分清晰，现有的大型建筑物也很好地融合在了建筑群中：威悉河旁的 Kellogs 公司厂房隐藏在一条建筑和绿化带的后面，Eduscho 公司的建筑物（图上面右方）也很好地结合在整个街区体系中。

在第二个方案中港口的终端为一个尖形。港口周边的建筑被认为是独立体，所以它们应该独立地布局。这样这一方案不仅具有较少的建筑物，而且还有一个困难的分区：港池消失在建筑物的后面，实际上成为了这些建筑物的私人地带，从而使整个地区变得残缺不全。由于采用保持较大的间隔距离的决策使新的设计无法融合到现有的建筑物形式中。这一设计方案的核心设想是一个带状结构的方案。断裂带作为正常的组成部分得到了城市的肯定，因此应该得到突出。在东部补充进来的造型上不能令人满意的孤立的建筑物表明，带状结构的设想无法带来合理的城市结构。

另两个设计方案没有从能给人造成深刻印象的宏观形式出发，而是从还未解决的交通和建筑的组织轮

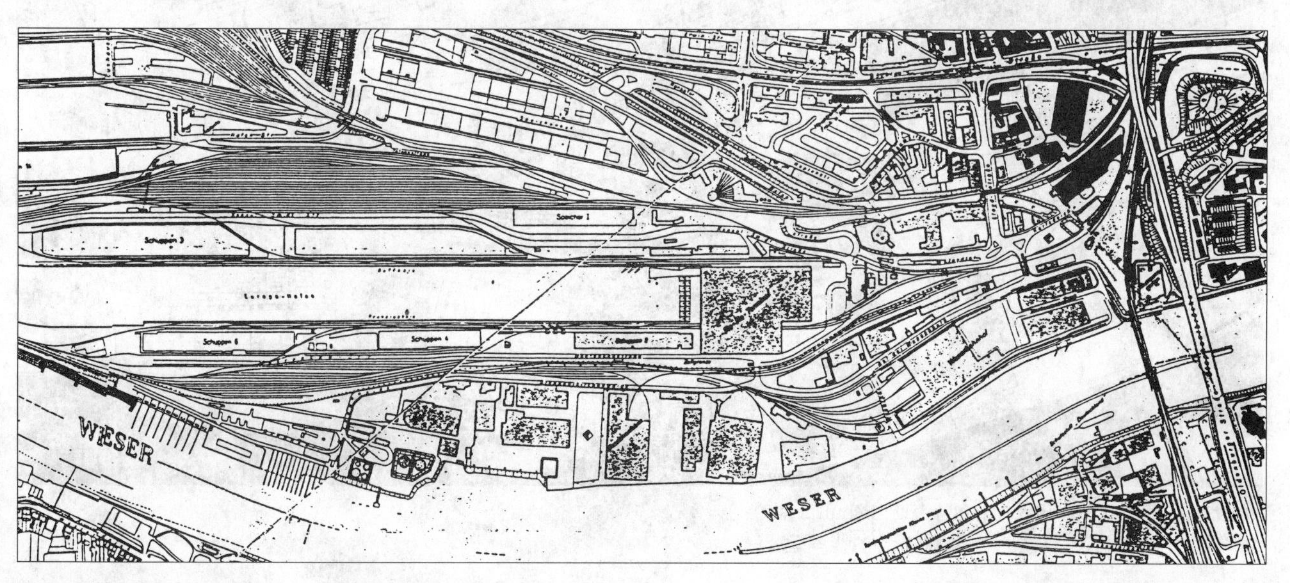

图 3.11 不来梅欧罗巴港

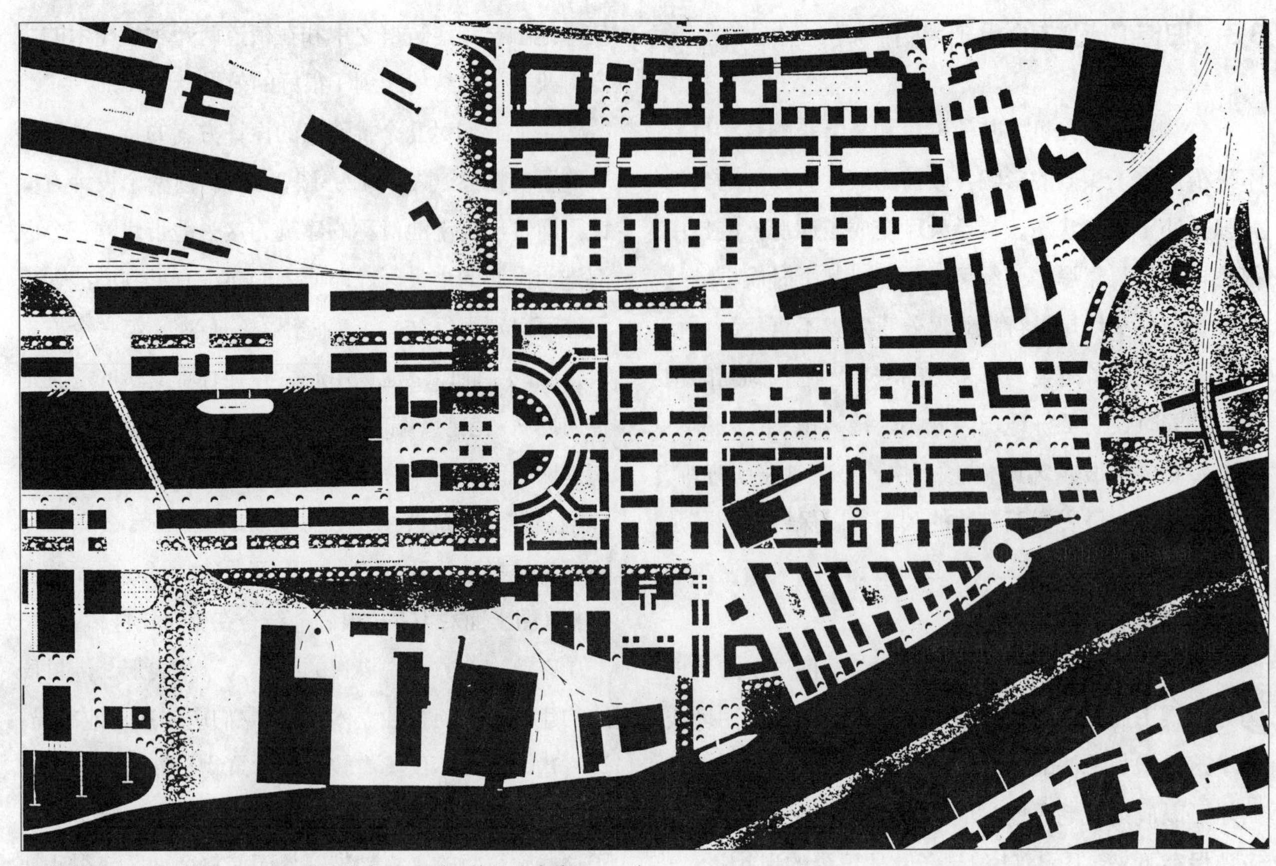

a）设计者：贝克尔（Becker）、里希特（Richter）、特伦普夫（Trumpf）

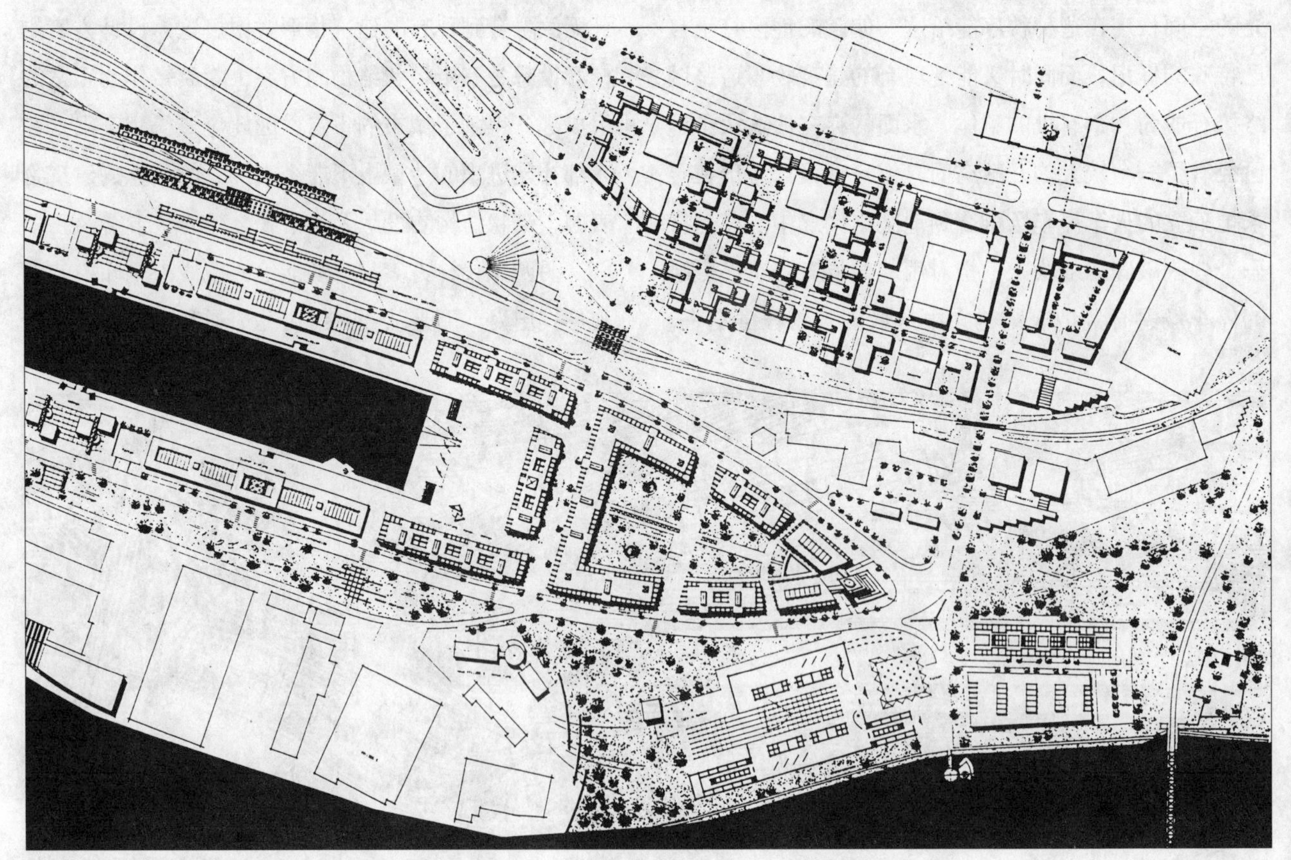

b）设计者：勒辛（Rössing）、舒尔特海斯（Schultheis）

图 3.12 不来梅欧罗巴港：新利用方式的设计方案（LSL 不来梅欧罗巴港，亚琛，1991 年）

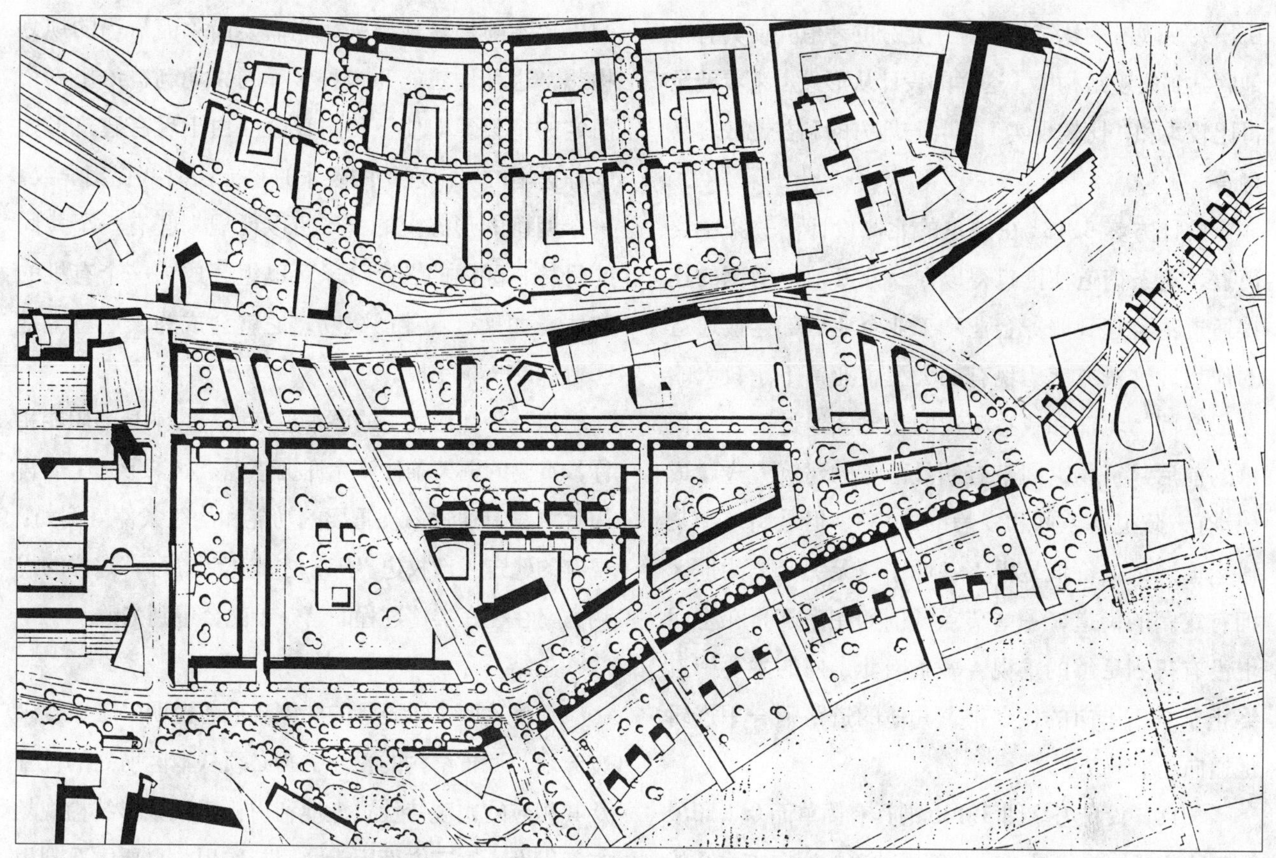

a）设计者：明希（Münch）、罗特兰（Rottand）

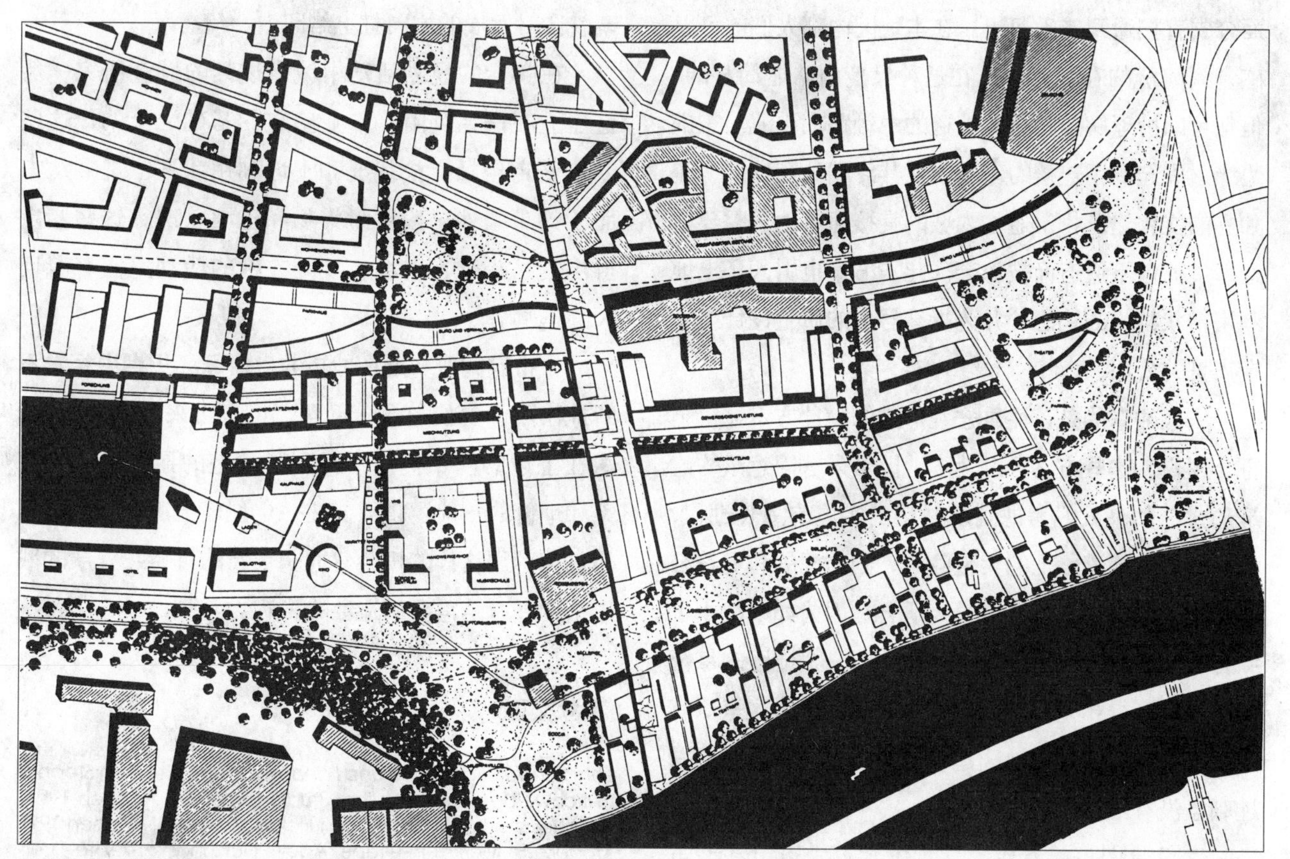

b）设计者：莱特纳（Lettner）、帕佩（Pape）

图 3.13 不来梅欧罗巴港：新利用方式的设计方案（LSL 不来梅欧罗巴港，亚琛，1991 年）

廓出发。现有的建筑物得到了充分的考虑并使其有机地联结到宏观结构中。这样的设计从形式上来看就显得比较柔和，比较现实，而且与地方的利益比较容易融合。

设计方案 3.13*a* 在港口的北侧设计了一条主要街道，这条街道使港口得以向公众开放。南侧的连接通道主要起到服务企业和工业企业后部连接通道的作用。这一方案为现有的大型企业留下了较大的发展空间。北部和威悉河边的住宅区通过适合而简单的前后建筑物之间带有明显落差的建筑方式建成（具有市政道路空间和安静的内院）。但是街道和交通运输网络的价值显得不甚明了：无关紧要的地区拥有宽阔的街道，一些节点（例如在南部）在空间上没有得到足够的重视。一条南北走向的主要街道终止于东西走向的住宅带，其他的道路则合乎逻辑地通向船舶码头。

相反，设计方案图 3.13*b* 则具有简单而令人印象深刻的交通网络等级：在北部延伸着的通向市中心的交通干道为 U 形走向，它的西面分支切向港口，东面分支直接通到威悉河边。在本地区内部人们就可以感觉到河流的存在。一条在这种尺度内略显简朴的，但是可以被理解为是林荫大道的中轴路在港池与东部边缘之间起到了连接的作用，在其终端计划设计一座独立的文化建筑物。通往内城的直接通道由于需要建造昂贵的地下通道而被放弃。此一方案也引入了土地利用带状结构的构想，并为提高居住的质量设计了一个连贯的公园。

引人注意的是，注重宏观形式的设计方案显得更符合逻辑。这些方案可以为本地区带来言简意赅的建筑形式。如果人们考虑到从构想到实施的漫长过程，为了克服实施道路上的大量障碍，则合理的和更符合其功能的宏观形式就显得最为适合。因为如果缺少了综合性而强有力的总构想，这样大的一个地区的每个局部就会变得相互独立而没有全局观。因为这里原有的城市结构对大量本地区建设的参与者自私自利的兴趣利益没有足够的抵抗能力。

这里我们也能看到，这种宏观形式可以在城市结构具体实施的漫长过程中起到很重要的作用。这在较大区域的城市规划设计竞赛中正在作为决定性的因素不断地显现出来。它需要简单而恰当的规划构想，这种构想能为多种多样的兴趣利益给出一个固定的框架。即使下任市议会（由于现有建筑形式本身提出的可以理解的要求）也无法对其提出异议。一个明确的形态上的框架可以使规划区有一个共同的目标：区内的各个分子可以组合成为一个有机的整体。如果这点能够成功，它就会成为表明整个地区特点的一种手段。

但是外观形式上的要求也应该与其本身的职能相称，重要的框架条件不允许被忽视。如果形式上的言简意赅只有通过忽视重要的功能和法律条件（例如：现有的建筑、产权边界等）才能达到的话，这样的规划方案往往在实施过程的第一步就会遭到失败。

总结

凭借这两个示范性的实例我们想说明，工业空闲废弃地与城市结构的重新融合必须从本区所处的位置及其相应的宏观特性、土地利用构想和城市结构规划方案出发。这三方面因素共同起作用，只要主要利用者或产权人的利益没有发生影响的话，上述三方面因素就会对发展的方向打上烙印。

在实际的规划活动中城市规划的调查研究一般是建立在一系列附加专业鉴定的基础之上的，这些专业鉴定包括产权状况和土地利用状况、规划法方面的约束条件、残留污染物和土壤状况。这些鉴定得出的结果经常对城市规划方案的活动空间有着巨大的影响。

城市空闲废弃地在城市的生命循环周期中经常不断地出现。它们包含着问题，但也带来巨大的机会，这在上述的两个例证中得到了清楚的显示。区位关系和地价的一般逻辑只能在一定程度上决定着土地利用。为利用这样的机会建立一个新的可持续发展的城市结构，总是需要创造性的。

参考文献

Lehrstuhl für Städtebau und Landesplanung: Bremen Stephanikirchweide - Europahafen. Studienarbeiten. Aachen 1991
Isringhaus, S.: Vertiefungsarbeit Halde Merkstein. Aachen 1995
Krüger, J.: Merkstein-Grube Adolf, Nutzungskonzepte. Vertiefungsarbeit am Lehrstuhl für Städtebau und Landesplanung, RWTH Aachen, 1990
Kuhmann, M.: Dipomarbeit Halde Merkstein. Aachen 1994

第 4 章　城市修复和城市断片

4.1　问题的提出和研究方法

A. 概念

我们把城市修复理解为是对现有的但在部分区域受到扰乱的或不完整的城市结构依据前后关系进行的一种完善和补充。城市修复是城市更新的一个次级概念，它是以一个受到扰乱的区域为前提的。城市更新探讨周期性更新的所有方面，而“修复”的概念则以一个至少还部分完整的建筑结构和用途结构为前提，这一结构通过“修复”应该再次具备优良的功能。

城市断片应该被理解为是结构的单个元素，只是其初始的内在联系受到了破坏，因此作为孤立的断片状的部分没有建立自己的结构质量。它们在空间上是以前的城市结构的孤立的残余部分或建设一个新的结构组织的第一批征兆。

如果一个城市区域的发展被中断，单个元素以前又在一种特定的建筑或用途的内在联系中具有它们的意义，而现在这些元素在没有这种内在联系的情况下孤立地处在空间中，则断片也会产生。

B. 城市修复

每座城市，每座村庄和每种建筑上的内在联系都会老化。如果我们从建筑物的平均寿命为 70–100 年出发，则结构的这些元素在这一期间就必须被替代。如果这一结构由小块的地产组成，则更新进程大多分步骤和不加协作地进行。这也有好处，因为在建筑结构和利用结构中不会出现突然的断裂。

如果城市结构由大地块和大型建筑物组成，修复工作相应地就会涉及到较大的范围。由于其数量上的规模整修的结果可以明显地促进一个区域的稳定或重点的推移。

C. 方法

城市修复的任务处于土地所有者、土地价格、城市对建筑和土地利用结构完善的兴趣之间的利益争端之中，通常邻居和相邻城区的特殊利益还要加入进来。因此可以想见的一个方法就是对不同的（大多数是合法的）兴趣利益进行仔细的调查（关键人物、住户和使用者的问讯，居民会议等）。

这些利益可以一起排列在表格上，并对其的一致性、对立性和特殊方面进行检查。然后在这一利益框架的基础上编制摸索适宜组合的规划草案，这些草案是与参与者、市政府和投资者进行讨论的基础。这些利益的一部分经常可以结合起来，另一些利益则是针锋相对的。特别的争执点经常是建筑物的过度使用、破坏性利用和建筑物的形式。从理论上（按照《建筑法典》第一条第5款和第6款的要求）应对不同的利益进行权衡，正像本书第一部分第6章论述的那样。

城市修复的任务在欧洲城市中经常处在小尺度的层面上，但是如果一座城市正在努力谋求一种彻底的现代化和形象改善，则在数量上和面积上也会有规模巨大的城市修复任务。这方面的实例有汉堡港边缘和内城的改造项目，法兰克福的博物馆河岸和内城更新，密特朗执政时期巴黎的大规模更新改造。德累斯顿也有城市修复的大型项目。

4.2 德累斯顿市中心

德累斯顿内城1945年2月几乎被完全摧毁，这一地区的大部分直至今天还没有重建。虽然德累斯顿象其他许多城市一样有城市建设不同时期的许多典型特征，但在此居统治地位的仍然是巴洛克式建筑。尽管用千篇一律的刻板建筑物进行重建带来了许多问题，但构成主题和氛围的巨大单一建筑物还是在这一城市中占据统治地位。其他方面则与此相反。关于妇女教堂重建的讨论与德累斯顿的“地方守护神”密切相关，因为它是德累斯顿城市剪影极为重要的一部分，并在城市平面图中占据着关键的位置。因此在这项讨论背后的目标是，通过熟悉元素的重建重新修复这座城市的“地方守护神”。

中世纪的巴洛克老城与相邻的市郊之间的过渡区域1945年之前由一条双重环路部分为三重环路和位于其中的狭长的中间建筑物构成。战后此区域之外大多用没有城市规划空间构成的单体建筑物建成。只有老城采用闭合式建筑方式但是以改变了的轮廓重建。1990年我们带着学生完成了德累斯顿内城环路一个城市结构重建设计的部分任务。这项设计工作最重要的一部分就是寻找可以作为单个建筑项目的预先规定指标的适宜的形态学秩序。所有的设计方案都试图通过空间结构的重建再次建立老城和其他城区之间的重要历史联系和连续性，从其影响中获得德累斯顿市标志性的新东西。在此也有双重性的目标：在城市规划标准中建立熟悉的标准和空间及其在一个独立的对当地做出反应的建筑学组合中的建筑学构成。

图4.1表示的是战争毁坏前具有稠密组织结构的城市轮廓，下图我们看到的是按照CIAM（1978年的状况）的原则进行的重建结束后的结果，两图在建筑物和开敞空间所占的数量比例上几乎相反。如何对待这一结果？图4.3表示的是不同的设想模型方案，这些模型系统地探索了“形态学”意义上的活动空间，在理论上对以前不同时期的当然也有未来可能出现的基本优点和缺点进行了调查。一些方案有意识地与战前的城市结构建立了联系，或者进一步追溯到更早的时期，以便使19世纪越界建造的防御工事显露出来。其他方案则试图尊重现状并由此出发对建筑空地进行

上：图4.1 德累斯顿：战争毁坏前的城市形态结构
下：图4.2 1987年的状况（库德斯，1993年）

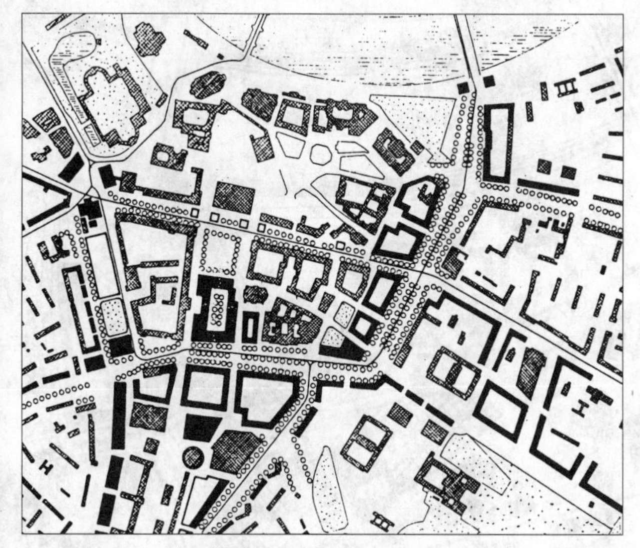

a) 环形大道 [S· 维尔登 (S.Wilden)]

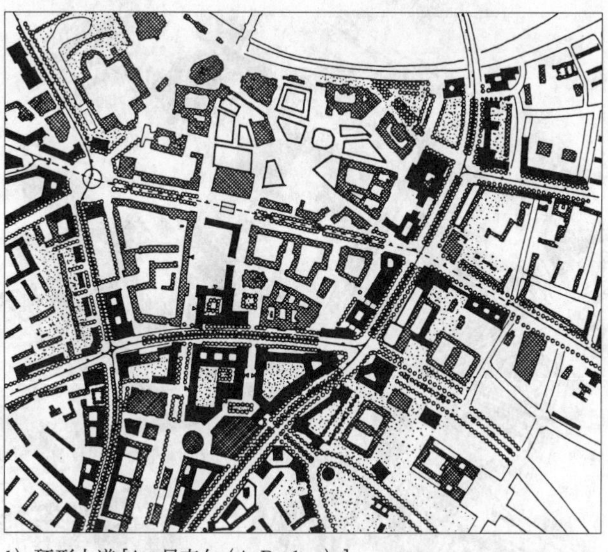

b) 环形大道 [A· 贝克尔 (A.Becker)]

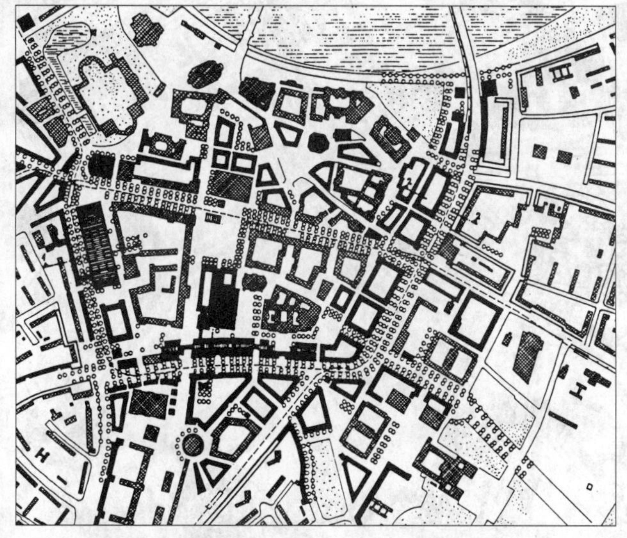

c) 环形大道 [P· 瓦格纳 (P.Wagner)]

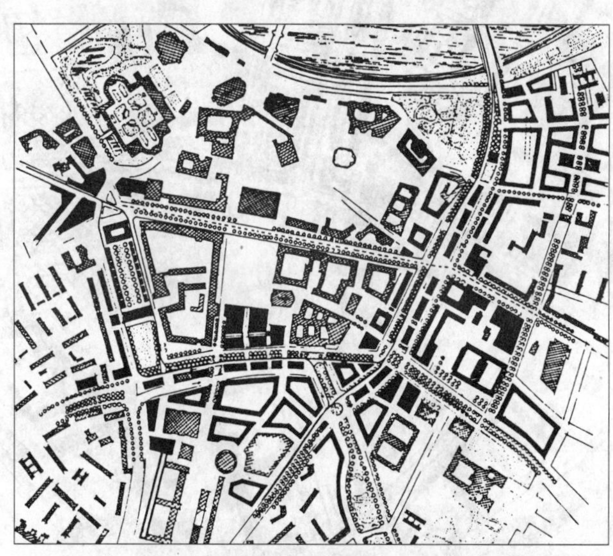

d) 双重环形大道,小型封闭式建筑物 [斯塔姆波尔斯基(Stamborski)]

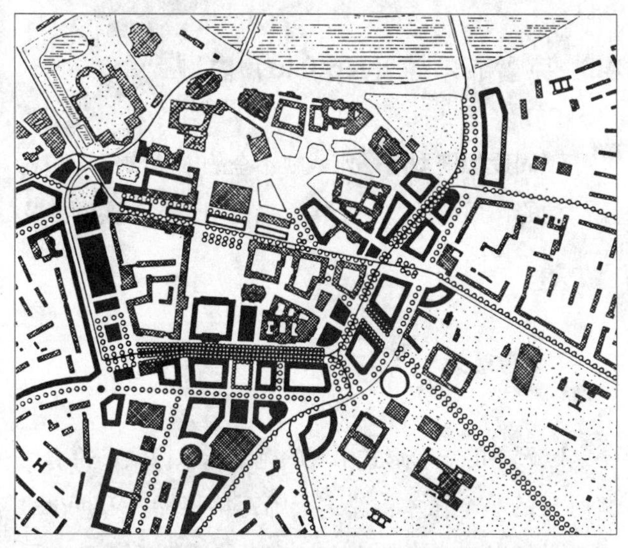

e) 双重环形大道，大型封闭式建筑物 [R· 格拉夫 (R.Graff)]

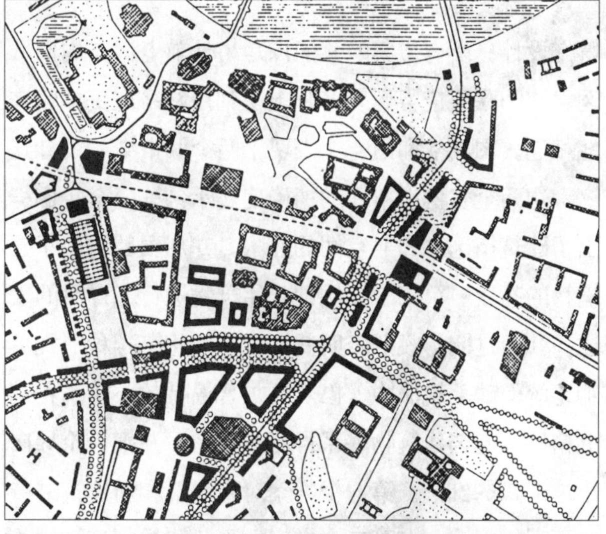

f) 双重环形大道,小型封闭式建筑物 [G· 诺尔德锡耶克(G.Nordsiek)]

图 4.3 德累斯顿市中心：城市重建的六个设想模型 (资料来源：德累斯顿设计方案，LSL，1991 年)

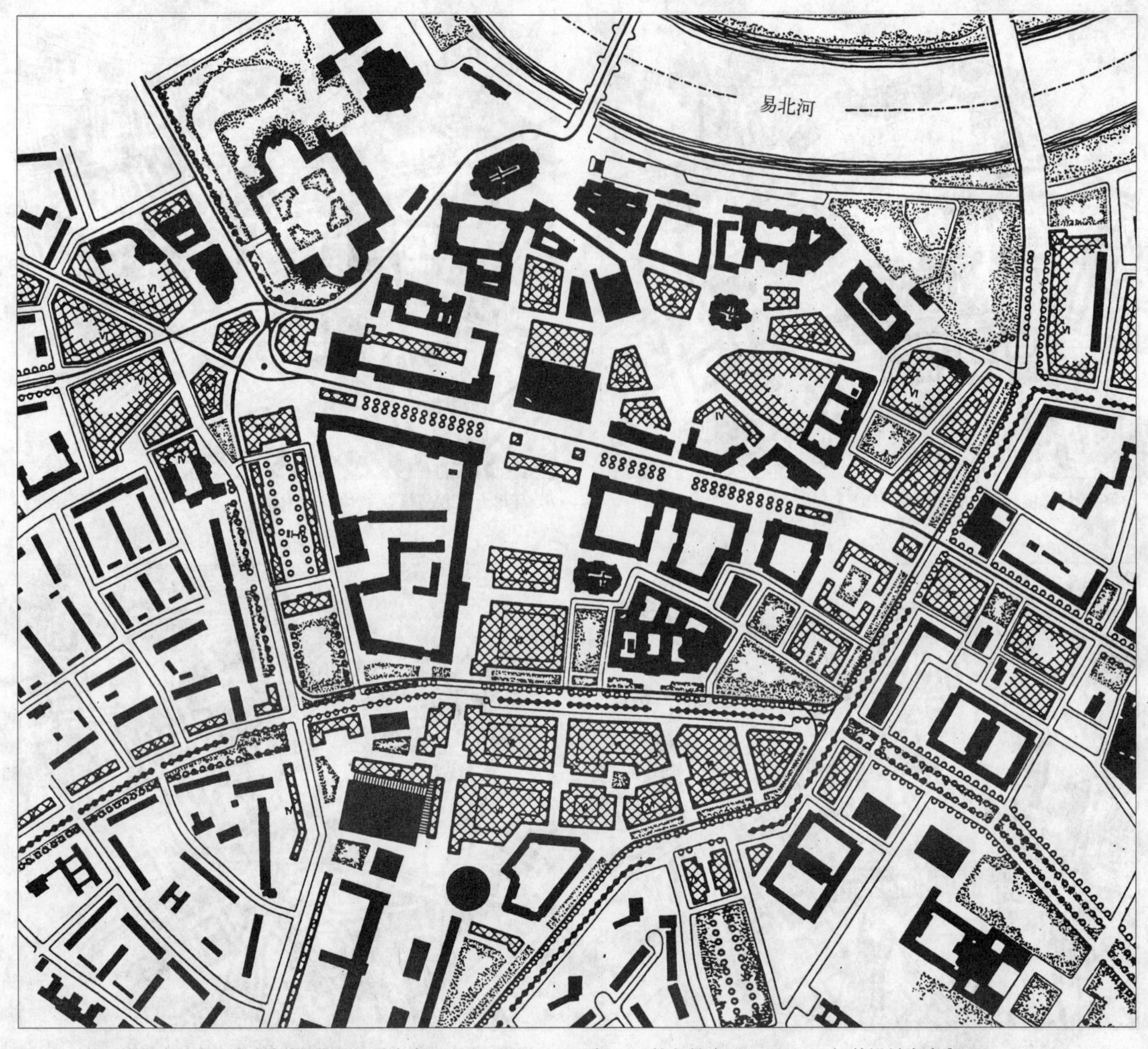

图 4.4 德累斯顿内城重建方案［德累斯顿设计方案，LSL，亚琛，1991 年。J · 格尔曼（J.Goehlmann）的设计方案］

填充设计。所有方案的共同点是，从前老城与周围城区之间的联系应得到改善和土地利用网络应更加紧密地相连。图 4.4 和图 4.5 表现了两个城市结构设计建议，这两个实例以不同的精确度表示：第一个实例标出了建筑街区和公共空间的界限，并用层数告知了建筑物的高度；第二个实例则对建筑物进行了详尽的表述，并通过阴影投射表明其高度。因此第一种形式更加笼统而缺乏说服力，但是更加普遍有效；第二种则更精确，它与建筑物联系得更加紧密，并把讨论导向建筑形式的细节。第一个方案对老建筑和新建筑进行了清晰的区分，在第二个方案中现状和规划应被视为统一的总体形式。

4.3 克雷菲尔德（Krefeld）内城

不同设想模型对一座残缺不全的内城的建筑和利用结构的作用应通过一个实例来说明，这一实例涉及克雷菲尔德内城。

A. 内城的意义

以严格的矩形形式出现的克雷菲尔德城市轮廓是其时代的一个孤本：建筑大师瓦格德斯（Vagedes）在中世纪以来存在的五个城市发展时期的基础上于 1825 年提出了一个将这几个时期的建筑联合在一个矩形图案中的设计方案，并将内城通过四周的城墙包

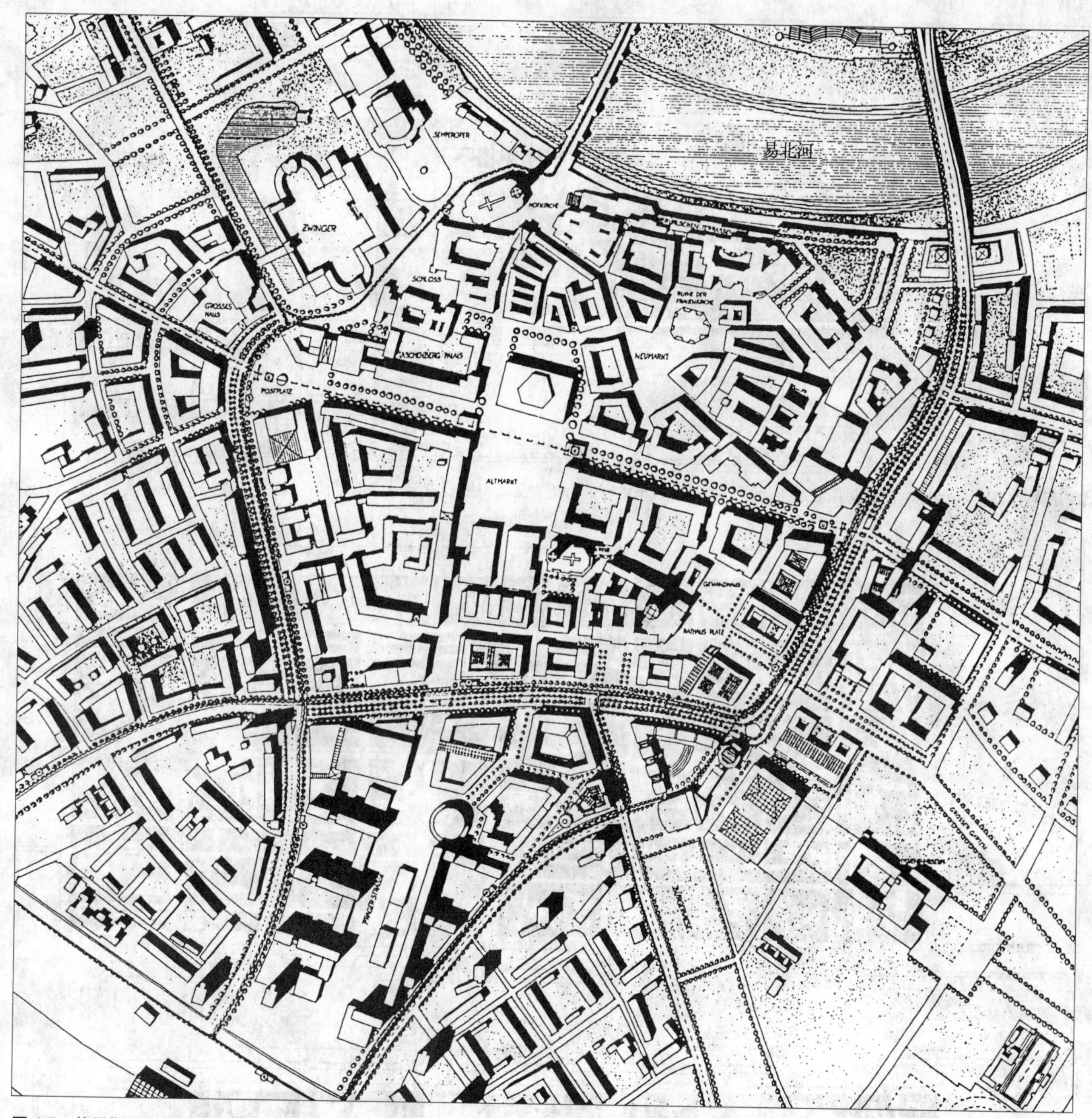

图 4.5 德累斯顿内城重建方案［德累斯顿设计方案，LSL，亚琛，1991 年。A· 贝克尔（A.Becker）的设计方案］

围起来。今天城墙构成了一条内外城之间可以清晰看到的界限，19 世纪宏伟的封闭式建筑物添加在非常紧密而低矮的轮廓结构之中。因此从那时以来就牵涉到狭窄的内城区域与外城之间关系的表述问题。在图 4.6*a* 中我们看到的是瓦格德斯的以城墙作为外部边界的概括性的城市平面图设计方案。阴影线的密度反映了发展的历史次序（1692 年，1711 年，1738 年和 1752 年）。图 4.6*b* 表示的是 1939 年时的建筑物，阴影线表示的是有变化趋势的区域。图 4.6*c* 表示的是 1989 年的状况。人们可以明显地辨认出这样的趋势，即城墙旁边的第二行（约 16 米宽）特别狭窄的封闭式建筑物战后没有再重建。为此以前只允许建两层的建筑物现在允许最高建到四层。银行和商场等高大的建筑物不是建在适宜于建设较高建筑物的城墙旁边，而是允许建在中心地区，这样就扰乱了狭窄的街道与建筑高度之间敏感的比例关系。

在北部城墙附近（这里是右侧）可以明显地看到这样的一种行动：高大的住宅建筑物放置在狭窄的地块中央，从而放弃了边缘的连续性。在旁边人们可以看到 20 世纪 70 年代的痕迹：一个没有适当

a）瓦格德斯（Vagedes）的设想用城墙四边形包容每次城市扩展的古典主义城市规划方案

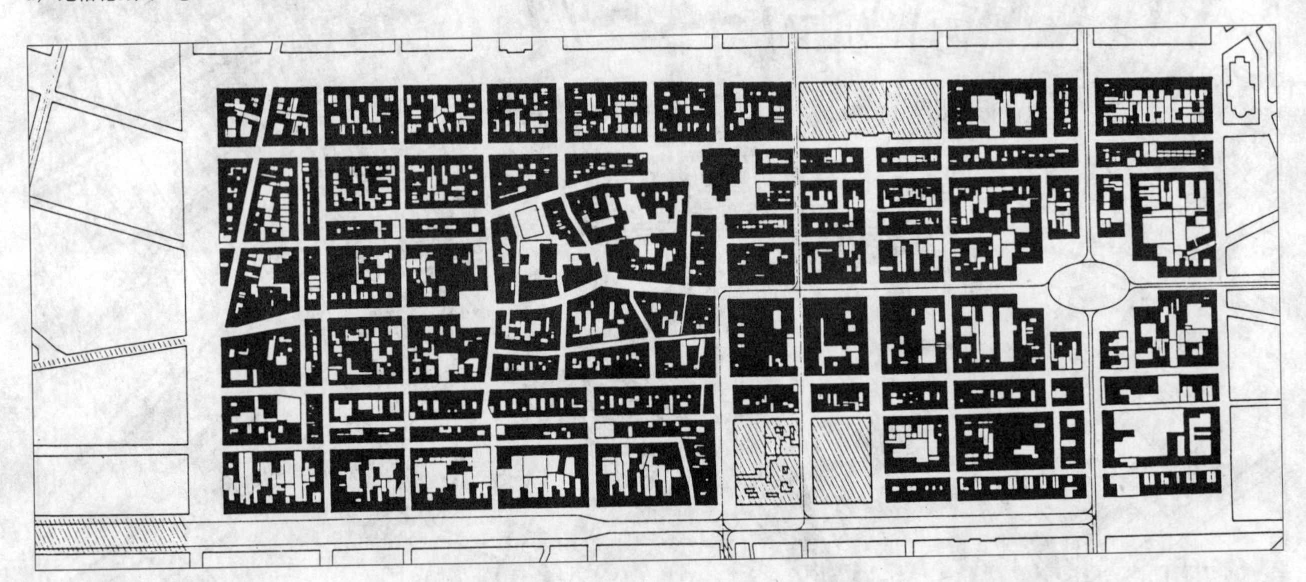

b）战前的状况

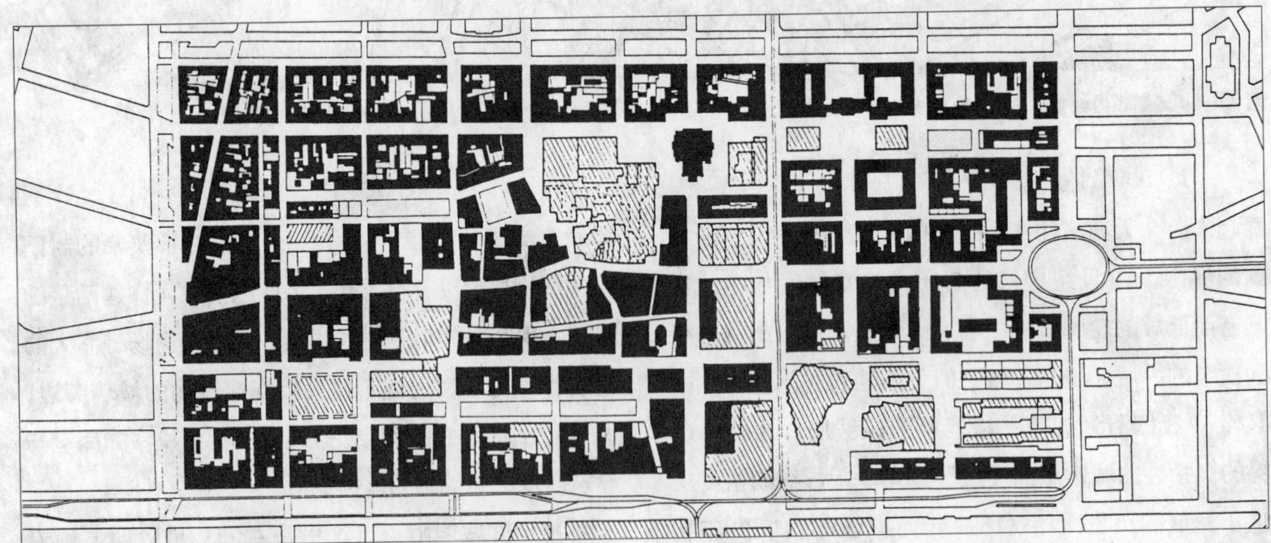

c）1989 年的状况。有阴影线的部分建筑上发生了变化。很大一部分，特别是东北部起着破坏性作用。中间偏右为：设计方案中 16 米宽的封闭式建筑物

图 4.6 克雷菲尔德城市平面图形态学上的变化（城市规划和区域规划专业硕士学位毕业设计：克雷菲尔德。亚琛，1990 年）

地容纳封闭式建筑物的两个犄角的音乐中心。所有有阴影线的地区都或多或少地对初始的形态有巨大的干扰。

人们到底应该如何处理这样的一个问题，即一种封闭的形态从这里开始的地方是否应该变为碎片？在此方面考虑这一平面图轮廓的构想是有益的。克雷菲尔德明显地受到了荷兰实例的影响。1805-1825年期间（拿破仑占领时期）的条件和普鲁士的衰落导致垂直分段占优势的元素被放弃，一个由相对低矮的建筑物组成的有很长轮廓的严格的胡格诺教派式的城市设施产生了。内部街道的狭窄轮廓在垂直线上没有留下巨大的活动空间，这样瓦格德斯就寻求通过水平线上的分段元素来替代：通过城墙四边形狭窄的城市空间在外部可以获得所需要的绿地，以便使狭窄的城市结构不受到绿地要求的打扰。战后人们没有重建这些狭窄的封闭式建筑物，它们被用来作为停车场或者用不同的建筑方式建设，但是内外之间的对应关系受到了干扰，新设立的内部空地开始与城墙产生竞争。城墙的尺寸与瓦尔德斯参与规划的杜塞尔多夫的科尼希大道类似。

自几十年来就已经出现的一个问题是几何空间与功能空间之间缺乏协调。因为克雷菲尔德火车站不在城墙四边形的中央，而位于东城墙的延长线上。所以重要的商业功能和服务业也转移到东墙一带。商业功能重心向东部城墙区域的转移导致了与构想为外部框架的矩形形式之间的根本性形态冲突。形式和功能的瓦解对进一步的发展来说隐含着巨大的潜在危险。一个几何学上这样确定的基本形式依赖于正视图和平面图的高度和谐，相反在重建时这一原则经常被破坏。如果人们遵循1949年的重建规划，克雷菲尔德市今天就会有一个相对均匀而结构上诱人的市中心。与此相反，允许出现了太多的例外和偏差，其后果是，市中心分解为许多碎片。问题特别严重的地区是丝织厂周围的地区和迪昂苏斯广场南面有天鹅市场中心的建筑群。

像克雷菲尔德这样的城市轮廓是欧洲城市建设史的一部分，也是一笔文化财富，应该谨慎而保护性地对待这样的财富。虽然这些财富通过战争的破坏广泛地遭到了洗劫，但是城市轮廓的历史意义仍然没有变化地继续存在。而这并不排除对其客观性的适应，但是这些适应应该在城市的特征和比例性方面找到界限。

B. 罗尔大街－彼德大街封闭式建筑物的设计方案

克雷菲尔德市在过去几年中认识到了这一问题的重大意义，并就这一封闭式建筑物展开了一项设计竞赛，这一竞赛应该对一个媒体中心是否能够良好地融合在这一地点中的情况进行检验。一个获得一等奖的设计方案是将底层大范围地加高，从而违反了上面阐述的高度规定，同时在底层设置一个未加控制和未利用的空间。该市请求我们研究这一课题，我们在毕业设计的框架内对形态学上可能坚持的方案方向进行了调查研究。图4.6表示的是几个方案实例。

构想方案的要点如下：

— 按照设想的用途在狭窄的地块上进行建设是可能的。

— 地块的宽度适宜于修建一座地下车库，以此今天的停车场几乎可以完整地保留下来。为使居民留在内城，这一点显得尤其重要。

— 现有建筑物之间的差异越大，新建筑物的设计构思就必须越严格。这种严格将原来的胡格诺教派古典主义思想的一些东西带回到城市中心中。

— 与周围环境之间不需要亲近和建筑学上的妥协，相反，前后一致和合乎时势的建筑群则能为市中心带来建筑学上的创新，并平衡现有的平庸特性。

— 所设想的用途和建筑物使分裂了的城市结构重新得以连接，结构断裂得到修复，并且避免了城市核心面临瓦解的威胁。

4.4 柏林市中心

一个碎片化城市区域的典型实例是柏林亚历山大广场周围地区以及沿亚诺维茨大桥方向延伸至施普雷河的地区。这一地区的西侧还有许多战前时期的建筑物，东部则毗邻着一些CIAM严格按照正方位排列的住宅建筑物。亚历山大广场自己有一个由保留下来的彼得 · 贝伦斯设计的建筑物构成的边角，汇入到

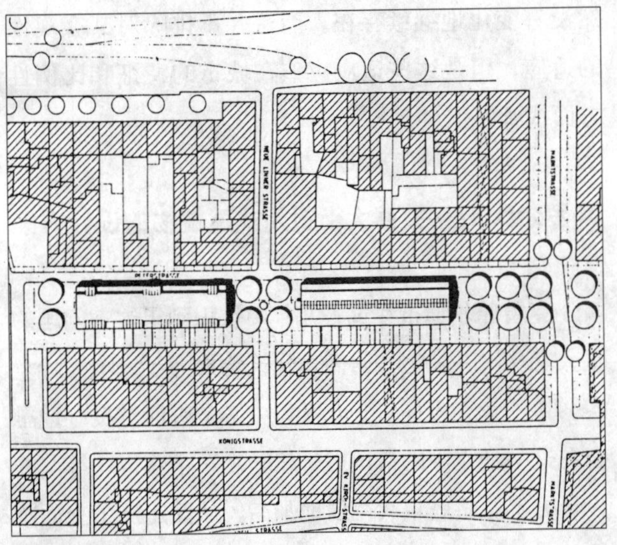

a) 马尔库斯 · 贝克尔 (Markus Becker) 的方案

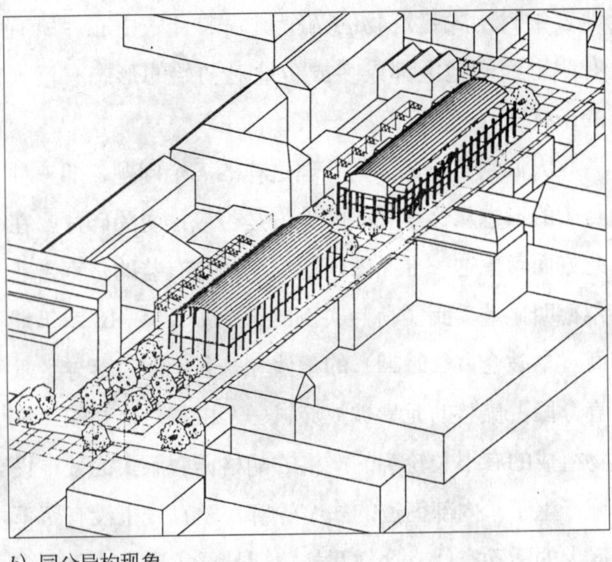

b) 同分异构现象

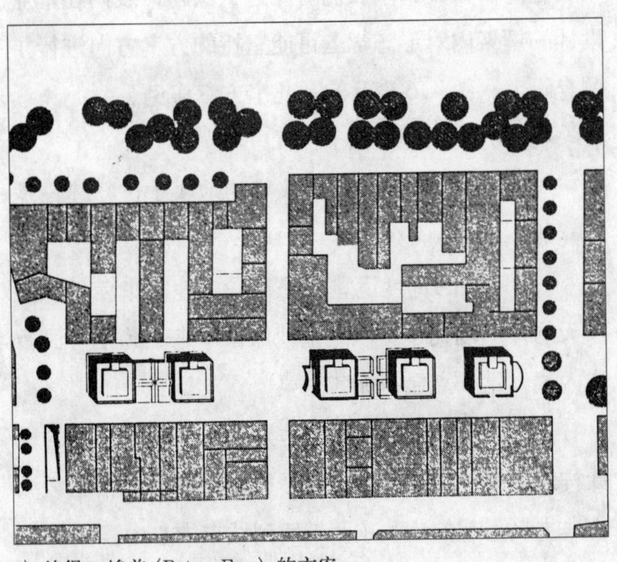

c) 彼得 · 埃普 (Peter Epp) 的方案

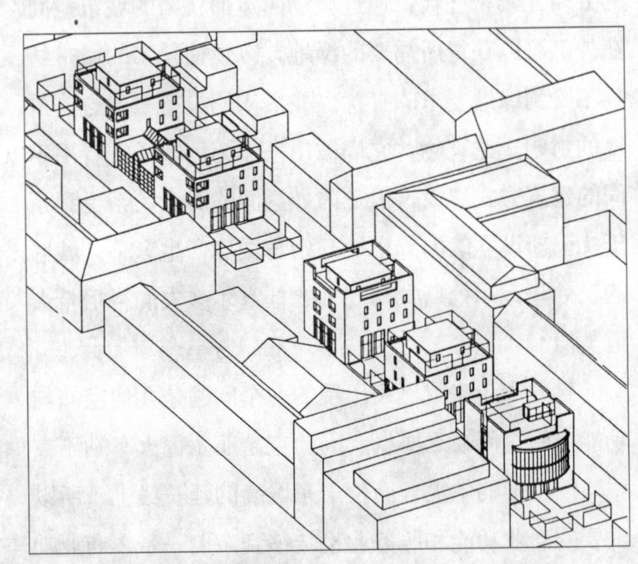

d) 同分异构现象

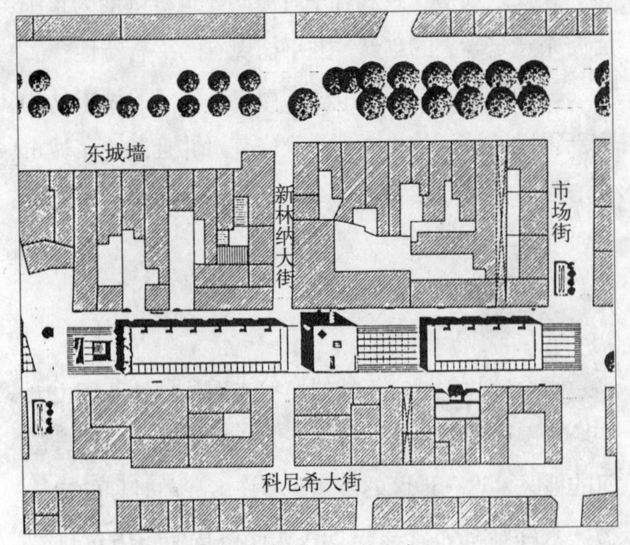

e) 京特 · 凯斯勒 (Günter Kessler) 的方案

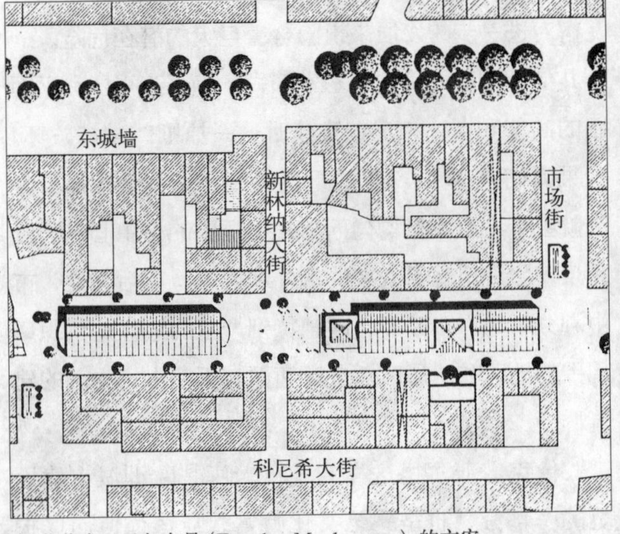

f) 弗劳克 · 马尔克曼 (Frauke Markmann) 的方案

图 4.7 说明克雷菲尔德市一个 16 米宽的封闭式建筑物可建设性的试设计方案(LSL: 克雷菲尔德－内城: 一块狭窄场地上的建筑群。亚琛, 1999 年)

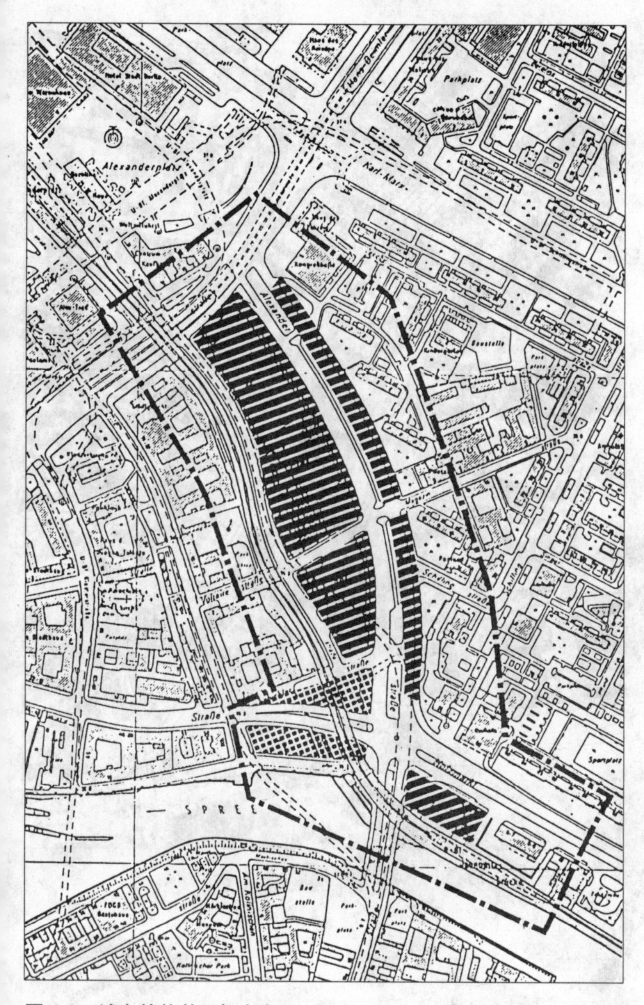

图 4.8 城市结构的目标方向

亚历山大广场的前斯大林大街以及变化了的交通结构状况需要得到新的回应。

在一个由柏林短途交通研究协会（SINV）资助项目的框架内为使有轨电车连接点周围地区恢复活力在研究工作中对本地区土地利用和形态结构方面可选择的模型进行了调查研究。我们在本书第一部分第五章中已经介绍了几个实例。

亚历山大广场区域涉及四个城区：柏林老城区及以前的马林区、施潘道区、普伦茨劳贝格区和前施特拉劳区由于卡尔 · 马克思大道的出现和新住宅建筑群的建设而有了巨大的变化（图 4.9*a*）。位于亚历山大广场和亚诺维茨大桥之间的这一“香蕉状地块”是两个不同的城市空间互相碰撞的一个交界处。它们只是由一道自然障碍－以前的城墙现在的有轨电车线路隔开。

关于设计方案的情况：

图 4.9*b* 表示的是战前的状况，当时留下来的东西只有有轨电车线路、西面围绕着“红色市政厅”的相邻城区以及亚历山大广场西北部由埃里希 · 门德尔松设计的现被列为文物保护单位的一座建筑物。以前斯大林大道的建筑群（这些建筑群的朝向与这条大道有关）把整个东部地区彻底地改造了。本区的东南部还有有轨电车亚诺维茨大桥站和以前建筑群的残留碎片。这里在城市结构上涉及“亚历山大广场”、卡尔 · 马克思大道和“红色市政厅”等城市总体上有重要意义的核心点之间的附属位置。由于有有轨电车和地铁以及宽阔的亚历山大大街这一地区有良好的连通条件，因此它对那些可以为相邻的核心地区提供补充的用途和在核心地区中淘汰下来的用途来说拥有巨大的潜力。现在的任务就是制定一个可以使补充功能得到发挥并且能够与现有的结构建立合理的建筑联系的土地利用和建设方案。图 4.9*c* 和图 4.9*d* 表示的是建筑结构和绿地结构。

基本设计观的出发点是：对过宽的亚历山大大街提出疑问，因为它在城市交通网络中不具有这么重大的意义。这一地区的东部城市规划上存在着问题，因为这里一种开放的居住用途毗连着一条交通流量很大的道路，而且位于市中心的纯住宅区没有适宜的边缘。因此这一边缘应通过具有混合用途或办公用途的附加建筑物封闭。本区的西北部必须为未来的亚历山大广场找到一个建筑上的对应物。在西部有轨电车的噪声作用要求有一个能抵抗噪声的封闭的建筑群。最后，在东南部应寻求与施普雷河有吸引力的空间建立一种联系，那里建有有轨电车线路，并作为城市空间潜力与有轨电车亚诺维茨大桥站、河对面的城区以及木材市场旁边的东西走向道路建立了联系。

在城市结构上有下列一些分区和意义方面的思考方向：

东部地区：通过一个全面封闭的道路边缘建筑群将东部住宅区封闭，借此用边缘把这一超级建筑物包围起来。

中部地区：沿亚历山大大街和有轨电车线路以及在亚历山大广场旁边兴建封闭的边缘建筑群，以便使内部空间不受噪声的干扰。

南部地区：形成一个与施普雷河之间起过渡作用和连接亚历山大大街和木材市场街的广场空间。图

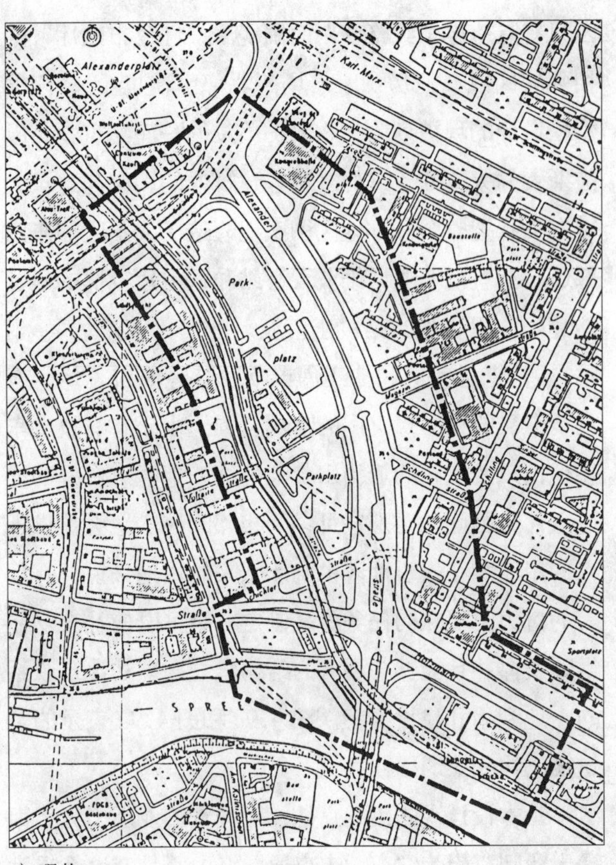

a）现状

b）战前的建筑物

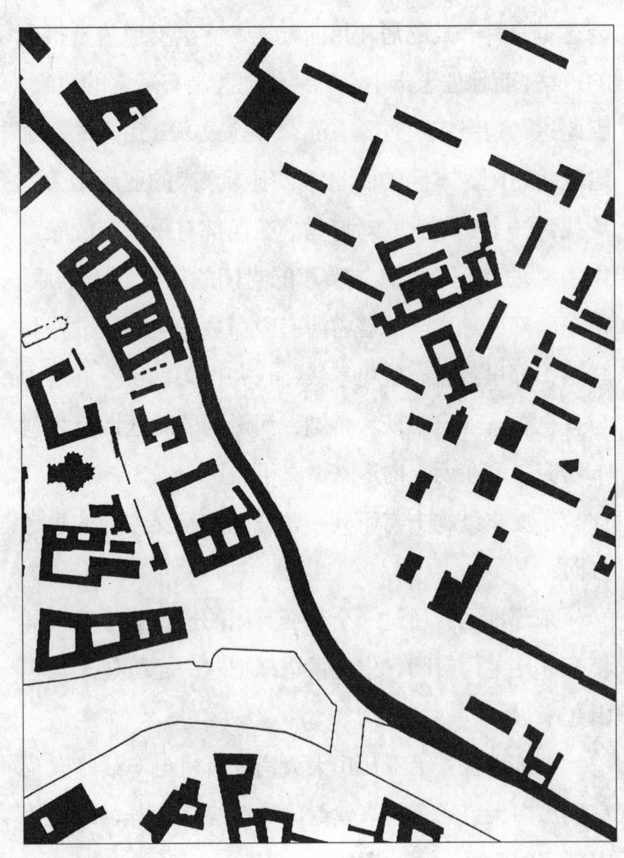

c）建筑结构

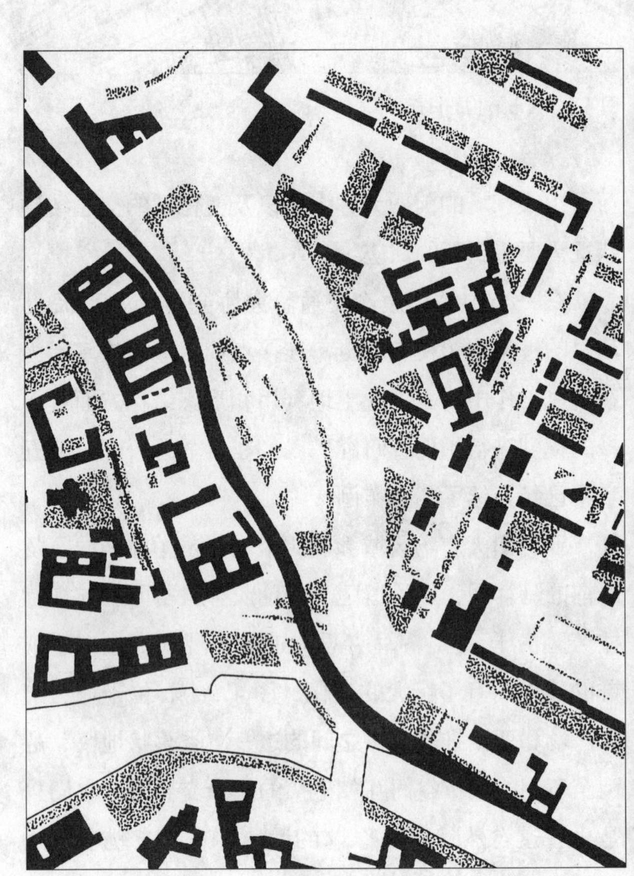

d）绿地结构

图 4.9　柏林亚历山大大街／亚诺维茨大桥：现状（LSL：柏林亚历山大大街－亚诺维茨大桥。亚琛，1993 年）

4.8表现了这一思考方向。

总会令人感到意外的是，大学生们对设计方案中象上面描述的这样一个结构上清晰的空间会做出完全不同的表述。他们对这一地块制定设计方案时带有极端化的倾向，要么是进行全面的干预（例如改变亚历山大大街的位置），或者是漠不关心地继续让亚历山大大街东面的住宅建筑物与主要交通干道毗邻，或者建议修建新建筑物或行列式建筑物和一座新的内部公园。现在看来，他们是想利用所有这些设计任务用建筑学讨论中得出的最新形式实例作为试验领域，而对历史上的负面经验漠不关心，重新拾起被上一代人认为是过时了的设计方案。为了找出和发扬自己的特性，显然新建筑物或其他建筑物需要有魅力。

如果我们鉴于建筑结构在设计时区分出下面四点，并不会令人感到惊讶：

— 封闭亚历山大大街、迪尔肯大街和横街的封闭式建筑物和建筑物边缘。

— 朝向有轨电车线路的外部空间边缘和朝向亚历山大大街有布局松散的建筑物和开敞空间的外部空间边缘。

— 朝向亚历山大大街有松散的庭院结构的空间边缘或有行列式结构朝向有轨电车线路的空间边缘。

— 朝向有轨电车线路的空间边缘和向东部住宅建筑群的开口。

建筑结构方面这四点中的任何一点在土地利用、建筑物和绿地等方面的设计上都再次包含着巨大的变量宽度。

封闭式建筑物

这一类别的设计方案代表着拥有最为密闭的建筑物的设计方案，它们都严格地遵守着（只有少数例外）柏林的屋檐高度。建筑物高度也在有轨电车线路与板式建筑物居民点之间起着连接要素的作用。设计方案的外表主要由三至四座封闭式建筑物构成的长链所塑造，它们在有轨电车线路和住宅区之间构成了一座岛屿。这一链条中的空隙为住宅区通往新建筑区的通透性提供了前提，这种方案类型的实例请见图4.10*a*+*b*。

沿有轨电车线、新亚历山大大街或在行人通道两侧是带有购物功能的混合利用方式，办公用房位于住宅楼的上层，在一些设计方案中住宅是重点。

道路系统由带次级横街的一个南北向骨架构成。在所有方案中亚历山大大街都会变窄，在两个方案中它通过沃尔泰里街路口的一座建筑物封闭。一个方案设计了一条南北方向从中央穿过新建筑区的全新的亚历山大大街。

公共的开敞空间集中在沃尔泰里街、仓库街与亚历山大大街的交叉路口附近或施普雷河岸边。私人的开敞空间位于封闭式建筑群的内部区域。

没有东部空间边缘的封闭式中心建筑物（图4.10*c*）

本部分有许多与上述部分相类似的特性，沿亚历山大大街和迪尔肯大街出现的建筑群不是由中断的行列式建筑物就是由点式建筑物组成。两者之间的地区建有低密度建筑物或者为开敞空间。

建筑物的用途与建筑物的形式相符。商店和上层为住宅的办公用房位于小区边缘，内部区域为绿地和闲暇用地。沿有轨电车线路平行布置的建筑物要求用商业和服务业使对面的拱形旱桥具有活性。

交通连接不是通过两条南北向大街就是通过横街进行。

开敞空间集中在内部区域，但是因为其用途和尺寸很可能被用来作为公园。

亚历山大大街一侧的空间边缘（图4.10*d*，图4.11*a*）

在这些方案中强调了亚历山大大街沿街的建筑群，本部分构成了新建筑区与住宅区之间的界限，亚历山大大街不是通过行列式建筑物就是通过点式房屋扩建为交通干道。后部区域是一个由绿色庭院构成的序列，或由与街道垂直的行列式建筑物构成。

亚历山大大街旁边的商店和办公用房与后部区域的小型手工业企业、诊所和住宅构成了混合用途区。这一地区通向亚历山大大街一侧与迪尔肯大街的有限利用相连。后部区域部分地由横街，但主要由施蒂希大街连接。开敞空间和绿地主要位于后部区域，因此主要为私人区域和半私人区域。

有轨电车线路一侧的空间边缘，内部公园（图4.11*b*+*c*）

设计方案的这部分符合“城市中应有绿色”的理念。所有方案在此方面都设立了一个巨大的绿地区域，

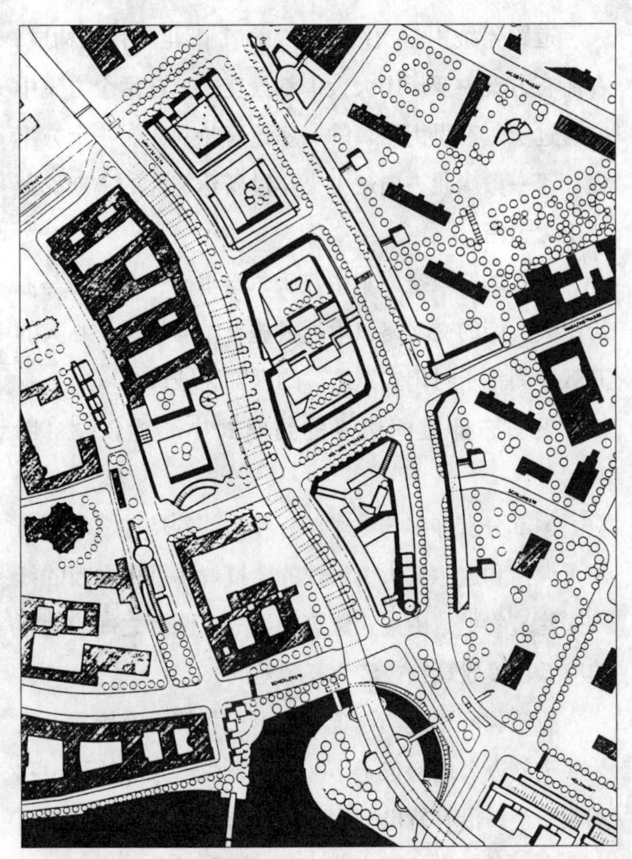

a）克里斯蒂娜·沃西德罗（Christine Wossidlo）、米夏埃尔·乌夫（Michael Wuff）的方案

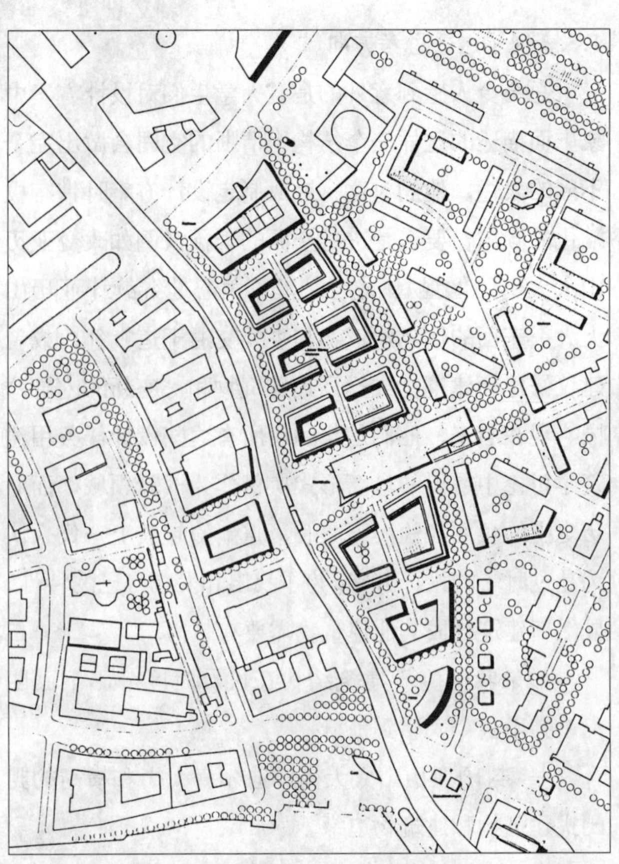

b）曼弗雷德·库曼（Manfred Kuhmann）、沃尔夫冈·奥托（Wolfgang Otto）的方案

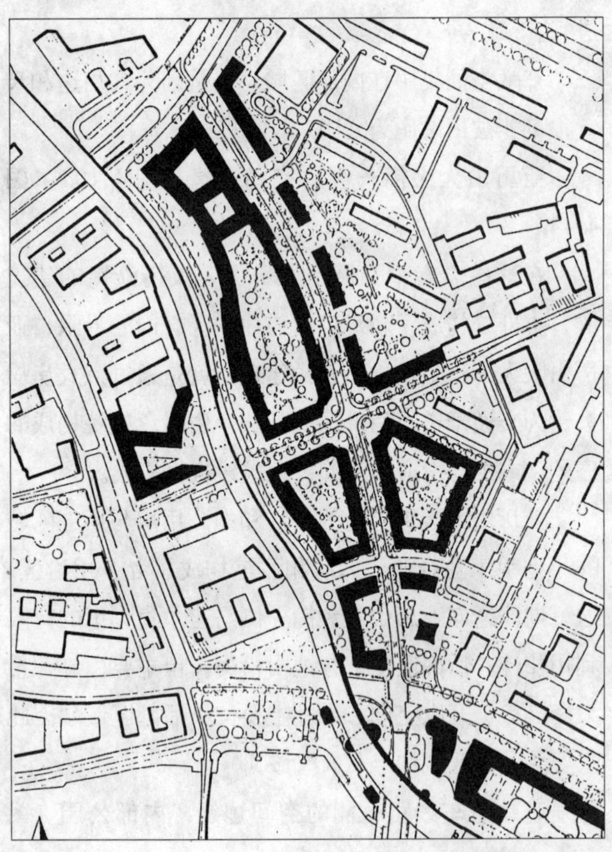

c）哈拉尔德·屈施纳（Harald Kürschner）、阿斯特丽德·米勒（Astrid Müller）的方案

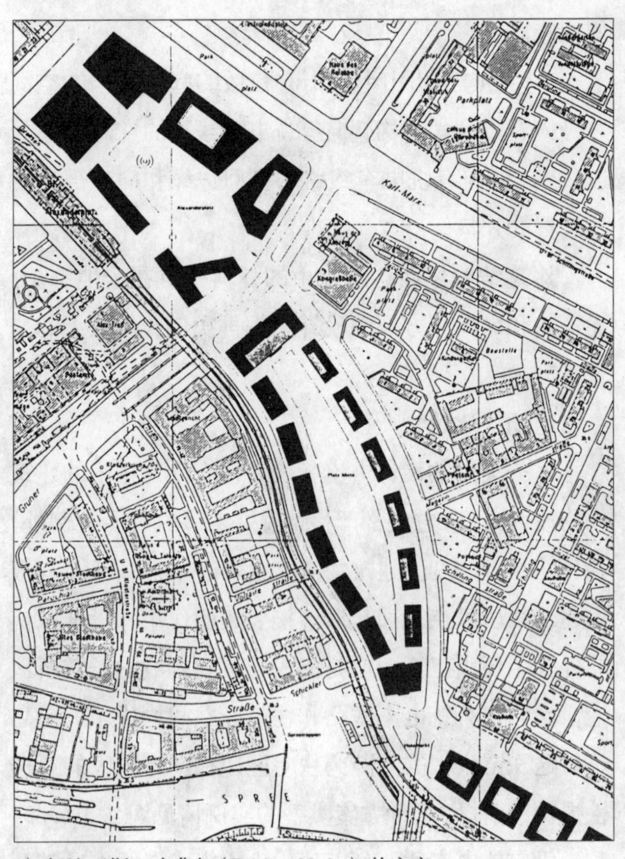

d）托比亚斯·内费尔（Tobias Nöfer）的方案

图 4.10 柏林亚历山大大街／亚诺维茨大桥：方案 1（LSL：柏林亚历山大大街－亚诺维茨大桥。亚琛，1993 年）

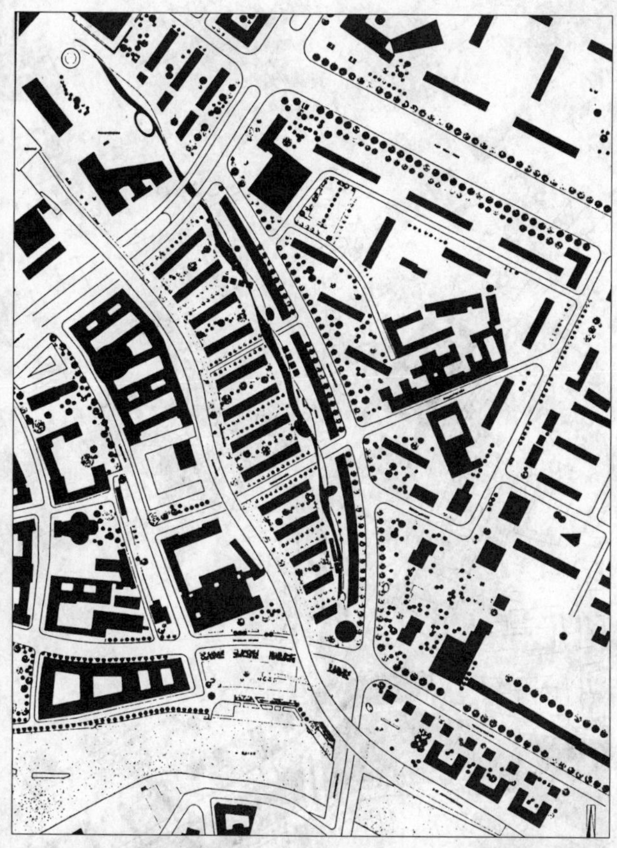

a) 卡贾 · 多姆施基 (Katja Domschky)、埃娃 · 弗罗林斯 (Eva Fröhlings) 的方案

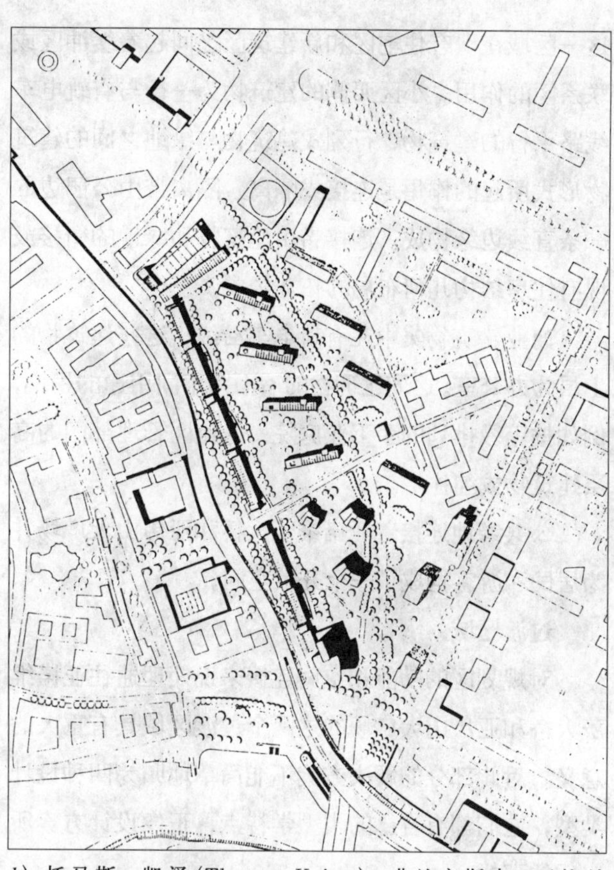

b) 托马斯 · 凯泽 (Thomas Kaiser)、弗兰齐斯卡 · 瓦格纳 (Franziska Wagner) 的方案

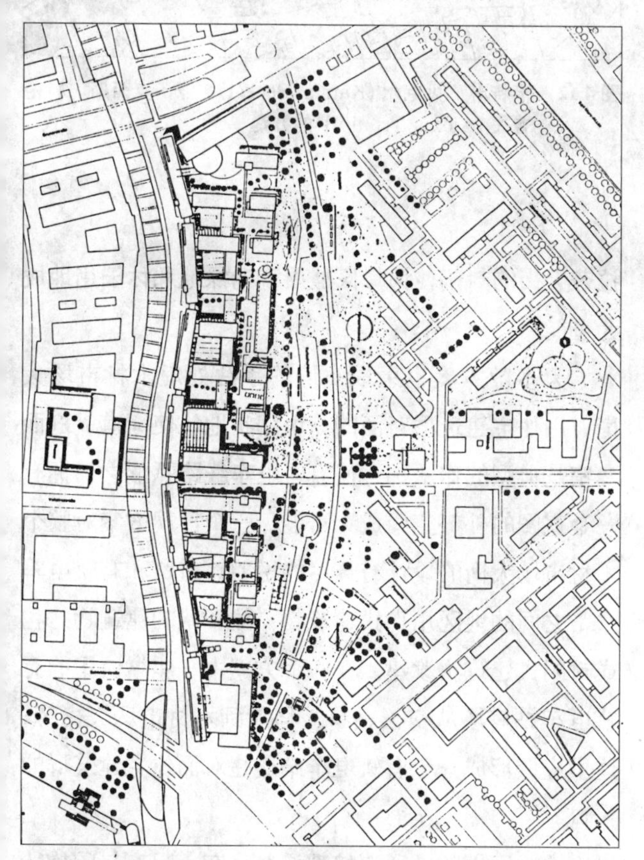

c) 斯文 · 盖斯 (Sven Geiss)、京特 · 罗泽 (Günter Rose) 的方案

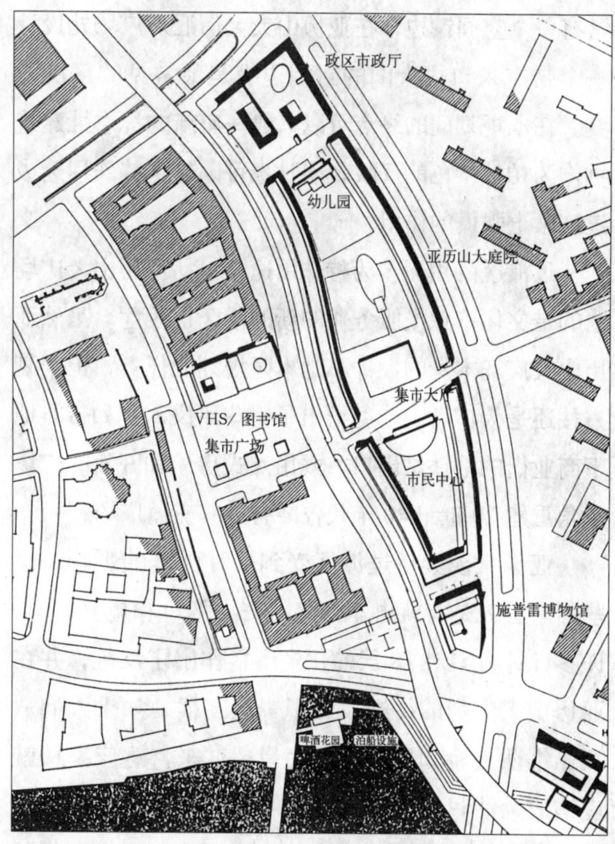

d) 阿斯特丽德 · 阿伦茨 (Astrid Arenz)、安克 · 里希特 (Anke Richter) 的方案

图 4.11 柏林亚历山大大街 / 亚诺维茨大桥：方案 2 (LSL：柏林亚历山大大街 – 亚诺维茨大桥。亚琛，1993 年)

这一区域在现有住宅区和新建筑区之间起着缓冲区或联系区的作用。小区西侧的建筑物为一行与有轨电车线路平行的建筑物，行列式建筑物与绿地之间的建筑物形式所起的作用是连接或隔离。隔离带由公园边的一条直线边缘构成。连接带由建筑物和绿地的衔接或现有住房结构几何布局的拓宽构成。

商业建筑物集中在有轨电车沿线，这些建筑物的上层为办公室。这列建筑物的后面为不同用途的用地，例如按等级排列的手工业庭院、一座区管理部门的高层建筑物或纯住宅。

公共绿地连接着亚诺维茨大桥和亚历山大广场并为居民和游客构成了一个开敞空间。

过渡区域

对规划区的功能和空间连接来说处理通往亚诺维茨大桥和亚历山大广场的这两个过渡区域具有重大的意义。对此部分的解决方案不能简单地归为四种设计类型，它们都有自己的类型学特点，正像设计方案所表明的那样。

图 4.10*c*+*d* 和图 4.11*b*：亚历山大广场东南角经常有一个空间镶边，在亚历山大大街汇入广场处设计一个带有入口或大门的封闭边缘是最常见的解决方案。在本规划区的终点可以兴建一座新的标志性建筑物作为柏林特色的反映，同时也可以起到特殊用途或建筑学上强调的作用。

过渡区的用途多为特殊用途，包括亚历山大广场边的带文化产业或服务业的新的政区市政厅。虽然亚历山大广场本身的设计不是本区规划的任务，但规划方按还是为广场的造型给出了一些建议，例如带有地下商业街的地铁站出口，或用点式房屋和开放的广场东角重建 20 世纪 40 年代曾经有过的交通广场。

亚诺维茨大桥过渡区受到多种因素的影响；这些因素首先是有轨电车线路、交叉路口和施普雷河。许多设计方案对 18 层的住宅塔楼作出了反应，并在亚历山大大街的终端设置了一座高楼。如果人们从亚诺维茨大桥和施普雷河南岸望过来，这座高楼就应该成为注目点。住宅塔楼的前部区域不是设计为一或二层的裙楼就是建为茂密的绿地，这一方案并不是特别理想。

交叉路口今天的改变具有重大的空间作用，施特

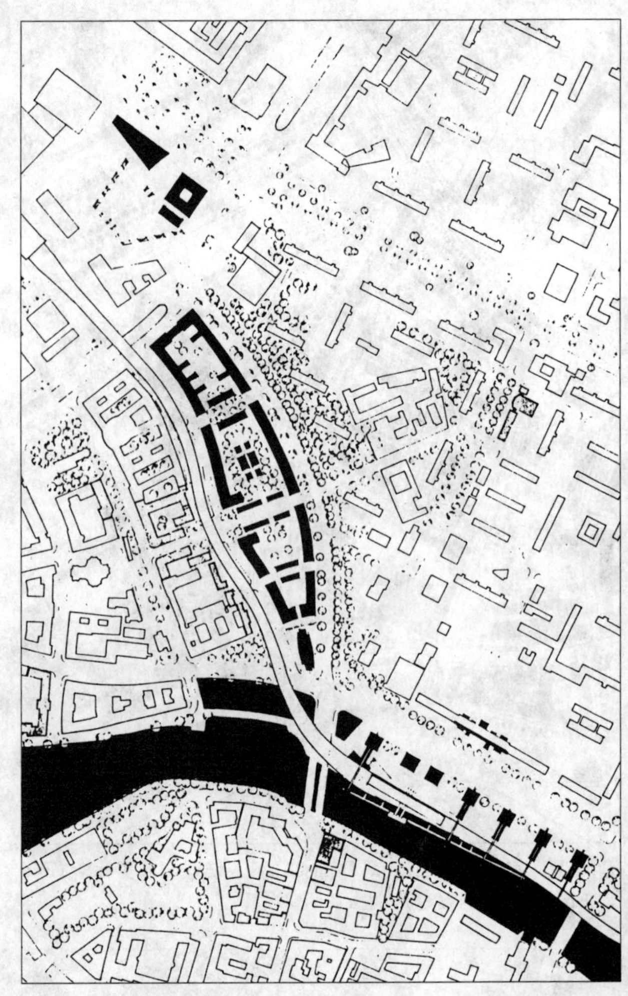

图 4.12 卡特琳 · 贝克尔 (Katrin Becker)、亚历克西斯 · 特伦普夫 (Alexis Trumpf) 的方案

拉劳大街的封闭使河岸区域展宽为绿地和休闲用地成为可能。

大多数方案也采取类似的手法处理木材市场大街，用住宅建筑群对面的一块门状地块使街道横剖面变窄是典型的作法。这使有轨电车线路弧形之前拥有一个宽阔的外部空间成为可能。三个详规方案对整个木材市场大街的设计有详尽的说明。道路和有轨电车线路之间的地区用点式建筑物、梳子状的建筑物结构或封闭式建筑物改建。在一个方案中一座增值了的有轨电车站广场从交叉路口被移置到木材市场大街旁，这里应该形成一个有轨电车站通往对面住宅建筑群的入口。

这一区域的交通连接都已经存在，只有封闭施特拉劳大街的设计方案是例外，在这一方案中车流被导入亚历山大大街。亚诺维茨大桥有轨电车站的升值在

所有设计方案中都扮演着很重要的角色，但是只有一个方案没有保留现存的车站大厅。

小结

很少的这几个实例就已经能表明，如果人们在构成稳定的区域方面无视基本的城市规划经验，在设计上就会有巨大的活动空间，这种活动空间在理论上和多样性上是没有边界的，这在设计竞赛中也不断得到证明。可以设想到的设计方案的活动空间越大就越有意义，但是这样为数众多的设计方案对市政府和所有参与单位的决策者们来说却是一个问题。在此需要非凡的想像力，以便能从不同的方案中看出长期的结构特征，并摆脱有趣的图纸和模型的迷惑，因为不容质疑的是，图像上拥有巨大魅力的设计方案会吸引人们的兴趣。对有经验的评委来说，要摆脱形式和表现的迷惑也经常是一个困难的过程。简单但适宜、有效而耐用的布局形式在这样的形式竞争中经常显得更诚实和更简朴。因此正好是在已经建成的市中心应该寻求一种建立新的长期适宜的城市结构而又拥有足够的自由的途径，并在与现有的周围环境的对话中出现建筑学上的更新。

参考文献

Curdes, G. (Hrsg.): Krefeld - Innenstadt: Bebauung eines schmalen Platzes. Lehrstuhl für Städtebau und Landesplanung. Aachen 1991
Curdes, G.: Stadtstruktur und Stadtgestaltung. Stuttgart 1993
Kossak, E.: Stadt im Fluß. Hamburg (Ellert&Richter) o.J.
Lehrstuhl für Städtebau und Landesplanung: Entwerfen für Dresden. Aachen 1991
Lehrstuhl für Städtebau und Landesplanung: Geschichte & Stadtstruktur als Aufgaben des Städtebaus. Beispiel Krefeld. Vertiefungsarbeit von M.Horsten. Aachen 1991.
Lehrstuhl für Städtebau und Landesplanung: Berlin - Alexanderstraße / Jannowitzbrücke. Aachen 1993
Stadt Paris: Paris Projet 27-28

第 5 章　城市和地区区位意义的转变

5.1　问题的提出

欧洲的空间系统正处于变动之中，通过一个“无边界的”内部市场的建立以前位于边界附近的汉堡、亚琛、弗赖堡、萨尔布吕肯等城市获得了更好的区位。由于制造业向东欧和远东的转移整个行业都必须进行结构改造，鲁尔区和萨尔区以及亚琛地区的经济基础煤炭业和钢铁业自几十年以来就已经丧失了地区经济方面的意义。两德统一后投资和物流发生了转移，从而老工业中心的区位质量也发生了改变。连接得越来越紧密的高速铁路网络对车站周围的环境及其所在的地区也有影响。波兰和捷克即将加入欧盟以及联盟议会和政府迁往柏林进一步加强了东移的进程。在欧洲各大都会之间围绕着城市的领导功能和在世界范围对大型服务性企业的吸引力形成了一种激烈的竞争。由于就业从第二产业向第三产业的转移城市和地区的区位结构也发生了改变。总之，由于这些因素的影响城市和地区被迫重新配置它们的经济基础以及城市结构的一部分。

城市结构变化的速度决定着各个城市在竞争中的机会，这就与欧洲城市结构产生了一种目标冲突。封闭的内城区域不可能随意地被改变（如果这些城市不接受法兰克福的解决方案）。相反，在众多的亚洲城市中我们可以看到一种几乎不加控制的变化的活力，例如汉城、东京、曼谷、上海等城市都让结构调整“自由地进行”。内城周围只有几十年历史的建筑物就被拆除，并在其上建成了高层建筑。这种活力（即使它的代价很高昂）对欧洲来说并不是无危险的。德国的联邦体制在完成这一程序中既有优点又有缺点，乡镇的巨大独立性使其能够迅速地按照地方的特殊性作出反应。但由于权限受到空间上和业务上的限制以及资金的限制又使目标的选择受到了很大的局限，战后政治体制的巨大变革以及精神气质上所表现出来的对现代性和进步的拒绝性也起着抗拒变革的作用。中央集权性质的国家像法国就可以更坚决地用更多的支出来建设一个地方，法国目前在利用新机遇方面比德国要领先许多。

老矿区的结构调整进行得也同样困难，一些地区的整个地区都要进行结构转化，一些所谓的“老工业区”像萨尔区、亚琛矿区、鲁尔区、利物浦、格拉斯哥等地区、还有匹兹堡都属于此类。北莱因－威斯特法伦州的 IBA－埃姆舍园区就是一个将整个矿区和工业区支离破碎的土地转化为一个新的具有面向未来的内在联系的地区的大型试验项目，例如将矸石山变为绿地系统的一部分，将工业厂房变为休闲区，高炉设施变为登山营区（杜伊斯堡－梅德里希）或燃气计量厅变为工业历史博物馆（奥伯豪森）。所有这些情况都向地方当局提出了一个问题，即一方面他们如何才能经受住由结构变迁所带来的收入损失，另一方面如何才能通过新型工商业和其他用途的迁入建立一种有承受力的新结构。在这种情况下也就提出了应该如何处理变得闲置的土地的问题，因为一般来说迁入者和投资者往往寻求没有负担的场地。大块用地以及一些位于居民点中央的土地的未充分利用至少在过渡时期为地方当局加重了负担，空闲地所造成的后果是居民和工作岗位的流失，这又对基础设施（例如学校、游泳池等）的最大负荷发生着影响，但是这些设施又必须保持运转。结构变迁使收入减少，就是说城市经济的很大一部分陷于不正常状态。因此可以看到的城市空闲地只是这些问题的外部表象。

为了使州政府获得城市空闲地的所有权，以便对其进行整治并能够进行新的利用，北莱茵－威斯特法伦州（其他州也是如此）通过地产基金会投入了大量的资金。可惜土地法律在强制性地使企业对其所造成的环境损害及时进行治理方面仍然显得还不够完善。

为工业空闲地寻找新用途，如果涉及工业方面的后续利用，这就是经济促进工作的职责，另一方面这些空闲地也可以为改善居民点的用地结构带来大量的机会。因此为了不失去机会，在地区规划和土地利用规划层面上进行概念性的考虑是不可或缺的。在完成这项任务构思远景时也需要发挥建筑师和规划师的想像力，并将其带入到讨论之中。下列章节论述的是以一个整个地区的空间问题和空间潜力为对象的一项调查。

5.2　地区空间结构的改造：以亚琛矿区为例

A. 现状

1987年作出的一项决定就是至1992年关闭亚琛矿区的全部无烟煤矿山，这项决定涉及采矿业的8000个工作岗位和后续产业的约4000个工作岗位。由此这一从中世纪就开始采煤的德国最古老的矿区就必须适应一种新的经济结构。15座（块）矸石山和采矿用地，大量的矿山居民点、污染的土壤和部分成为了荒野部分由于农业利用而遭到侵蚀的景观是采矿业留下的遗产。这一地区的许多小城市不仅从人员上还是从经济上对完成转型的任务都力不能及。州、联邦和欧共体都在通过“矿区未来投资项目”（ZIM）对涉及的城镇进行帮助。在行政专区主席的支持和适度压力下所涉及的七座城市组成了一个对结构改造方案进行协调的名为“亚琛地区未来首创精神”的工作小组，这一协调的作用是，一方面通过相互采取有力的措施使协同作用进一步增强，另一方面避免各城市之间的恶性竞争。

经济结构的改造是凭借提供一流的用地和基础设施、为创业者和新公司的引入提供资助项目以及用世界上目前通行的招商方法来实现的。

建立一种新的生产结构，不仅需要工业用地和资金，还必须建立一种良好的氛围。一个地区必须从导致地块破碎、设施陈旧、景观和建筑质量下降的负面形象中脱离出来。多年以来除位置、交通条件、生产用地、资助条件和迁入费用等投资环境的硬性因素之外，一个地区的文化和休闲价值、政治气氛、管理能力、居住质量、教育和科学研究的基础设施等软环境因素变得越来越重要。另外，一个地区向外界展示的表象也很重要，仅仅由此就可以从很大程度上看出这个地区管理部门的管理能力。

协调的结构改造的第一批步骤之一是对整个地区存在的功能和形态缺陷进行的一项问题分析。为澄清用地结构和外部形象方面的职责，在一项为期6个月的实验研究的框架内对一个约20×20平方公里大小的地区系统地进行了一项质量分析和缺陷分析（AG-ISL/HMS，1988年）。在本书中我们想介绍一下此项工作的一些要素，因为它们一方面联系着作为一个空间的局部元素出现的单个建筑物的添加（第二部分第1章）、道路空间和城镇边缘的造型（第二部分第2章）、城市空闲废弃地和矸石山的利用等符合比例的框架，也联系着宏观思维中一个地区的形态问题，另一方面还澄清了以点状形式出现的设计任务和建筑任务历史上和结构变迁上的内在联系。

B. 方法

应该进行缺陷和潜力分析，缺陷分析包括功能缺陷和形态缺陷，潜力分析主要集中在利用不充分或在农业和工业的历史进程中受到损害的要素的重新利用及其未来可能扮演的新角色方面。

调查缺陷的方法：

— 形态缺陷：记下本地区主要移动区域各种变量的视觉效果，并按照一个三级的尺度进行评价（见本书第二部分 2.4）。

— 功能缺陷：通过专家问询和自己的调查查明那些能够导致形态缺陷或被认为是发展的障碍的粗略的功能缺陷（例如交通、文化设施或水电气的供给不足）。

其他的方法还有：

— 收集现有的规划；

— 通过在整个地区中所选择出的区域进行飞行或行驶对问题进行拍摄。

为了能收集有针对性的信息，应对那些有意义的问题尽快地提出设想。通过战略方案可以为漫无边际的信息确定边界，但是一项战略是如何产生的呢？

与地区关键人物的交谈虽然可以产生角色特别的问题视角和论据，但是关于地区形态问题的建议却很少。在此作为基础我们提出了企业和居民对一个有吸引力的地区的要求的一个战略轮廓。

企业的区位选择是对多个因素进行权衡的结果，这些因素有生产技术方面对建筑物和场地的要求，位置方面对地区的要求及其与交通网络的连接状况，资助、建筑和工资成本等与费用有关的要求以及对生产运行环境的要求（供货、维修、服务等），再加上还有家庭和员工愿望的影响等。20 世纪 60 和 70 年代的经验调查得出，妻子对企业区位选择的影响并不是无关紧要的。

因此我们可以为从外面前来本地区投资的投资者设身处地地想一想，他想在亚琛地区建立一家新公司或分公司，并且带着他的家庭和企业的一些高层职员搬到这里。外人的目光是没有偏见和没有负担的，第一印象对人们观察一个空间有着深刻的影响。开始时人们对一个地区了解不多，外观景象可以形成最初的判断和偏见，以后才会出现习惯效应，因此第一印象对作出决策十分重要。下列问题可以对一个地区的感知发生影响：

— 哪一座城镇提供了最有利的投资环境？

— 与供货者和与企业有关的服务业的关系如何（复印中心、清洁公司、电子数据处理设备维护商和供应商等）？

— 管理部门给人造成的印象如何？他们对公司的支持是否有力？

— 人们能在哪里居住？孩子们到哪去上高一级的学校，学校的水平如何？购物环境如何？哪里提供有晚间和周末的文化活动？

— 未来的生产场所和居住地点如何与交通网络连接？

— 地区、城镇和城镇中心对商业伙伴有何影响？哪里可以与商业伙伴一起共同进餐？哪些精彩节目可以向他们展示？

这只是向移居者提出的问题中的几个，同时也是企业决策过程的一个组成部分。但是仅仅依据企业的设想制定出的战略就会显得过于短浅，还必须考虑居民和工人们的需求，如果一个地区的质量不佳，他们就会迁往他处。

图 5.1 中表示的目标系统可以作为调查的基础。它包括对居民和企业的吸引力和约束义务等高级目标，这一目标既包括功能方面又包括造型方面，这些

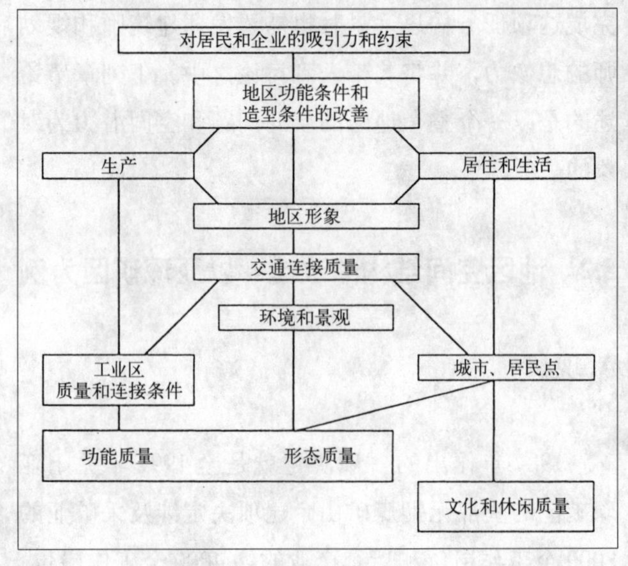

图 5.1 周围环境的质量作为地区发展政策的战略要素（库德斯：地区结构改造……1988/1989 年）

方面又分为企业需求、作为具有劳动分工功能的经济空间和生活空间而出现的地区和居住和休闲需求等三个支柱。

形态的感知

城市和地区的形态是整体性地被感受的，通过单一决策（大多没经过协调）而出现的建筑物由于其邻居关系和在共同空间中所处的位置与周围环境之间具有一种不可解脱的密切关系。通过在空间中的移动客观物体被连接成为一个由单一感知叠加而成的系列，这一系列将客观物体归类在一个大的空间之中。可辨别的空间单元（例如在同质的地区）、几何学特性、标志性建筑物和空间的邻居关系都可以降低感知的难度。凯文 · 林奇的调查表明，人们没有能力记住自然环境的大量单个信息，而是只会从标记和特别容易使人铭记的地形和几何条件中构成一种简单的形象。

形态的作用和表述

对环境的评价依时代、社会阶层和兴趣的不同而有所不同，但是从可比较的文化中会产生类似的标准。这些标准在随后的时间中会相互适应。因为地区和城市的实际情况无法得知，所以形态被用来作为信息的替代者。形态被理解为是一个社会和一个地区社会经济条件的综合性表达。形态是结构的表达，因此形态在形象构成中具有决定性的意义。

形象代替了现状的知识并对行为有影响，因此城市和地区的形态会对居民、企业以及移入的移民和移出的移民起正面或负面的作用。形态也是一个重要的发展因素。但形态感知也受文化条件的限制，随着第三产业就业岗位和人们休闲时间的增多形态和功能的意义变得越来越重要。城市和农村今天被利用得越来越充分，而且这一点变得越来越明显（图 5.2）。

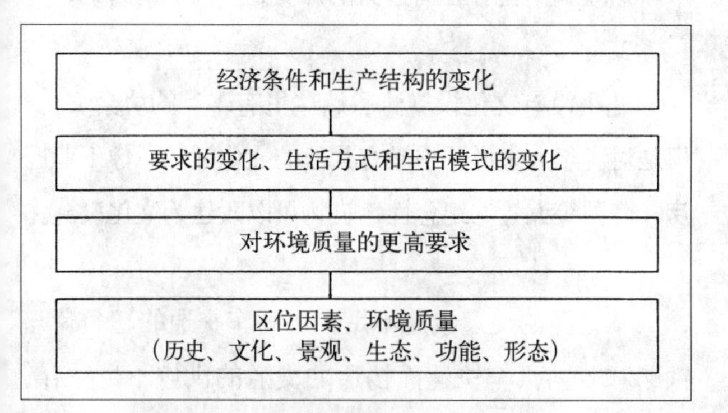

图 5.2 社会发展和空间评价（库德斯：地区结构的改造。1988/1989 年）

C. 环境质量因素

质量的概念是一个多尺度的大概念，它必须被程序化。下面将列出这方面一些最重要的尺度，这些尺度有可能是重叠的。在此它们无法被进一步准确地说明。我们把质量归为居民点空间和景观空间这两种空间类型，它们是生活条件和生活方式的主要载体。我们把休闲和文化质量列为第三个尺度，这对两种空间类型都有效，但是它不仅仅只有空间成分（图 5.3）。

景观质量

a) 功能质量

— 通达性、距离（从居民点和城镇中心到此的距离）
— 规模、尺寸
— 路网密度（开放性和交通状况）
— 使用质量（利用的可能性）
— 生态质量（完整性、物种的避难空间、网络化、生态多样性）

b) 形态质量

— 视觉质量（分段状况、空间构成、现状）
— 空间定位（标志点、特征）
— 多样性、类型（不同的用途和形式）
— 剪影、远景

城市质量和居民点质量

a) 功能质量

— 空间组织的逻辑（用途划分、定位）
— 功能配置（后勤供应、通达性）
— 交通连接的质量（网络结构、尺寸）
— 城镇中心的功能（足够的差异性）

b) 形态质量

— 剪影
— 驶过城镇时所观察到的形态（比例尺、次序、边缘）
— 城镇中心的形态（广场、比例尺和建筑风格）
— 逗留质量（逗留地点的多少）
— 城镇边缘的形态（与景观之间的过渡情况）
— 定位（标志点、标记、划分）

文化和休闲质量

a) 文化

— 基础设施的配备（市民活动场所、大厅、博物馆）
— 文化核心（文化设施的集中状况）
— 文化活动的多样性
— 具有地区意义的文化活动（可以跨地区辐射的）
— 政治文化（市民参与、政治气氛）
— 地方分权（与城镇某部分有关的文化、协助参与）
— 历史的保留护理（城镇历史和工业史）

b) 休闲

— 基础设施配备（体育设施、协会）
— 多种可能性（水域、风景）
— 目标和途径的多样性（徒步旅行、骑自行车）
— 在城镇中心的公共空间中逗留的可能性（广场、公园、场地、聚会地点）
— 围绕乡村一部分的环绕道路
— 儿童游戏场和聚会地点（在城镇的某一部分，作为一个网络的组成部分，在城镇入口处或连结点）

图 5.3 环境质量因素一览表（库德斯：地区结构改造。1988/1989 年）

D. 地区结构的感知

人们不是作为一个整体感知一个地区的，而是在周围最密切的工作和生活环境中，在地区中心和后勤供应区域以及主要交通路线上深刻地感知一个地区。因此改善地区形态的一项政策首先必须集中在那些公共感知最注意因而能给地区形象打上最深刻烙印的区域。

在一个破碎的地区下列一些原则对改善形态有重要意义：将碎片连接到连续的结构中；在居民点之间保留并强调隔离区；增强居民点中心的个性和特色。

人们使用图 5.4 中表示的变量来进行调查，这项调查是建立在上面所述的对空间感知和作用的考虑的基础之上的。根据我们的论点，功能也在形态中加以表达，因此在地区形态中也包含有功能的许多方面。我们想介绍一些成果，以便说明调查网目是如何通过选择出的战略变量产生的，然后这一网目导致规划任务的完成和投资决策的做出。这些结果被概括在为说明方法而绘制的缩小了的图上。

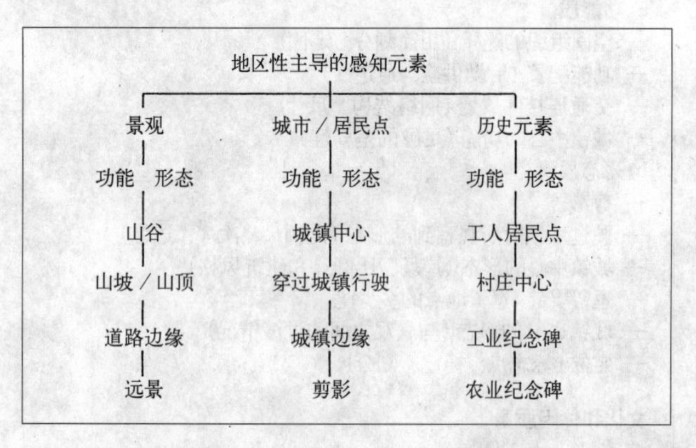

图 5.4 战略的形态变量（库德斯：地区结构改造。1988/1989 年）

E. 调查的结果和实例

调查结果表明，本地区视觉上至少有与结构缺陷同样大的问题。我们调查的各项结果如下：

景观（图 5.5*a*）

— 划分：整个景观区的约一半划分得不清。

— 矸石山：本地区共有 15 座大的矸石山，由于其外形和现状其中的 12 座起着不良的作用。矸石山作为远景标志使人产生了一种负面的印象。

— 采掘褐煤使地下水位下降，复垦后景观种类变少（历史固定点的丧失、经济的土地分配）。但是一个深达 200 米的矿坑的填充为开辟一块在本地区十分罕见的水域提供了可能性。

— 景观上缺乏吸引力的北部地区被两条溪谷所分割，这里的部分地区景观质量较高，可以被视为是一个新休闲区的骨架。

居民点（图 5.5*b*）

穿越城镇路线的 50%–70% 都会给人造成平淡至负面的印象，城镇居民点带存在着变得越来越长的倾向，现存的风景景观中的视线走廊的很大一部分受到了损害；

— 55 个城镇入口中只有 17 个是完全正面的。

— 七座城市中只有三座拥有造型上令人满意的市中心。

— 28 个具有地区意义的工业区中没有一个有好的外部形象（地图 4.0）。

— 工业区的交通连接为本地区 20 个有居民居住的路段带来严重的干扰。

农业和工业历史的纪念物

这一地区拥有丰富的值得关注的历史建筑物：

— 16 座城堡和宫殿；

— 10 座教堂和修道院；

— 20 个大型庭园设施；

— 7 座铜制宫殿；

— 3 座提升塔和矿井；

— 11 座老式磨坊；

— 26 个有趣的城镇景观；

— 25 个历史性的工人居民点；

— 大量的老厂房、别墅、铁路线、火车站、工业设施。

就是说这里存在着巨大的历史造型潜力（图 5.5*c*）。

文化

几乎没有文化设施。虽然这里有丰富的协会文化，但是对青年人来说几乎没有其他的文化活动。像工业厂房、庭园等大量的纪念性建筑物可以改建为文化设施。

交通

本地区的交通设施不足，小轿车交通的超负荷与铁路和公共汽车快速而畅通的交通的供应不足并存。一些地点 22 点后就再也没有公共汽车可以到达，地

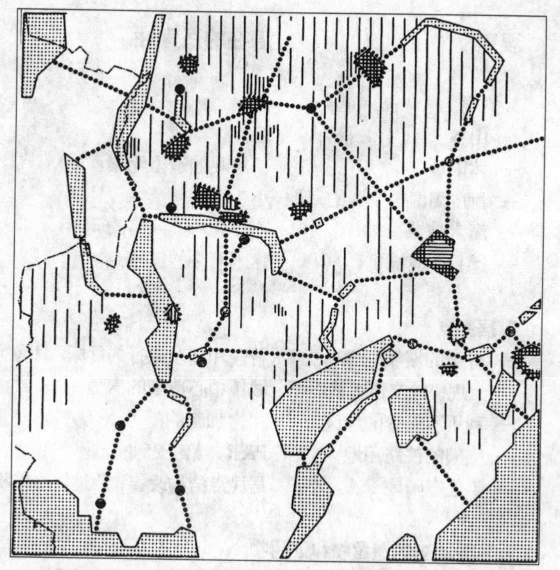

a）景观的增加和发展

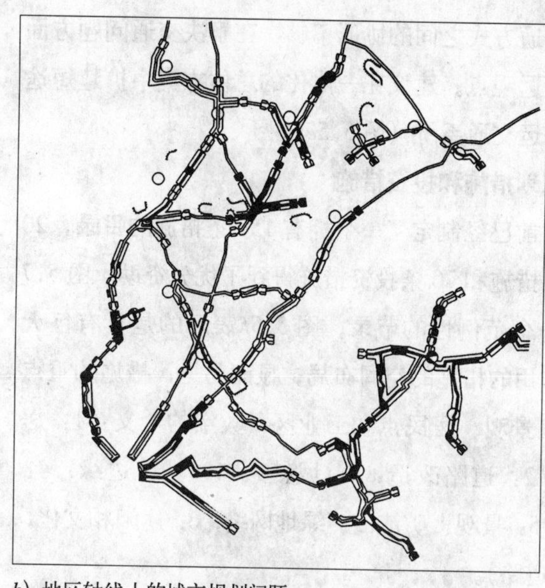

b）地区轴线上的城市规划问题

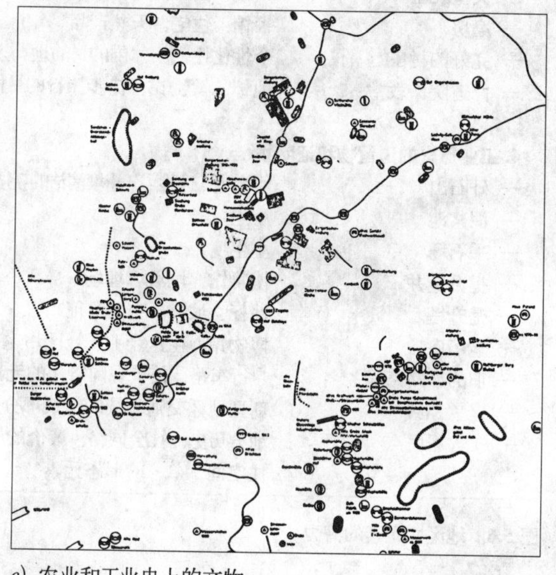

c）农业和工业史上的文物

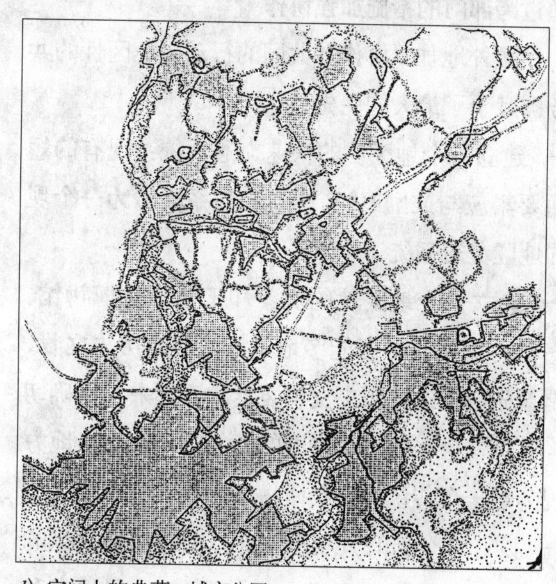

d）空间上的典范：城市公园

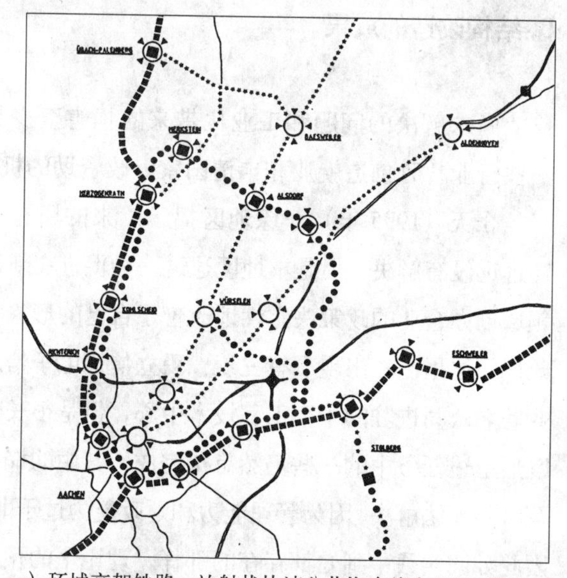

e）环城高架铁路、放射状快速公共汽车线和 P&R 作为公共交通的典范

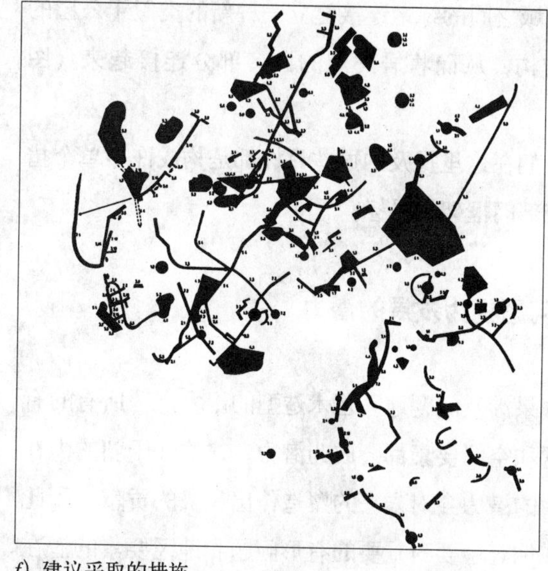

f）建议采取的措施

图 5.5　地区结构改造的现状和建议（亚琛工业大学城市规划和区域规划研究所 / HMS 亚琛，1998 年。城市发展规划方案）

区性交通方式之间的协调不够，在解决交通问题方面缺乏长远观点。建议在一体化的总体方案中扩建短途公共客运交通系统（图 5.5*e*）。

规划措施和投资措施

目前已经制定了一个拥有 150 条措施的目录，20 条规划措施和 70 条投资措施得到了优先资助。图 5.7 就是一个范例性的节录。图 5.5*f* 表示的是具有巨大空间作用的措施的空间布局，显而易见，措施的重点集中在景观、居民点和工业区（数字的含义：1：居民点；2：道路改造；3：城镇入口，城镇边缘；4：工业；5：景观、矿渣山、绿地网络；6：休闲和文化；7：新道路）。

通过跨部门的措施加强协作

为了额外地加强协作和共同的行动，地区性的共同任务被赋予了最大的优先权：

— 建立一个地区性的快速交通系统：现有的短途交通要素应与鼓励 P&R 交通相联系改建为一个现代化的地区交通系统。

— 建立一个地区性的农业和工业历史博物馆，在这一博物馆中要尽可能多地包括现存的历史文物，博物馆首先应把这些历史文物要素联系起来。更确切地说，它是一个在历史中漫游的博物馆，在许多地方它被视为是一个传统的中心博物馆。

— 设计一个新的景观形态：应通过城镇边缘的绿化、景观、矸石山（及其壮观的远景）、居民点和休闲区域之间的绿地连接建立一种新的类似于公园的空间结构，从而将居民点的许多部分连接起来（图 5.5*d*）。

我们在这里提及的这些目标都是构成许多单个措施的跨部门框架的目标。

A. 将问题视为发展的潜力

如果涉及问题地区艺术造型的出发点，所有的有形问题和空间要素都会成为潜力，这些处于新的内在联系中的潜力会对未来的塑造作出积极的贡献。因此我们在调查中要对重要的有形问题和地区要素的潜在功能进行调查。图 5.6 列出了这些要素示范性的可能潜在功能，每一个要素都表示着一项独特的设计任务。

要素	潜在的适宜性
1. 景观	
— 山谷	连接休闲区
— 休闲地	新景观的造型元素
— 村庄周围带果树的草地	小生境
— 灌木带	连接和构成网络的元素
— 远景、地标	休闲网络的连接点
2. 居民点	
— 有趣的城镇形象	行驶和徒步旅行的目标，印象元素
— 大规模的交通道路面积	城镇中心造型的潜力
— 利用不充分的地区	用途加密的潜力
— 空闲的铁路用地	P&R，第三产业企业
— 工业空闲地	居民点结构改善和用途混合的机会
3. 农业历史的遗留物和证明物	
— 城堡	博物馆、文化中心、餐馆
— 大型农庄	餐馆、团队住所、艺术家工作室
— 磨房	餐馆、住宅、天然产品
— 完好的村庄	个性化住宅、休闲的目的地
— 修道院、教堂	地标、博物馆、徒步旅行的目标
4. 工业历史的遗留物和证明物	
— 矸石山	小生境、远眺点、土壤清洁的新技术
— 泥浆池	小生境
— 采石场	小生境
— 提升竖井	博物馆、垃圾填埋场
— 提升塔	地标、城镇历史的象征
— 老厂房	博物馆、生产企业、社区用途
— 旧的铁路路堤	自行车路、使景观网络化的元素
— 老铁路线	新型地区交通系统的组成部分
— 工人居民点	地方历史、社会网络、廉价的居住空间、单一的形态元素

图 5.6 地区性元素的潜力

B. 结构改造的成果

尚未解决的问题和工业化带来的损害至少是在一些行业暂时创造就业和申请国家财政资助的机会。

今天（1995 年）亚琛地区揭示出来的所有问题还远远没有解决，但是本地区通过一种促进在新技术领域创办企业的政策决定性地改善了自己的形象。在此期间这里已经出现了有三菱、爱立信等电子信息产业著名公司进驻的十个工艺技术中心，但是很长时间以后上述任务中的一些仍然有待完成，其中的许多问题可能无法解决，因为管理能力和财政能力过于薄弱。因此如同实践中到处都存在的那样，理论上的预期与实践中的可能之间有着一种紧张的关系。调查的方法途径和结构改造成果的细节在下面一些论文中有所论

1. 信息

编制一本关于地区规划和所有层级的决策者信息质量以及形象改变的信息手册

2. 景观

通过绿化带使整个空间形成绿色网络

选线、景观设计和矛盾权衡等规划任务

— 用在整个地区网络和基本造型元素上
— 用于单个的局部地区
— 用于大范围出现问题的单个面积元素或防护需求(网络结点、山谷、山坡)
— 大面积采矿矸石山再自然化方面的调查任务

3. 居民点和城镇中心

— 阿尔斯多夫城镇中心：影响深远的城市规划造型
— 乌尔塞伦— 城镇穿行：需要进行改造
— 整个主干道网络和确保一个地区形态的内部联系(城镇入口、城镇穿行时的次序形成和边缘构成，长距离穿行时对分段的元素提出建议，区段划分原则和开敞路段上的地标等)的城镇穿行的城市规划建议

4. 手工业和工业

应对老的工业用地进行彻底的调查，从而揭示出功能上和城市形态上的缺陷。对每个地区都应该以鉴定形式提出建议。应为造型或改造、建筑规划和其他规章制定出新的符合今天要求的原则和准则，它们应用在下列地区：

— 阿尔登霍温北区
— GIB 阿尔斯多夫—霍恩根
— 阿尔斯多夫市中心的 EBV 用地
— 巴斯维勒西区
— 赫尔佐根拉斯—维格拉地区
— 科尔沙伊德北区
— 科尔沙伊德多恩考尔大街
— 乌尔塞伦—卡宁斯贝格
— 翁特施托尔贝格(山谷北部的老工业区)
— 埃施维勒泵站
— 埃施维勒— 杜尔维斯

5. 交通

道路：

— 埃施维勒：连接到联邦高速公路
— 联邦 57 号公路在槽谷环境中穿越乌尔塞伦

轨道：

— 设计一个带一体化的 P&R 停车场、自行车停车场、自行车租借处和节奏协调的交通的地区性轨道和公共汽车交通复合系统。将车站设计和改造成为停留区域和聚会地点。使交通线与住宅区、工业区和休闲区相连接
— 使用古代运输工具的用于周末和休闲交通的轨道连接的交通设施的方案设计(“滚动的运输历史博物馆”施托尔贝格、赫尔佐根拉斯、阿尔斯多夫)。对沿线采矿、农业和工业等历史设施连接的可能性进行调查

6. 环境

— 矸石山和残留污染物的调查任务
— 对 ZAR 所有老工业区的土壤和地下水污染状况进行协调的调查

7. 文化和休闲

a) 为研究、历史和休闲等目的展示欧洲最老的无烟煤矿区

把采矿业、工业和农业史上有重要历史意义的设施和元素列入目录的调查任务：

— 与行政当局、科学家和协会的协作和方案
— 适宜元素的调查(作用和形成的内在联系的清理，文献的收集。现状的粗略调查，文件汇编的编制)
— 元素与居民点结构、休闲和文化形成网络的方案以及地区工业史的活动

b) 文化网络和协作的地区性方案的设计

c) 改变形象的活动形式和起跨地区作用的共同活动的构想手册

图 5.7 亚琛矿区：一个规划任务行动纲要的实例(来源：亚琛工业大学城市规划和区域规划研究所，1987 年)

述(参见本章末尾的参考文献)：库德斯，1988/1989 年；库德斯，1994 年。

我们详尽地论述这一实例，因为它能阐明地方单个设计任务之间的内在联系以及这些任务从地区历史中形成的前因后果。这一实例还表明，在地区结构改造的过程中必须在地方乡镇、政治家和规划师之间寻找合作的新途径。

5.3 城市结构的转变

制造业(自动化、小型化、生产地点的转移、结构变化)中充满活力的变化导致了显著的空间变革和变化，再加上老工业区、化学工业和汽车制造业中的结构变迁、两德统一、“东欧集团”的解体和世界气候问题等这样新的地区性、国家性和全球性问题。这些都意味着，城市在财政的活动空间减小时面对着任务的急剧增加，这一点自 20 年以来就一直在对规划和决策的形式发生着影响。这一方面涉及一种综合性的规划编制方法(城市发展规划和城市局部发展规划)的产生，另一方面也涉及通过仪器设备进行点状干预的地方乡镇行为的变化和针对项目的单项决策和危机管理的变化。

A. 行为的理论分类

现代化的大城市被认为是一个处于不断运动中

的充满活力的系统。城市发展规划分析这些运动并为市政府设计战略行动方案和对发展的影响加以调控。城市局部发展规划在20世纪70年代有着重要的意义，它在许多大城市是建立在内容和管理的基础之上的。在过去20年中经常而突然的范例改变之后（1973年的石油危机、人口增长停滞、80年代初起经济政策从重视基础设施向重视经济管理的转变），对大城市这样的综合系统总体上的可分析性和可调节性就产生了怀疑。分析要求的范围越广泛，作为现实政策实施手段的数据架构也就越迟钝和越昂贵。因此城市发展规划就只集中在一种作为标准动态系统组件的触角而建立的指标系统上，而不是把整个系统都临摹下来。许多城市都把能在城市之间的经济竞争中改善自己的区位条件的中期战略任务作为城市发展规划的第二个重点。例如这些任务在过去几年中有博览会、博物馆、工艺技术中心、交通问题和形象政策等。第三个变化是比例尺范围的缩小，从大面积的城市局部规划转变为能表现出具体变化的小范围片段。只要局部空间的弱点和缺陷能被排除而且行为的空间协调是必要的话，就需要实施“局部空间规划”和“城市框架规划”。

B. 历史的内在联系

《建筑法典》及其前的《联邦建筑法》将土地利用规划和建筑规划确定为法律上重要的规划形式。这一点是十分有意义的，因为只有那些直接涉及到所有行政机关和建筑物及地产的所有者的规划形式，才需要全联邦统一地进行规范。乡镇一级的其余规划形式则未加规范，而是让乡镇和州自己判断。州一级对乡镇规划的形式没有进行规定（除资助项目之外），例如北莱茵－威斯特法伦的“规划公告”。《建筑法典》中的联邦法律规定仅涉及规划种类的选择，但是这对乡镇造成了后果。必须为准备性的建筑指导规划和有约束性的建筑指导规划建立相应的部门，因为公共程序对政策和管理一直有很高的要求，这两项任务极大地影响着乡镇行政机构及其职权和人员的配置，这样所有那些在法律上没有明确规定的规划形式就退居次要地位，例如这些传统的规划形式有以前的建筑总体规划、造型规划、分区规划、大范围的景观规划和城市及乡镇的交通总体规划。

地方乡镇规划产生于19世纪末的经济快速增长期。城市扩展一方面通过大范围起作用的地区或等级建筑法规，另一方面通过道路网络和建筑线网络的确定来加以规范。在20世纪20年代项目规划越来越多地随花园郊区而出现。1945年后的城市扩展大多也是凭借确定交通连接和建筑形式的项目规划和结构规划完成的。20世纪60年代末城市发展向城市内部发展的转变使简单的项目规划无法满足要求，因为这里涉及的是完全不同的其他问题，如城市的更新改造、后期加密、绿化、防止交通噪声、为居民和小型工业企业确保租金的安全、公众参与和小范围的利益均衡等。

在这种情况下就需要其他的规划手段，这就产生了（约自1968年）战略性整体性审视大城市发展的城市发展规划。发展规划不仅将土地作为用地和立地环境来对待，而且还要对城市生产能力的要求进行探讨（战略、职责规划、优先权、人员和财政等）。城市被理解为是一个复杂的社会、经济、文化和生态系统，在这一系统中规划总是只能逐点地和部分地进行干预，因此不能仅仅凭借土地利用规划和建筑规划适宜地进行调控。城市发展规划至少是一个作为广泛的缺陷分析和战略发展过程而出现的附加规划。就像一个人作为一个复杂的物体在一定的时间内需要进行一次全面的体检，所有复杂的系统也需要这样定期的状态监控。城市发展规划在重要的层面和部门分析系统的现状，发现不足和问题，讨论面临的任务和目标，研究城市局部布局的空间平衡问题及其完成这些任务时的协同作用。由此导出优先次序、行动纲要、财政、时间和人员需求等内容。城市发展规划也把不同的规划和部门的观点在一个范例下结合在了一起，从而协调了经常是分别追求的目标。

大城市分别建立了城市发展部门或规划指挥部，在他们1975年完成了总体规划以及1973年所谓的石油危机之后优先发展城市边缘改变为优先发展城市内部以后，自1975年起零星地70年代末起大量地出现了城区发展规划和框架规划，这些规划延续着等待大规模改造或存在大量问题的城区的整体性缺陷分析和规划方法。城区规划在经历了一个火爆期后80年代中期起重又归于平静。长期持续的经济衰退表明，正象城市发展规划中那样，整体性的规划方法需要附加的短期危机管理手段。经常与城区规划的目标处于矛盾之中的投资者必须在短时间内得到对其投资意愿的回答。自此以后这两种规划在乡镇一级逐渐退居在经济资助的需求之后，但是对长期和负责任的城市发展来说它们具有重大的意义。

5.4 城市框架规划

下面我们想论述城区层面的问题。与上面所表述的地区实例类似，城区和大型居民点的局部空间也需要一个定期改善功能和形态的协调性程序。因此我们希望首先论述历史背景，然后论述理论框架，最后说明实例。

A. 概念

首先需要澄清一些概念："城区发展规划"指的是整个城区的全面分析和规划。常见的比例尺是1∶10000。"局部空间规划"的含义与其类似，但"局部空间"的概念是开放的，它不总是指的整个城区，有时指的是城区的一部分、大型工业区或边界区以及具有适宜界线的采取措施的区域。相反，"城市框架规划"指的则是一个空间结构（正面的结构和负面的结构）扮演着重要角色的比例尺层级，其常用的比例尺是1∶5000和1∶2500。城区发展规划的对象是本区的特性、定位、发展机会、矛盾和问题，而"城市框架规划"则集中在自然结构，就是说建筑结构、开敞空间和道路和广场等公共空间以及那里面临的任务等方面。它部分地是整体性的规划，至少它以跨专业的眼光来观察自然结构。如果这是重点的话，凭借框架规划还要追求其他的目标：问题和机会的交互平衡；公众、专业界和政界就规划目标和优先权达成一致；为建筑指导规划和专项规划提供建议和指标；为仅列出最重要的事项而协调专项规划。除这些形式之外，与城区有关的措施规划的内容则主要集中在实施方面。图5.8表明了这些规划的区别。

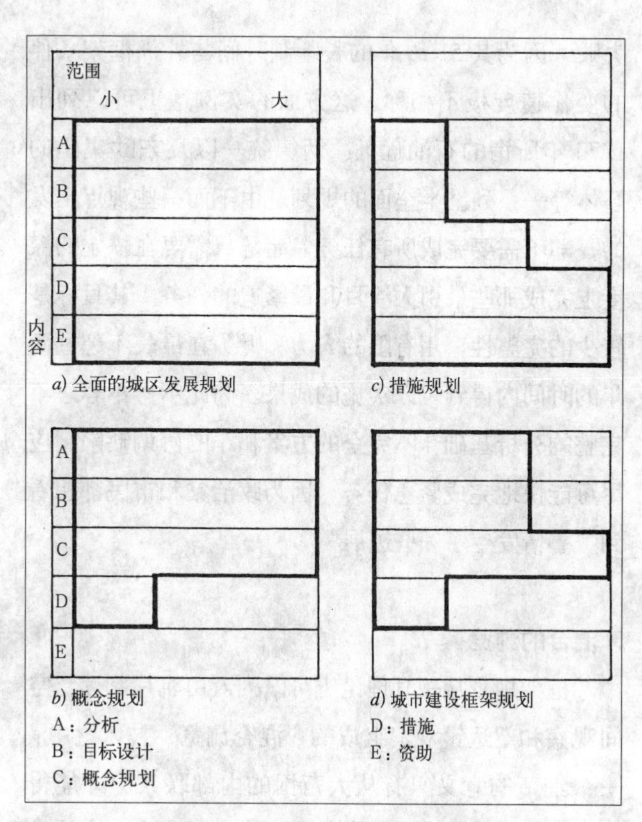

图5.8 局部空间规划的类型（库德斯，1985年，第8页）

B. 理论部分

1. 作为自然物体的城区

自然结构的持久性和笨拙性意味着它有着自己的惯性和真实性。对于用途的迅速变化和转变建筑上不能很好地适应。而且建筑结构由许多几十年前甚至上百年前就确定了空间秩序和比例尺的单一元素组成。这样当时城市设计观的逻辑也反映在其中。草率的干预可以严重地扰乱这种由一个整体的部分制成的逻辑。因此框架规划追求的目标是辨别和保护适宜和可信的土地结构，因为它可以为城市的内部组织带来创造性的贡献。而且还为其他领域设计出了建筑结构（在一定范围内还有利用结构）的标准。

在此谋求一种空间结构粗略调节的战略。在许多框架规划中可以明显地看出一种"哲学"，在这种哲学中公共空间的宏观形态和剪影具有决定性的调控量纲。不是经常改变的利用结构，而是带有持久性和决定性的建筑体的建筑结构才是这一规划工具的核心。

2. 半全面的（局部）空间规划

全面而完整的规划行为在空间规划中已经宣告

失败，因为其5-10年的长编制时间与外部框架条件的变化速度极不相称。这方面的实例这里可以列出1973年所谓的石油危机、两德统一以及东欧集团的解体等一系列。半全面的规划是由下面一些观点出发的，即不需要完成所有任务，而是只需要在一定的深度上完成那些最引人注目和最紧迫的任务。其目标是较少的完整性，用有限的人力和财力在最长不超过两年的时间内得到可以实施的成果。为此不得不容忍不完整的分析基础、不完全的方案和小的协调缺陷。应尽可能快地完成紧急任务，因为政治家和市民都想看到"事情发生了一些进展"。

3. 混合的浏览

框架规划从规划理论上可以列入由航片判读、空间观察和望远镜观察组成的"混合浏览"技术之中：一个细节的意义只有从大范围的内部联系中才能得出，为了能在大范围的内部联系中理解一个元素的功能，既需要这种内在联系的比例关系又需要元素的比例。两者处在一种纠缠不清的相互关系之中，这一点应用在规划上就意味着，框架规划对结构、问题之间的内在联系、任务功能互相之间的依赖性、方案中单个组成部分的具体布局安排（即建筑元素）不进行完整的定义。这就存在着在实施过程中才加以约束的活动空间，如果没有这样的活动空间大范围的规划就会完全没有灵活性。埃齐奥尼（Etzioni，1975年，第303页）把这种技术称为"两阶段探究"：人们把决定前后关系的（根本的）决策与逐点或单项决策分开。为了保持全局观，首先必须放弃细节的规划，后来的单项决策被作为"增量"，但是是在预先确定的基础性前后关系之内作出。同时单项决策也用于前后关系的审查，这样两阶段探究战略的两种要素可以抵消其他方面的特有不足。

这转用在框架规划上就意味着，框架规划作为一种中期的定位对于许多和在细节上还根本不能决定的单个行动来说，只应该确定那些能确保未来合理的内在联系，特别是能确保高质量的城市规划秩序所需要的行动。因为自然的土地结构更具持久性，而且对城区和市区的质量来说更为重要，所以城市框架规划主要集中在这一尺度上。

4. 就职责和目标达成一致

在现代社会中关于交通、城市生态、环境、城市形态等单个专业问题都有很高的信息水平。个人主义利益与城市政策和规划当局之间存在着批评和冲突。在许多市民会议上（有时完全是其他的问题）都爆发了市民对其居住和工作环境的缺点的批评。规划的空间范围越大，它所包括的专业内在联系就越多，从而受到的批评也就越多。通过规划区和专业领域的限定建筑规划还能把批评限制在一定的范围之内，而框架规划则具有一种阀门的功能。由于其内容和空间上的公开性框架规划为市民们提供了对城区建设提出愿望和发表抱怨的机会。因此一些地方的城区规划方案和城市框架规划不能令人满意。根据作者和许多规划师的经验这恰恰是错误的，不应该随意地委托编制框架规划，而是正在发生巨大变化的地区、城市更新的地区或有升值压力的地区以及社会、经济和建筑问题用通常的规划管理方法无法解决的地区才需要编制框架规划。因此框架规划编制的过程往往同规划的结果一样重要。如果存在着巨大的尚未解决的问题或者将要发生巨变，那么就应该从当地公开的或潜在的忧虑出发。在这种情况下应按照伦理观念中的民主原则澄清问题，为大家提供交换意见的可能性，寻找能使相互对立的利益得到协调的共同途径。

所以框架规划是通过空间分析的手段确定质量和缺陷，并将其在公开的讨论中进行审核和使其得到完善，以便最后得到一组尽可能得到公认并可以达成共识的措施的一种方法。在克雷菲尔德－奥普姆的实例中我们将看到，如何才能对这一程序进行建设性的设计。

5. 行动的协调

在现代化大城市中（也包括在大村庄中）有内在联系的城市建筑群和几百年来形成的内在联系经常被未加协调的专项规划、与当地无关的标准（例如标准化的道路横剖面和弯道半径）改变得无法辨认。政治家和专业规划师通过决策将城区作为无人区来"处理"。相反，市民们则以归属和所有人的态度对待自己的小区和城区。因此缺少协调以及由此产生的失误理所当然越来越多地陷入了当地巨大的抗议浪潮之中，而且规划与大的建设任务之间不进行协调从纯专业的角度来说也是错误的，但是只有提出了可以接受的目标之后，人们才能进行协调。就这点而论框架规划也是负责任的城市政策的一个不可缺少的协调工具。

6. 框架规划的结构和程序

图 5.9 中表述的内容和框架规划的程序性基本结构可以从大量规划程序的分析中导出。因此我们可以确定，如果在建成区和未建成区澄清了发展目标，协调了多个专项规划，告知公众准备采取的措施并进行对话，局部规划、城区规划或城市框架规划才是有意义的和必要的。框架规划在这一程序中一方面具有解释的任务，另一方面必须对行动所要达到的共同目标进行叙述。

通过特别程序在
— 政治家
— 市民
— 管理部门
— 规划师
之间达成意志的统一

要素：
— 现状评价
— 设计目标
— 指出行动的可能性
— 为方案和战略提出建议
— 设计的总体方案
— 在“可操作的”空间和时间措施组中的划分
— 费用估计和优先权构成

可作为范例的分析性和概念性内容：
— 用途的粗略布局
— 建筑结构
— 开敞空间的结构
— 公共空间—道路和广场
— 交通
— 能源和生态方案
— 后勤供应场所
— 公共设施
— 保障领域的方案
— 发展领域的方案

阶段：
— 决定编制一项框架规划
— 现状评价
— 与当地的政治家和市民就评价进行讨论，同意完成紧急的任务
— 为专业任务和空间任务设计构想模型和公开的讨论
— 修改和完善
— 编制框架规划
— 在规划委员会和市议会中做介绍并可能作出同意的决定
— 通过专业局、建设规划、地方和私人措施实施规划措施
— 多年以后：框架规划的调整／目标的完成

图 5.9 城市建设框架规划的程序和内容

7. 约束作用和调节范围

框架规划有哪些约束性以及它们调节什么？一般来说框架规划由规划委员会部分地也由议会决定，它的约束性来自于批准决议的阐述，多数的框架规划只定出了管理部门的行为应该遵守的原则性目标方向。为了给必要的修改留下相应的活动空间，这些决议经常只被原则性地遵守。由此城市规划工作中就出现了一种进退两难的局面，一方面建筑师和城市规划师希望通过尽可能具体而明确的目标陈述将一幅能使人们作出协调决策的“图像”传输到行为人的头脑之中，另一方面这些图像已经作为不可动摇的、几乎可以提起诉讼的承诺牢固地印刻在当地居民的头脑中。

这一困境很难被摆脱，因此可想而知的是，就应该从一个清晰的约束等级出发（如“混合浏览”一节所述），以便使框架规划不至于太快地就被不可预见的发展所超越从而变得毫无价值。图 5.10 表示的是框架规划目标陈述变得越来越具体的等级。如果根据十分特殊的当地问题得出详细说明的必要性－即对受到威胁的局部区域作出保护的决议，详细说明自然才是有意义的。出于这些原因在说明时就应该在长期有效的一般决议基础与范例性的细节表述之间作出清楚的区分，后者的任务是阐明规划构想。试验草案的概念揭示了这种内在联系，决策者和市民应该能够设想，一项一般而抽象的规定是如何被表现的。同一局部的多个试验草案阐明了指标的活动余地。它们也服务于指标的保障。

— 措施和时间上的目标指标
— 土地利用
— 道路网络
— 基础设施位置
— 城市空间形成的空间边缘
— 城市造型的标志性建筑物
— 层数
— 屋顶形式
— 主导性绿色
— 街道和广场的形状
— 造型上的主导性构想和细节
— 材料和颜色的准绳

图 5.10 城市建设框架规划中不断增加的目标密度的目录

8. 总结

局部规划（或框架规划）具有下列一些特征：

基本部分

— 为城市更新的逐项措施制定合理的框架；

— 填补土地利用规划尺度与建设规划尺度之间的空隙；

— 一个无序变化过程中空间上和时间上有限的次序尝试；

— 专项规划在空间尺度上的协调；

— 处于中等层级之上（空间、时间、详尽程度）；

— 不提出全面的要求。

两种基本的规划形式

— 发展规划；

— 城市建设框架规划。

两种一般的面积覆盖

— 覆盖整个城区的；

— 单个城区岛状的。

内容上的四个重点

— 全面的内容（发展规划）；

— 重点是分析；

— 重点在方案（目标规划、城市建设框架规划）；

— 重点是措施（行动纲领）。

5.5 框架规划实例

A. 克尔彭－辛多夫城市扩建框架规划

克尔彭位于科隆西面的附属区，这里的居民乘车前往科隆上下班。由此以及通过几年前建成的 A4 和 A61 号联邦高速公路交叉路口这座中等城市将对工业用地和住宅用地不断增加的需求都吸引到自己这里。以这座城市为例我们与学生们一起为辛多夫市区西部的扩建编制了简化的城市建设框架规划，它应该被理解为是扩展了的试验草案，而且应该有助于澄清城市扩建设计的方式和阐明不同方向扩建的优缺点。

草案疑难问题的关键点

— 应考虑和审查在城市的西部边缘规划一条过境道路。

— 将有轨电车车站从老居民点的中心迁移到东部。如果用一个新的有轨电车车站将西部扩建的地区连通，那么这一措施对草案来说有什么城市规划上的后果？

— 如何才能将南部现有的农业区与扩建区和老城中心连通，而又不造成过多的过境交通出现？

— 现有的居民点与新居民点之间建筑上的内在联系如何才能构成？

— 通过新居民点如何才能保持住通往西部自然景观的入口？

这些问题和一些其他的问题是以这项任务为基础的，图 5.11 指明了城镇西部边缘潜在的新居民点占地，并通过箭头标明了所希望的穿过城镇的和通往自然景观的连接。图 5.12*a*+*b* 中的草案选择规划的西面的有轨电车站作为固定点，从此通过一条明显的内部轴线将新区连接。这一轴线应该被视为同样是从北向南延伸的老城商业街的对称物。这一居民点是按照双发夹形式排列的，新轴线在北面终结于一个自然景色的终结点。一个东西向的连接系统和一条边缘道路保证了本区与老城区和自然景色的横向连接。下列的草案通过带开敞空间的宽广绿带更加清晰地连接着现有的居民点中心。这个绿化地带及其外部边缘承担着雨水下渗、游戏和小块体育场地、农业、马场、散步和休闲等方面的抉择和任务。图 5.12d 表示的就是这

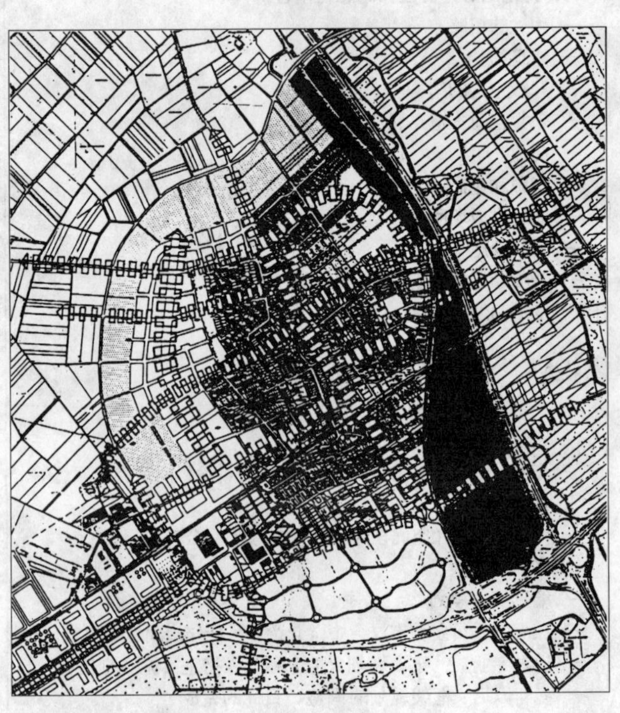

图 5.11 辛多夫西区：空间位置，居民点占地，连接目标［巴克曼(Baackmann)、舍德尔特(Schöddert)、施万(Schwan) 的方案］

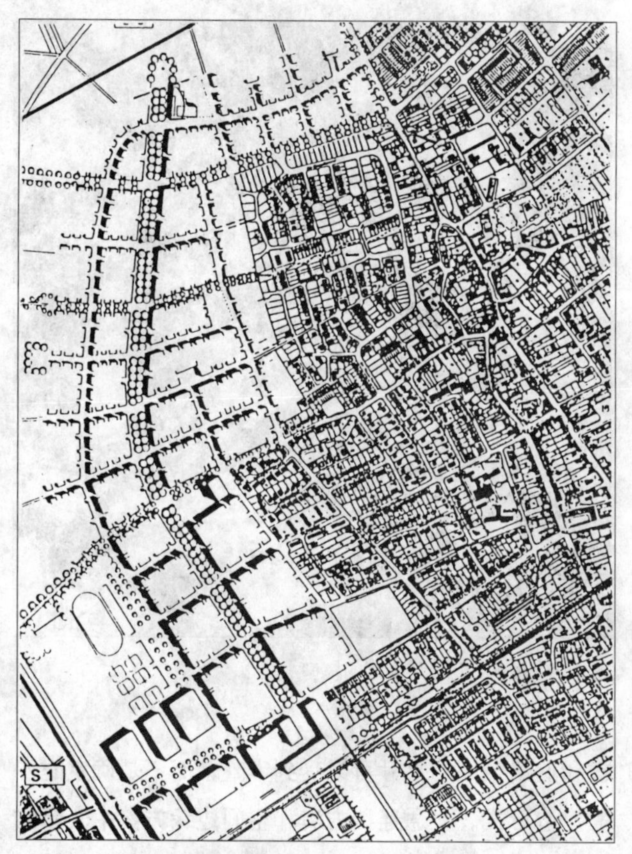

a）空间边缘（巴克曼、舍德尔特、施万）

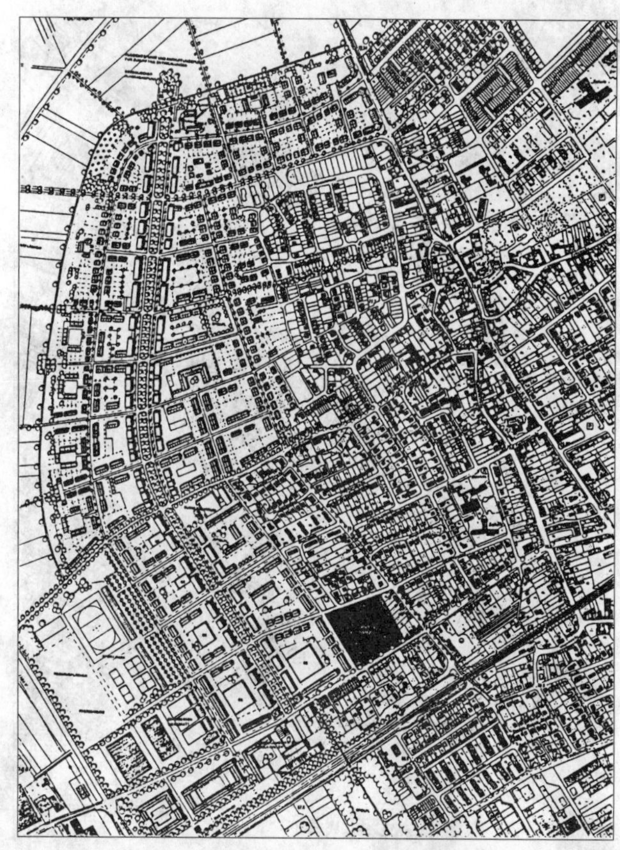

b）示例 *a*）的建筑结构方案（巴克曼、舍德尔特、施万）

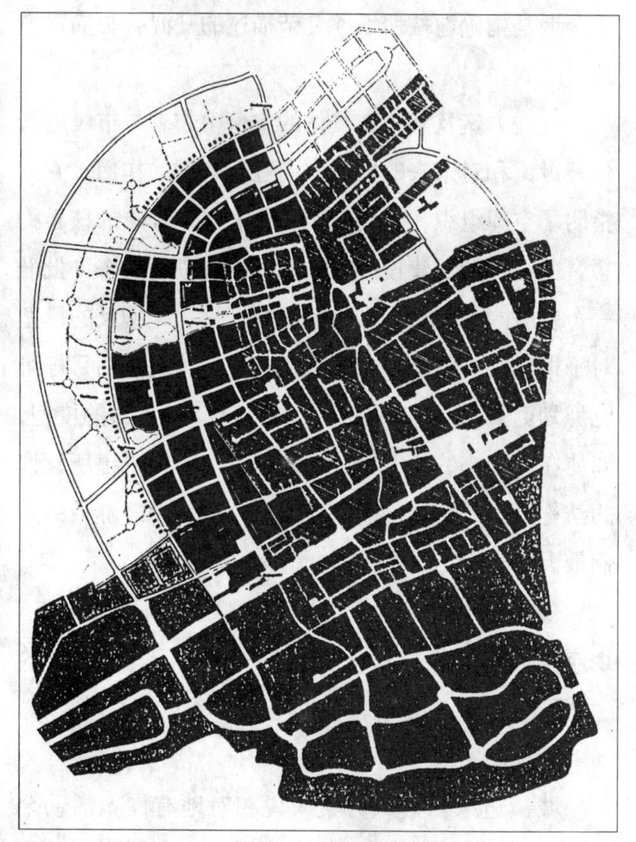

c）面积分配和交通连接方案［克格勒（Kegler）］

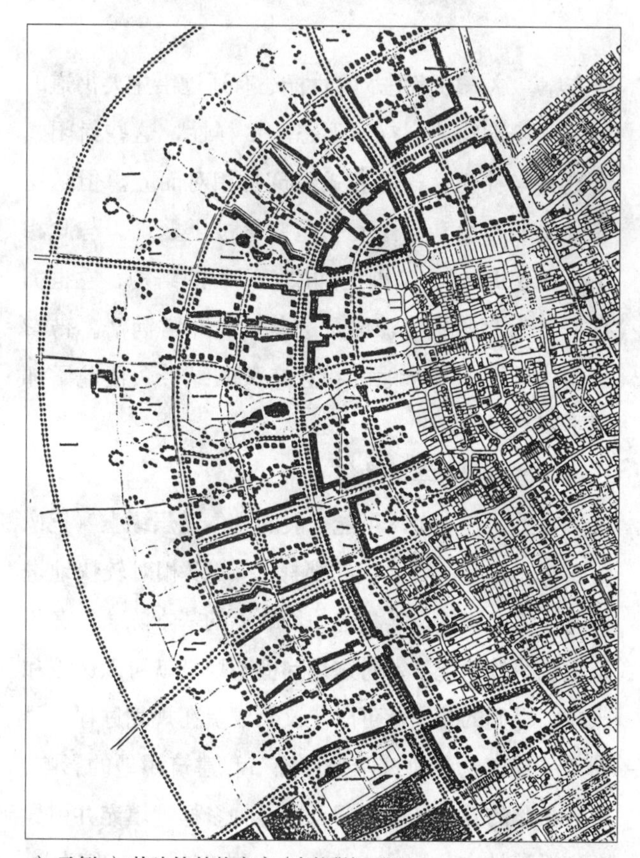

d）示例 *c*）的建筑结构方案（克格勒）

图 5.12 克尔彭－辛多夫市框架规划：发展变体（LSL 亚琛：城市规划和区域规划研究班练习作业，1993/1994 年）

图 5.13　克尔彭－辛多夫：一个谦虚的规划建议［布罗伊尔(Breuer)、扬森、里特尔、廷特曼(Tintemann)、青佩尔(Zimpel)］

一方案。这一方案追求的目标还有通过沿主要街道的封闭式建筑物达到空间形态的多样性，这些封闭式建筑物与补充性的开放式建筑物相对而立。但是这些变化的数量和形式使主题变得过于繁琐。与此相反，图 5.13 的方案则更加依托现有的结构，它也拥有一条南北向轴线，但是这条轴线非常简洁。带有一体化的雨水下渗池的相互交叉的绿带顺便地添加到了草案之中。

这些框架方案的功能

显然，在一个尽可能一般的具体化层级上（正像图 5.12*a* 和 *c* 中所尝试的那样），可以相对较快地进行关于空间组织及其相连的优缺点的基本陈述。在不论述细节的情况下，对这样的框架规划就可以讨论和比较。它们的普遍性可以使议会成员在规划过程的早期不受建筑物的建筑学外形细节和建筑用地的影响。这些粗略的基本骨架之间可以多种多样地填充并引导人们看清城市结构的本质－结构的布局。建筑形式、道路纵断面等方面实验草案意义上的细节在这一阶段（如果它们需要的话）的任务仅仅是使所选择的建筑

图 5.14　图 5.12*b* 框架规划的模型

群和道路空间的尺寸可以受到审查，而不是确定它们的建造形式。交通连接方案和空间边缘方案中表示的一般性、导向性层级与可以检验规划文本的可能性的细节层级可以互相转换，最后要作出规定的填充的活动余地是精确地按照 5.4.2 节描述的“混合扫描”方法得出的。

这些方案及其他在具体的实例中起着与市民进行公开讨论和对未来的发展方向进行咨询的作用。它们指明了空间组织、土地利用和建筑容积分布的核心构想。通过借助于建设规划和单项决定进行的咨询批准一个发展的方向后规划进行实施。这一比例尺的模型对于市民的讨论来说也是有益的，因为它阐明目标时比规划更直观。图 5.14 表示的就是草案 5.12*b* 的模型，即使在这张小的模型图片上也可以清晰地看出所建议的结构。因此不言而喻，在展览中模型总能够吸引人们最大的注意力。

B. 克雷菲尔德－奥普姆：一个城区改造更新的框架规划

城镇边缘对规划方案来说相对地有许多活动余地，而在建筑稠密的城区则会碰到大量的限制因素。首先应该考虑和权衡权利、利益、参与者和责任义务等各种矛盾的交织。克雷菲尔德－奥普姆就是这

方面的一个极端例子，这一城区随着19世纪铁路的发展作为铁路修理厂的补充和通过填补多条铁路线和道路之间空余的三角地带而形成。这方面的任务是指现状调查和评价、认清问题和机遇以及为城市规划混乱的居民点区域阐明建筑上和空间上的发展目标。

1. 作为对话工具的框架规划

克雷菲尔德市为其不同的城区或行政区编制了渐渐一体化的城区发展规划。这些城市发展规划或框架规划是由外部专家编制的，并伴随着一个规模巨大的协调和讨论程序。规划的目标是平衡整个城市与地方行政区之间的利益和专项规划在管理部门内部的协调一致。除此之外还有制定短期、中期和长期的协调的行动方案以及制订与项目相关的个案决策标准。城市发展规划或框架规划阐明了单项措施区域城市结构内在联系方面的前后关系和拟订了城市规划的一般目标构想。

克雷菲尔德市为具有大量问题的城区确定了一种特殊的程序。市议会决定编制一项城市建设框架规划，由此开始了一个信息和参与的调节程序。这一程序具有下列的结构：

第一阶段：

— 公众信息；

— 现状和问题分析；

— 目标和解决的战略；

— 第一个方案构想；

— 组成一个城区代表小组（成员有当地的政治家、协会、教会、不同地区的居民、商人等）。

第二阶段：

— 在一个周末举行的有城区代表、管理部门和受委托的规划师参加的讨论会上介绍规划构想（周五下午至周六中午）。找出有可能达成一致的观点和有争论的观点。

为第三阶段提出建议和任务。

第三阶段：

— 修改和完善方案，在可能的情况下在每个局部地区进行细致的协调；

— 修改建议；

— 介绍建议，在第二个讨论会中制定一个经过广泛协调的方案。

第四阶段：

— 在地方行政区代表和规划委员会中介绍框架规划；

— 议会对框架规划做出决议；

— 在一系列单项决议中贯彻有关措施，这些决议的顺序是按照紧迫性和资金的多少排列的。

第五阶段：

— 几年以后：修改和完善方案的单项要素，使其与变化了的条件相适应。

下面我们就来展示一下框架规划分析和方案构想部分的节选。

2. 规划准则的创造：构想

前四张图片（图5.15）从视觉上显示了这一城区结构上存在的问题和机遇：

城市结构和城市形态

一个地点的特征元素可以以建筑结构和空间结构粗略类型学的方式来表示：例如带有村庄特色的对角线街道保存下来的部分，这一部分在中心区与稠密的带有工业特色的住宅区和商业区相重叠。一些呆板的区域、不清晰的边缘区或与结构格格不入的干扰因素负面地显现出来。

景观结构和景观形态

跟随着从内向外眺望的是从景观和开敞空间结构向居民点区域的了望：其出发点是与自然界紧密相连地保存在规划区南部或公园状位于北部的高质量的和极具特色的绿色空间（像以前的莱茵河故道湿地）。除奥普姆地区绿化空间和开敞空间的进一步分类之外，对有发展能力的“具有形态缺陷的开敞空间潜力”进行描述对进一步的规划来说十分重要。

分隔的 / 一体化的元素

这些图片阐明了这一城区的核心问题：即由于居民点内部组织被铁路路基、交通干道等的多次分割所造成的分裂状态；其结果是，出现了大量孤立的具有明显的独立生活而且与城市较少有联系的很小的居住区。

一体化区域或潜在的一体化区域的表述阐明了这

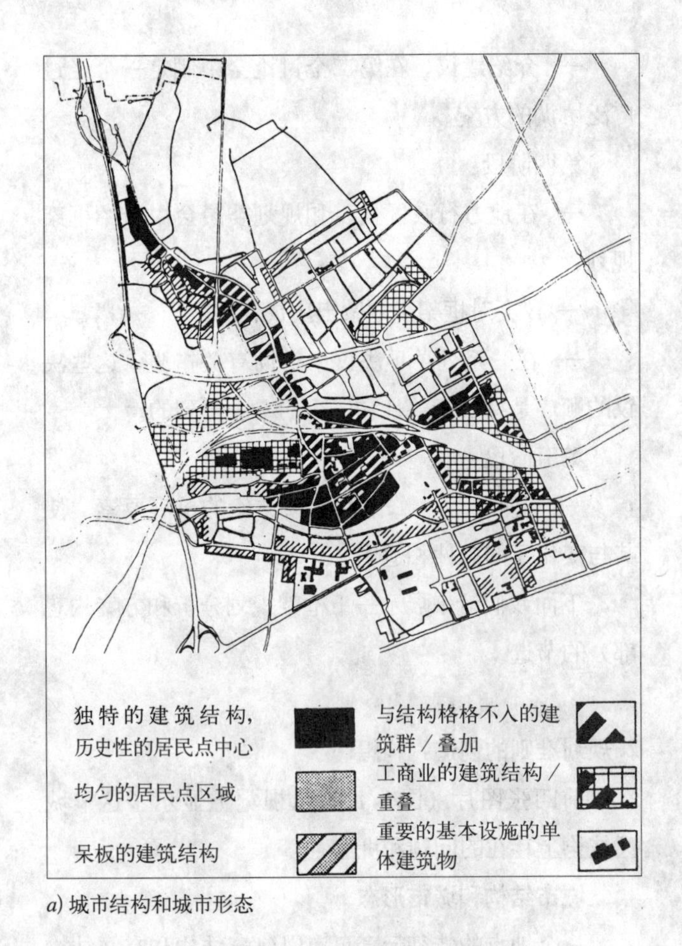

a) 城市结构和城市形态

独特的绿化和景观空间
具有形态缺陷的开敞空间潜力
小花园、场地和社区基础设施和体育用地
农业用地
休闲地、未规划的停车场等

b) 景观结构和景观形态

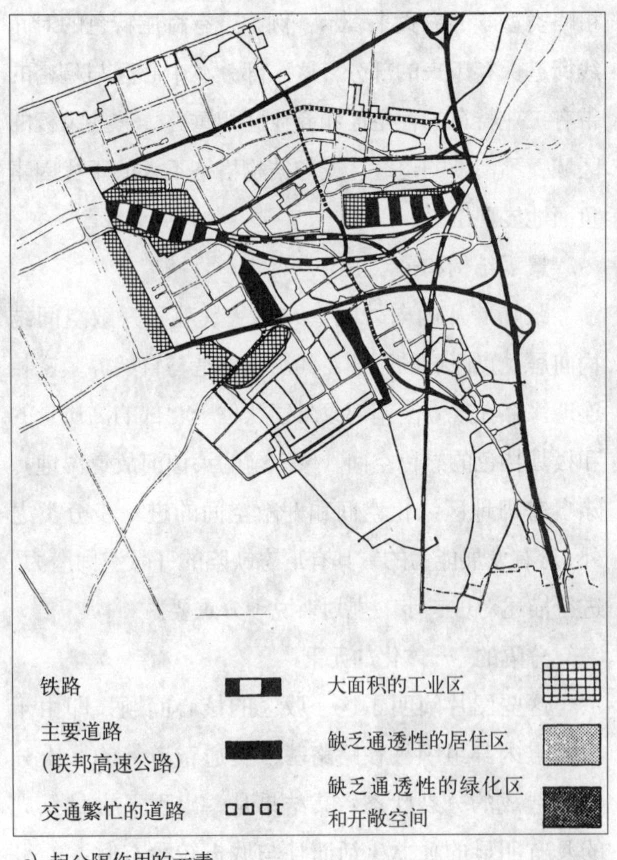

c) 起分隔作用的元素

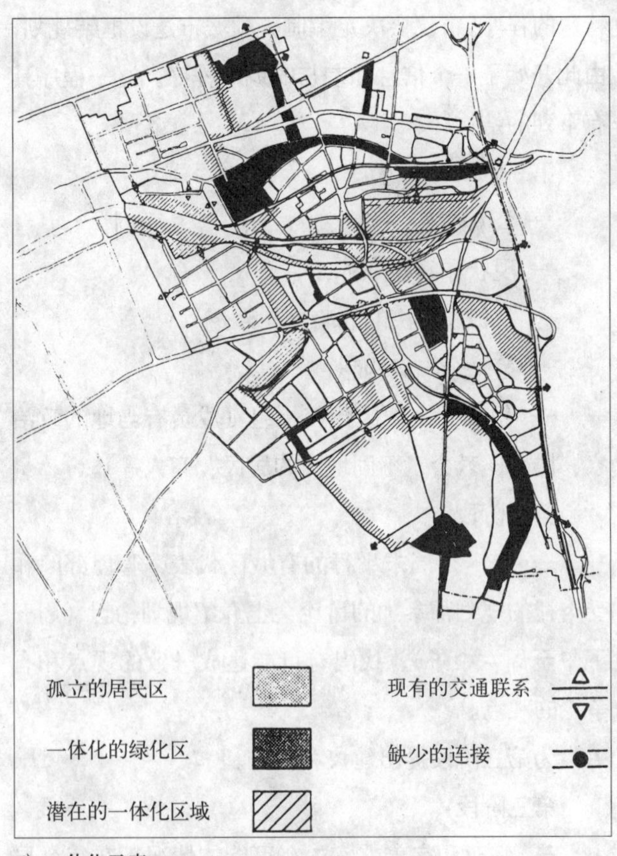

d) 一体化元素

图 5.15 克雷菲尔德－奥普姆：城市结构的质量和缺陷（ARGE 库德斯／空间规划事务所：克雷菲尔德－奥普姆市框架规划，亚琛，1994 年）

一城区的一种重要潜力，并且已经事先做出了城区规划方案的核心构想。

方案部分

在地点结构近似的基础上以工作假设的形式对重要的空间发展轴线进行了定义。以尽早构成观点一致为目标的形象的规划“范例”的视觉化显得最为重要：这一目标方案的重要构想是奥普姆市中心区域的扩建和加强，现有居民点区域的“后期加密”，就是说规划的注意力集中在广泛保存了剩余的绿化和开敞空间的现状上（图 5.16）。

3. 意见达成一致的程序

在上面提到的框架规划程序的框架内，程序调控和意见达成一致的一个重要工具是在相互协调的城市规划局负责下的“跨专业工作小组和调控小组”。与管理部门内部的澄清程序平行，市政府在奥普姆的规划中在当地设立了一个有市民协会、地方利益团组、教堂、本城区政治家等的代表参加的“规划讨论会”。

在规划早期举行的第一次讨论会上讨论了规划的构思准则，并定义了具体的行动范围以及规划的优先

图 5.16 构想方案

次序。在平行的工作小组中讨论“城区发展和景观发展”、“城镇中心”、“居住和工作”或“工作和后勤供应”等题目，随后再将工作小组的工作成果连贯地进行讨论、记录并交给规划师。

编制出的规划方案应提交在规划末期举行的第二次讨论会讨论，规划在工作小组中将接受严格的检查。对于有争论的地方应达成广泛的一致。哪里没有达到这一目标，就应在规划中加入备选方案。

4. 深化的分析和部门的局部方案

一个全面规划方案规划目标和准则的尽早确定一方面使在此基础上进行的有目标的现状调查和分析成为可能，并且驱除了以极厚的书籍形式出现的毫无意义的“数据墓地”规划的危险；另一方面使部门的调查不至于过于独立和使一体化总体方案中的部门局部方案对城市形态和景观形态承担责任，这应该是一个明显的功能，例如这在以前的个人交通规划中并不是理所当然的。

下面的六幅图片（图 5.17– 图 5.18）给出了关于部门现状分析调查深度和描述方法的范例性认识：

集中性 / 后勤供应和文化设施

中央供应区通达性的表述阐明了奥普姆城镇中心的主要问题：铁路线对它的切割和“腹地”与中心的分离。位于交通方便但没有与城区构成一体化的地点的大面积市场进一步加剧了城区中心的不良状况（图 5.17*a*）。

城区文化设施的描述（图 5.17*b*）超出了纯粹现状调查或评价的范围，定义了补充的地点。

本规划的中心是用在城区中心（位于县中心）的供应区建市民大楼的建议使奥普姆镇中心升值。这样这个规划同时也就成为了一个部门局部方案（文化设施）的实例。

人行道和自行车道路网络的缺陷

两图（图 5.17*c*+*d*）是由现状调查（哪有单独的人行道和自行车道）和争端描述（无吸引力的 / 缺乏的交通线；危险点 / 其他的缺陷）构成的一种混合体。

道路空间造型及其不相容性

图 5.18 的两张规划图评价了公共道路空间的质量。一方面描述了道路和广场空间的根本性形态缺陷

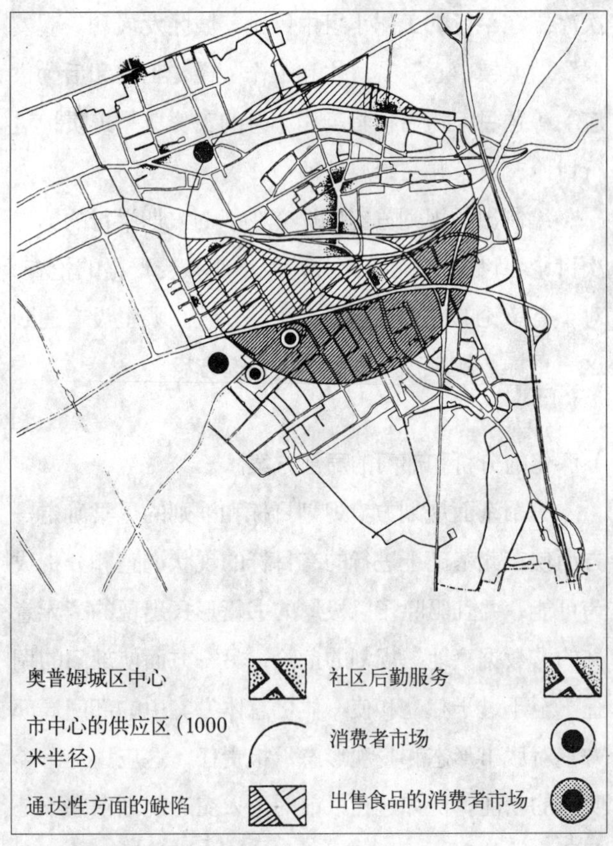

a) 集中性和后勤供应

b) 文化设施

c) 不相容性

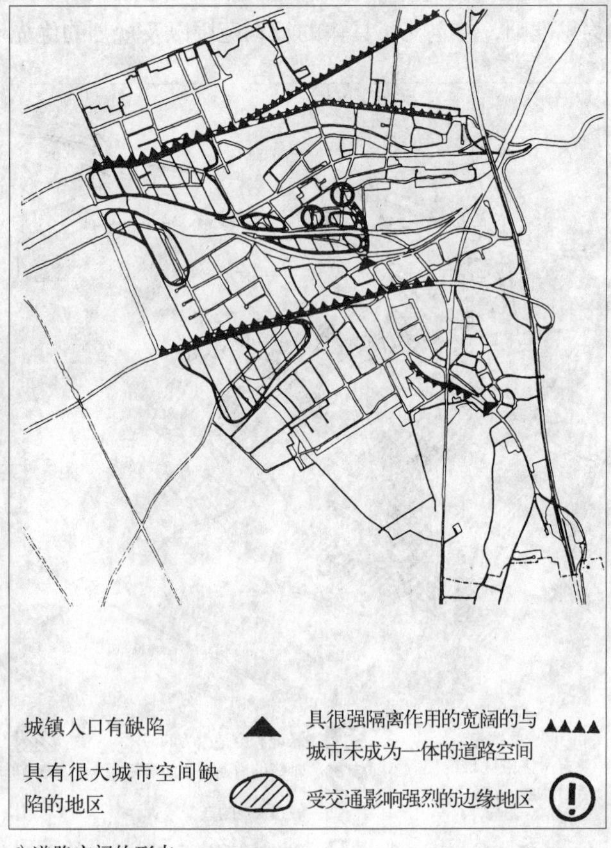

d) 道路空间的形态

图 5.17 克雷菲尔德－奥普姆：基础设施和道路空间的缺陷 [ARGE 库德斯／空间规划事务所：克雷菲尔德－奥普姆市框架规划，亚琛 1994 年 (a,b)；雷茨科＋托普／IVV 建筑事务所，亚琛 (b,d)]

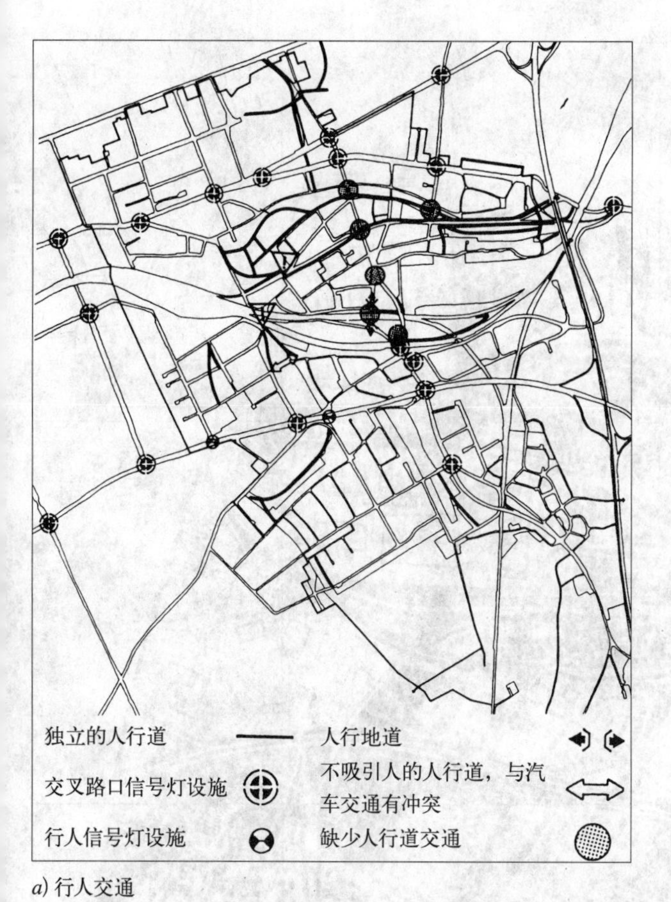

a) 行人交通

b) 自行车交通

图 5.18 交通缺陷［雷茨科＋托普（Retzko+Topp）/IVV 事务所，亚琛：奥普姆交通规划］

（既有空间结构中的干扰，又有道路空间的形态缺陷）；另一方面也考虑了道路造型的次级干扰因素，即与道路边缘建筑群用途的敏感性有关的交通负荷的大小。这两个分析步骤研究道路的城市空间方面，并且描述了与以最佳化的交通流为导向的个性化交通分析相对的一种重要的平衡力量。

5. 奥普姆城区规划方案：成果

城市和景观形态的总体规划方案

“城市和景观形态”的总体规划方案（图 5.19）是奥普姆城市建设发展的理想模式。这一规划直观地描述了奥普姆规划在“构思准则”一章中提出的主要目标的空间实施，被城市建设的障碍搞得支离破碎的城区的一体化措施（在用一种新的身份同时形成一个有一体化能力的市中心时），这种新的身份就是把奥普姆建成一个具有较高城市质量的绿色城区。本规划有意识地放弃了现状和规划的划分；由此也从视觉上突出了城市体中单项措施建议的一体化。

可以清晰辨认出的是规划的具有较高形态质量的绿化复合系统结构。绿化区域将孤立的单个居民点部分互相连接起来，并使其与城镇中心和自然景观建立了良好的连接。城镇南部边缘沿莱茵河故道区域建筑群和自然景观之间的紧密连接对本城区具有重要的生态和调节城市气候的意义，并为现有居民区和规划中的东南部城区的合成一体赋予了一种新的绿色住宅区身份。

规划在城市空间上集中在现有居民点区域的内部发展方面。城市现状的高质量加密我们打算用奥普姆市中心规划的实例加以阐明。

6. 奥普姆市中心的城市建设框架规划

铁路造成的市区多处切断和狭窄使奥普姆市中心变得不吸引人，并造成了城市规划的问题地带。城区中心规划方案（图 5.20）的目标是在位于铁路北面和南面的中央区域之间重建一条有吸引力的连接，并使其在城市规划－建筑艺术上得到升值。

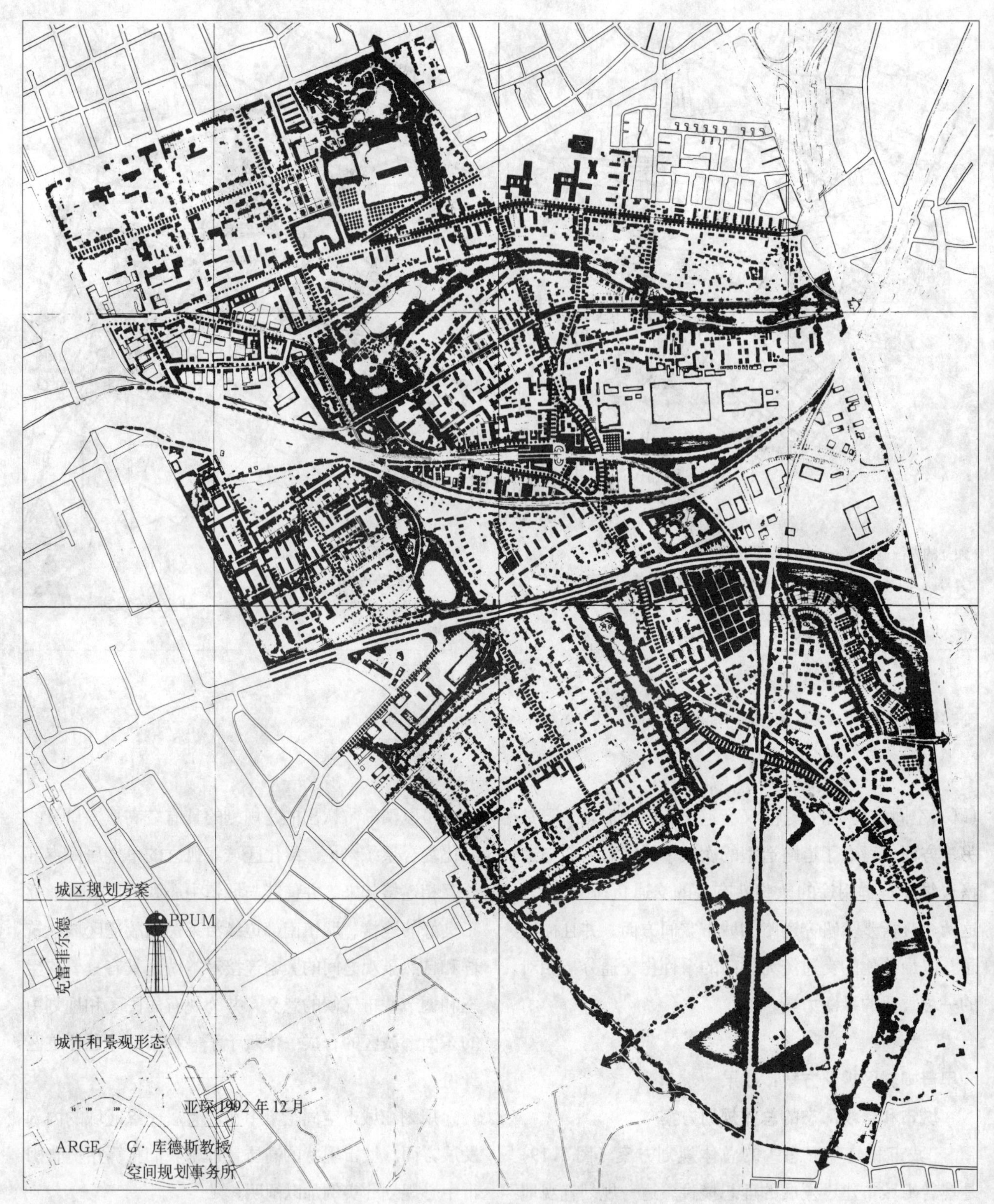

图 5.19 “城市和景观形态”的总体规划方案（阿尔格－库德斯／空间规划事务所，亚琛，1994 年）

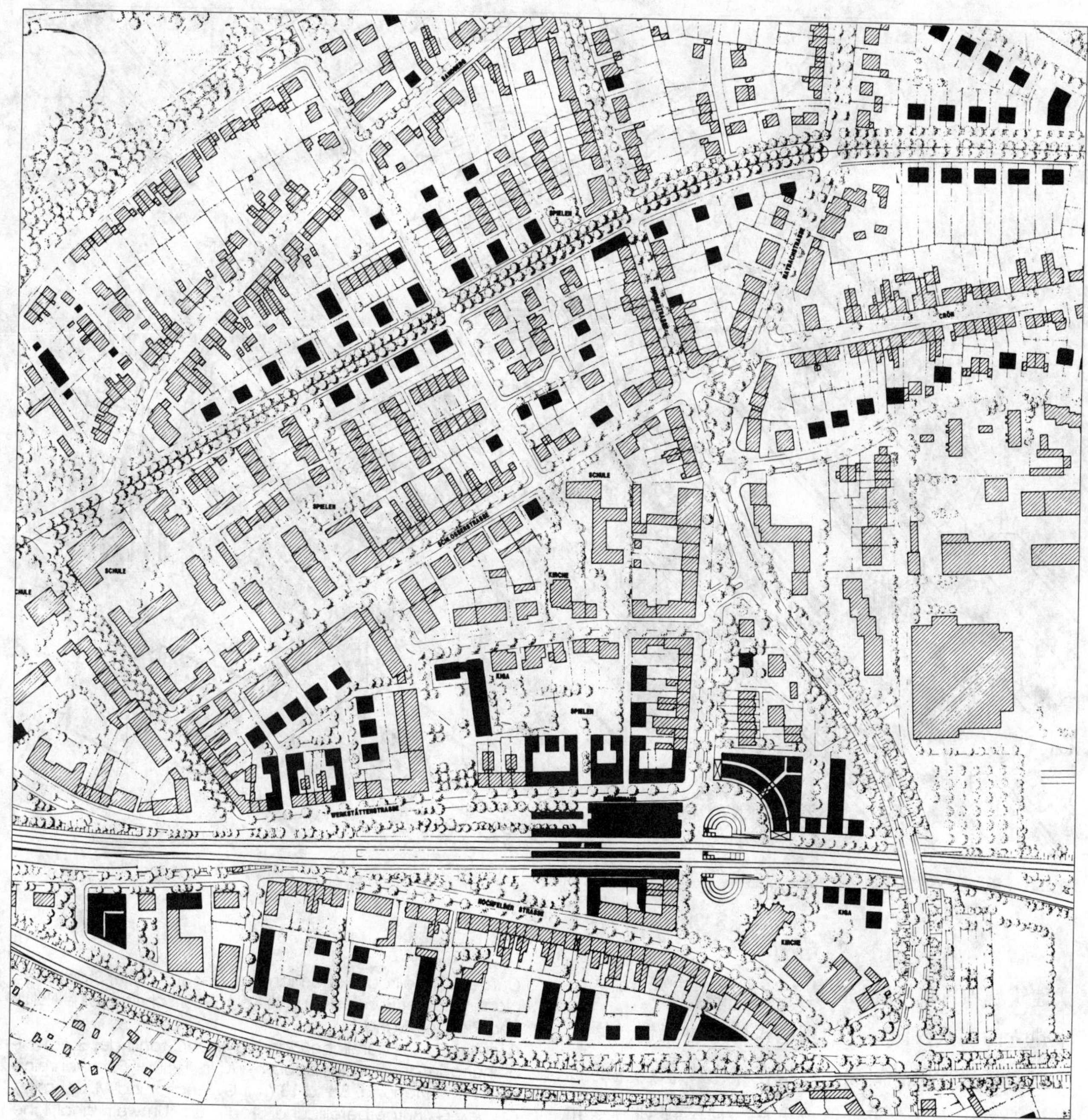

图 5.20 城镇中心的城市建设框架规划（阿尔格－库德斯／空间规划事务所，亚琛，1994 年）

这一框架规划汇集了城市商业中心的完善和升值措施以及将住宅区稳定在市中心的措施。公共空间被重新设计，并通过具诱人建筑风格的补充性新建筑改善中心区域的空间结构。

新中心方案的核心是一个城市建设上一体化的、脉络清晰和采光良好的铁路下跨道新装置，这一装置向南向北大规模地连接城区中心的局部区域。其广场状的台阶是一个环绕着南面的教堂和北面的新市民大楼的和谐的双元广场的组成部分。新的四分之一圆状的居住和商业建筑群从东面终结了奥普姆市喇叭状的中心地区，并与教堂紧密相联。新设计的奥普姆市中心克服了铁路造成的障碍，从而为分裂城区孤立部分的一体化提供了范例。

人们对这一关键区域的规划进行了范例性的深入研究。等高线描述图使具有教堂、市民大楼和新居住和商业楼等三个相邻建筑物的双广场设施方案变得更加直观。除“新中心”方案之外城镇中心的框架规划（图 5.21）还表示了城区中心直接供应区合成一体的建筑群建议的多样性。例如沿南部的铁路路堤的住宅和小型工商业（在底层）混合的庭院

图 5.21 新中心的规划方案（阿尔格－库德斯／空间规划事务所，亚琛，1994 年）

式建筑群项目或沿着北部废弃的铁路路堤与 19 世纪末建立的丽水公园相邻的别墅式住宅建筑群。规划的所有措施按照时间顺序概括在一个内容广泛的目录中。由此为克雷菲尔德市奥普姆城区规划方案和规划过程的所有参加者预先给出了一个为期 10-15 年的行动方案。

参考文献

Institut für Städtebau und Landesplanung RWTH Aachen/HMS Helmer, Meyer, Seiler, Aachen: Städtebauliches Entwicklungskonzept zur Erneuerung des Aachener Raumes - Pilotstudie. Im Auftrage der Zukunftsinitiative Aachener Raum (ZAR). Aachen 1988.

Curdes, G.: Teilräumliche Planung. Der Stand der Stadtteil planung in der Bundesrepublik. Köln 1980. Schriftenreihe Politik und Planung Band 11

Curdes, G.: Teilräumliche Planung II. Der Stand der Stadtteilplanung in der Bundesrepublik - Köln 1980 = Schriftenreihe Politik und Planung, Band 13 (mit G. Piegsa und M. Schmitz)

Curdes, G.: Bürgerbeteiligung, Stadtraum, Umwelt. Inhaltliche und methodische Schwachstellen der teilräumlichen Planung, Köln 1984. Schriftenreihe Politik und Planung Band 14

Curdes, G.: Regionale Umstrukturierung durch weiche Standortfaktoren: Konzepte zu einer regionalen Gestaltpolitik am Beispiel der Region Aachen. In: Jahrbuch für Regionalwissenschaft, 9/10 Jg. 1988/89, Göttingen 1989

Curdes, G.: Entwicklungsstrategien für Grenzregionen: Technologiepolitik als Motor zur Restrukturierung der Aachener Region. 1994. Erscheint in Kürze in einer Schriftenreihe der Europäischen Union

Curdes, G.; Raumplan: Stadtteilkonzept Krefeld-Oppum. Aachen 1992

Etzioni, A.: Die aktive Gesellschaft. Opladen 1975.

Fürst, D.; Klemmer, P.; Zimmermann, K.: Regionale Wirtschaftspolitik. Tübingen, Düsseldorf (wisu-texte) 1976

第 6 章　城市边缘和村庄

6.1　问题的提出和方法论

A. 问题的提出

1. 城市的成就

城市已经被证明是人类社会最有成效的社会空间组织形式。即使在发展中国家人们也都纷纷涌入超负荷的城市，其原因仅仅是因为他们期待在那里得到个人多种多样的发展机会，在紧急情况下得到更好的医疗救助，更多的职业发展机会以及由此而来的更多收入。这些希望的失望还不是这样大，以致于使他们又成群地迁回农村。

在城市中，特别是在大城市中最重要的一点是个人发展的巨大的公开度和自由度，而个人发展在农村和小城市则受到很大的局限和控制。城市为人们提供了更多的角色，也允许人们扮演更多的角色，在大城市特别是在大都会形成了新的模式和角色。这结城市为一个时代和文明的发展速度、主题和生活意识打上了鲜明的烙印。一个世界性的技术文明的图像、信息和思维方式给我们的思维和感知打上了深深的烙印，这些东西不断重新决定着其颇具活力的核心。在城市中聚集着代表了各方面最新发展的活动家，这些城市代表着各方面进步的尖端。随着发展任务、资本和人才在有利的区位组合上的聚集而导致的国家和大陆竞争能力的变化，这些大都市中心从欧洲迁移到了北美，现在又迁移到了亚洲。各个“尖端”使其他地区退化为边缘。一个社会的基础设施、居民点结构、建筑结构和生产结构的年龄都与这一循环周期有关，但是也直接与人口增长的绝对尺度有关。

除了这些目前极为活跃的变化进程之外总是存在着不同时性。新的中心出现了新的主导性产品，但并不是全套的新产品。其他地区的机会存在于填补空隙，继续经营已经创制的产品和服务，为国内和地区市场服务和培养社会需求的细分等方面。活力的代价是高昂的，例如新中心在环境保护、城市面貌、社会和谐等方面都必须付出高昂的代价，这也使得在未来一个时期采取修正措施变得不容拒绝。老区域的机会就在这里。

在不同时性中还存在着其他的机遇，较慢的变化速度为其他的优先事物留下了空间，在这里精神和文化力量可以变得成熟。较小的变化压力使解决日常问题获得了时间，社会结构建筑物的继续建设可以认真地进行，而且有可能获得持久性的成果。

但总是还存在着抉择的需要，中心和边缘是息息相关的，充满活力的空间总是需要互补的补充空间，两者是一个不可分割的整体进程的一部分。因此我们认为：城市特别是大城市象征着发展，时代标志着什么，这里就在进行着什么。因此这里也经常产生着为时代打上烙印的新形式、美学和象征。原则上不应该阻止新的生活方式和组织形式的传播，因为人们通过他们的选择行为共同决定着这一进程。所以一个世界范围全面的变化过程只具有不同时性，因此这一进程的一部分挤进不太活跃的区域并且使其发生改变就是不可避免的了，属于此类地区的有新产生的边缘区和乡村地区。

2. 乡村的问题

大型化的组织、合理化、劳动分工、标准化、匿名的关系和产品以及世界化的销售在世界各处都使传统的状态发生了退化。这就产生了现代元素与过去时代的遗留物相邻而立的中间状态。悬而未决的是，是否能产生有承受力的共生物，或者老的形式只是导致一种剩余的存在，因此在不具活力的地区，特别是乡村地区，无论是经济、社会进程，还是心理进程进行得都特别困难。

虽然至今为止乡村经常依赖于城市，但它还是具有自己的节奏、形式、文化，就是说自己的尊严。乡村是一种抉择，只要一种非城市文化的独立生活方式没有作为有承受力的要素延续下来或者没能与新的有吸引力的生活模式联系起来，乡村地区就没有机会发展成为一种有承受力的文化，它只是过去时代的一种经济/历史残余。但是自20年以来产生了一种寻找一个相反模式的运动，这就是不仅只对四年承担责任，而且还要对几代人都承担责任，考虑和经营循环，按照人们的需要进行规划设计：发展一种新的责任精神和更加以人为本。一种从纷繁的世界中脱离出来并寻求不太堕落的小环境的生活方案。

这种运动把卡普拉（Capra）的“转折时代”与舒马赫（Schumacher）的“小的就是美的”理论观点和基督教－人道主义动机以及个人经验的需求结合起来，用自己的双手创造一切。这就是约翰·西摩（John Seymour）在其经典著作《生活在乡村》一书中带着很高的兴致描述的一种景象。海伦（Helen）和斯科特·尼尔林（Scott Nearing）在《一种美好的生活》一书中撰写了一篇关于美国社会提前退出者的令人难忘的生活报告。来自城市的移民的兴趣要求不再够用，并不能表明一种简朴和知足的生活前景的必要性和紧迫性。但这无论如何都是一个前提，即如果人们长期梦想着一种自己的乡村生活特性，这种特性是从现代而有力的动机而不是从已经被历史所超越的结构获得动力的，而这种结构又在某些地方保存下来，要寻找这种结构只有在乡村才能做到。

受此影响在农村居民中也产生了一种与农业产业化和化学化农业保持距离的生态农业运动。结果就形成了环保型农民（农场主）、“自然（绿色）食品商店”以及知道过度施肥、过度放牧和除草剂除虫剂能破坏土壤的意识大大提高。出于农业生产过剩的严酷事实就产生了休耕的设想方案并寻求改变农业在中山地区所扮演的角色，即更重视农业景观保护的功能而不是它的生产功能。但是由此并没有产生有承受力的结构，因此乡村区域和以农业为主的村庄的未来仍然是未知数。

3. 城市边缘和城市附近的边缘地区

自上世纪初以来社会的中高阶层纷纷迁入了城市与乡村之间的中间区域：城市边缘、市郊和边缘地区的村庄。花园城市这种反城市的范例、浪漫主义美化的对乡村田园风光的回忆、便宜的建筑用地、健康住宅的设想以及小乡镇的较小建筑密度都为这一发展趋势带来了推力。在这一空间像在旧城中一样乡村的建筑结构与城市逃跑者的现实的和伪罗曼主义的住宅范例直接相遇。由此产生的城市规划和建筑学上的“分散状态”一般来说是令人不快的。

不仅城市边缘而且乡村区域都属于造型上受到轻视和忽视的地区。在最近一个时期这一论题通过欧盟绿皮书和一些课题报告以及会议的推动变得更加现实。我们想在这一章中示范性地介绍与这些区域的功能有关的规划观、方法和示例。

B. 态度

比至今为止描述的所有情况还重要的是（由于城市边缘和乡村地区对抗外部影响的较小抵抗力）规划的态度，这种态度可以起到感知过滤者和为规划过程定位的作用。

1. 现状的忽视

在城市边缘区定居首先是一个重新造型的问题：工业区、零星出现的外迁服务业的大型机构、特别是以其他生活模式生活的新阶层，工作和居住需求是城市扩展的支柱，凭此城市不断向边缘推移。以前独立的村庄、单体农庄和沿街村庄被这种城市扩展所包围并被重新造型。一种观点(很大程度上不是有意识的)就是忽视现实的前后关系。业主和建筑师把注意力集中在他们的计划上，而不是集中在其对周围的影响上。人们可以将这种观点称之为是自我中心的、不敏感的、无知的或无情的。

2. 保持特色的问题

这涉及结构和形式的问题，特色产生于功能和形式的统一。乡村建筑方式在用途、小气候、寿命和简单的居住需求等方面很大程度上都达到了最佳化。所有这些都通过外形的和谐加以表达。虽然用途的改变在理论上也可以保持原来的形式，但它随着时代以典型的方式发生了改变。因为在历史上建筑物和居民点的用途总会发生变化，所以在内容和形式上很少出现纯粹主义的特色。如果至少建筑物的外形能够作为文化遗产保存下来，就可以认为已经取得了很大的成就。

3. 规划手段

处理城市边缘和村庄的乡村结构首先显得很简单，但是经进一步观察后则证明这是要求最高的规划任务之一。我们可以区别出两种不同的流行观点：一种是忽视前后关系。不考虑其周围环境的居民点扩展规划和建筑物的规划，它们分别是城市的形式或总是时兴的建筑式样的偶然结果。另一种观点是力求适应现有的环境，模仿老建筑物，大多将老建筑物的一些元素作为那些形式和比例冲破周围框架的建筑体的装饰配件。两种观点所导致的最终结果都不太令人满意。因此我们想介绍两种能指明摆脱困境的出路的规划手段："天才轨迹"和类型学手段。

天才轨迹

在同一个系列出版的《城市结构和城市造型设计》一书中详细介绍了"天才轨迹"这种方法以及实地的规划方案，所以这里我们只介绍最重要的部分。天才轨迹可以在有明显特色的村庄、城市和单个的居民点元素中应用，这些地方的一部分还没有被重新造型和破坏。方案的核心是继续坚持现有的典型特征，这些特征特别是指：

— 居民点地形上的典型位置；

— 典型的开发形式（交通系统、道路和广场的几何形状、横断面）；

— 建筑物典型的布局形式；

— 建筑物与开敞空间的典型关系；

— 典型的建筑物尺寸和建筑物形式；

— 建筑物附近开敞空间的典型形态。

人们还可以添加一些典型材料，但是这一标准是有问题的。建筑材料很可能随时代而变，例如桁架建筑。因为现在已经几乎没有持久耐用的木材了，所以桁架建筑一世纪前就消失了。在承重砖墙前面桁架的应用被证明是一种痛心的错误，因此地方特性不需要每一个地方都搞得很细致，这取决于主要特征和合乎时代的表达。这在方法上表明，人们首先要对特征进行一次深入的调查，并且熟悉建筑和居民点的历史，以便认清和理解历史的轨迹，然后对主要特征进行分析。 其结果不应是一种平淡的重复，而应是一种合乎时代的阐述。

类型学的规划

如果在一个地点一种基本形式或少数建筑形式经常重复，我们就将它们称为主导性的建筑类型。在此一般来说涉及的不是一个总是一样的建筑物的重复，而是一种有许多大小变化的组织上的基本形式。但是建筑的多样性显示出了这样巨大的内外近似性，它们使基本形式的特征不断增加。如果人们把它们简化为越来越普遍的类型，就会产生一种"理想的类型"，在这种理想类型中许多类似的局部数量的核心特征越来越多。

人们在进行类型学规划时首先调查这些建筑形式的核心特征并将它们作为现状特征汇集起来。然后应该（这是必需的）对今天的需求形式进行分析，在此应该检查这些核心特征在多大程度上与现代需求（例如居住的需求）相联系。其结果可能是类似的布局形式和建筑形式，但是以合乎时宜的建筑学语言和建材语言。类型学规划之路是困难的，人们有可能突然到达一个浅显的伪浪漫主义的赝品附近。因此为了摆脱这种困境，至少在不需要继续深化的细节（或次级特征）上追求新的解决方案是必要的。

6.2 城市边缘的规划

我们想以学生们的一个实习设计为例对此进行说明，这一设计的对象是亚琛以南20公里的一个乡镇勒特根。勒特根镇正在从以前以农业为特色的乡镇转变成为一个城近郊的住宅区。这一转变在社会、空间和建筑等方面都有影响。但是现存的地方典型特征还很强大，它们能够成为天才讨论的基础和本地典型的建筑形式。我们想通过几个实例对它们的现状和结论加以说明。

1. 居民点结构

勒特根镇居民点结构的特征是围绕大块内部开敞空间（牧草地）的一个清晰的道路边缘建筑群。主要道路分布在谷地中，次级道路再连接它们。图6.1表示的是居民点结构（图6.1*a*）和建筑群在一个通过森林和斜坡所造成的避风的山坡上所处的位置（图6.1*b*–*d*）。潜在的日照图表示的能源辐射强度从不到110千卡／厘米到超过140千卡／厘米不等。只有主要街道才铺设有人行道，许多支路的两侧则具有供排水和接纳积雪的排水沟，具有这种断面的道路的功能要优于带冬季可以堆积积雪的人行道的道路（图6.1*f*）。因此保持老的断面就成为新时期面临的问题。具有本地特色的是沿着道路建设的带附属建筑的独立房屋这种建筑方式，这样人们总能不断看到绿色的内部空间。图6.2*a*在一个片段中表示了道路、带花园的房屋用地和绿色的内部区域，箭头标示了能够看到绿色的地方。通过在建设指导规划上划定不能建筑的区域确保能够留下通向自然景观的窗口，这被建议作为居民点规划的目标。

图6.2*b*表示的是建筑物现状的评价。黑色表示的是突出的建筑物，圈中的是不相称的建筑物，沿道路的线条表示的是构成空间的植物。这里缺点和优点（图6.2*c*–*d*）的分布相当均匀，就是说没有一个局部地区不具高质量。本镇计划在几个绿色内部区域中完整地进行建筑。相比之下我们已经灵活地揭示出，如何才能在通过道路四方形的划分已经变小了的内部区域使结构的类型得到保持。图6.2*e*–*f*表示的就是这样一种规划方案。

2. 建筑结构

突出的是深度为一间房和一间半房的具有本地乡土历史特色的长屋。这种建筑物的山墙大多朝向街道。它们及其附属建筑物构成了避风的庭院，树木和修剪整齐经常为一层楼高的树篱起到了防风避雨和遮阳的作用，这种房屋的底层由碎石建成，楼层为桁架结构。房屋的迎风面用木板、铁皮或板岩铺设或通过布满长青藤的无窗山墙加以防护。风和雨在这一高地是这样强大，以致于雨水可能在墙壁上向上流。不熟悉的建筑师可能会在此造成大量的建筑损伤。通常的建筑构造大多只能抗拒风雨的压力10–20年，此后其外部涂层就必须进行整修更新。以这一高度的这种建筑类型作为标尺仅仅通过对其外立面长期风化效果的观察就可以得出结论，即主建筑和辅助建筑物上的这一原则在新建筑物上也适用。这一原则允许在各自的场所对不良的天气和窥视进行抵御以及价格适宜地安放各种各样的用具（如汽车、花园器械、贮物、木柴、冲浪板、家禽、客房、维修车间、桑拿浴室等），所以辅助建筑物正好是必不可少的。由此今天许多小型住宅被升值为尺寸上与历史性建筑物相符的功能齐全的综合体。现在在这一空间还添加了一个具历史特色的特点，即非常细长的农舍。依据深度不同它们被称为“一间房深度”和“一间半房深度”的房屋。而新建筑物的流行建筑形式则无视这一点。这就会得出一个各种形式组成的杂烩，这种杂烩逐渐排挤现有的建筑形式并使其贬值。继续保持开发、布局、庭院构成和建筑类别的宏观特色以及房屋的细长类型在城市规划上是完全必要的。这里应探询各部分之间的联系，而不是投机取巧性的立面造型。

按照这个基本类型可以设计一座现代化的房屋吗？通行的轮廓使房间围绕入口排列，房间为更接近正方形的基本形式。首先出现了动能学方面的考虑，这一挑战引起了我们的强烈兴趣。大约25名学生对这一课题进行了多年的调查并得出了可供讨论的设计

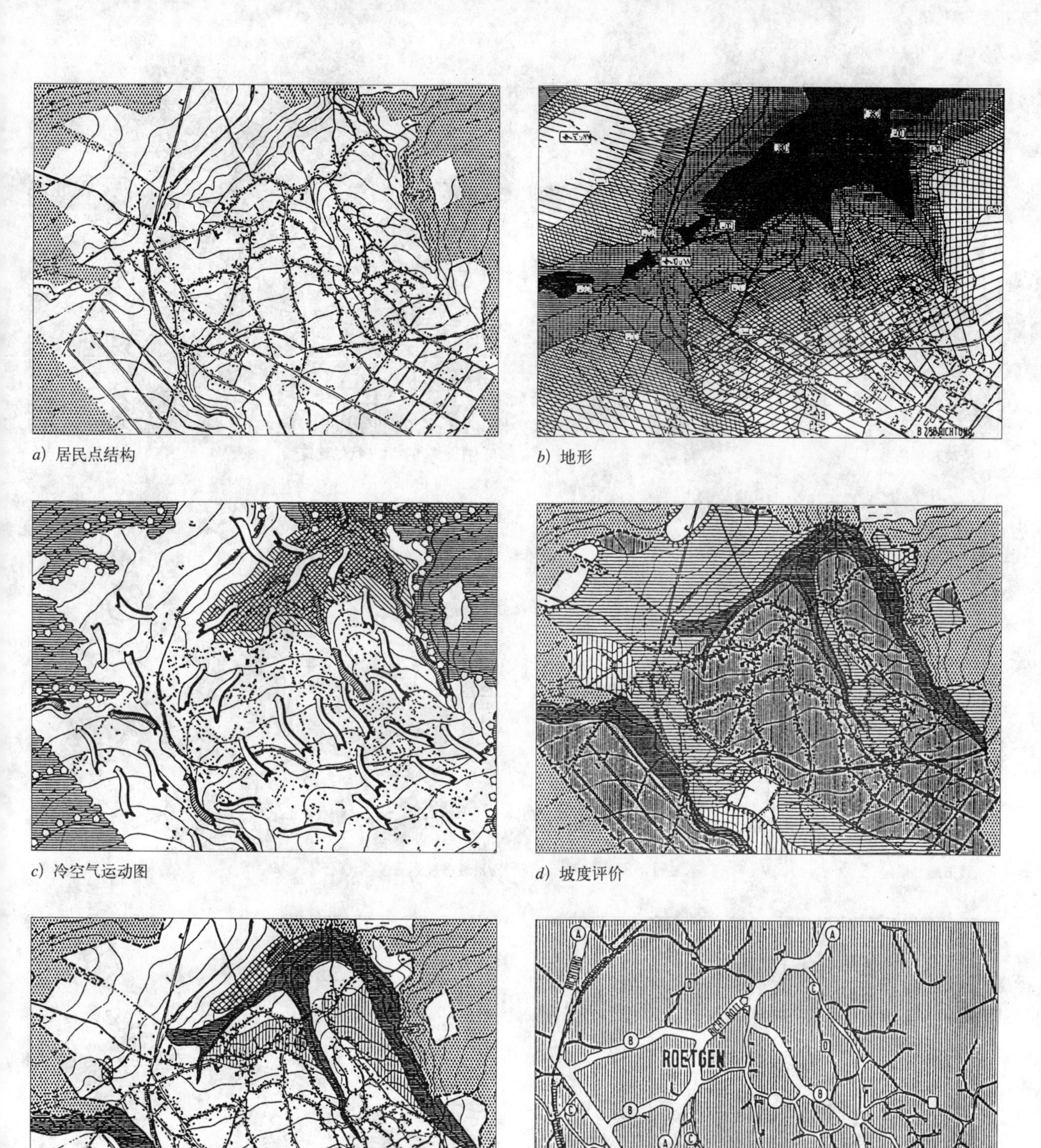

a）居民点结构

b）地形

c）冷空气运动图

d）坡度评价

e）潜在的日照

f）道路扩建

图 6.1 勒特根（Roetgen）：居民点结构的特征 1（LSL 亚琛：城市规划工作报告 19.2）

方案（关于此课题的情况和示例在《边缘地区的建筑》（亚琛，1989 年）一书中有详细的论述）。其结果是，细长的房屋类型具有特殊的适宜性：在一间房深度的房屋中阳光可以从所有侧面射入。因此这种房屋类型的使用十分灵活，它既可以建在朝北的街边，又可以为东西走向，也可以建在山坡旁，即几乎在任何建筑场地都可以使用。它很适宜作为核心房屋，在这里随着家庭规模的扩大侧面可以添加一至二层的边房（特

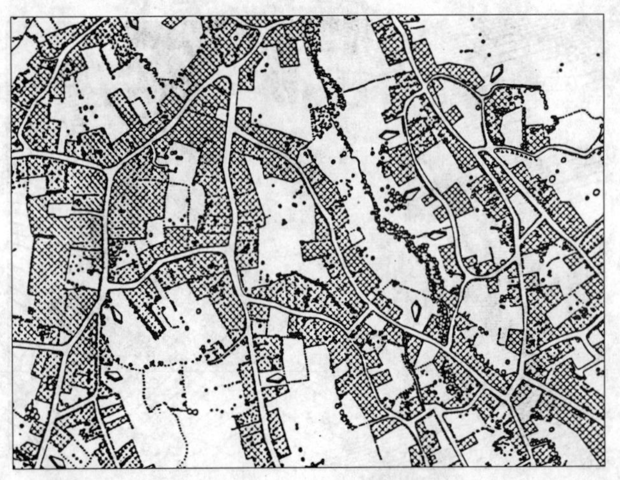

a）植被和景色

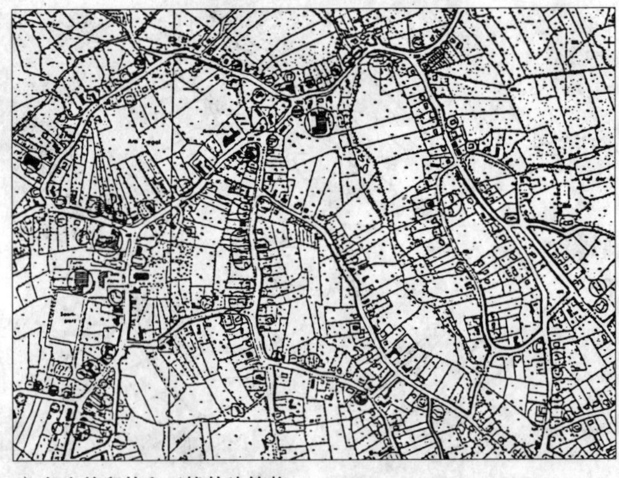

b）打上烙印的和干扰的建筑物

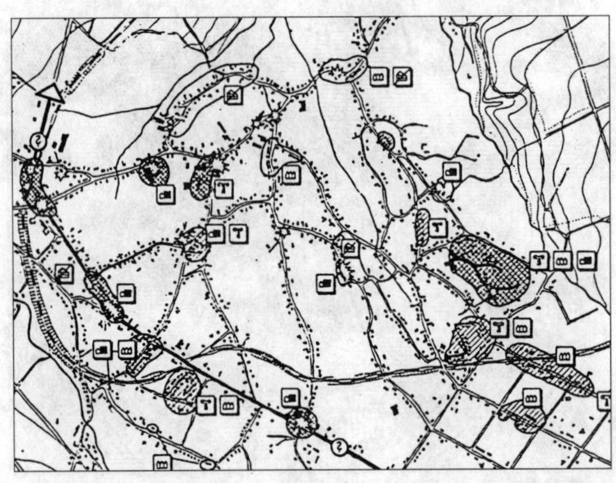

c）城市规划缺陷

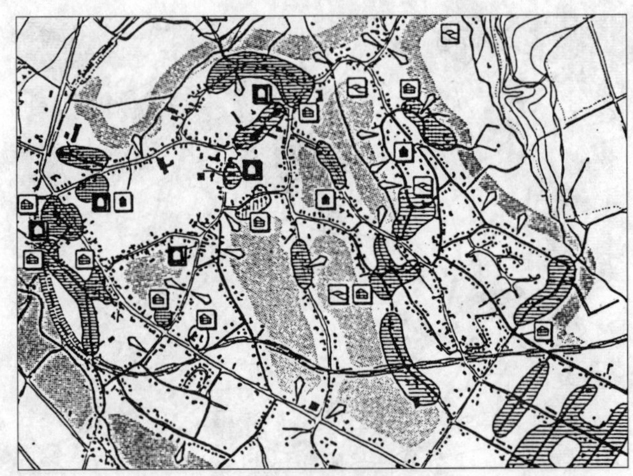

d）城市规划质量

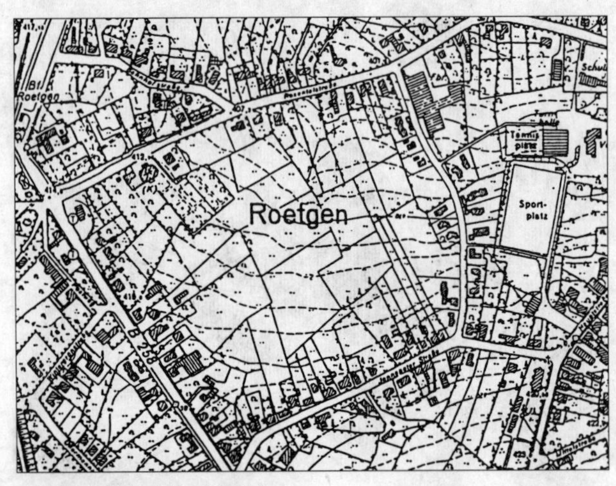

e）一条新路将道路四边形分开
[哈尔茨（Harz）、许布纳（Hübner）、卡尔卡（Kalka）的设计方案]

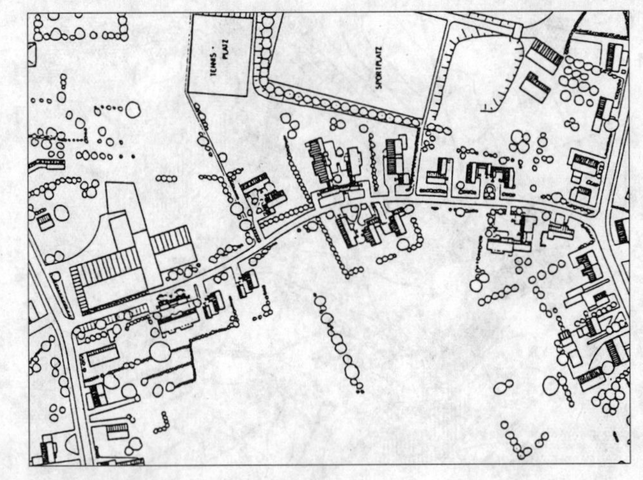

f）路旁新建筑群的布局
（哈尔茨、许布纳的设计方案）

图 6.2 勒特根：居民点结构的特征 2（LSL 亚琛：城市规划工作报告 19.2）

别适宜建温室）。这种类型的房屋可以安排在细长的地块上，它也很适宜构成庭院和建筑群。长屋也可以作为在长度上相加的双屋出现，其较小的房屋宽度使简单的屋顶结构（也可以用木材）成为可能，并允许楼层之间有垂直的开口。在贯通的房间内部通过各面的窗户可以得到舒适的光线和视野。通过与辅助建筑物一起构成的庭院可以得到各种各样的有用的开敞空间－向前面开放－向后面封闭。总之，这是一种具

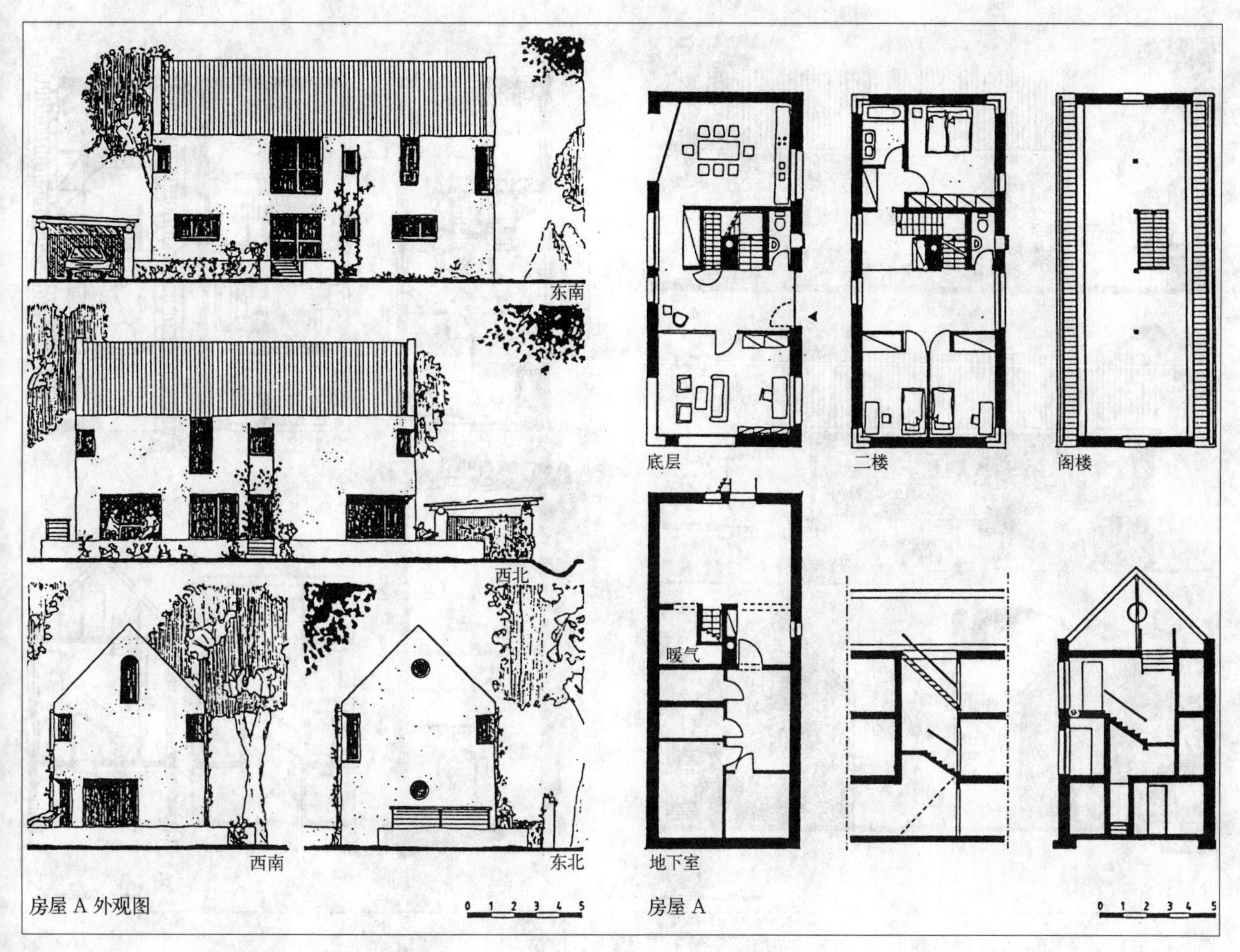

图 6.3 一个位于普茨的一间房深度的房屋实例 [LSL，亚琛：福尔克尔 · 芬特（Volker Findt）的实习设计，1989 年]

有许多优良特性和一种地方魅力的房屋形式，但是它也允许具有现代的建筑学语言。下图表示的就是几个实例：图 6.3、图 6.4 表示的是两种不同型式的核心房屋。图 6.5 表示的是一座一房间深度的核心房屋的视图和扩建可能性。两个实例都表示了房屋尺寸的下限。其他的具有较大建筑物（一个半房间深度）的实例导致了更加舒适的平面布置。图 6.6 表示的是两座建筑物与一座共用车库构成的庭院。总之这项研究得出了如下结论，即这种建筑物类型为合乎时代的住宅提供了有利的可能性，因此它可以为缺乏说明的建筑环境添加任意的建筑形式。

3. 地产，方位和建筑群

在这样暴露的位置上进行建筑还涉及向阳与避风之间目标争议的解决方案。这里的盛行风向和迎风面是西南，但这对居住区域来说也是一个有益的朝向。如何才能解决这一矛盾？我们在亚琛附近的德国比利时边境地区对这一问题进行了一次系统的调查，由于其暴露的位置这里显示出对天气有特殊的敏感性。因此应该对多个方位、建筑方式、不同方向的开发和不同的地块形状在成果的总体质量方面进行检验。在图 6.11 中列出了下列所有实例的图例，它包括关于防风和附属建筑物使用的说明、防风树篱和围墙的说明。我们介绍这种类型学调查，因为它有益于城市边缘规划时不断出现的一系列问题的澄清。各个实例用符号 + 和 - 进行评价，特别有益的实例则部分地通过粗大的边缘再次加以突出，评价的内容有开发的费用、防风和日照开敞空间的规模，防护措施的支出以及地产其余部分的利用质量。首先调查的是独立建筑物，图 6.7 中的结果表明，在北面交通连接的情况下几乎所有的地块形状和布局形式都很适宜；而东面连接情况下的建筑物则离道路很近；南面连接情况下的入口与建筑物的位置和方向形成竞争，阳光的西晒总是具有很高的权重。而长形朝北的地块则自然适于采用西

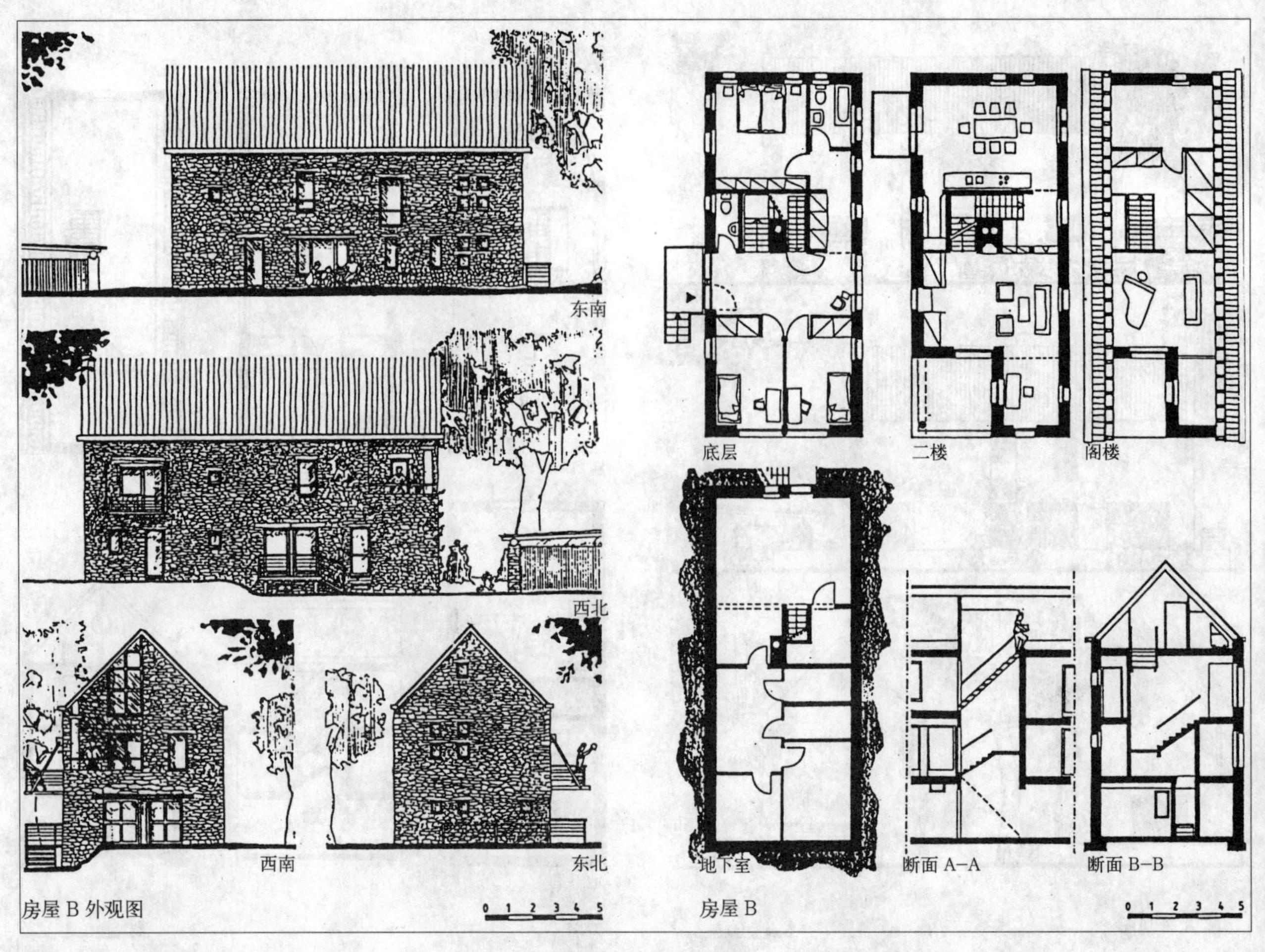

图 6.4 一间房深度房屋的实例（LSL，亚琛：福尔克尔·芬特的实习设计，1989 年）

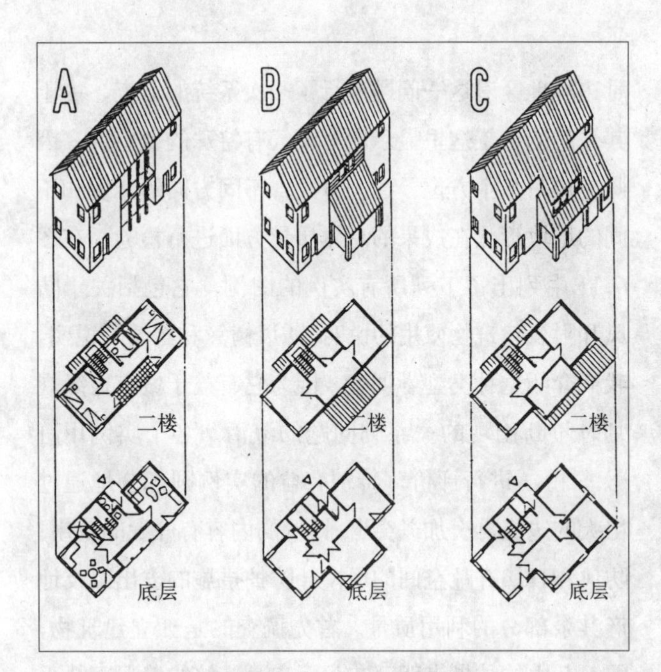

图 6.5 核心房屋及扩建步骤［LSL 城市规划工作报告 19.2，武达克（Wurdak）方案］

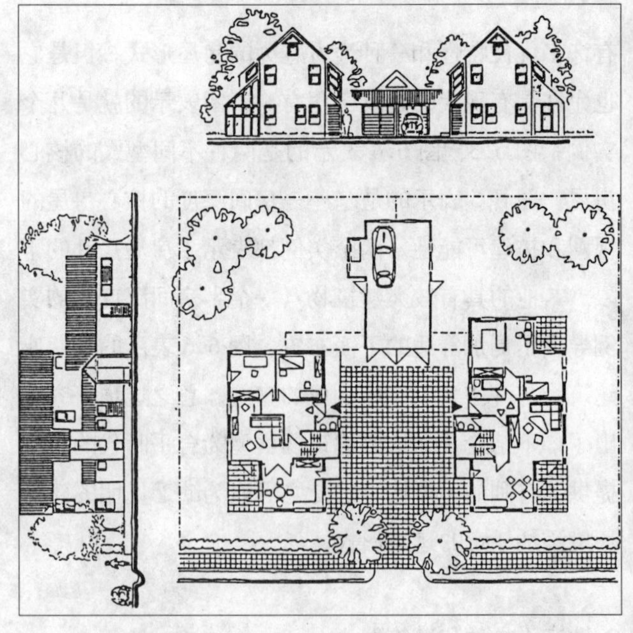

图 6.6 庭院的构成（LSL 城市规划工作报告 19.2，武达克方案）

面的连接。图 6.8 中的附属建筑物用来起到防风的作用，这些附属建筑物部分为面向迎风面的温室，部分为起到防风作用的车库和工具棚。图 6.9 则对建筑群的同样问题进行了调查。图 6.10 表示的是庭院构成

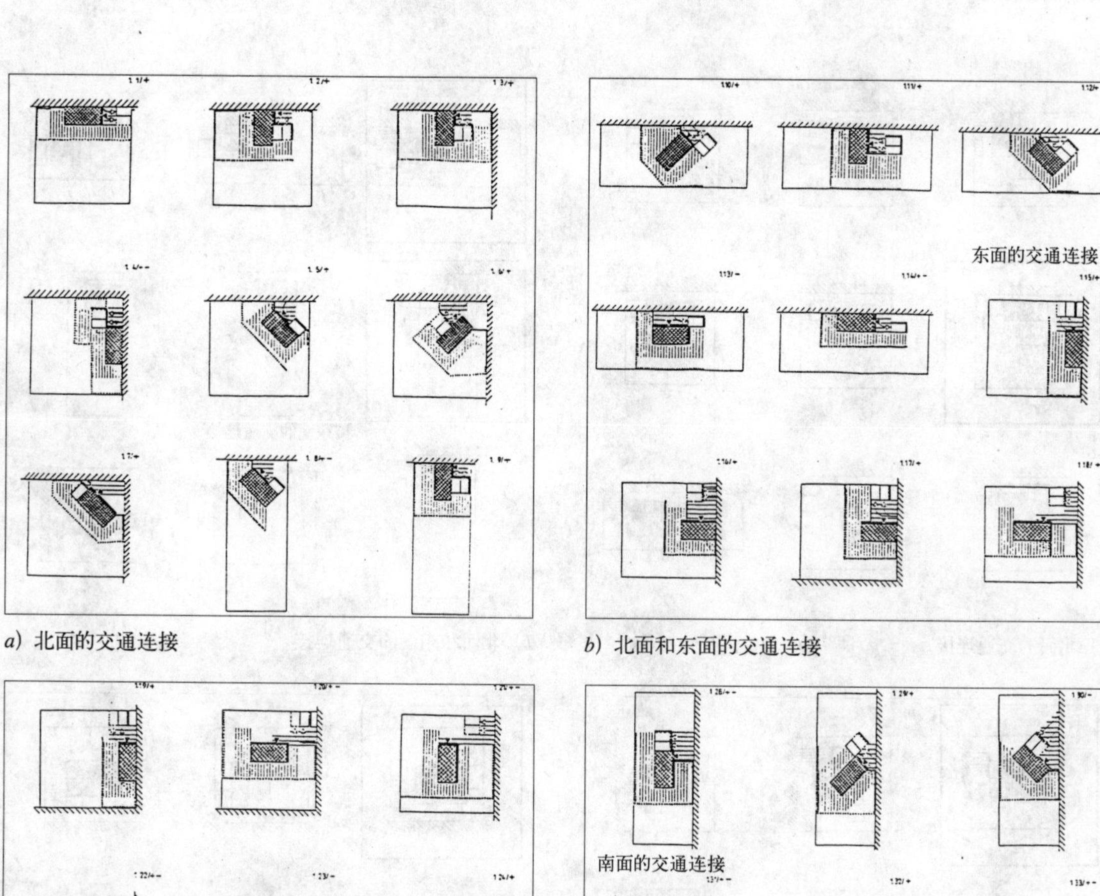

a）北面的交通连接

b）北面和东面的交通连接

c）东面的交通连接

d）东面和南面的交通连接

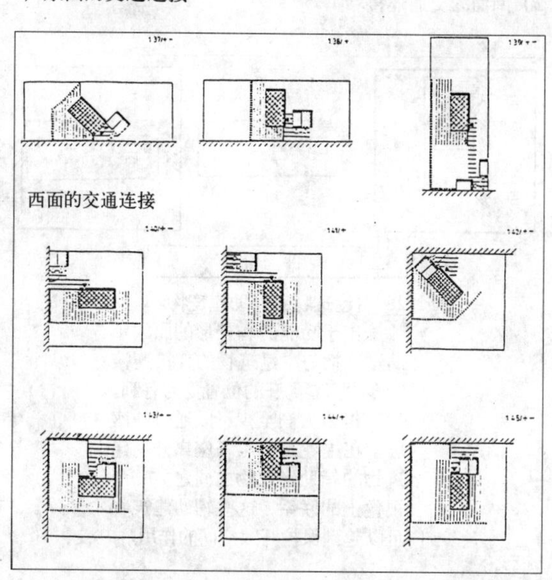

e）南面和西面的交通连接

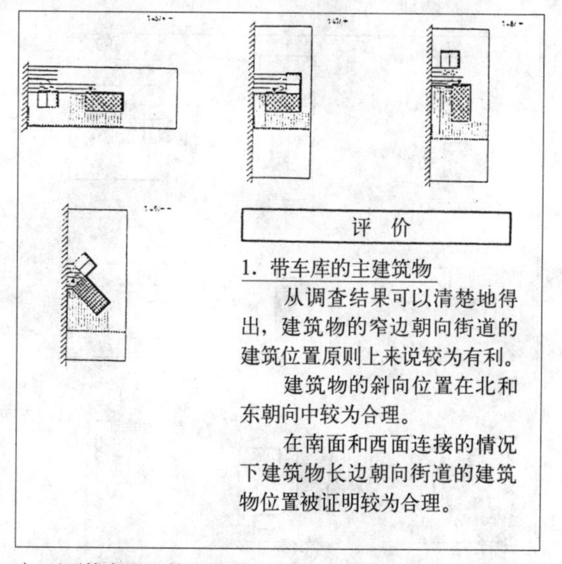

f）西面的交通连接和评价

图 6.7　独立房屋＋车库：地块形状、方位、建筑物位置 [LSL 城市规划工作报告 6.2 实习设计。布劳恩（Braun），克森布罗赫（Kessenbroch），施托姆（Storm）。亚琛，1987 年]

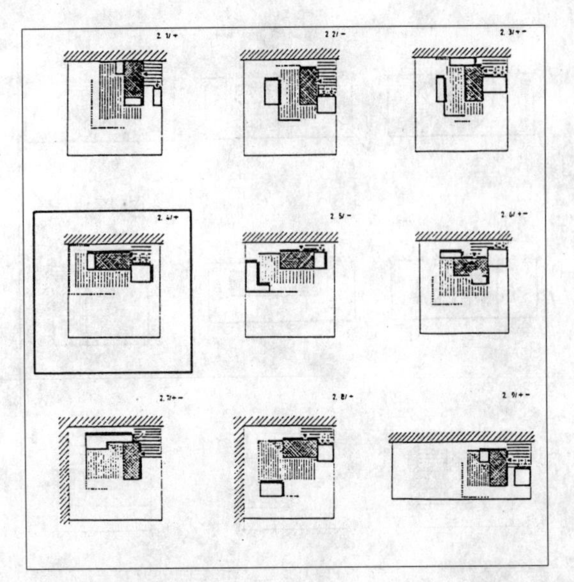

a) 北面的交通连接

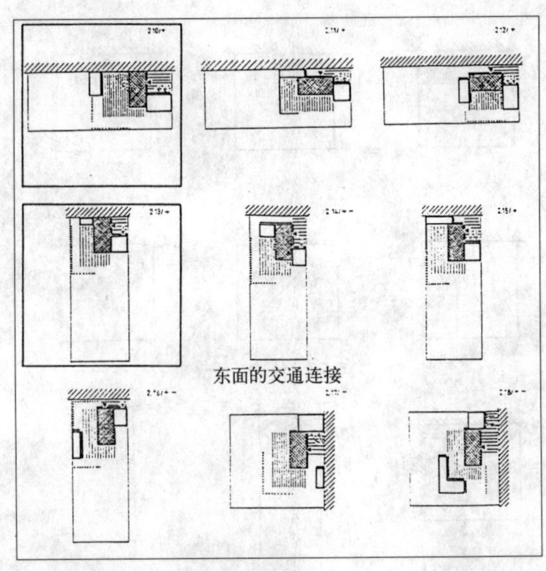

b) 北面和东面的交通连接

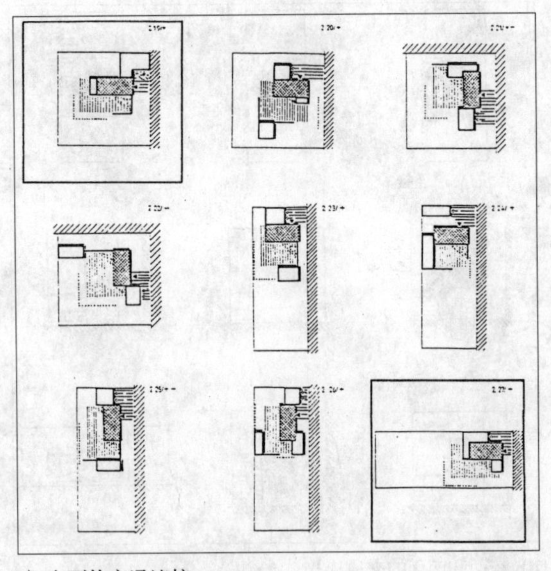

c) 东面的交通连接

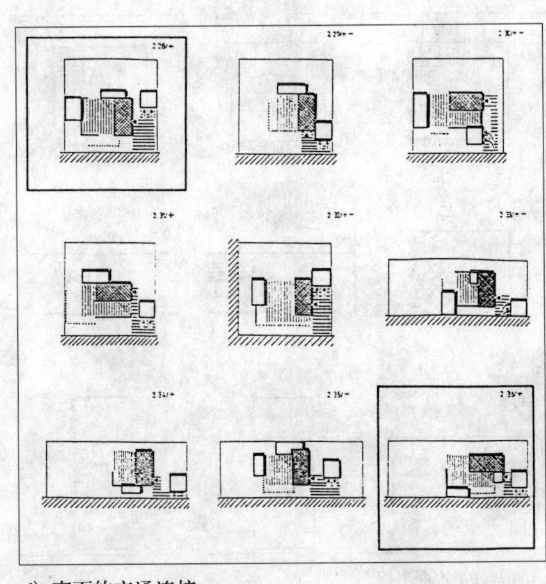

d) 南面的交通连接

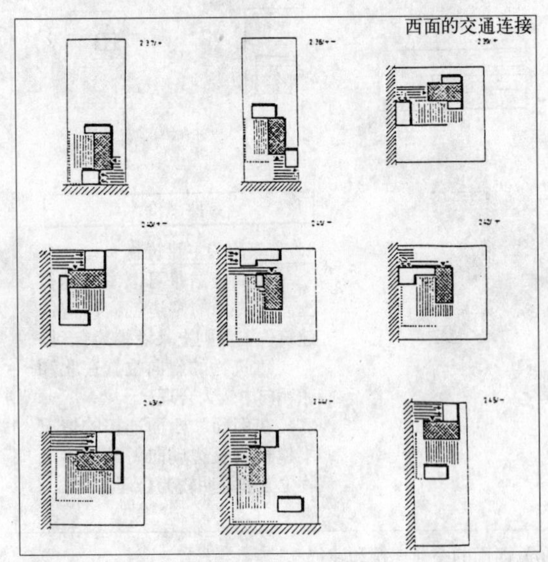

e) 南面和西面的交通连接

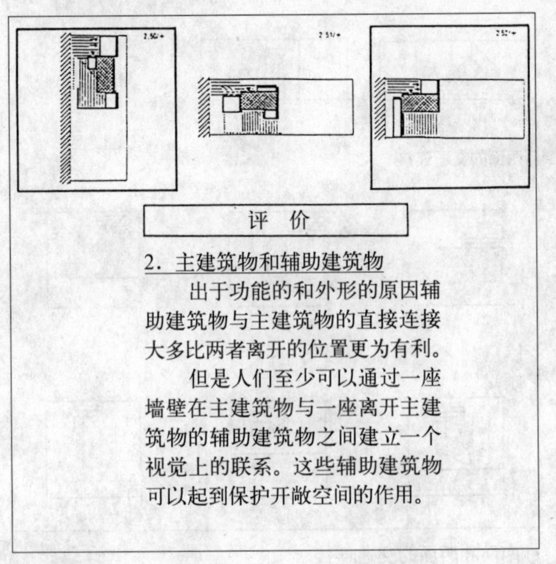

f) 西面的交通连接和评价

图 6.8　房屋 + 辅助建筑物：地块形状、方位、建筑物位置（LSL 城市规划工作报告 6.2 实习设计。布劳恩，克森布罗赫，施托姆。亚琛，1987 年）

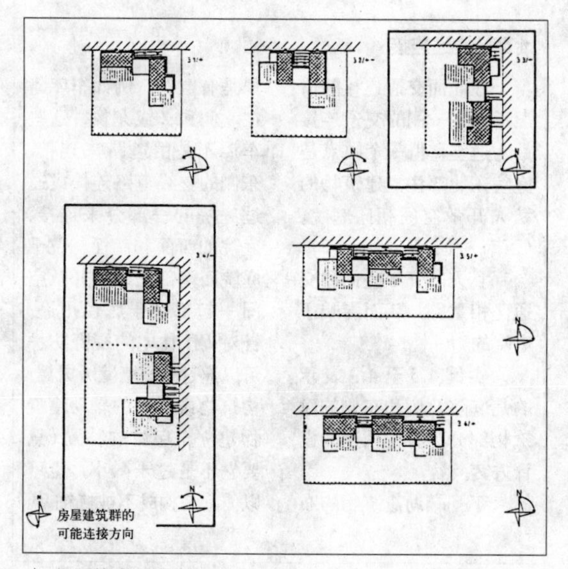

a）北面的交通连接

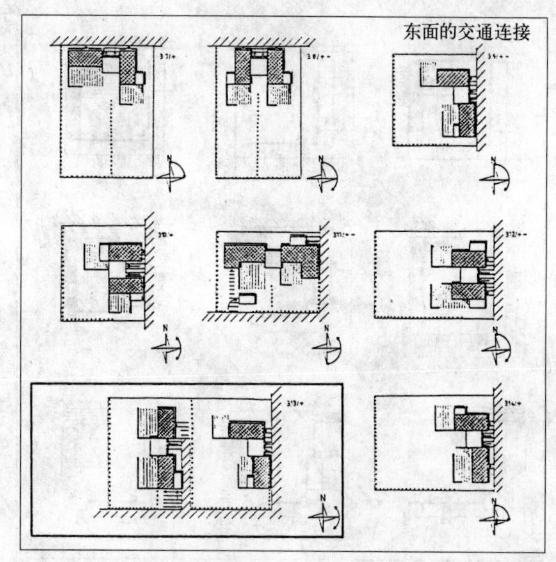

b）北面和东面的交通连接

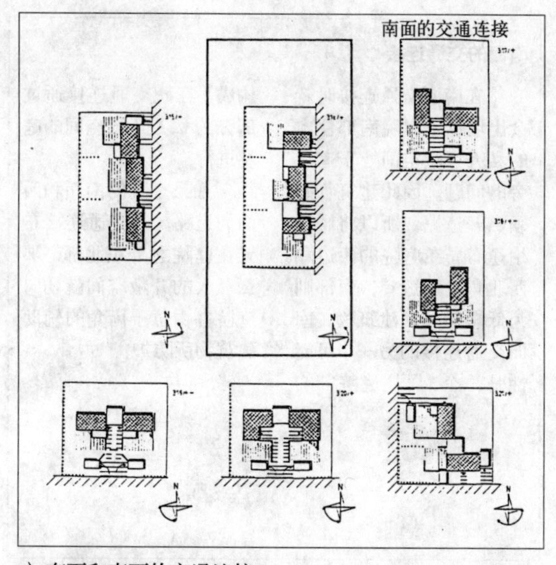

c）东面和南面的交通连接

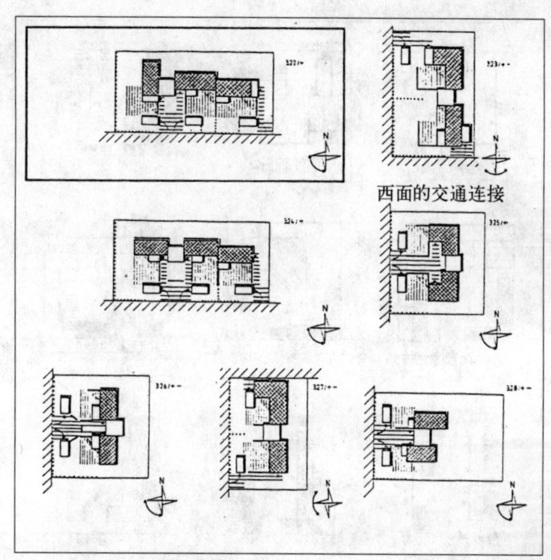

d）南面和西面的交通连接

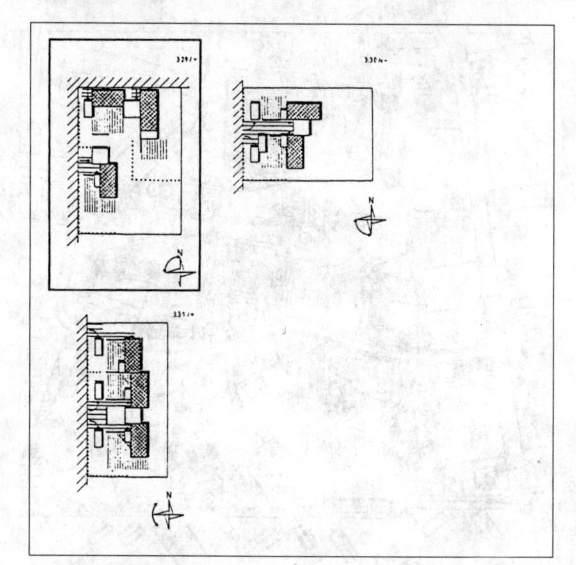

e）西面的交通连接

单个建筑物－带辅助建筑物的独立建筑物－带辅助建筑物的建筑物组成的建筑群：

1. 单个建筑物的疑难问题

通过调查得出，随意布局的单个建筑物不值得推荐，因为它没能足够地满足空间构成和抵御不良气候影响方面的功能。如果还要建立这样的单个建筑物，就应该使树篱、墙壁和车库起到防风和构成空间的作用。

2. 建筑群

建筑群在气候、空间构成和经济等方面被证明是很有益的。它们可以由一座带附属建筑物的主建筑物和多座带附属建筑物的主建筑物组成。

3. 由2–4座主建筑物和附属建筑物组成的建筑群

由长屋和角屋组成的建筑群对所有地块形状和方位都很适宜。

这些房屋形式能够较好地相容，在此人们可以加入附属建筑物（如两个车库）等中间要素。通过主建筑物和辅助建筑物的前置和后移可以形成良好的空间构成。建筑物的这种排列也可以起到防风和防窥视的作用。

f）评价

图 6.9　房屋建筑群：地块形状、方位、建筑物位置(LSL 城市规划工作报告 6.2 实习设计。布劳恩，克森布罗赫，施托姆。亚琛，1987 年)

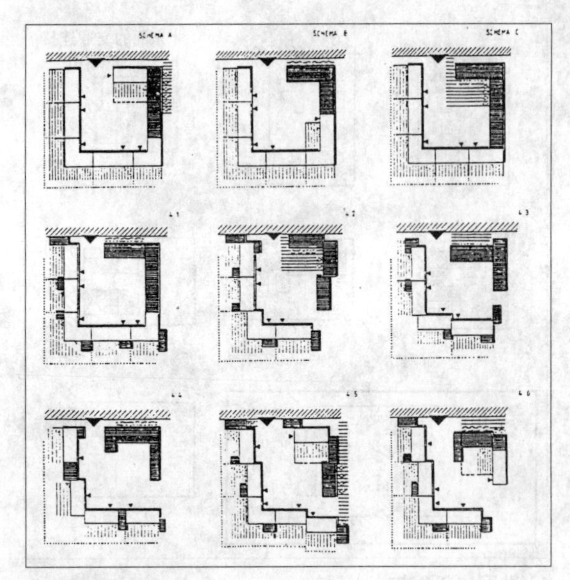

a) 北面的交通连接

北面的交通连接

在北面交通连接的情况下庭院一侧的交通连接最为适宜，但一个缺点是庭院东北部住宅建筑物的私人开敞空间朝向庭院。（西南方位）

私人的开敞空间和交通区相重叠，从而影响了庭院的均一性。

实例 4.5 至 4.9 表示的是庭院北侧和东侧的建筑物部分为居住用途的设计方案。

下列辅助建筑物的布局是有益的，例如车库建在北侧和／或东侧，这些车库不是由道路来连接，东侧的支线道路连接或通过庭院的一部分来连接。庭院的西面和南面与位于庭院西南部之外的开敞空间一起都适于居住用途。针对周围住宅的视野防护可以通过一座墙壁／树篱、构筑物或插入的辅助建筑物建立。房屋的移置（只要它不是过于微小）也可以使庭院构成不被掩饰。

b) 说明

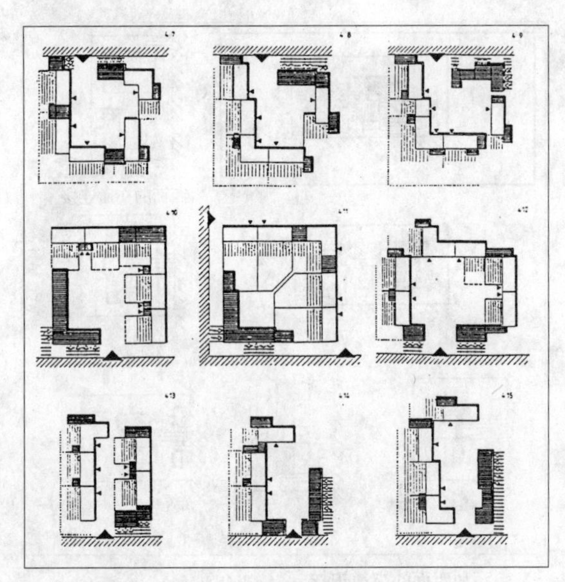

c) 南面的交通连接

南面的交通连接

在南面交通连接时就会出现位于庭院南部住宅的私人开敞空间处于道路旁的问题。因此建筑物必须离开道路，所以将居住用途布局在庭院的西边和西北角更加适宜，南部则为低矮的辅助建筑物。南面交通连接的另一个可能性是一个“居住庭院”的构成，在此交通连接通过部分为私人开敞空间的庭院进行。

如果庭院的南面和西面为道路，则交通连接布置在庭院之外东北部，那么私人的开敞空间就朝向庭院并由位于街角的辅助建筑物所防护。

d) 说明

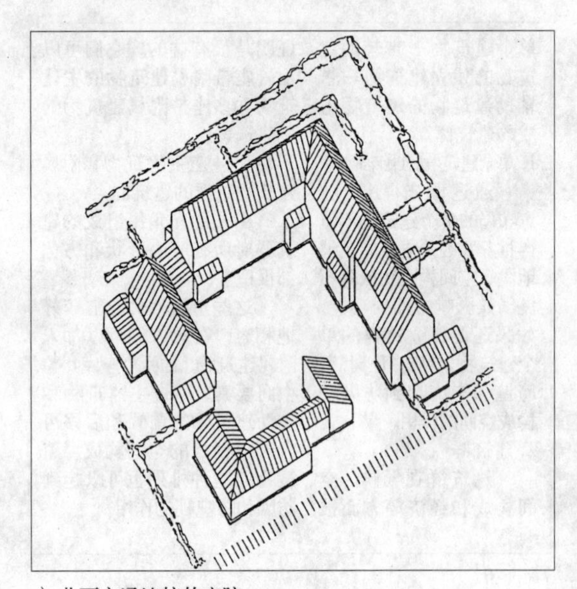

e) 北面交通连接的庭院

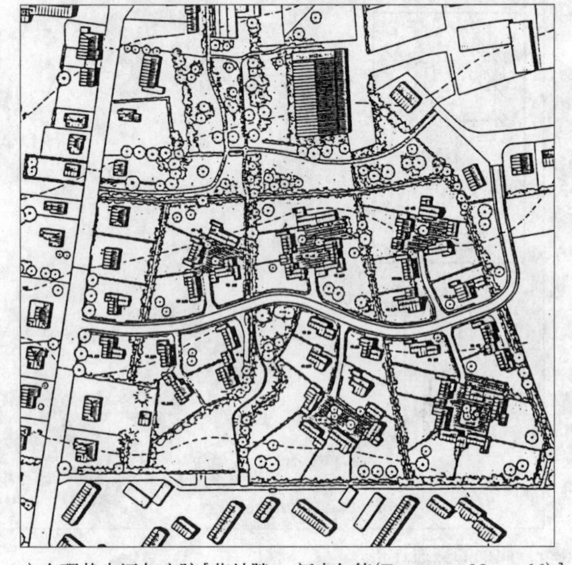

f) 在现状中添加庭院［艾纳滕－新韦尔德(Eynatten–Neuweld)］

图 6.10 房屋建筑群的庭院形式（LSL 城市规划工作报告 6.2 实习设计。布劳恩，克森布罗赫，施托姆。亚琛，1987 年）

图 6.11 图 6.7—图 6.10 的图例

的实例，北面的连接对庭院来说是最有利的。这些实例清楚地表明，适应当地的气候和建筑结构条件是值得的，这样就可以产生合乎时宜的组合。即使这些设计方案还有一些愿望没有满足，那也比许多至今为止建设的建筑物更有承受力。

6.3 村庄的规划

A. 乡村区域和村庄的变迁

乡村地区指的是经济上主要不依赖于城市的地区。所有乡村范围合计占整个联邦德国人口的 20%，面积的 50%。在新联邦州乡村地区所占的份额明显地高于老联邦州（空间规划报告 1991 年第 37 页）。

村庄的本质特征是其空间的和社会的透明性以及农业烙印。但是农业结构改造过程自 20 世纪 50 年代以来就大大地降低了农业经济上和就业上的重要性。例如 1986 年北莱茵－威斯特法伦州的农林业产值只占总产值的 1.1%。与这样微弱的经济意义相反工业州北威州的“图像”则被农业打上了深深的烙印；全州面积的 80% 都是农林业用地。村庄的外部形象早就不符合农业和农民在村庄中所具有的内部意义了，光是从 1960 年以来北威州农业从业者的数量就减少了 65%。

乡村地区的结构变化以不同的方式通过下列的人群进行：

— 在城市中工作的每天在一段固定路线上来回乘车上下班的人；

— 在周末来回乘车上下班的人；

— 外迁者；

— 从城市中来的移民（领养老金者、第二套住宅居住者）。

以上所有类别都可以促使社会结构和价值观的改变。工业和商业的引入也可以带来变化，下列措施也可以为当地创造就业岗位：

— 通过现代化的公路和高速公路；

— 通过城市的建筑方式；

— 以及通过易被误解的假乡村建筑方式。

这种结构改变威胁着一个生活空间和经济空间，这一空间尽管适应城市的对极仍试图长期保持自己的特性，但是现在只有少数几个还保持着原来状态的地区和村庄。由于世界范围内的劳动分工，在未来几年内大量的农舍庭院将被放弃，村庄将会更多地失去其承担的功能。如果乡村地区没有一种精心的面向特殊的经济、文化历史、生态和城市规划特性的更新，乡村就会越来越多地失去自己的品质。这些品质首先是另外的时间节律、透明性、很少的变化、孤立性，总之就是城市的反面，正像图 6.12 所表现的那样。

图 6.12 森林胡符村庄克罗依茨贝格／巴伐利亚森林（德国乡土联合会，1987 年）

1. 按照功能和位置划分的村庄类型

我们可以将村庄从类型学上区分为下列几种：

①城市区的村庄；

②城市周边地区的村庄；

③中央地附近的村庄；

④联邦德国活跃区边缘的村庄；

⑤边缘疗养和休闲区附近的村庄；

⑥其他地区的村庄。

人们把村庄理解为一种地方经济，它的收入在很大程度上是建立在农林业的基础之上的。与此相区别的是受乡村影响的居民点，这种居民点具有很多的非农业收入，例如纺织品制造、陶匠村庄等，在此农业在很早以前就只是一种副业收入来源。受到损害最严重的是类型 1-2 和 5 的村庄，因为它们受到城市人口的迁入压力最大。受到威胁的还有位于城市边缘地区的村庄，因为人口外流和逐渐衰退的农业导致了住房和禽畜棚的空置和后续利用的缺乏。这里的建筑物不是通过改建而发生变化，而是由于缺乏利用而整个丧失。

2. 结构变化的后果

功能和经济的结构变化是无法一目了然的。这一变化最明显的表现是其在居住和工作分离方面的影响。传统的“农民村庄”通过农业在职业生活中重要性的丧失越来越多地成为了“居住村庄”，村庄失去了典型的用途多样性和一种居住区域和工作区域相邻的私人和公共外部空间的继承形式。这一变化的后果就是产生了许多下列的建筑问题和社会问题：

— 由于不断增加的交通流量和狭窄道路上的高速行驶所导致的村镇通行的交通问题；

— 老村镇中心的问题：农业用途的放弃所导致的空置和利用不完善，老建筑物的较高维修需求，较高的建筑密度，不适宜的地块形状，地块上不充足的交通连接；

— 协会和村庄集体设施以及儿童、青少年、妇女或老人等村庄单个组别的设施缺乏或不足；

— 私人和公共基础设施不足；

— 兴建新建筑物的愿望和当地的建设用地需求与防止景观破坏导向的上位规划原则之间的冲突；

— 村镇面貌的负面改变以及缺少村庄典型的建筑物，按照城市样板兴建的单户住宅建筑物占统治地位；

— 由于当地工作机会和教育机会的缺乏造成的村庄之外生活区域大部的转移，去城里上班人员份额的增加以及年轻人的迁出；

— 在保存有保护价值的景观和村庄典型的植被（例如由于果树草地和菜园经济意义的丧失）方面有问题。

3. 村庄质量

我们认为村庄对于出生于此和新迁入的人们来说具有很高的品质，这些品质在规划时必须相应地引起注意：

— 与城市相比这里有开展最多样化活动的大量场地和场所（菜园、工具间和用于修理汽车、饲养小动物或手工业癖好的辅助建筑物）。恰恰是这些外部空间扩大的用途决定了村庄的居住质量。

— 由邻里互助或社团构成的一种紧密的社会联系使得极为不同的年龄阶层和社会阶层能够和平共处。这就产生了一种紧密的村镇联系和较高的居住满意度，而人们很少有迁出的意愿。

— 村庄居民与自然和景观的关系越来越紧密，在此新的生态规划目标可以较容易地实现。

— 村庄被作为一个清晰的、可以通观的和社会的空间，这就赋予了一种对个人的幸福很有意义的地方特性。

这种生活空间应该得到保存并且通过有同感的规划为在许多情况下不再是农业的前途作好准备。

4. 利用的问题

这里的核心问题是发现能够持久保持现状的新的或适宜的用途。哪些用途是适宜的呢？

①可抉择的农业、景观保护、用于体育运动的动物养殖（马厩等）；

②居住（本地人口、大型庭院设施附近独立公寓中的老年人住宅）、从城市来的移民；

③农业或林业的延续利用（例如栽培树木和植物、动物饲养、园艺、育种、池塘养鱼）；

④无污染的手工业；

图 6.13 村庄用途的变化趋势(施勒特勒 · 冯 · 布兰德(Schröteler von Brand) / 韦斯特海德 (Westerheide)，1989 年)

⑤旅馆餐饮业（在适宜的地点）；

⑥小规模的研发企业；

⑦艺术家和从城市退出者的用途；

⑧度假住房；

⑨仓库、使用不多的车辆的停车场（节日车辆、舞台装饰车）；

⑩体操房、体育设施、集会厅、地方博物馆、业余大学等基础设施。

图 6.13 清楚地显示了发展趋势和利用冲突。

5. 村庄具有什么样的未来？

在对村庄进行规划和建筑时大量的问题被提出：

— 村庄中的农业仍然还是完好无损？规划的考量首先应该针对农业现状的保护？例如一个临近农舍的通过放出有害物质影响农业生产的住宅建筑群应该加以避免吗？

— 村庄基于它的居民数量、基础设施以及工商业设备显示出具有巨大的用途多样性，它作为生活空间对居民和周围的村庄来说具有一种特殊的价值因此必须得到优先发展？

— 村庄由于景观和生态的重要意义或者特别的建筑历史价值具有扩展旅游和休闲的功能。

— 住宅建设用地的规模和地点以及在那些村庄未来的居住功能居于首位？

— 这涉及一个发展停滞的村庄还是涉及一个具有自己的发展动力的村庄？

— 村庄中缺少社会的和空间上的鉴别点吗？

— 具体的村庄规划措施可以达到什么效果？那里需要外部的帮助和措施以及能赋予村庄生活空间一种新的重要意义的政治上的重新思考（农业政策上变化了的目标在此扮演着与政治和基础设施领域的集权化考量同样重要的角色）？

村庄发展规划的成效必须以能在多大程度上满足村民要求具有完整的生活空间的需求来衡量，而不仅仅是将村庄美化放在突出的地位。在村庄中的停留意愿尤其依赖于村庄中或村庄附近是否有基础设施和工作岗位。在农业继续衰落时纯居住村庄的出现不可避免。但是村庄的变化不应该通过城市规划的、交通的和文化的造型逐渐使村庄具有一种城郊的特性，而是相反在农业经济发生深刻变化的过程中也能保持住它的居民点结构。规划应该在其可能的框架内凭借新的构想使村庄土地利用的多样性和居住与工作的并存等现有品质得到确保。不是最近流行的怀旧意义上的村庄修复，而是寻求自己的、新的和解放性的发展途径和发展能力的一种村庄发展，并且是超出现有村庄“改造”意义上的进一步发展。

B. 规划的行动方式

这里揭示出的问题需要一种整体性的村庄发展规划。村庄中城市规划问题与结构变化之间的相互作用使城市规划的领域在工作、文化、社会和环境等方面的扩展变得极为必要。在这种意义上村庄发展规划应该是关于村庄发展的缺陷和潜力的一项全面性研究。

这种整体性规划今天似乎广泛地在理论层面上被人们所接受，而且相应的内容在部委编制的规划方法学指导准则中也能找到。但在实践中在建筑解决方案的补充性规划需要的编制深度与编制者和乡镇委托者的公开性深度之间还具有巨大的裂隙。除了编制大多没能覆盖一个乡镇内所有村庄的村庄发展规划之外，乡村地区的规划任务还要求具有一种为乡镇一级的空间发展和功能发展提出方案并指出规划措施及其优先性以及可以调控的地方发展战略（在扩展的土地利用规划或框架规划的意义上）。

在专业讨论中得出的知识与其在规划编制实践中的应用相比还有很大的差距，小乡镇缺少合格的和完成大量任务所需的足够的管理人员，尤其是在发标时缺少有能力的顾问和工作人员。程序图 6.14 清楚地表明了每个工作阶段和需要处理的课题。

1. 巡视村庄和编制比例尺为 1：2000 的规划基础图（对比例尺为 1：5000 的基础图进行放大）

2. 实地绘图
— 利用图绘制
— 绿地和开敞空间结构／村庄生态
— 居民点发展评估
— 道路网分类
目标：认识村庄，搞清基础知识，与居民进行零星的接触。

3. 完善数据
— 人口统计数据的评价
— 村庄历史图件和史料的搜索和评价
— 与村镇长、牧师、农场主、协会主席等关键人物以“公开会见”的形式进行交谈
— 与农会、手工业协会、城市管理当局等村庄外机构进行接触和问询

4. 为第一次市民大会准备下列论题的图表
— 对村庄的景观和地形／自然空间上的划分进行介绍和描述其特征
— 村镇入口和村镇边缘
— 村庄历史和居民点发展
— 利用结构和建筑群结构
— 村庄建筑风格／文物保护
— 规划指标（景观规划、土地利用规划和建筑规划等的制定）
— 农业和手工业
— 交通情况
— 后勤供应和人口
— 社会生活／村庄集体
— 开敞空间结构和村庄生态
— 概述“缺陷和品质”
分析深度必须对准当地的问题

5. 召开第一次市民大会（幻灯片报告和阅读专题图）

6. 评价市民大会的结果，补充现状分析和完成分析专题图并对其进行美工设计

7. 按照当地的重点编制村庄发展规划和详细规划方案（与 6 平行进行）

8. 与工作组讨论和协调规划方案

9. 在村庄中陈列整个规划（3–10 天）连同最终的市民大会

（资料来源：《村庄的城市规划更新 – 任务、程序和资助》，空间规划、建筑和城市规划部，波恩，1990 年，第 19 页）

图 6.14 村庄分析过程图

C. 村庄造型：简洁的就是更好的

将城市设计措施和美学范例无限制地转移到村庄上现在越来越多地受到了批评。在村庄对城市的“现代”尺度适应和现有结构破坏了数十年之久以后，目前人们正向保护村庄的方向努力。“村庄应该就是村庄”，这意味着村庄外部形象的修复。

建筑措施应适应村镇风貌，拒绝使用不适于本村镇的材料，村庄广场扁平连接的铺石地面以及从手摇水泵到车轮等过去时代的手工工具都是需要的。人们想再次从外部为村庄做些事情，如果在现状调查中发现和说明的村庄价值没有被村民自己看到则是令人意外的。人们在村庄的现代化过程中过于相信城市价值的优点、屋前小花园和使用容易护理的材料的作用。现在应该通过有意识的宣传活动使“人们口味的城市化”再次乡村化。

1. 使用的质量优先于形态质量

无论是规划构想还是有意的造型愿望都不能给村庄的居民点结构带来决定性的影响。今天从外部看去公共和私人开放空间的使用价值和停留质量也优先于美学造型质量。对村庄来说独特的是拥有大量未规划的任何时候都可以被居民占用（例如租赁）的“角落和空间”。由村庄居民造成的用途多样性和由此得出的开敞空间形态构成了村庄结构的“魅力”，而且这些很难归入规划的类型中。这方面实施的良好实例在建筑规划中极为罕见。私人和公共空间的使用质量优先于这些地方在地区内的建筑学价值，仅仅单个建筑物及其细部才有文物保护价值。

个性化的建筑形式和建筑物形态（首先在村镇中心）作为结合的特征在整体结构中表现出一种从属地位和联系。与村庄边缘的新建筑区相比个性在这里并不显得十分引人注目地突出，而是通过手工制作的木刻和砖墙的壁柱装饰这样的小型姿态来表现。庄园的规模不由居住面积所占的份额来决定，而由农业或手工业企业的大小来决定。作为财富表现的大型建筑物总是与劳动和经济密切相连的，而不是与居住相连系。

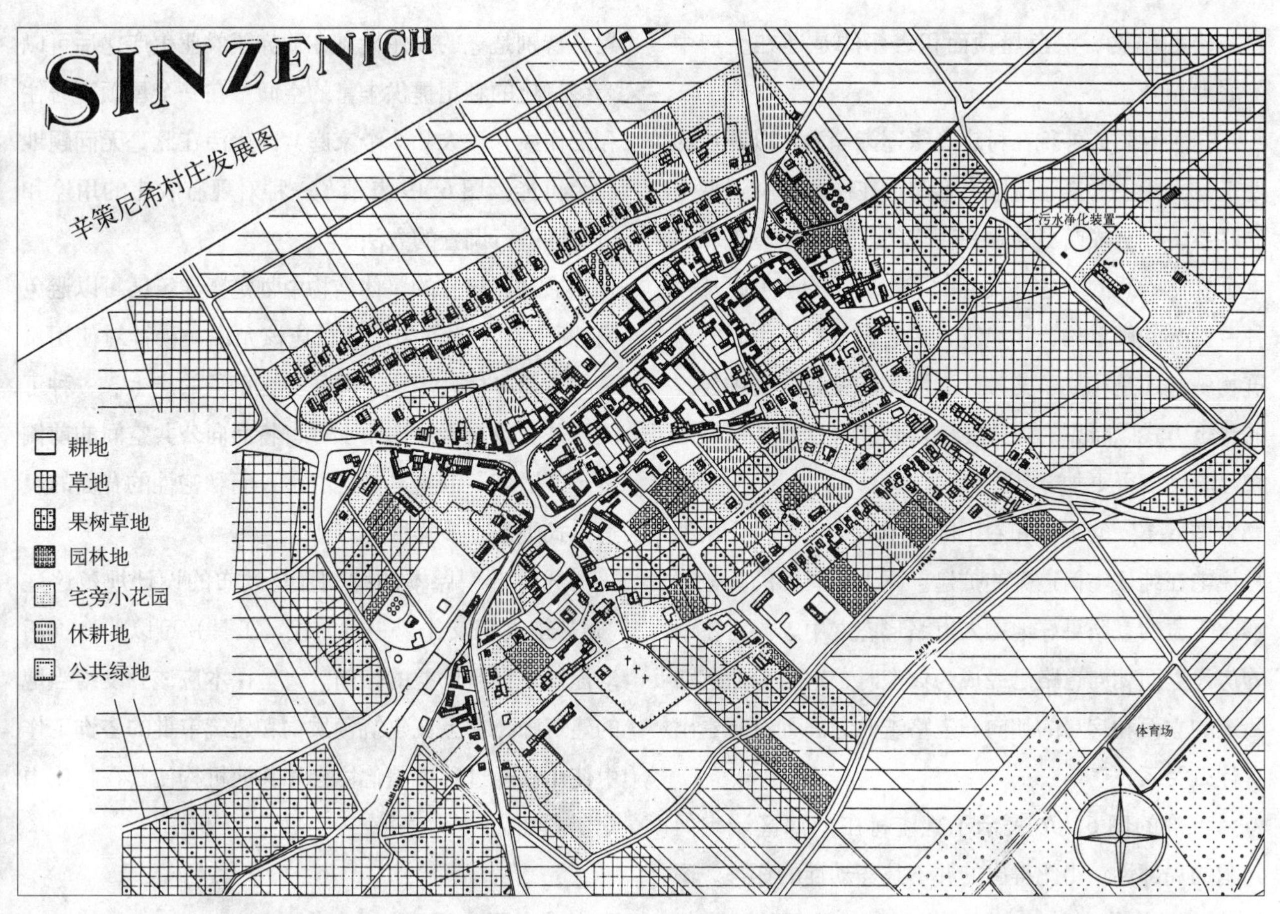

图 6.15　一个开敞空间利用描述的实例（施勒特勒·冯·布兰德／韦斯特海德，1989 年）

2. 简单的建筑类型

我们想以亚琛－杜伦地区为例论述这一主题。杜伦／亚琛地区的大多数村庄是以沿街村庄的形式产生的，封闭的庭院设施相互沿街排列。随着人口的增长和地产的分割农庄之间向村镇边缘的方向不断建起新建筑物，主要用作住宅，但是也有手工业或工业方面的用途。这样在村镇中心就产生了至今还对村镇风貌有深刻影响的封闭的街道。大多数由树篱和墙壁，很少由篱笆构成边界的延伸到街边的果树草地、草地和花园使封闭的沿街面变得有些松散。四面封闭的农庄只是住宅建筑物和典型的大门入口朝向街道。几乎封闭的经济建筑物围墙经常附加地邻接着住宅，典型的是经常用来作为园林地和果树草地的地块构成了一种向周围景观的过渡。图 6.15 表示的就是前埃费尔地区一座典型的村庄的多种多样的开敞空间用途。

一般来说这些一至二层的带双坡屋顶（35°–40°）的建筑物檐口固定地朝向街道。为村庄风貌打上深刻烙印的是大量的辅助建筑物以及几乎所有房屋旁边改建、扩建和加建的痕迹。因此砖建筑和灰泥建筑原来的材料经常被来自建材市场的现代建材所装饰。总之不论是屋顶还是立面都给人一种封闭和光滑的感觉。突出部分和切入部分是例外。尽管在材料选择和细部造型上有“风格转换”和随意性总的来说村庄中心的建筑群仍然具有一种比例协调和风格统一的风貌。图 6.16 用等容线表示了一座村庄的

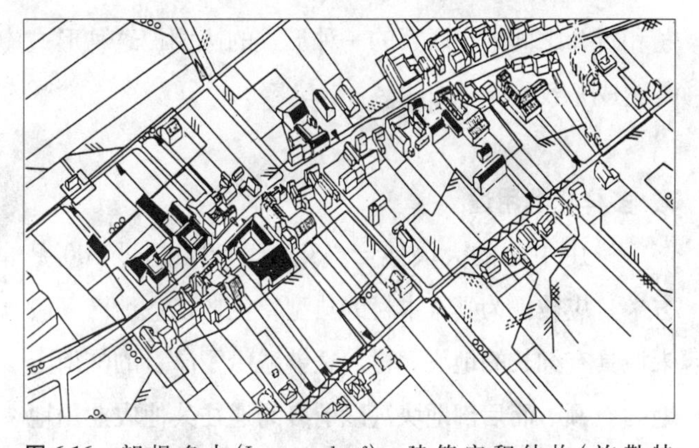

图 6.16　朗根多夫（Langendorf）：建筑容积结构（施勒特勒·冯·布兰德／韦斯特海德，1989 年）

建筑容积结构，深色屋顶面积表示的是还在生产中的农业企业。

这种封闭的外貌在村庄边缘逐渐消失：以开放的建筑方式为主的新建筑区大多与村庄中心没有造型上的联系。一层或两层的独户住宅经常是现代建筑和住宅个性化构想的表达方式。由于建筑物的高度以及一种占优势的简单构造和建筑方式它们与村庄中心的建筑物一起还是构成了某种比例协调的关系。这种传统的建筑方式以特别的方式使建房时的自助和邻里间的相互帮助变得更加容易。

图 6.17*a* 的上部和右下部表示的是一座村庄用独户住宅在纯住宅街道旁的扩建。图上部弯曲的街道能够比下方的直路更好地融入道路形态之中。当村庄中的房屋立面朝向道路已经成为典型时，这条弯曲道路两边的立面和房屋的朝向与道路走向之间则没有看出有什么关系。

下部的图 6.17*b* 表示了这座村庄内部区域空间问题的局部性，由此得出的并不是轰动性的任务。图 6.18 表示的是一种对公民来说很容易理解的对现状的评价以及由此得出的目标和措施。正如在第二部分第五章中所描述的框架规划一样，在村庄中也涉及问题和行为之间内在联系的一种形式的协调，这种形式是达成一致的一种方法。

3．多样化的用途

村庄中心的大块地产（35% 至 50% 超过 700 平方米）应被视为具有本村的典型特色，这些地产一般来说具有细长的地块式样。这就减少了昂贵的临街土地的份额，而后部地块（以前多为通往其他农业用地的通道）就可以用来饲养牲畜或作为花园。

基于这种地块形状（角落类型除外）建筑物就出现了明显的前侧和后侧，就是说一个朝向公共空间的道路侧和一个私人侧，它由于地块深度的不同还可以划分为庭院、观赏花园、菜园等不同的用途区。特别是在私人一侧居民们可以自由地充分实现自己的土地利用和造型构想，而不会破坏村庄的整体风貌。在边房和辅助建筑物中可以获得附加的居住面积，也可以饲养小动物和从事多种多样的业余爱好和休闲活动。工商业和手工业等方面的用途在此同样也能找到其位置。特别是老的农庄设施在放弃了农业生产之后可以为多样化的利用提供丰富的空间；在一个屋顶下居住和工作或几代人和多个家庭共同生活在此毫无问题地成为可能。图 6.19 表示了一种对现有农庄的用途和适宜性进行调查的方法。

通过在统一的整体结构中划定新建筑区可以避免“独断专行”的产生。同时应该允许一种针对使用质量的用途多样性出现，以便防止单调的产生。一种可能性是，像在老村庄中那样，将面向公共空间的前侧置于“适应”的主导构想之下；而私密性的背面的表达方式则是“多样性”。

凭借造型课本的编制（与颁布的设计规范这些“硬”工具相反作为一种“软”工具）可以为咨询活动提供一种有助益的指南。造型课本应该分发给当地的建筑师，并且在建筑预质询和建筑审批的咨询工作中使用和通过环境美化协会和其他机构使其在村庄中众所周知。

D．村庄历史调查

通过在项目设计早期村庄历史特别是居民点历史的重现规划师可以获得了解村庄的直接通道。在居民点结构中发现的中断和连续性将使自己变得更加清晰；特别是建筑古迹和自然古迹或有意义的“社会地点”的文化历史价值将变得越来越清晰。村庄历史调查有助于为建筑空间结构的产生、地块形状和财产形式、耕作形式、社会文化特性或地方性的工作和生活方式等今天的一些现象找到解释范例和理解模式。对发展重要阶段的时间段进行分析被作为一种方法来使用。图 6.20 以维特魏斯 - 科尔茨为例表示了该村镇从 1887 年至今建筑结构的发展状况。人们可以清晰地看出，村镇扩建区与村镇中心之间的连接在局部上是多么不利，以及在村镇的历史核心旁边的村镇东缘是如何出现一个带有一切相关的空间和社会断裂的隔离的住宅世界的。

通过处理村庄历史问题也与居民建立了联系，在村庄中村镇历史正好永远是自己历史、家庭史或农庄历史中有意识地亲身经历的一部分。在与关键人物进行的头几次谈话中局外人就对村庄历史问题和认识

a) 建筑群结构和屋顶景观

b) 老村庄空间问题的评价

图 6.17 辛策尼希：村庄的空间结构和空间问题（施勒特勒 · 冯 · 布兰德／韦斯特海德，1989 年）

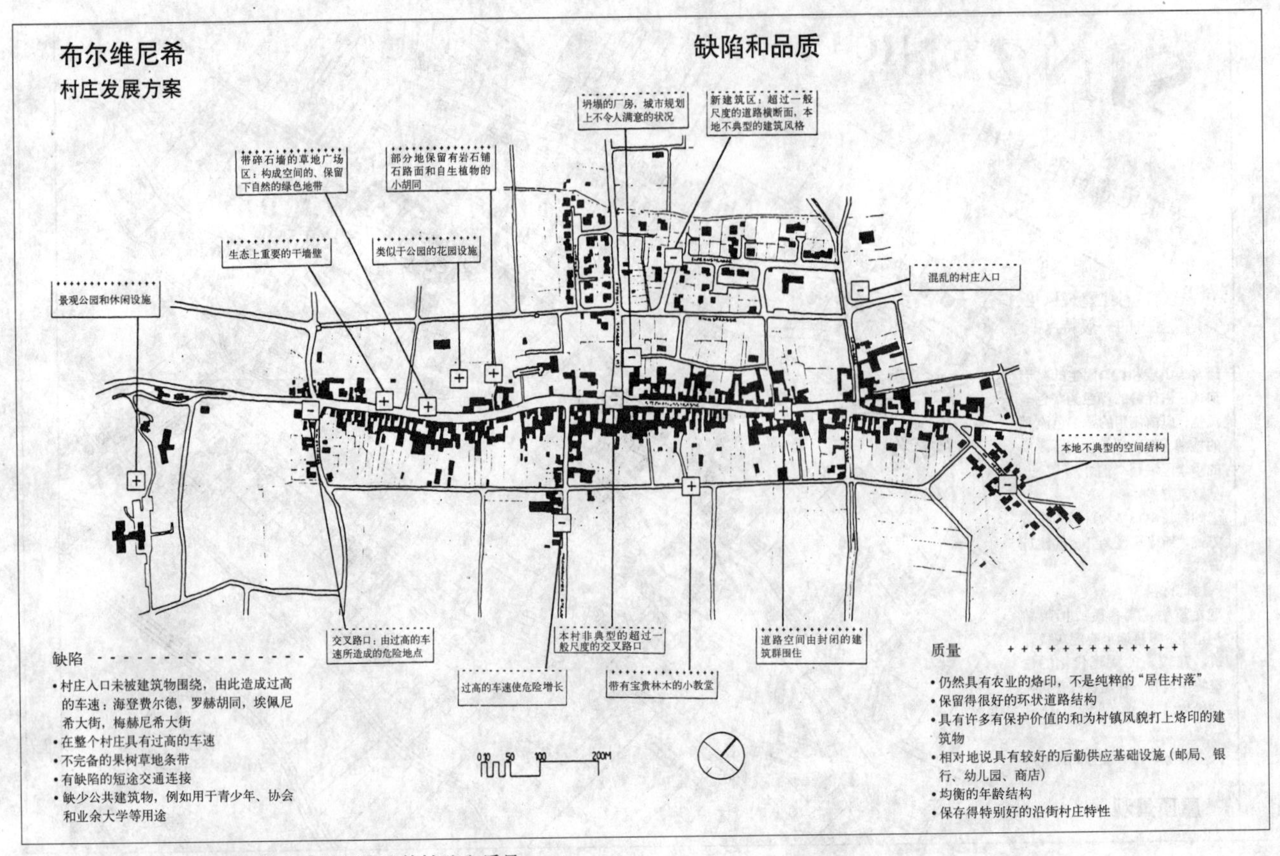

a) 用一种公民很容易理解的方式进行描述的缺陷和质量

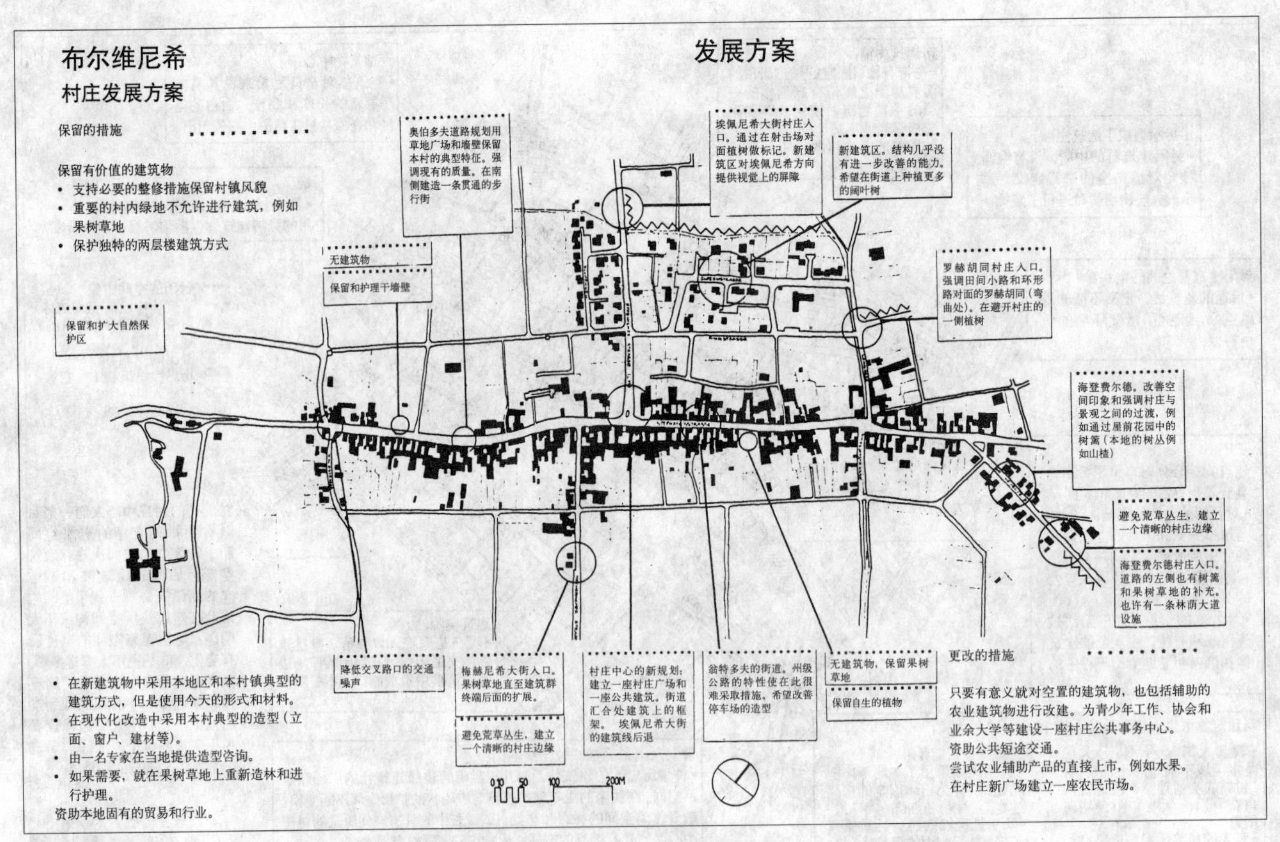

b) 目标和措施建议形式的口头表达的发展方案

图 6.18 布尔维尼希（Bürvenich）：空间结构的评价，简单的措施方案（施勒特勒 · 冯 · 布兰德／韦斯特海德，1989 年）

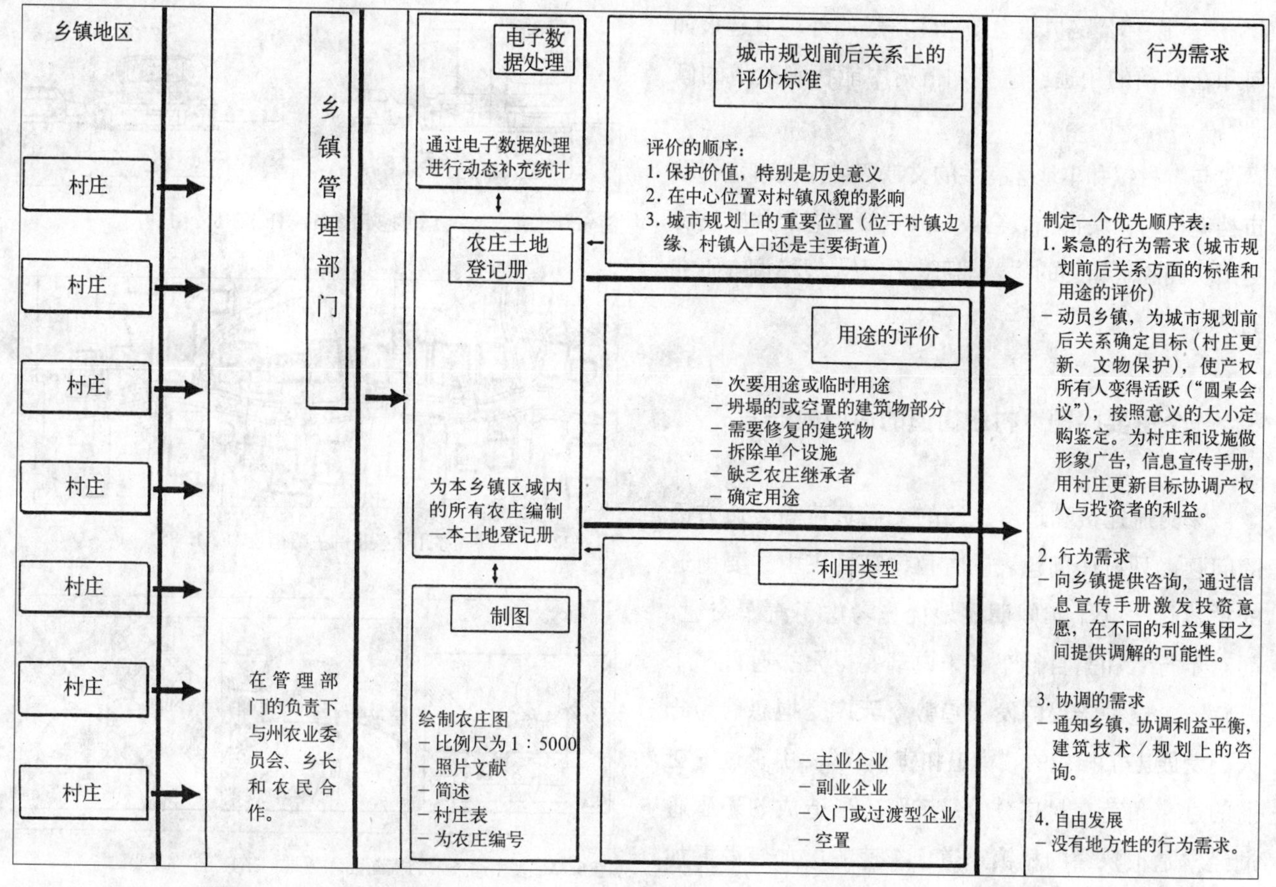

图 6.19 农庄位置在乡镇层级上调查方法（施勒特勒 · 冯 · 布兰德／韦斯特海德，1992 年）

这座村庄表现出了浓厚的兴趣。倾听村庄历史需要时间，但也可以使人们熟悉村庄并使“外部规划师”能够入门。

例如第一次市民大会就可以以一场关于村庄历史的报告作为开端。在此应该编写村庄大事记，介绍居民点发展不同时期的地图以及强调历史古迹、历史性的建筑物形式或具有保留价值的村镇结构。这项艰难的工作根据经验总会得到村民的特别认可。对村庄历史的研究也有一种“构成信任”的美妙的附加效果，从这些准备工作中得益的首先是后来的规划方案。另外，还要为村镇风貌规划和村镇结构规划制定一个下列的行为框架：

— 建筑物在老村镇中心的位置是否可以起到有利于小气候的作用和在新编制的建筑规划中建筑物是否可以充分利用久经考验的位置优势。

— 出于气候原因某些低洼地区是否需要保留。

— 村庄的基本形式和发育阶段（沿街村庄；散列式村庄或从一个核心向外发展的村庄等）是否为某些空间构成提供了依据或为村庄扩展提供了标准？

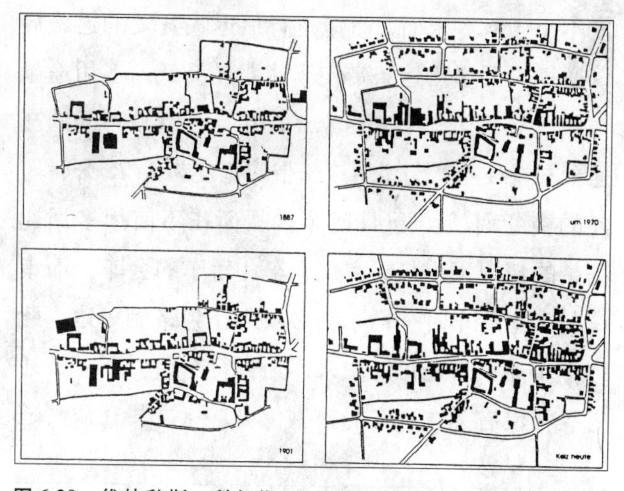

图 6.20 维特魏斯－科尔茨：发展阶段图（施勒特勒 · 冯 · 布兰德／韦斯特海德，1992 年）

— 在过去形成了哪些道路网络的基本特征？有哪些具历史意义和保留价值的平面布置形式？

— 村庄处于建筑发展的哪一阶段？新建筑设计是否采纳了村庄的平面布局形式？是使其得到了进一步发展还是出现了哪些中断？

— 联邦公路扩建之前村庄广场的外观看起来如何和在以前的用途、造型和植树中能找到改造的倾向吗？

与本村镇和本地区有关的文献资料、大事记、城市档案材料、城市、教会或私人收藏的老照片以及历史田块图和地籍图的收藏都可以作为大规模调查研究的来源。

E. 一个主要问题：村庄街道的后退式开发

像交通连接和过境道路的交通负荷等交通方面的问题名列村民问题表的首位。在村庄中主要街道的扩建过去几十年间明显地优先考虑了汽车交通，而对步行者和骑自行车者来说却变得无法通行和十分危险。这种错误的发展趋势今天广受抱怨，为此人们发展出了相应的“街道拓宽模式”。由于过境交通的过高负荷在村庄分等级道路上所造成的矛盾通过经常是很狭窄的村镇通道上车速的增加变得更加尖锐了。

规划原则“多用途条带”

首先那些由于其在交通网络中的重要性车道宽度不小于6.5米而又可以进行后退式开发的道路应该通过设置多用途条带使车速明显降低。多用途条带应该从侧面与车道相分离，并且可以被不同的交通参与者使用。当多用途条带的宽度为1.75米时车道的横断面减少至4.75米，从而在不使用多用途条带的情况下，只能完成卡车和轿车的会车。而卡车与卡车会车时一辆车则必须避让到路侧一边。此外多用途条带还可以用来作为自行车路，而村镇通道经常没有为这种布局提供位置。除这些在公共道路空间采取的措施之外私人屋前花园的改造也可以为降低交通噪声和村镇风貌的改善作出贡献。通过种植高大和稠密的植物（树篱，树木）可以更好地限定道路空间并减少视觉上起作用的行车通道断面。“连接道路布局规程”（EAE）含有村镇通道后退式开发的大量适用的设计建议。

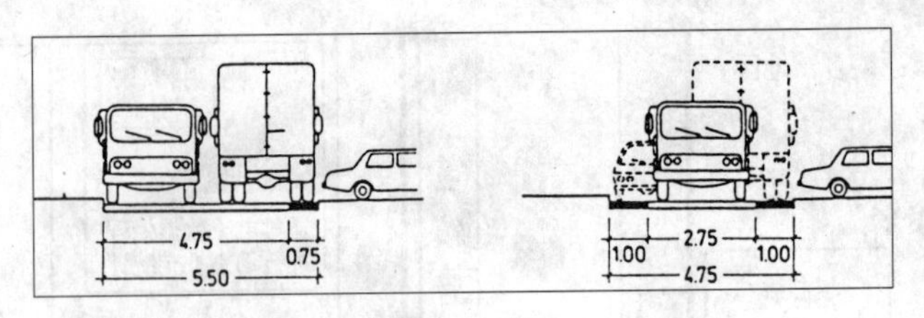

图 6.21 用于卡车会车的多用途条带（EAE 85，图 19）

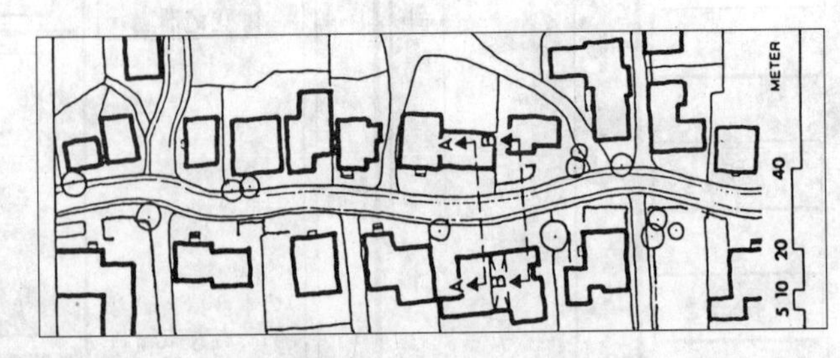

图 6.22 村庄中带多用途条带的主要街道（EAE 85）

图 6.23 多用途条带的横断面和效果（EAE 85）

村庄广场

沿街村庄经常缺乏一座中央广场，村庄结构中的空隙可以成为建立广场的诱因。图 6.24 表示的就是布文尼希村一座新广场构成的设计建议，广场仅通过新的空间墙壁界定，地面可以充分地使用。

图 6.24 从建筑空隙中发展出一座新的村庄广场（施勒特勒 · 冯 · 布兰德 / 韦斯特海德，1989 年）

F. 村庄生态学

村庄－生态规划的理想之处

对于生态化的村镇规划来说村庄正好提供了良好的前提。与城市相反这里有较低的建筑密度、较低的封闭度和较少的城市小气候问题。此外，小块的分散性的结构还提供了生态化的能源方案和污水排放方案。能源利用效率很高的热电厂的不断扩建或可再生能源（例如农业中的沼气设施）的利用为农村地区提供了高效而廉价的能源。而且与昂贵的建造时间很长的与中央污水处理场的管道连接相比一座灯心草小型污水处理设施的建造为小村庄提供了一种更多的抉择。

能源供给和污水排放方案以及对居民点生态环境的贡献必须成为乡镇发展规划的一个组成部分。必须对土地利用规划在承载力意义上的生态适宜性和从工业区到市郊绿色休闲区划定的用途的相容性进行审查。但是在村庄发展规划的实践中人们对村庄生态目标经常还不是十分重视，“村庄生态”的重点仅被理解为村庄外部区域的自然保护和景观保护，这样的观点并不罕见。

村庄生态学的规划标准

当在总体规划方案中必须采取相应的措施时，在单个村庄规划的层面上则必须直接实行一系列的村庄生态学规划标准：

— 十分注意从建材选取到能源规划等生态性建筑要素；

— 在改建规划和新建规划以及采取交通连接措施时减少封闭地面的产生；

— 对停车场和楼前区域的加固方式严加控制；

— 树木、灌木、树篱等的保留和种植；

— 村庄区域与景观的组合和一体化；

— 促进村庄内部群落生境与景观之间的连接以及村镇边缘的更新；

— 恢复自然生态的措施和本地典型景观的塑造和保护；

— 通过放弃在外部区域的新的占地形成一种生态上理智的内部发展战略；

— 改善小气候和动植物的生存条件。

—自然空间上的现状调查／建成区与自然景观之间的相互作用；
—景观风貌的本质特征，例如地形（谷地、山脊等），划分区域的元素（林荫大道、森林边缘、水域等）；
—文化影响和景观特点；
—村镇边缘的造型（完整的、需要改善的、受到破坏的村镇边缘区域、以及“村庄周围景观“的联合）；
—带冲突点和受威胁地区提示的绿地和空地系统的描述和极具生态价值地区至不具生态价值地区的描述；
—开敞空间用途的制图和评价（菜园、观赏花园、庭院区、地面封闭、宅旁绿化等）；
—群落生境；
—气候保护和防风雪措施；
—生长环境合理的或本地不典型的植物种植；
—水资源状况和污水状况。

图 6.25 村庄生态课题的调查层面

图 6.25 表示的是村庄生态规划的典型调查层面。

G. 理性村庄发展的准则

社会变迁的速度越快，就必须越坚决地以绝对必要的力度限制我们日常生活中进行的改革性干预。村庄在其发展的历史进程中具有一种令人吃惊的惯性，就是说规划和资助的仓促性对“村庄”这一主体来说是有害的。每座村庄都必须能够从居民点历史、社会史和农业历史的前后关系中发展出自己的新形象。其目标应该是，只要在一座村庄中具有独特的机会，村庄就应该形成自己的个性。正是这些许多的村庄个体构成了联邦德国的景观和文化空间。

村庄的形态必将而且必须发生变化，因为变化了的农业生产机制和不断增加的居住功能从功能上迫使了这种变化的产生。今天的村庄像过去一样完全不是一个完好的浪漫而迷人的世界。村庄向哪里发展取决于村庄自己、她的居民和主管的规划师。对村庄的未来来说没有普遍的范例，只是下列一些重点可以作为基本框架：

— 村庄是政治管理上共担责任和自担责任的场所。

— 村庄是具有适当的基础设施的场所（必要的基础设施为：分散的管理点、幼儿园、可能有的小学、邮局、银行、当然还有一种改善了的短途公共客运交通标准、日常用品商店、市民公用建筑、教堂、可能有的社会福利和养老设施)。

— 具有尽可能多样化的经济活动的村庄。

— 村庄作为农业生产和对环境有益的耕作的场所。

— 村庄作为适宜的农村建筑方式和本地特有的传统以及比例性的场所(村庄多样化的新结构在空间上重又表现出来,她们在建筑学形态上也为村庄的特性打上了烙印。新村庄不能否认她的过去,新生事物在符合其意义的情况下被创造性地融入到整个村庄中)。

— 村庄是接近自然的和对环境有益的居民点单元。

图 6.26 以向市民宣传的招贴画形式概括了一些这样的准则。

由于村庄的规模很小和小社区中生活的社会透明性就产生了一种针对外部干预的敏感性,因此市民参与和关于问题和机遇的共同对话就成为了达成一种解决方案的前提。村庄中也存在有较大的空间和较小的任务,例如设立墙壁,种植树篱和树木,街角的改造或设置一座小广场等,通过居民自己的共同努力用较少的财物完成这些任务。但是所有这些都是以互相信任为前提的,而且只有通过参与程序才能完成,正像我们在本章和第 5 章描述的那样。

小结

村庄和城市边缘这一敏感课题特别清楚地表明了需要由政策、规划和建筑学克服的矛盾冲突:即使一个时代的需求和形态与不断扩大的市郊范围和人民头脑中现有的观念相协调。在本书中我们已经多次阐明,这一冲突的解决十分困难。始终如一地使用现代建筑学语言相对来说是简单的,同样简单的是重复现有的东西。这两种途径在敏感的市郊地区都存在问题。这里涉及"适宜的"解决方案,这些方案以我们时代的语言适合一个地方的条件。为使自己能存在下去,新建筑必须显示出具有独特的质量。但是新建筑的空间也依赖于周围环境的种类,正像我们在本书第二部分 1.2 中阐明的那样。因此新建筑必须与当地的条件和谐一致。如果出现了独立的第三者(既不是一种历史性的答复又不是一种不考虑他人的更新,而是一种合乎时代的建筑学语言与本地关系构成的综合),欧洲在建筑风格和城市规划地方特色方面的财富就可以得到保护和发扬光大。这正是我们教学的愿望,也是本书的愿望。

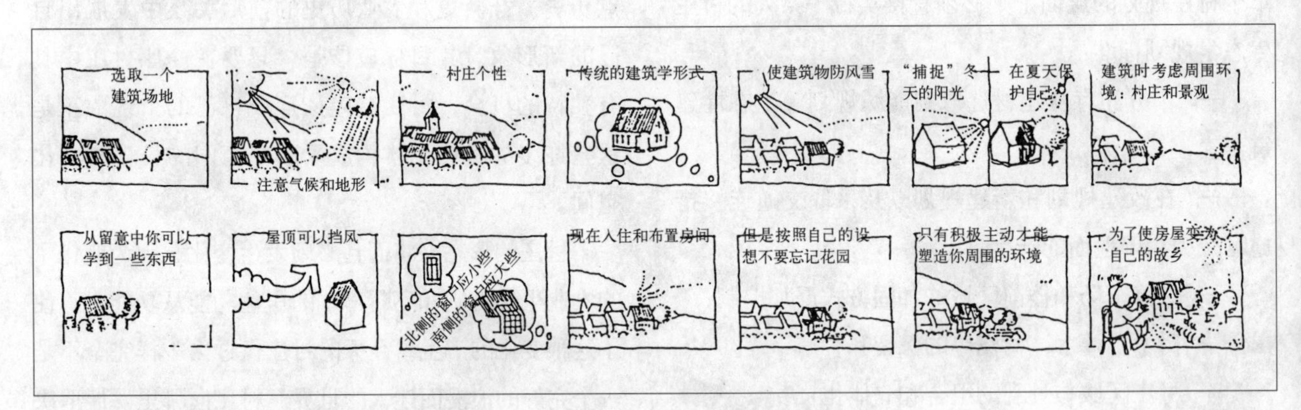

图 6.26 村庄建筑准则(施勒特勒 · 冯 · 布兰德 / 韦斯特海德,1989 年)

参考文献

ALB-NRW Arbeitsgemeinschaft für Landtechnik: Städtebauliche Entwicklung auf dem Lande. Sammlung der Informationsblätter 1-31. Hrsg. Arbeitsgemeinschaft für Landtechnik NW e.V. (ALB-NRW)
Althaus, D: Ökologie des Dorfes. Wiesbaden und Berlin 1984
Brüggemann, B. u.a.: Das Dorf. Frankfurt/ New York, 1986
Brake, K.: Zum Verhältnis von Stadt und Land. Köln 1980
Becker H. J. u.a.: Entscheidungshilfen für die Dorferneuerung KTBL-Schrift 263. Kuratorium f. Technik und Bauwesen 1981
Bundesminister für Raumordnung und Städtebau: Raumordnungsbericht 1991 (ROB 91)
Capra, F.: Wendezeit. Bausteine für ein neues Weltbild. Bern-München-Wien. 7. Auflage 1984. Original: The turning point, 1982.
Deutscher Heimatbund (Hrsg.): Plädoyer für ein Leben auf dem Lande. Europäische Kampagne für den ländlichen Raum 1987-1988. Bonn 1987
Fahrenkrug, K. u.a.: Zukunftschancen für das Dorf - Zwei Beiträge zur Dorfentwicklung. Bundesminister f. Raumordnung, Bauwesen u.Städtebau, 1988
Findt, V., u.a.: Landschaftsorientierte Bauformen: Ein neuer (oder alter?) Haustyp für Roetgen - Städtebauentwürfe 1987/88. Städtebauliche Arbeitsberichte. Lehrstuhl für Städtebau und Landesplanung, RWTH Aachen
Gesellschaft für Straßen- und Verkehrswesen (Hrsg.): Empfehlungen für die Anlage von Erschließungsstraßen (EAE 85). Köln 1985
Grüneisen, K.G. u.a.: Dörflicher Strukturwandel in der Diskussion. KTBL-Schrift 235, 1979
Hauptmeyer, C. H. u.a.: Annäherungen an das Dorf. Hannover 1983
Konieczny, Günter, u.a.: Organisation der Dorfentwicklung KTBL-Schrift 282, 1982
Kunze, D.M.: Gestaltanalyse ländlicher Siedlungen KTBL-Schrift 248, 1980
Kroner, Günter, u.a.: Stand und Perspektiven der Forschungen über den ländlichen Raum. Schriftenreihe 'Forschung' des Bundesministers für Raumordnung, Bauwesen und Städtebau, Heft 464
Landzettel, W: Architektenwettbewerbe zur Dorferneuerung in Niedersachsen. Der Niedersächsische Minister f.Ernährung, Landwirtschaft und Forsten, Hannover 1987
Nearing, H. + S.: Ein gutes Leben leben. Gegen den Strom. Hamburg 1984. Engl.: Living the Good Life, New York 1970
Prokop, E.; Rothfuß, S.: Bauen im Grenzland. Wegweiser für landschaftsschonende und charakteristische Siedlungs- und Hausformen im deutsch-belgischen Grenzraum. Hrg. G.Curdes, Institut für Städtebau und Landesplanung; Exekutive der deutschsprachigen Gemeinschaft, Eupen. Aachen (Alano) 1989
Seymour, J.: Das große Buch vom Leben auf dem Lande. Ein praktisches Handbuch für Realisten und Träumer. Ravensburg 1978. Englisch: The Complete Book of Self-Sufficiency, London 1976.
Simons, D. u.a.: Dorfentwicklung - Beiträge zur funktionsgerechten Gestaltung der Dörfer. Ministerium f. Ernährung, Landwirtschaft, Umwelt und Forsten, Baden Württemberg 1984
Schäfer, R.; Dehne,P.(Hrg.): Aktuelles Planungshandbuch zur Stadt- und Dorfentwicklung,Grundwerk 1992, Weka- Verlag
Schäfer, R.; Dehne,P.: Städtebauliche Erneuerung von Dörfern und Ortsteilen, Aufgaben - Verfahren .- Förderung, Hrg. Bundesministerium für Raumordnung, Bauwesen und Städtebau, in Schriftenreihe des Forschungsvorhaben des Experimentellen Wohnungs- und Städtebaus,1990
Schmals, K. M. u.a.: Krise ländlicher Lebenswelten. Frankfurt/ New York, 1986
Schröteler von Brand, H.; Westerheide, R. (Hrsg.): Dorfentwicklungsprojekt Zülpich. Lehrstuhl für Städtebau und Landesplanung (LSL); Lehrstuhl für Planungstheorie (PT): Aachen 1989
Schröteler von Brandt, H.;Westerheide, R.: Zukunft für die Dörfer,in "Die Alte Stadt, 1/91, Kohlhammer,1991
*Schröteler von Brandt, H.;Westerheide, R.:*Untersuchung von leerstehenden oder brachfallenden Hofanlagen und die Auswirkungen auf die städtebauliche Struktur von Vettweiß-Kelz, Institut für Städtebau und Landesplanung Rwth Aachen, 1992
Schumacher, E.F.: Die Rückkehr zum menschlichen Maß. Alternativen für Wirtschaft und Technik. (Small is Beautiful). Hamburg 1977. Ausgabe 1983
Trieb, Michael, u.a.: Erhaltung und Gestaltung des Ortsbildes Stuttgart, 1985, 2. Auflage 1988
Weber-Kellermann, I.: Landleben im 19. Jahrhundert. München 1987

注 释

第一部分第 1 章

1. 关于元素与结构之间作用的内在联系见第 5 章至第 10 章中所列举的出版物

2. 关于形态学理论这一主题见库德斯《城市结构和城市造型设计》一书的第 7 章，斯图加特，1993 年

3. A. 费尔特克勒（A.Feldtkeller），1994 年，第 32 页

第一部分第 5 章

1. 威廉 · 弗卢塞尔（Vilem Flusser）：《建筑学 +111》，1992 年，第 43 页

2. 威廉 · 弗卢塞尔：《建筑学 +111》，1992 年，第 41 页

第二部分第 5 章

1. 在此请对照弗斯特（Fürst）/ 克莱默（Klemmer）/ 齐默尔曼（Zimmermann）：地区经济政策。杜塞尔多夫，1976 年，第 35 页

2. 在此请对照库德斯关于混合搜索和“局部空间规划”理论的详细描述。1984 年，第 14−19 页。

3. 在此请对照参考文献目录中“政策与规划”论文集中发表的关于“局部空间规划”的调查。

第二部分第 6 章

1. 在此也可以对照马克斯 · 韦伯（Max Weber）关于理想类型的论述，发表于《经济与社会》，1972 年第 5 版，第 9 页及其后。

插图说明

图片的来源都在图片的下方和所在章节的目录中加以注明。来自学生设计的图片在此没有分开列出。没有来源说明的图片和照片来源于作者自己。